南京大学金陵学院

Linear Algebra

线性代数

马传渔　袁明霞　马　荣　章丽霞　庄凯丽　编著

南京大学出版社

内容提要

本书是高等学校独立学院经济管理类线性代数教材。全书共4章，内容包括：行列式、矩阵、向量空间、线性方程组、特征值问题和二次型。书中每章设有引言、小结、硕士研究生试题摘选等栏目。A、B两组习题紧贴教材内容，旨在强化“三基”训练，提升解题能力。

本书内容丰富，便于自学，便于应用。可作为高等学校的教材或数学参考书。

图书在版编目(CIP)数据

线性代数/马传渔等编著. —南京：南京大学出版社，2013.7
ISBN 978-7-305-12244-6

Ⅰ. ①线… Ⅱ. ①马… Ⅲ. ①线性代数—高等学校—教材
Ⅳ. ①O151.2

中国版本图书馆 CIP 数据核字(2013)第236368号

出版发行 南京大学出版社
社　　址 南京市汉口路22号 邮编 210093
网　　址 http://www.NjupCo.com
出 版 人 左　健

书　　名 线性代数
编　　著 马传渔 等
责任编辑 陈亚明 王振义

照　　排 江苏南大印刷厂
印　　刷 江苏南大印刷厂
开　　本 787×960 1/16 印张 15.75 字数 300千
版　　次 2013年7月第1版 2013年7月第1次印刷
ISBN 978-7-305-12244-6
定　　价 35.00元

发行热线 025—83594756 83686452
电子邮箱 Press@NjupCo.com
　　　　 Sales@NjupCo.comd(市场部)

前　言

南京大学金陵学院教学改革成果——《微积分》(经济管理类)上、下两册自2007年出版以来,实用性和指导性都受到了广大读者的认可。其配套教材《微积分解题集萃》、《微积分培优读本》和《微积分解题方法与技巧》自2009年出版至今,也获得了许多好评。2012年《艺术数学》的问世赢得了读者的兴趣和关注。随之,南京大学金陵学院另一教学改革成果——《线性代数》教材又与读者见面了。

纵观目前已出版的各类大学线性代数教材,鉴于各类高校、各类专业对线性代数的教学要求有所不同,从而迫切需求一本能适用于高等学校独立学院经济管理类专业使用的线性代数教材,而本书就是根据这一需要,结合教学实践编著而成的。

全书共分4章,第1章为行列式,第2章为矩阵,这两章内容是学习线性代数的基本工具;第3章为线性方程组,第4章为特征值理论和二次型。尽管二次型的内容在高等学校管理专业的教学大纲中不作要求,但鉴于它是考研的知识点,编者仍将二次型的基本内容浓缩为第4章中的一小节。

全书每章开头设"引言"栏目,以生产、经济等实际问题引出该章的内容,有助于读者带着问题去学习,去探索。每章末设"小结"栏目,便于读者对章内知识点和整体框架有更清晰的理解和把握。每章后配备A、B两组习题,共72题,有利于理解和巩固基本概念、基本理论,有利于提升运算能力和解题水平。除第1章外,每章还设有"硕士研究生试题摘选"栏目,以供学有余力和准备考研的学生阅读。全书设中英对照的"索引"栏目,以方便读者更快捷地查阅到知识点。"结束语"栏目,以行列式和矩阵为两条鸿线,对线性代数内容作出简洁的、总结性的论述。

本书是依据教育部对大学高等数学制定的教学规范和教学安排编写而成的。全书强调针对性、可读性、应用性和实用性。本书可作为经济管理类本科生的线性代数教材或参考书,也可作为高等学校大专类学生和广大自学者的数学参考书。

本书能与读者见面,得益于南京大学金陵学院历届院领导的关心和指导,得益于南京大学金陵学院数学组(文科)团队精神的充分发挥。书中有不足之处,恳请同行和读者不吝赐教。

编者

2013年6月

目　　录

第1章 行 列 式

引 言

行列式是线性代数中最基本的内容，贯穿在线性代数各章内容之中. 行列式作为一种数学工具，在数学和其他科学分支中有一定的应用，例如在线性经济模型等实际问题中要涉及 n 阶行列式. 在初等数学里，用二阶、三阶行列式求解二元、三元线性方程组. 本章借助消元法的思想将三阶行列式推广为 n 阶行列式. 先看下面实例：交通流量问题.

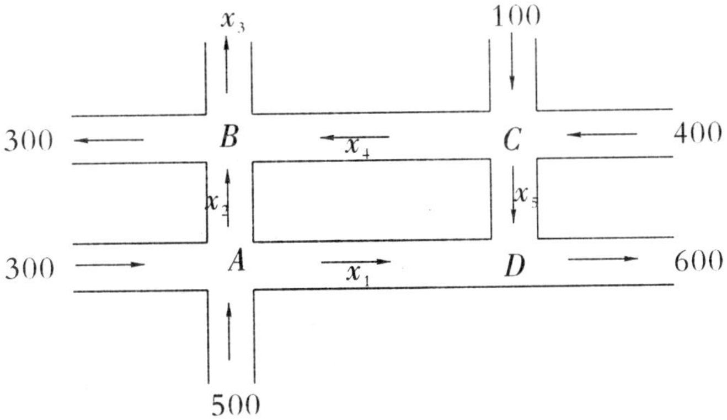

在某城市的中心区，几条单行道彼此交叉，每个道路交叉口的交通流量(以每小时经过交叉口的平均车辆数计)如上图所示. 试确定这个交通流量图的一般模型.

分析本问题的解. 关于交通流量的基本假设是：(1)交通网络的总流入量等于总流出量；(2)全部流入每一个路口的流量等于全部流出此路口的流量.

根据各路口进出流量平衡关系，在每个交叉路口车辆驶入数目等于车辆驶出数目. 如下表所示.

交叉路口	车辆驶入数目		车辆驶出数目
A	$300+500$	$=$	x_1+x_2
B	x_2+x_4	$=$	x_3+300
C	$100+400$	$=$	x_4+x_5
D	x_1+x_5	$=$	600

另外,该交通网络中的总流入量等于总流出量,即

$$300+500+100+400=300+x_3+600.$$

整理后,5 个方程联立可得下面的方程组:

$$\begin{cases} x_1+x_2 = 800, \\ x_2-x_3+x_4 = 300, \\ x_4+x_5=500, \\ x_1+ x_5=600, \\ x_3 = 400. \end{cases}$$

根据此方程组的特点,类似于消元法,可将 x_5 看成自由变量. 除 $x_3=400$ 外,其余三个变量 x_1, x_2, x_4 均可用 x_5 表示,即

$$\begin{cases} x_1=600-x_5, \\ x_2=200+x_5, \\ x_3=400, \\ x_4=500-x_5. \end{cases}$$

由此可知,方程组有无穷多组解.

由于本问题中的道路是单行路,变量不能有负值,从而 $0\leqslant x_5\leqslant 500$,其他变量的约束条件为

$$100\leqslant x_1\leqslant 600, 200\leqslant x_2\leqslant 700, 0\leqslant x_4\leqslant 500.$$

实际生活中的网络流量问题也可用相同的方法来说明.

本章通过求解二元一次方程组和三元一次方程组引入二阶和三阶行列式的定义和行列式值的计算. 以三阶行列式为载体介绍余子式和代数余子式的概念,并推广到 n 阶行列式. 利用代数余子式按第一行(列)展开定义 n 阶行列式之值. 然后利用代数余子式的性质给出 n 阶行列式按任意一行(列)展开的计算公式.

在介绍行列式性质的同时,注意到与第 2 章矩阵初等变换的知识接轨. 利用行列式的性质介绍多种计算行列式的方法,并通过实例透彻说明各种计算方法的应用价值.

当方程组的个数与未知量的个数相等,且方程组系数行列式不为零时,采用克拉默法则,给出方程组的唯一解.

1.1 二阶与三阶行列式

首先讨论解线性方程组的问题.

设二元线性方程组

$$\begin{cases} a_{11}x_1+a_{12}x_2=b_1, & ① \\ a_{21}x_1+a_{22}x_2=b_2. & ② \end{cases}$$

其中 $x_i(i=1,2)$代表未知量,$a_{ij}(i,j=1,2)$是 x_j 的系数,$b_i(i=1,2)$是常数项.

利用消元法解此线性方程组.

①$\times a_{22}-$②$\times a_{12}$,得$(a_{11}a_{22}-a_{12}a_{21})x_1=b_1a_{22}-a_{12}b_2$,

②$\times a_{11}-$①$\times a_{21}$,得$(a_{11}a_{22}-a_{12}a_{21})x_2=a_{11}b_2-b_1a_{21}$.

当 $a_{11}a_{22}-a_{12}a_{21}\neq 0$ 时,有

$$x_1=\frac{b_1a_{22}-a_{12}b_2}{a_{11}a_{22}-a_{12}a_{21}},\quad x_2=\frac{a_{11}b_2-b_1a_{21}}{a_{11}a_{22}-a_{12}a_{21}}.$$

此即该方程组的公式解,但其表达式较复杂,不便于记忆.因此,引入新的记号 $D=\begin{vmatrix} a_{11} & a_{12} \\ a_{21} & a_{22}\end{vmatrix}$,并定义:

$$D=\begin{vmatrix} a_{11} & a_{12} \\ a_{21} & a_{22}\end{vmatrix}=a_{11}a_{22}-a_{12}a_{21},$$

称 D 为二阶行列式,其中 $a_{ij}(i,j=1,2)$为 D 的第 i 行第 j 列元素.

二阶行列式是两项的代数和,第一项是从左上角到右下角的对角线(称为主对角线)上两个元素的乘积,取正号;第二项是从右上角到左下角的对角线(称为副对角线)上两个元素的乘积,取负号.这一法则称为对角线法则,见右图.

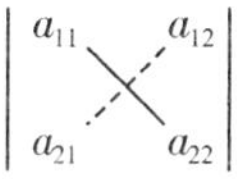

据此定义,令

$$D_1=\begin{vmatrix} b_1 & a_{12} \\ b_2 & a_{22}\end{vmatrix}=b_1a_{22}-a_{12}b_2,$$

$$D_2=\begin{vmatrix} a_{11} & b_1 \\ a_{21} & b_2\end{vmatrix}=a_{11}b_2-b_1a_{21},$$

其中 D_i 表示把 D 中第 i 列换成方程组右边的常数列所得的行列式.

于是,当 $D\neq 0$ 时,二元线性方程组的唯一解可表示为

$$x_1=\frac{D_1}{D},\quad x_2=\frac{D_2}{D}.$$

【例 1】 解线性方程组$\begin{cases} x_1+3x_2=2, \\ 2x_1+7x_2=3.\end{cases}$

解:$D=\begin{vmatrix} 1 & 3 \\ 2 & 7\end{vmatrix}=7-6=1\neq 0$,

$D_1=\begin{vmatrix} 2 & 3 \\ 3 & 7\end{vmatrix}=14-9=5$,$D_2=\begin{vmatrix} 1 & 2 \\ 2 & 3\end{vmatrix}=3-4=-1$,

所以 $x_1=\dfrac{D_1}{D}=5$,$x_2=\dfrac{D_2}{D}=-1$.

下面讨论三元线性方程组的解法：

$$\begin{cases} a_{11}x_1+a_{12}x_2+a_{13}x_3=b_1, \\ a_{21}x_1+a_{22}x_2+a_{23}x_3=b_2, \\ a_{31}x_1+a_{32}x_2+a_{33}x_3=b_3. \end{cases} \tag{*}$$

求解此方程组，可由前两个方程消去 x_3，得到一个只含 x_1，x_2 的二元方程；再由后两个方程消去 x_3，得到另一个只含 x_1，x_2 的二元方程，联立这两个二元方程，消去 x_2，得

$$(a_{11}a_{22}a_{33}+a_{12}a_{23}a_{31}+a_{13}a_{21}a_{32}-a_{13}a_{22}a_{31}-a_{12}a_{21}a_{33}-a_{11}a_{23}a_{32})x_1$$
$$=b_1a_{22}a_{33}+a_{12}a_{23}b_3+a_{13}b_2a_{32}-a_{13}a_{22}b_3-a_{12}b_2a_{33}-b_1a_{23}a_{32}.$$

为了便于记忆，引入新的记号来表示 x_1 的系数.

定义 1 由 9 个数按三行三列排列组成的记号 $D=\begin{vmatrix} a_{11} & a_{12} & a_{13} \\ a_{21} & a_{22} & a_{23} \\ a_{31} & a_{32} & a_{33} \end{vmatrix}$，并定义：

$$D=\begin{vmatrix} a_{11} & a_{12} & a_{13} \\ a_{21} & a_{22} & a_{23} \\ a_{31} & a_{32} & a_{33} \end{vmatrix}=a_{11}a_{22}a_{33}+a_{12}a_{23}a_{31}+a_{13}a_{21}a_{32}-a_{13}a_{22}a_{31}-a_{12}a_{21}a_{33}-a_{11}a_{23}a_{32},$$

称 D 为三阶行列式. a_{ij} 称为第 i 行第 j 列元素($i,j=1,2,3$).

上述定义表明：三阶行列式是 6 项的代数和，每项均为不同行不同列的三个元素的乘积，并带有正号或负号.

三阶行列式可用对角线法则来记忆：实线上三元素的乘积取正号，虚线上三元素的乘积取负号，见下图.

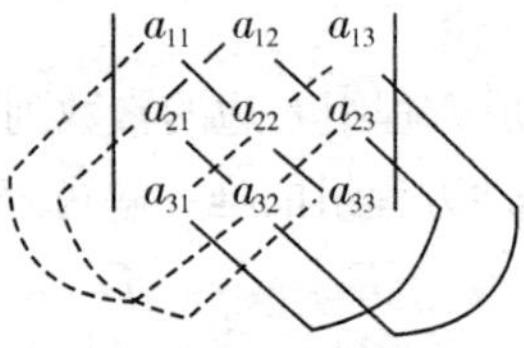

称定义 1 中的 D 为三元线性方程组(*)的系数行列式.

类似于二元线性方程组的解法，令

$$D_1=\begin{vmatrix} b_1 & a_{12} & a_{13} \\ b_2 & a_{22} & a_{23} \\ b_3 & a_{32} & a_{33} \end{vmatrix}$$
$$=b_1a_{22}a_{33}+a_{12}a_{23}b_3+a_{13}b_2a_{32}-a_{13}a_{22}b_3-a_{12}b_2a_{33}-b_1a_{23}a_{32},$$

则 x_1 可表示为

$$x_1=\frac{D_1}{D}.$$

同理可得 $$x_2=\frac{D_2}{D},\quad x_3=\frac{D_3}{D},$$

其中 $D_2=\begin{vmatrix} a_{11} & b_1 & a_{13} \\ a_{21} & b_2 & a_{23} \\ a_{31} & b_3 & a_{33} \end{vmatrix}$，$D_3=\begin{vmatrix} a_{11} & a_{12} & b_1 \\ a_{21} & a_{22} & b_2 \\ a_{31} & a_{32} & b_3 \end{vmatrix}$.

D_i 是把 D 中第 i 列换成(＊)式右边的常数列所得的行列式.

【例 2】 计算下列行列式

(1)$D=\begin{vmatrix} 1 & 0 & 1 \\ 2 & 1 & 2 \\ 0 & 4 & 6 \end{vmatrix}$；　　(2)$D=\begin{vmatrix} \cos\theta & \sin\theta \\ -\sin\theta & \cos\theta \end{vmatrix}$.

解：(1)$D=\begin{vmatrix} 1 & 0 & 1 \\ 2 & 1 & 2 \\ 0 & 4 & 6 \end{vmatrix}=1\times1\times6+0\times2\times0+1\times2\times4-1\times1\times0-0\times2\times6-1\times2\times4=6.$

(2)$D=\begin{vmatrix} \cos\theta & \sin\theta \\ -\sin\theta & \cos\theta \end{vmatrix}=\cos^2\theta+\sin^2\theta=1.$

【例 3】 解方程

$$\begin{vmatrix} x & 3 & 4 \\ -1 & x & 0 \\ 0 & x & 1 \end{vmatrix}=0.$$

解：$\begin{vmatrix} x & 3 & 4 \\ -1 & x & 0 \\ 0 & x & 1 \end{vmatrix}=x^2-4x+3=(x-1)(x-3)=0,$

故解为 $x=1$ 或 $x=3$.

【例 4】 解三元线性方程组

$$\begin{cases} 3x_1+2x_2-x_3=4, \\ x_1-x_2+2x_3=5, \\ 2x_1-x_2+x_3=3. \end{cases}$$

解：用对角线法则计算行列式，得

$$D=\begin{vmatrix} 3 & 2 & -1 \\ 1 & -1 & 2 \\ 2 & -1 & 1 \end{vmatrix}=8,D_1=\begin{vmatrix} 4 & 2 & -1 \\ 5 & -1 & 2 \\ 3 & -1 & 1 \end{vmatrix}=8,$$

$$D_2=\begin{vmatrix} 3 & 4 & -1 \\ 1 & 5 & 2 \\ 2 & 3 & 1 \end{vmatrix}=16,D_3=\begin{vmatrix} 3 & 2 & 4 \\ 1 & -1 & 5 \\ 2 & -1 & 3 \end{vmatrix}=24,$$

故解为 $x_1=\dfrac{D_1}{D}=1,x_2=\dfrac{D_2}{D}=2,x_3=\dfrac{D_3}{D}=3.$

1.2 n 阶行列式

用对角线法则计算二阶、三阶行列式，虽简便直观，但对于高于三阶的行列式，该法就不适用了. 为求解 $n>3$ 的 n 元线性方程组，有必要把二、三阶行列式推广到 n 阶行列式.

为此，先分析三阶行列式与二阶行列式之间的关系.

由三阶行列式和二阶行列式的定义，得

$$\begin{vmatrix} a_{11} & a_{12} & a_{13} \\ a_{21} & a_{22} & a_{23} \\ a_{31} & a_{32} & a_{33} \end{vmatrix} = a_{11}a_{22}a_{33}+a_{12}a_{23}a_{31}+a_{13}a_{21}a_{32}-a_{13}a_{22}a_{31}-a_{12}a_{21}a_{33}-a_{11}a_{23}a_{32}$$

$$=a_{11}(a_{22}a_{33}-a_{23}a_{32})-a_{12}(a_{21}a_{33}-a_{23}a_{31})+a_{13}(a_{21}a_{32}-a_{22}a_{31})$$

$$=a_{11}\begin{vmatrix} a_{22} & a_{23} \\ a_{32} & a_{33} \end{vmatrix}-a_{12}\begin{vmatrix} a_{21} & a_{23} \\ a_{31} & a_{33} \end{vmatrix}+a_{13}\begin{vmatrix} a_{21} & a_{22} \\ a_{31} & a_{32} \end{vmatrix}. \qquad (*)$$

从上式可看出，三阶行列式等于它的第一行每个元素分别乘一个二阶行列式的代数和. 这些二阶行列式与原三阶行列式有什么关系呢？为进一步了解，下面引入余子式和代数余子式的概念.

定义 2 在三阶行列式 $D=\begin{vmatrix} a_{11} & a_{12} & a_{13} \\ a_{21} & a_{22} & a_{23} \\ a_{31} & a_{32} & a_{33} \end{vmatrix}$ 中，把元素 $a_{ij}\,(i,j=1,2,3)$ 所在的第 i 行元素与第 j 列元素划去，剩下的元素按原位置不变所构成的二阶行列式叫做元素 a_{ij} 的余子式，记为 M_{ij}. 称 $(-1)^{i+j}M_{ij}$ 为元素 a_{ij} 的代数余子式，记为 A_{ij}，即 $A_{ij}=(-1)^{i+j}M_{ij}$.

例如，在三阶行列式 D 中，a_{12} 的余子式 $M_{12}=\begin{vmatrix} a_{21} & a_{23} \\ a_{31} & a_{33} \end{vmatrix}$，$a_{12}$ 的代数余子式

$$A_{12}=(-1)^{1+2}\begin{vmatrix} a_{21} & a_{23} \\ a_{31} & a_{33} \end{vmatrix}=-\begin{vmatrix} a_{21} & a_{23} \\ a_{31} & a_{33} \end{vmatrix}.$$

由定义 2，$(*)$式可写成

$$\begin{aligned} D &= a_{11}(-1)^{1+1}M_{11}+a_{12}(-1)^{1+2}M_{12}+a_{13}(-1)^{1+3}M_{13} \\ &= a_{11}A_{11}+a_{12}A_{12}+a_{13}A_{13}. \end{aligned}$$

这表明，三阶行列式等于它的第一行每个元素与其对应的代数余子式的乘积之和.

事实上,若定义一阶行列式$|a_{11}|$的值为a_{11},二阶行列式也可用代数余子式表示.

$$\begin{vmatrix} a_{11} & a_{12} \\ a_{21} & a_{22} \end{vmatrix} = a_{11}(-1)^{1+1}|a_{22}| + a_{12}(-1)^{1+2}|a_{21}| = a_{11}A_{11} + a_{12}A_{12}.$$

由此可利用递推的方法,当$(n-1)$阶行列式已予定义,根据代数余子式可给出n阶行列式的定义.

定义 3　由n^2个数$a_{ij}(i,j=1,2,\cdots,n)$组成的记号

$$D=\begin{vmatrix} a_{11} & a_{12} & \cdots & a_{1n} \\ a_{21} & a_{22} & \cdots & a_{2n} \\ \vdots & \vdots & & \vdots \\ a_{n1} & a_{n2} & \cdots & a_{nn} \end{vmatrix}$$

称为n阶行列式. 并定义D的值为:

$$D = a_{11}A_{11} + a_{12}A_{12} + \cdots + a_{1n}A_{1n} = \sum_{j=1}^{n} a_{1j}A_{1j},$$

其中a_{ij}称为第i行第j列元素,A_{1j}为$a_{1j}(j=1,2,\cdots,n)$的代数余子式,即一个n阶行列式等于它的第一行诸元素与其对应的代数余子式乘积之和. 这种定义也称为行列式按第一行展开. A_{ij}由划去D中a_{ij}所在的第i行,第j列元素,剩下的$(n-1)^2$个元素按原来排列的顺序所组成的$(n-1)$阶行列式再乘以$(-1)^{i+j}$,称A_{ij}为a_{ij}的代数余子式. $A_{ij}=(-1)^{i+j}M_{ij}$,称M_{ij}为a_{ij}的余子式.

n阶行列式是一个数值,有时候,将n阶行列式D简记作$|a_{ij}|$.

【例 1】　计算四阶行列式

$$D=\begin{vmatrix} 1 & 0 & -1 & 0 \\ 2 & 3 & 0 & 2 \\ -2 & 1 & 2 & 5 \\ 4 & 1 & 3 & 1 \end{vmatrix}.$$

解:$$D = 1\times(-1)^{1+1}\begin{vmatrix} 3 & 0 & 2 \\ 1 & 2 & 5 \\ 1 & 3 & 1 \end{vmatrix} + (-1)\times(-1)^{1+3}\begin{vmatrix} 2 & 3 & 2 \\ -2 & 1 & 5 \\ 4 & 1 & 1 \end{vmatrix}$$

$$= -37 - 46 = -83.$$

【例 2】　证明$$\begin{vmatrix} a_{11} & a_{12} & 0 & 0 \\ a_{21} & a_{22} & 0 & 0 \\ c_{11} & c_{12} & b_{11} & b_{12} \\ c_{21} & c_{22} & b_{21} & b_{22} \end{vmatrix} = \begin{vmatrix} a_{11} & a_{12} \\ a_{21} & a_{22} \end{vmatrix} \cdot \begin{vmatrix} b_{11} & b_{12} \\ b_{21} & b_{22} \end{vmatrix}.$$

证明:将等式左端的行列式按第一行展开,得

$$\begin{vmatrix} a_{11} & a_{12} & 0 & 0 \\ a_{21} & a_{22} & 0 & 0 \\ c_{11} & c_{12} & b_{11} & b_{12} \\ c_{21} & c_{22} & b_{21} & b_{22} \end{vmatrix} = a_{11}\begin{vmatrix} a_{22} & 0 & 0 \\ c_{12} & b_{11} & b_{12} \\ c_{22} & b_{21} & b_{22} \end{vmatrix} - a_{12}\begin{vmatrix} a_{21} & 0 & 0 \\ c_{11} & b_{11} & b_{12} \\ c_{21} & b_{21} & b_{22} \end{vmatrix}$$

$$= a_{11}a_{22}\begin{vmatrix} b_{11} & b_{12} \\ b_{21} & b_{22} \end{vmatrix} - a_{12}a_{21}\begin{vmatrix} b_{11} & b_{12} \\ b_{21} & b_{22} \end{vmatrix}$$

$$= \begin{vmatrix} a_{11} & a_{12} \\ a_{21} & a_{22} \end{vmatrix}\begin{vmatrix} b_{11} & b_{12} \\ b_{21} & b_{22} \end{vmatrix}.$$

【例 3】 求行列式$\begin{vmatrix} -3 & 0 & 4 \\ 5 & 0 & 3 \\ 2 & -2 & 1 \end{vmatrix}$中元素 2 和$-2$的代数余子式.

解:元素 2 在第 3 行第 1 列,其代数余子式

$$A_{31} = (-1)^{3+1}\begin{vmatrix} 0 & 4 \\ 0 & 3 \end{vmatrix} = 0.$$

元素-2在第 3 行第 2 列,其代数余子式

$$A_{32} = (-1)^{3+2}\begin{vmatrix} -3 & 4 \\ 5 & 3 \end{vmatrix} = 29.$$

【例 4】 计算下列 n 阶行列式

(1) $\begin{vmatrix} a_{11} & 0 & \cdots & 0 \\ a_{21} & a_{22} & \cdots & 0 \\ \vdots & \vdots & & \vdots \\ a_{n1} & a_{n2} & \cdots & a_{nn} \end{vmatrix}$;　　(2) $\begin{vmatrix} a_{11} & 0 & \cdots & 0 \\ 0 & a_{22} & \cdots & 0 \\ \vdots & \vdots & & \vdots \\ 0 & 0 & \cdots & a_{nn} \end{vmatrix}$;

(3) $\begin{vmatrix} 0 & \cdots & 0 & a_{1n} \\ 0 & \cdots & a_{2(n-1)} & 0 \\ \vdots & & \vdots & \vdots \\ a_{n1} & \cdots & 0 & 0 \end{vmatrix}$.

解:(1) $\begin{vmatrix} a_{11} & 0 & \cdots & 0 \\ a_{21} & a_{22} & \cdots & 0 \\ \vdots & \vdots & & \vdots \\ a_{n1} & a_{n2} & \cdots & a_{nn} \end{vmatrix} = a_{11}\begin{vmatrix} a_{22} & 0 & \cdots & 0 \\ a_{32} & a_{33} & \cdots & 0 \\ \vdots & \vdots & & \vdots \\ a_{n2} & a_{n3} & \cdots & a_{nn} \end{vmatrix}$

$$= a_{11}a_{22}\begin{vmatrix} a_{33} & 0 & \cdots & 0 \\ a_{43} & a_{44} & \cdots & 0 \\ \vdots & \vdots & & \vdots \\ a_{n3} & a_{n4} & \cdots & a_{nn} \end{vmatrix} = \cdots = a_{11}a_{22}\cdots a_{nn}.$$

称形如$\begin{vmatrix} a_{11} & 0 & \cdots & 0 \\ a_{21} & a_{22} & \cdots & 0 \\ \vdots & \vdots & & \vdots \\ a_{n1} & a_{n2} & \cdots & a_{nn} \end{vmatrix}$的行列式为下三角形行列式(诸 $a_{ii}\neq 0$);

称形如$\begin{vmatrix} a_{11} & a_{12} & \cdots & a_{1n} \\ 0 & a_{22} & \cdots & a_{2n} \\ \vdots & \vdots & & \vdots \\ 0 & 0 & \cdots & a_{nn} \end{vmatrix}$的行列式为上三角形行列式.

这两个行列式的值都等于 $a_{11}a_{22}\cdots a_{nn}$.

(2) $\begin{vmatrix} a_{11} & 0 & \cdots & 0 \\ 0 & a_{22} & \cdots & 0 \\ \vdots & \vdots & & \vdots \\ 0 & 0 & \cdots & a_{nn} \end{vmatrix} = a_{11}\begin{vmatrix} a_{22} & 0 & \cdots & 0 \\ 0 & a_{33} & \cdots & 0 \\ \vdots & \vdots & & \vdots \\ 0 & 0 & \cdots & a_{nn} \end{vmatrix} = \cdots = a_{11}a_{22}\cdots a_{nn}$.

这种行列式称为对角形行列式,简记为$\begin{vmatrix} a_{11} & & & \\ & a_{22} & & \\ & & \ddots & \\ & & & a_{nn} \end{vmatrix}$.

注 三角形行列式和对角形行列式,均等于主对角线上各元素的乘积.

(3) $\begin{vmatrix} 0 & \cdots & 0 & a_{1n} \\ 0 & \cdots & a_{2(n-1)} & 0 \\ \vdots & & \vdots & \vdots \\ a_{n1} & \cdots & 0 & 0 \end{vmatrix} = a_{1n}(-1)^{1+n}\begin{vmatrix} 0 & \cdots & 0 & a_{2(n-1)} \\ 0 & \cdots & a_{3(n-2)} & 0 \\ \vdots & & \vdots & \vdots \\ a_{n1} & \cdots & 0 & 0 \end{vmatrix}$

$$
\begin{aligned}
&= a_{1n}(-1)^{1+n}a_{2(n-1)}(-1)^{1+(n-1)}\begin{vmatrix} 0 & \cdots & 0 & a_{3(n-2)} \\ 0 & \cdots & a_{4(n-3)} & 0 \\ \vdots & & \vdots & \vdots \\ a_{n1} & \cdots & 0 & 0 \end{vmatrix} \\
&= \cdots \\
&= a_{1n}(-1)^{1+n}a_{2(n-1)}(-1)^{1+(n-1)}\cdots a_{(n-1)2}(-1)^{1+2}a_{n1}(-1)^{1+1} \\
&= (-1)^{1+n+[1+(n-1)]+\cdots+(1+1)}a_{1n}a_{2(n-1)}\cdots a_{n1} \\
&= (-1)^{\frac{n(n+3)}{2}}a_{1n}a_{2(n-1)}\cdots a_{n1} \\
&= (-1)^{\frac{n(n-1)}{2}}(-1)^{2n}a_{1n}a_{2(n-1)}\cdots a_{n1} \\
&= (-1)^{\frac{n(n-1)}{2}}a_{1n}a_{2(n-1)}\cdots a_{n1}.
\end{aligned}
$$

注 $a_{2(n-1)}$在原行列式的第2行第$(n-1)$列,但在$\begin{vmatrix} 0 & \cdots & 0 & a_{2(n-1)} \\ 0 & \cdots & a_{3(n-2)} & 0 \\ \vdots & & \vdots & \vdots \\ a_{n1} & \cdots & 0 & 0 \end{vmatrix}$中,

$a_{2(n-1)}$在第1行第$(n-1)$列,所以$\begin{vmatrix} 0 & \cdots & 0 & a_{2(n-1)} \\ 0 & \cdots & a_{3(n-2)} & 0 \\ \vdots & & \vdots & \vdots \\ a_{n1} & \cdots & 0 & 0 \end{vmatrix}=$

$a_{2(n-1)}(-1)^{1+(n-1)}\begin{vmatrix} 0 & \cdots & 0 & a_{3(n-2)} \\ 0 & \cdots & a_{4(n-3)} & 0 \\ \vdots & & \vdots & \vdots \\ a_{n1} & \cdots & 0 & 0 \end{vmatrix}$.

1.3 行列式的性质

从行列式的定义可看出,当行列式的阶数较高时,直接用定义计算n阶行列式的值相当麻烦,为此介绍行列式的一些性质.利用这些性质可简化行列式的计算.

将行列式D的行与列互换后得到的新的行列式,称为D的转置行列式,记为D^T或D',即若

$$D=\begin{vmatrix} a_{11} & a_{12} & \cdots & a_{1n} \\ a_{21} & a_{22} & \cdots & a_{2n} \\ \vdots & \vdots & & \vdots \\ a_{n1} & a_{n2} & \cdots & a_{nn} \end{vmatrix},则\ D^T=\begin{vmatrix} a_{11} & a_{21} & \cdots & a_{n1} \\ a_{12} & a_{22} & \cdots & a_{n2} \\ \vdots & \vdots & & \vdots \\ a_{1n} & a_{2n} & \cdots & a_{nn} \end{vmatrix}$$

性质1 行列式D与它的转置行列式D^T相等,即$D^T=D$.

对于二阶行列式可由定义直接验证.

$$D=\begin{vmatrix} a_{11} & a_{12} \\ a_{21} & a_{22} \end{vmatrix}=a_{11}a_{22}-a_{12}a_{21},$$

$$D^T=\begin{vmatrix} a_{11} & a_{21} \\ a_{12} & a_{22} \end{vmatrix}=a_{11}a_{22}-a_{12}a_{21}=D.$$

至于一般n阶行列式可用数学归纳法加以证明.

性质1说明行列式的行与列有相同的地位,凡是行所具有的性质,对于列也一样成立,反之亦然.

性质2 互换行列式的两行(列),行列式的值变号,即

$$\begin{vmatrix} a_{11} & a_{12} & \cdots & a_{1n} \\ \vdots & \vdots & & \vdots \\ a_{i1} & a_{i2} & \cdots & a_{in} \\ \vdots & \vdots & & \vdots \\ a_{j1} & a_{j2} & \cdots & a_{jn} \\ \vdots & \vdots & & \vdots \\ a_{n1} & a_{n2} & \cdots & a_{nn} \end{vmatrix} \xlongequal{(i)\leftrightarrow(j)} - \begin{vmatrix} a_{11} & a_{12} & \cdots & a_{1n} \\ \vdots & \vdots & & \vdots \\ a_{j1} & a_{j2} & \cdots & a_{jn} \\ \vdots & \vdots & & \vdots \\ a_{i1} & a_{i2} & \cdots & a_{in} \\ \vdots & \vdots & & \vdots \\ a_{n1} & a_{n2} & \cdots & a_{nn} \end{vmatrix}.$$

注 以(i)表示行列式的第 i 行，以$\widehat{j}$表示行列式的第 j 列，交换 i,j 两行记作$(i)\leftrightarrow(j)$，交换 i,j 两列记作$\widehat{i}\leftrightarrow\widehat{j}$.

推论 如果行列式中有两行(列)的对应元素相同，则行列式为 0.

证明:设 D 是第 i 行和第 j 行相同的行列式，把 D 的 i,j 两行对换，由性质 2，有 $D=-D$，故 $D=0$.

由 n 阶行列式的定义，似乎行列式的第一行处于一种特殊地位，而性质 2 告诉我们，任何一行均能换至第一行的位置，只需将符号调整，故第一行并不特殊. 以四阶行列式为例加以分析.

设 $D=\begin{vmatrix} a_{11} & a_{12} & a_{13} & a_{14} \\ a_{21} & a_{22} & a_{23} & a_{24} \\ a_{31} & a_{32} & a_{33} & a_{34} \\ a_{41} & a_{42} & a_{43} & a_{44} \end{vmatrix}$.

利用性质 2，有

$$D \xlongequal{(2)\leftrightarrow(3)} - \begin{vmatrix} a_{11} & a_{12} & a_{13} & a_{14} \\ a_{31} & a_{32} & a_{33} & a_{34} \\ a_{21} & a_{22} & a_{23} & a_{24} \\ a_{41} & a_{42} & a_{43} & a_{44} \end{vmatrix} \xlongequal{(1)\leftrightarrow(2)} \begin{vmatrix} a_{31} & a_{32} & a_{33} & a_{34} \\ a_{11} & a_{12} & a_{13} & a_{14} \\ a_{21} & a_{22} & a_{23} & a_{24} \\ a_{41} & a_{42} & a_{43} & a_{44} \end{vmatrix}$$

$$=a_{31}(-1)^{1+1}\begin{vmatrix} a_{12} & a_{13} & a_{14} \\ a_{22} & a_{23} & a_{24} \\ a_{42} & a_{43} & a_{44} \end{vmatrix} + a_{32}(-1)^{1+2}\begin{vmatrix} a_{11} & a_{13} & a_{14} \\ a_{21} & a_{23} & a_{24} \\ a_{41} & a_{43} & a_{44} \end{vmatrix}$$

$$+a_{33}(-1)^{1+3}\begin{vmatrix} a_{11} & a_{12} & a_{14} \\ a_{21} & a_{22} & a_{24} \\ a_{41} & a_{42} & a_{44} \end{vmatrix} + a_{34}(-1)^{1+4}\begin{vmatrix} a_{11} & a_{12} & a_{13} \\ a_{21} & a_{22} & a_{23} \\ a_{41} & a_{42} & a_{43} \end{vmatrix}$$

$$=a_{31}A_{31}+a_{32}A_{32}+a_{33}A_{33}+a_{34}A_{34}.$$

这表明行列式亦可按第三行展开. 上面分析具有一般性，由此得到下面的性质 3.

性质 3 n 阶行列式的值等于它的任意一行(列)各元素与其对应的代数余

子式的乘积之和,即

$$D=a_{i1}A_{i1}+a_{i2}A_{i2}+a_{i3}A_{i3}+\cdots+a_{in}A_{in}\ (i=1,2,\cdots,n),$$

或

$$D=a_{1j}A_{1j}+a_{2j}A_{2j}+a_{3j}A_{3j}+\cdots+a_{nj}A_{nj}\ (j=1,2,\cdots,n).$$

简言之,行列式可按任意一行(列)展开.

推论 n 阶行列式的某一行(列)的各元素与另一行(列)对应元素的代数余子式的乘积之和等于 0,即

$$a_{i1}A_{s1}+a_{i2}A_{s2}+a_{i3}A_{s3}+\cdots+a_{in}A_{sn}=0(i\neq s),$$

或

$$a_{1j}A_{1t}+a_{2j}A_{2t}+a_{3j}A_{3t}+\cdots+a_{nj}A_{nt}=0(j\neq t).$$

证明:只证行的情形,列的情形同理可证.

记行列式 $D=\begin{vmatrix} a_{11} & a_{12} & \cdots & a_{1n} \\ \vdots & \vdots & & \vdots \\ a_{i1} & a_{i2} & \cdots & a_{in} \\ \vdots & \vdots & & \vdots \\ a_{s1} & a_{s2} & \cdots & a_{sn} \\ \vdots & \vdots & & \vdots \\ a_{n1} & a_{n2} & \cdots & a_{nn} \end{vmatrix}$.

设将行列式 D 的第 s 行元素换成第 i 行的对应元素,得到有两行相同的行列式

$$D_1=\begin{vmatrix} a_{11} & a_{12} & \cdots & a_{1n} \\ \vdots & \vdots & & \vdots \\ a_{i1} & a_{i2} & \cdots & a_{in} \\ \vdots & \vdots & & \vdots \\ a_{i1} & a_{i2} & \cdots & a_{in} \\ \vdots & \vdots & & \vdots \\ a_{n1} & a_{n2} & \cdots & a_{nn} \end{vmatrix}.$$

显然 $D_1=0$,且 D_1 的第 s 行元素的代数余子式与 D 的第 s 行对应元素的代数余子式相同. 将 D_1 按第 s 行展开,即得

$$a_{i1}A_{s1}+a_{i2}A_{s2}+a_{i3}A_{s3}+\cdots+a_{in}A_{sn}=0(i\neq s).$$

综合性质 3 及其推论,得

$$a_{i1}A_{s1}+a_{i2}A_{s2}+a_{i3}A_{s3}+\cdots+a_{in}A_{sn}=\begin{cases} D, & i=s, \\ 0, & i\neq s. \end{cases}$$

$$a_{1j}A_{1t}+a_{2j}A_{2t}+a_{3j}A_{3t}+\cdots+a_{nj}A_{nt}=\begin{cases} D, & j=t, \\ 0, & j\neq t. \end{cases}$$

【例 1】 计算五阶行列式

$$D=\begin{vmatrix}1 & -1 & 0 & -6 & 0\\ 3 & 1 & 0 & 2 & 0\\ 4 & 9 & 2 & 10 & 8\\ 1 & 3 & 0 & 4 & 7\\ 0 & 5 & 0 & 0 & 0\end{vmatrix}.$$

解:注意到第 5 行有 4 个零元素,故可按第 5 行展开,

$$D=5\cdot(-1)^{5+2}\begin{vmatrix}1 & 0 & -6 & 0\\ 3 & 0 & 2 & 0\\ 4 & 2 & 10 & 8\\ 1 & 0 & 4 & 7\end{vmatrix}.$$

对于上面的四阶行列式按第 2 列展开,得

$$D=(-5)\cdot 2\cdot(-1)^{3+2}\begin{vmatrix}1 & -6 & 0\\ 3 & 2 & 0\\ 1 & 4 & 7\end{vmatrix},$$

再按第 3 列展开,得

$$D=(-5)\cdot(-2)\cdot 7\cdot(-1)^{3+3}\begin{vmatrix}1 & -6\\ 3 & 2\end{vmatrix}=1400.$$

注　计算行列式时,应按零元素较多的行(列)展开,变为低阶的行列式.

性质 4　行列式的某一行(列)所有元素的公因子可提到行列式符号的外面,即

$$\begin{vmatrix}a_{11} & a_{12} & \cdots & a_{1n}\\ \vdots & \vdots & & \vdots\\ ka_{i1} & ka_{i2} & \cdots & ka_{in}\\ \vdots & \vdots & & \vdots\\ a_{n1} & a_{n2} & \cdots & a_{nn}\end{vmatrix}=k\begin{vmatrix}a_{11} & a_{12} & \cdots & a_{1n}\\ \vdots & \vdots & & \vdots\\ a_{i1} & a_{i2} & \cdots & a_{in}\\ \vdots & \vdots & & \vdots\\ a_{n1} & a_{n2} & \cdots & a_{nn}\end{vmatrix}.$$

证明:由性质 3,将上式左右两边的行列式分别按第 i 行展开,注意到它们的第 i 行元素的代数余子式是对应相同的,均为 $A_{i1},A_{i2},\cdots,A_{in}$,于是

$$\begin{aligned}\text{左边}&=(ka_{i1})A_{i1}+(ka_{i2})A_{i2}+(ka_{i3})A_{i3}+\cdots+(ka_{in})A_{in}\\ &=k(a_{i1}A_{i1}+a_{i2}A_{i2}+a_{i3}A_{i3}+\cdots+a_{in}A_{in})\\ &=\text{右边}.\end{aligned}$$

推论 1　若行列式中某一行(列)的元素全为零,则此行列式的值为零.

推论 2　若行列式中有两行(列)的元素对应成比例,则此行列式的值为零.

性质 5　如果行列式的某一行(列)的各元素都是两个数的和,则此行列式等于两个相应的行列式的和,即

$$\begin{vmatrix} a_{11} & a_{12} & \cdots & a_{1n} \\ \vdots & \vdots & & \vdots \\ b_{i1}+c_{i1} & b_{i2}+c_{i2} & \cdots & b_{in}+c_{in} \\ \vdots & \vdots & & \vdots \\ a_{n1} & a_{n2} & \cdots & a_{nn} \end{vmatrix} = \begin{vmatrix} a_{11} & a_{12} & \cdots & a_{1n} \\ \vdots & \vdots & & \vdots \\ b_{i1} & b_{i2} & \cdots & b_{in} \\ \vdots & \vdots & & \vdots \\ a_{n1} & a_{n2} & \cdots & a_{nn} \end{vmatrix} + \begin{vmatrix} a_{11} & a_{12} & \cdots & a_{1n} \\ \vdots & \vdots & & \vdots \\ c_{i1} & c_{i2} & \cdots & c_{in} \\ \vdots & \vdots & & \vdots \\ a_{n1} & a_{n2} & \cdots & a_{nn} \end{vmatrix}.$$

证明:证法同性质 4.将上面三个行列式均按第 i 行展开即得结论.

性质 6 把行列式的某一行(列)的所有元素乘以数 k 加到另一行(列)的相应元素上,行列式的值不变,即

$$\begin{vmatrix} a_{11} & a_{12} & \cdots & a_{1n} \\ \vdots & \vdots & & \vdots \\ a_{i1} & a_{i2} & \cdots & a_{in} \\ \vdots & \vdots & & \vdots \\ a_{j1} & a_{j2} & \cdots & a_{jn} \\ \vdots & \vdots & & \vdots \\ a_{n1} & a_{n2} & \cdots & a_{nn} \end{vmatrix} = \begin{vmatrix} a_{11} & a_{12} & \cdots & a_{1n} \\ \vdots & \vdots & & \vdots \\ a_{i1}+ka_{j1} & a_{i2}+ka_{j2} & \cdots & a_{in}+ka_{jn} \\ \vdots & \vdots & & \vdots \\ a_{j1} & a_{j2} & \cdots & a_{jn} \\ \vdots & \vdots & & \vdots \\ a_{n1} & a_{n2} & \cdots & a_{nn} \end{vmatrix}.$$

证明:由性质 5 和性质 4 的推论 2 易得.

注 数 k 乘以第 j 行(列)加到第 i 行(列)上,记作 $(i)+k(j)$ $(\underset{\smile}{\overset{\frown}{i}}+k\underset{\smile}{\overset{\frown}{j}})$.

【例 2】 计算行列式 $D=\begin{vmatrix} 1 & 2 & -1 \\ -3 & -6 & 5 \\ 4 & 8 & 2 \end{vmatrix}$.

解:易看出,行列式的第 1 列与第 2 列元素对应成比例,由性质 4 推论 2,知 $D=0$.

【例 3】 设 $\begin{vmatrix} a_{11} & a_{12} & a_{13} \\ a_{21} & a_{22} & a_{23} \\ a_{31} & a_{32} & a_{33} \end{vmatrix}=2$,求 $\begin{vmatrix} 6a_{11} & -3a_{12} & -9a_{13} \\ -2a_{21} & a_{22} & 3a_{23} \\ -2a_{31} & a_{32} & 3a_{33} \end{vmatrix}$.

解:由性质 4,得

$$原式=-3\begin{vmatrix} -2a_{11} & a_{12} & 3a_{13} \\ -2a_{21} & a_{22} & 3a_{23} \\ -2a_{31} & a_{32} & 3a_{33} \end{vmatrix}=(-3)\times(-2)\times3\times\begin{vmatrix} a_{11} & a_{12} & a_{13} \\ a_{21} & a_{22} & a_{23} \\ a_{31} & a_{32} & a_{33} \end{vmatrix}$$

$$=(-3)\times(-2)\times3\times2=36.$$

【例 4】 计算行列式 $D=\begin{vmatrix} 1 & 2 & 3 & 4 \\ 2 & 3 & 4 & 5 \\ 5 & 6 & 7 & 8 \\ 6 & 7 & 8 & 9 \end{vmatrix}$.

解:将行列式的第 1 行乘以 −2 加到第 2 行,再乘以 −5 加到第 3 行,即

$$D=\begin{vmatrix}1&2&3&4\\2&3&4&5\\5&6&7&8\\6&7&8&9\end{vmatrix}=\begin{vmatrix}1&2&3&4\\0&-1&-2&-3\\0&-4&-8&-12\\6&7&8&9\end{vmatrix}.$$

再由性质 4 推论 2,得 $D=0$.

【例 5】 计算行列式 $D=\begin{vmatrix}1&2&3&4\\2&3&4&1\\3&4&1&2\\4&1&2&3\end{vmatrix}$.

解:注意到行列式中每一行元素之和均为 10,故先将第 2、3、4 列均加到第 1 列上,提出公因子 10,得

$$D=\begin{vmatrix}1&2&3&4\\2&3&4&1\\3&4&1&2\\4&1&2&3\end{vmatrix}=10\begin{vmatrix}1&2&3&4\\1&3&4&1\\1&4&1&2\\1&1&2&3\end{vmatrix}.$$

再把第 1 行的 −1 倍分别加到第 2、3、4 行,然后按第 1 列展开,得

$$D=10\begin{vmatrix}1&2&3&4\\0&1&1&-3\\0&2&-2&-2\\0&-1&-1&-1\end{vmatrix}=10\begin{vmatrix}1&1&-3\\2&-2&-2\\-1&-1&-1\end{vmatrix}=10\begin{vmatrix}1&1&-3\\2&-2&-2\\0&0&-4\end{vmatrix}$$

$$=10\times(-4)\begin{vmatrix}1&1\\2&-2\end{vmatrix}=160.$$

【例 6】 如果 n 阶行列式 $D=|a_{ij}|$ 中的元素满足 $a_{ij}=-a_{ji}$,$i,j=1,2,\cdots,n$,则称 D 为反对称行列式. 证明:奇数阶反对称行列式 $D=0$.

证明:因 D 为反对称行列式,故 $a_{ii}=-a_{ii}$,$i=1,2,\cdots,n$,从而 $a_{ii}=0$,$i=1,2,\cdots,n$,即主对角线上的元素全为零.

设 $D=\begin{vmatrix}0&a_{12}&\cdots&a_{1n}\\-a_{12}&0&\cdots&a_{2n}\\\vdots&\vdots&&\vdots\\-a_{1n}&-a_{2n}&\cdots&0\end{vmatrix}$,

则 $D^T=\begin{vmatrix}0&-a_{12}&\cdots&-a_{1n}\\a_{12}&0&\cdots&-a_{2n}\\\vdots&\vdots&&\vdots\\a_{1n}&a_{2n}&\cdots&0\end{vmatrix}$.

因 $D^T=D$，将 D^T 中每行提出公因数(-1)，则

$$D=(-1)^n D.$$

由于 n 是奇数，得 $D=-D$，故 $D=0$.

1.4　行列式的计算

计算行列式有两种思路，一是利用定义；二是利用行列式的性质. 第一种思路只有用于求低阶行列式(四阶以下)或零元素较多的行列式时较方便，故局限性很大. 通常用第二种思路求行列式. 下面通过例题介绍几种常用的计算方法.

1.4.1　化三角形法

化三角形法是利用行列式的性质将行列式化为三角形行列式，利用三角形行列式的结果进行计算的方法. 这是最基本的方法，难点在于怎样将行列式化为三角形行列式.

【例1】　计算 n 阶行列式 $D=\begin{vmatrix} 1 & 2 & 3 & \cdots & n \\ -1 & 0 & 3 & \cdots & n \\ -1 & -2 & 0 & \cdots & n \\ \vdots & \vdots & \vdots & & \vdots \\ -1 & -2 & -3 & \cdots & 0 \end{vmatrix}$.

解：将第1行分别加到以后各行，有

$$D=\begin{vmatrix} 1 & 2 & 3 & \cdots & n \\ -1 & 0 & 3 & \cdots & n \\ -1 & -2 & 0 & \cdots & n \\ \vdots & \vdots & \vdots & & \vdots \\ -1 & -2 & -3 & \cdots & 0 \end{vmatrix} \xlongequal[i=2,3,\cdots,n.]{(i)+(1)} \begin{vmatrix} 1 & 2 & 3 & \cdots & n \\ 0 & 2 & 6 & \cdots & 2n \\ 0 & 0 & 3 & \cdots & 2n \\ \vdots & \vdots & \vdots & & \vdots \\ 0 & 0 & 0 & \cdots & n \end{vmatrix}=n!.$$

【例2】　计算 n 阶行列式 $D_n=\begin{vmatrix} x & a & a & \cdots & a \\ a & x & a & \cdots & a \\ a & a & x & \cdots & a \\ \vdots & \vdots & \vdots & & \vdots \\ a & a & a & \cdots & x \end{vmatrix}$.

解：行列式每一列元素之和均为 $x+(n-1)a$，从第2行起把每一行加到第1行上，提出公因子 $x+(n-1)a$. 然后，每一行各减去第1行的 a 倍，有

$$D_n=\begin{vmatrix} x+(n-1)a & x+(n-1)a & x+(n-1)a & \cdots & x+(n-1)a \\ a & x & a & \cdots & a \\ a & a & x & \cdots & a \\ \vdots & \vdots & \vdots & & \vdots \\ a & a & a & \cdots & x \end{vmatrix}$$

$$=[x+(n-1)a]\begin{vmatrix} 1 & 1 & 1 & \cdots & 1 \\ a & x & a & \cdots & a \\ a & a & x & \cdots & a \\ \vdots & \vdots & \vdots & & \vdots \\ a & a & a & \cdots & x \end{vmatrix}$$

$$\xlongequal[i=2,3,\cdots,n]{(i)-a(1)}[x+(n-1)a]\begin{vmatrix} 1 & 1 & 1 & \cdots & 1 \\ 0 & x-a & 0 & \cdots & 0 \\ 0 & 0 & x-a & \cdots & 0 \\ \vdots & \vdots & \vdots & & \vdots \\ 0 & 0 & 0 & \cdots & x-a \end{vmatrix}$$

$$=[x+(n-1)a](x-a)^{n-1}.$$

注 当行列式的每一行(列)元素之和相同时,通常将各列(行)加到第1列(行),再提取公因式,将行列式化简后再计算.

【例3】 计算$(n+1)$阶行列式

$$D_{n+1}=\begin{vmatrix} a & ax & ax^2 & \cdots & ax^{n-1} & ax^n \\ -1 & a & ax & \cdots & ax^{n-2} & ax^{n-1} \\ 0 & -1 & a & \cdots & ax^{n-3} & ax^{n-2} \\ \vdots & \vdots & \vdots & & \vdots & \vdots \\ 0 & 0 & 0 & \cdots & a & ax \\ 0 & 0 & 0 & \cdots & -1 & a \end{vmatrix}.$$

解:从第$(n-1)$列开始,每列乘$-x$加到后一列,得

$$D_{n+1}=\begin{vmatrix} a & 0 & 0 & \cdots & 0 & 0 \\ -1 & a+x & 0 & \cdots & 0 & 0 \\ 0 & -1 & a+x & \cdots & 0 & 0 \\ \vdots & \vdots & \vdots & & \vdots & \vdots \\ 0 & 0 & 0 & \cdots & a+x & 0 \\ 0 & 0 & 0 & \cdots & -1 & a+x \end{vmatrix}=a(a+x)^n.$$

1.4.2 降阶展开法

降阶展开法是利用行列式的性质将某一行(列)尽可能多的元素化为零,然后按该行(列)展开,将行列式化为较低阶的行列式进行计算的方法.这是常用的计算方法.

【例 4】 计算 n 阶行列式 $D_n=\begin{vmatrix} x & y & 0 & \cdots & 0 & 0 \\ 0 & x & y & \cdots & 0 & 0 \\ 0 & 0 & x & \cdots & 0 & 0 \\ \vdots & \vdots & \vdots & & \vdots & \vdots \\ 0 & 0 & 0 & \cdots & x & y \\ y & 0 & 0 & \cdots & 0 & x \end{vmatrix}$.

解:将其按第 1 列展开,得

$$D_n=x\begin{vmatrix} x & y & \cdots & 0 & 0 \\ 0 & x & \cdots & 0 & 0 \\ \vdots & \vdots & & \vdots & \vdots \\ 0 & 0 & \cdots & x & y \\ 0 & 0 & \cdots & 0 & x \end{vmatrix}+(-1)^{n+1}y\begin{vmatrix} y & 0 & \cdots & 0 & 0 \\ x & y & \cdots & 0 & 0 \\ \vdots & \vdots & & \vdots & \vdots \\ 0 & 0 & \cdots & y & 0 \\ 0 & 0 & \cdots & x & y \end{vmatrix}$$

$$=x^n+(-1)^{n+1}y^n.$$

【例 5】 计算行列式 $D=\begin{vmatrix} 1+x & 1 & 1 & 1 \\ 1 & 1-x & 1 & 1 \\ 1 & 1 & 1+y & 1 \\ 1 & 1 & 1 & 1-y \end{vmatrix}$, $xy\neq 0$.

解:$$D \xlongequal[(4)-(1)]{\substack{(2)-(1)\\(3)-(1)}} \begin{vmatrix} 1+x & 1 & 1 & 1 \\ -x & -x & 0 & 0 \\ -x & 0 & y & 0 \\ -x & 0 & 0 & -y \end{vmatrix} \xlongequal{\text{按第4行展开}} (-1)^{1+4}(-x)\begin{vmatrix} 1 & 1 & 1 \\ -x & 0 & 0 \\ 0 & y & 0 \end{vmatrix}$$

$$+(-1)^{4+4}(-y)\begin{vmatrix} 1+x & 1 & 1 \\ -x & -x & 0 \\ -x & 0 & y \end{vmatrix}=-x^2y-y\{-x^2+y[(1+x)(-x)+x]\}$$

$$=x^2y^2.$$

1.4.3 递推法

递推法是将行列式从高阶向低阶变形,找出递推公式,利用递推公式将行列式降阶进行计算的方法.

【例 6】 计算 $2n$ 行列式 $D_{2n}=\begin{vmatrix} a & & & & & b \\ & \ddots & & & \unicode{x22F0} & \\ & & a & b & & \\ & & c & d & & \\ & \unicode{x22F0} & & & \ddots & \\ c & & & & & d \end{vmatrix}$,其中未写出的元素为 0.

解:将行列式按第 1 行展开,得

$$D_{2n}=a\begin{vmatrix} a & & & & b & 0 \\ & \ddots & & {\cdot^{\cdot^{\cdot}}} & & \\ & & a & b & & \vdots \\ & & c & d & & \vdots \\ & {\cdot^{\cdot^{\cdot}}} & & & \ddots & \\ c & & & & d & 0 \\ 0 & & \cdots & \cdots & 0 & d \end{vmatrix}-b\begin{vmatrix} 0 & a & & & & b \\ & & \ddots & & {\cdot^{\cdot^{\cdot}}} & \\ \vdots & & & a & b & \\ \vdots & & & c & d & \\ & & {\cdot^{\cdot^{\cdot}}} & & & \ddots \\ 0 & c & & & & d \\ c & 0 & \cdots & \cdots & & 0 \end{vmatrix}$$

$$=adD_{2(n-1)}-bcD_{2(n-1)}$$

$$=(ad-bc)D_{2(n-1)}.$$

据此递推下去,可得

$$D_{2n}=(ad-bc)D_{2(n-1)}=(ad-bc)^2D_{2(n-2)}=\cdots=(ad-bc)^{n-1}D_2$$

$$=(ad-bc)^{n-1}(ad-bc)=(ad-bc)^n.$$

【例 7】 计算行列式 $D_5=\begin{vmatrix} a & b & 0 & 0 & 0 \\ c & a & b & 0 & 0 \\ 0 & c & a & b & 0 \\ 0 & 0 & c & a & b \\ 0 & 0 & 0 & c & a \end{vmatrix}$.

解:方法一 将行列式按第 1 行展开,得

$$D_5=a\begin{vmatrix} a & b & 0 & 0 \\ c & a & b & 0 \\ 0 & c & a & b \\ 0 & 0 & c & a \end{vmatrix}-b\begin{vmatrix} c & b & 0 & 0 \\ 0 & a & b & 0 \\ 0 & c & a & b \\ 0 & 0 & c & a \end{vmatrix}$$

$$=aD_4-bcD_3.$$

由此递推,$D_4=aD_3-bcD_2$,

$$D_3=aD_2-bcD_1=a(a^2-bc)-bca=a^3-2abc.$$

把 D_2,D_3 代入 D_4,得

$$D_4=a(a^3-2abc)-bc(a^2-bc)=a^4-3a^2bc+b^2c^2.$$

把 D_3,D_4 代入 D_5,得

$$D_5=a(a^4-3a^2bc+b^2c^2)-bc(a^3-2abc)=a^5-4a^3bc+3ab^2c^2.$$

方法二 将行列式按第 1 行展开,得

$$D_5=a\begin{vmatrix} a & b & 0 & 0 \\ c & a & b & 0 \\ 0 & c & a & b \\ 0 & 0 & c & a \end{vmatrix}-b\begin{vmatrix} c & b & 0 & 0 \\ 0 & a & b & 0 \\ 0 & c & a & b \\ 0 & 0 & c & a \end{vmatrix}$$

$$=a\left\{a\begin{vmatrix}a&b&0\\c&a&b\\0&c&a\end{vmatrix}-b\begin{vmatrix}c&b&0\\0&a&b\\0&c&a\end{vmatrix}\right\}-bc\begin{vmatrix}a&b&0\\c&a&b\\0&c&a\end{vmatrix}$$

$$=a^2(a^3-2abc)-abc(a^2-bc)-bc(a^3-2abc)$$

$$=a^5-4a^3bc+3ab^2c^2.$$

1.4.4 归纳法

归纳法是先通过对低阶行列式的计算找出规律,再归纳出一般结论的行列式的计算方法.

【例 8】 证明 n 阶范德蒙行列式

$$D_n=\begin{vmatrix}1&1&1&\cdots&1\\a_1&a_2&a_3&\cdots&a_n\\a_1^2&a_2^2&a_3^2&\cdots&a_n^2\\\vdots&\vdots&\vdots&&\vdots\\a_1^{n-1}&a_2^{n-1}&a_3^{n-1}&\cdots&a_n^{n-1}\end{vmatrix}=\prod_{1\leqslant j<i\leqslant n}(a_i-a_j).$$

证明:利用数学归纳法.

当 $n=2$ 时,$D_2=\begin{vmatrix}1&1\\a_1&a_2\end{vmatrix}=a_2-a_1$,结论成立.

归纳假设对于 $(n-1)$ 阶范德蒙行列式结论成立,下证对 n 阶范德蒙行列式结论也成立.

把 D_n 从第 n 行起,依次加上前一行的 $(-a_1)$ 倍,得

$$D_n=\begin{vmatrix}1&1&1&\cdots&1\\0&a_2-a_1&a_3-a_1&\cdots&a_n-a_1\\0&a_2^2-a_1a_2&a_3^2-a_1a_3&\cdots&a_n^2-a_1a_n\\\vdots&\vdots&\vdots&&\vdots\\0&a_2^{n-1}-a_1a_2^{n-2}&a_3^{n-1}-a_1a_3^{n-2}&\cdots&a_n^{n-1}-a_1a_n^{n-2}\end{vmatrix}$$

$$=\begin{vmatrix}a_2-a_1&a_3-a_1&\cdots&a_n-a_1\\a_2(a_2-a_1)&a_3(a_3-a_1)&\cdots&a_n(a_n-a_1)\\\vdots&\vdots&&\vdots\\a_2^{n-2}(a_2-a_1)&a_3^{n-2}(a_3-a_1)&\cdots&a_n^{n-2}(a_n-a_1)\end{vmatrix}$$

$$=(a_2-a_1)(a_3-a_1)\cdots(a_n-a_1)\begin{vmatrix}1&1&\cdots&1\\a_2&a_3&\cdots&a_n\\\vdots&\vdots&&\vdots\\a_2^{n-2}&a_3^{n-2}&\cdots&a_n^{n-2}\end{vmatrix}$$

$$=(a_2-a_1)(a_3-a_1)\cdots(a_n-a_1)\prod_{2\leqslant j<i\leqslant n}(a_i-a_j)$$

$$=\prod_{1\leqslant j<i\leqslant n}(a_i-a_j).$$

归纳证得结论成立.

【例 9】 计算行列式 $D=\begin{vmatrix}1&1&1&1\\1&3&5&7\\1^2&3^2&5^2&7^2\\1^3&3^3&5^3&7^3\end{vmatrix}$.

解:利用范德蒙行列式的结论,有

$$D=(3-1)(5-1)(7-1)(5-3)(7-3)(7-5)=768.$$

1.4.5 分裂法

分裂法是利用行列式的单行(列)可加性,把行列式拆成若干个同阶行列式之和,然后求出各行列式的值,进而计算原行列式的一种方法.

【例 10】 计算行列式 $D_5=\begin{vmatrix}1-a&a&0&0&0\\-1&1-a&a&0&0\\0&-1&1-a&a&0\\0&0&-1&1-a&a\\0&0&0&-1&1-a\end{vmatrix}$.

解:根据第 1 列的可加性,将其拆成两个行列式之和

$$D_5=\begin{vmatrix}-a&a&0&0&0\\0&1-a&a&0&0\\0&-1&1-a&a&0\\0&0&-1&1-a&a\\0&0&0&-1&1-a\end{vmatrix}+\begin{vmatrix}1&a&0&0&0\\-1&1-a&a&0&0\\0&-1&1-a&a&0\\0&0&-1&1-a&a\\0&0&0&-1&1-a\end{vmatrix}$$

$$=-aD_4+\begin{vmatrix}1&a&0&0&0\\0&1&a&0&0\\0&0&1&a&0\\0&0&0&1&a\\0&0&0&0&1\end{vmatrix}=-aD_4+1.$$

据此推理,$D_4=-aD_3+1$,$D_3=-aD_2+1=-a\begin{vmatrix}1-a&a\\-1&1-a\end{vmatrix}+1=1-a+a^2-a^3$.

将 D_3 代入 D_4,得

$$D_4=-a(1-a+a^2-a^3)+1=1-a+a^2-a^3+a^4,$$

将 D_4 代入 D_5,得

$$D_5=-a(1-a+a^2-a^3+a^4)+1=1-a+a^2-a^3+a^4-a^5.$$

1.4.6 因式法

在行列式中若含有字母 a,b,c 等,如果 $a=b$ 时,行列式为零,则行列式的值

中含有因式$(a-b)$. 求出所有因式，然后借助于待定系数法求得行列式的值，这就是计算行列式的因式法.

【例 11】 计算行列式 $D=\begin{vmatrix} a & b & c \\ a^2 & b^2 & c^2 \\ b+c & c+a & a+b \end{vmatrix}$.

解：方法一 利用范德蒙行列式.

$$D\overset{(3)+(1)}{=\!=\!=}\begin{vmatrix} a & b & c \\ a^2 & b^2 & c^2 \\ a+b+c & a+b+c & a+b+c \end{vmatrix}=(a+b+c)\begin{vmatrix} a & b & c \\ a^2 & b^2 & c^2 \\ 1 & 1 & 1 \end{vmatrix}$$

$$=(a+b+c)\begin{vmatrix} 1 & 1 & 1 \\ a & b & c \\ a^2 & b^2 & c^2 \end{vmatrix}=(a-b)(b-c)(c-a)(a+b+c).$$

方法二 利用因式法

因 $a=b$ 时，$D=0$，故 D 的值含有因式 $a-b$. 同理当 $b=c$ 或 $c=a$ 或 $a=-(b+c)$时，行列式$D=0$. 因此，D 中含有因式$(a-b)(b-c)(c-a)(a+b+c)$.

行列式 D 的展开式含 a 的最高次为三次，而$(a-b)(b-c)(c-a)(a+b+c)$中含 a 的最高次也为三次，从而 $D=k(a-b)(b-c)(c-a)(a+b+c)$，这里 k 为待定常数.

行列式 D 中 a^3 的系数为$(c-b)$，由$(a-b)(b-c)(c-a)(a+b+c)$中 a^3 的系数也为$(c-b)$，得 $k=1$.

故

$$D=(a-b)(b-c)(c-a)(a+b+c).$$

【例 12】 计算行列式 $D=\begin{vmatrix} 1+x & 1 & 1 & 1 \\ 1 & 1-x & 1 & 1 \\ 1 & 1 & 1+y & 1 \\ 1 & 1 & 1 & 1-y \end{vmatrix}$.

(参见例 5)

解：当 $x=0$ 或 $y=0$ 时，显然 $D=0$. 为此，可设 $xy\neq0$.

将四阶行列式 D 分别添加一行和一列，变为五阶行列式，并保持行列式的值不变，即

$$D=\begin{vmatrix} 1 & 1 & 1 & 1 & 1 \\ 0 & 1+x & 1 & 1 & 1 \\ 0 & 1 & 1-x & 1 & 1 \\ 0 & 1 & 1 & 1+y & 1 \\ 0 & 1 & 1 & 1 & 1-y \end{vmatrix}$$

$$\xlongequal[(5)-(1)]{\substack{(2)-(1)\\(3)-(1)\\(4)-(1)}}\begin{vmatrix}1&1&1&1&1\\-1&x&0&0&0\\-1&0&-x&0&0\\-1&0&0&y&0\\-1&0&0&0&-y\end{vmatrix}$$

$$\xlongequal[\substack{\widehat{1}+\frac{1}{x}\widehat{2}\\\widehat{1}-\frac{1}{x}\widehat{3}\\\widehat{1}+\frac{1}{y}\widehat{4}\\\widehat{1}-\frac{1}{y}\widehat{5}}]{}\begin{vmatrix}1&1&1&1&1\\0&x&0&0&0\\0&0&-x&0&0\\0&0&0&y&0\\0&0&0&0&-y\end{vmatrix}=x^2y^2.$$

注 将四阶行列式转化为五阶行列式的方法称为加边法.

1.5 克拉默(Cramer)法则

克拉默法则适用于变量和方程数目相等的线性方程组,是瑞士数学家克拉默(1704—1752)于1750年,在他的《线性代数分析导言》中发表的.

本章已讨论过二元线性方程组

$$\begin{cases}a_{11}x_1+a_{12}x_2=b_1,\\a_{21}x_1+a_{22}x_2=b_2.\end{cases}$$

当 $D=\begin{vmatrix}a_{11}&a_{12}\\a_{21}&a_{22}\end{vmatrix}\neq0$ 时,其唯一解可表示为

$$x_j=\frac{D_j}{D}(j=1,2),$$

其中 $D_1=\begin{vmatrix}b_1&a_{12}\\b_2&a_{22}\end{vmatrix}$, $D_2=\begin{vmatrix}a_{11}&b_1\\a_{21}&b_2\end{vmatrix}$.

对于三元线性方程组

$$\begin{cases}a_{11}x_1+a_{12}x_2+a_{13}x_3=b_1,\\a_{21}x_1+a_{22}x_2+a_{23}x_3=b_2,\\a_{31}x_1+a_{32}x_2+a_{33}x_3=b_3.\end{cases}$$

当 $D=\begin{vmatrix}a_{11}&a_{12}&a_{13}\\a_{21}&a_{22}&a_{23}\\a_{31}&a_{32}&a_{33}\end{vmatrix}\neq0$ 时,其唯一解可表示为

$$x_j=\frac{D_j}{D}(j=1,2,3),$$

其中 $D_1=\begin{vmatrix} b_1 & a_{12} & a_{13} \\ b_2 & a_{22} & a_{23} \\ b_3 & a_{32} & a_{33} \end{vmatrix}, D_2=\begin{vmatrix} a_{11} & b_1 & a_{13} \\ a_{21} & b_2 & a_{23} \\ a_{31} & b_3 & a_{33} \end{vmatrix}, D_3=\begin{vmatrix} a_{11} & a_{12} & b_1 \\ a_{21} & a_{22} & b_2 \\ a_{31} & a_{32} & b_3 \end{vmatrix}$.

这一结论可以推广到一般的 n 元线性方程组.

设含有 n 个未知量、n 个方程的线性方程组为

$$\begin{cases} a_{11}x_1+a_{12}x_2+\cdots+a_{1n}x_n=b_1, \\ a_{21}x_1+a_{22}x_2+\cdots+a_{2n}x_n=b_2, \\ \quad\cdots\cdots \\ a_{n1}x_1+a_{n2}x_2+\cdots+a_{nn}x_n=b_n. \end{cases} \qquad (*)$$

由未知量的系数构成的行列式

$$D=\begin{vmatrix} a_{11} & a_{12} & \cdots & a_{1n} \\ a_{21} & a_{22} & \cdots & a_{2n} \\ \vdots & \vdots & & \vdots \\ a_{n1} & a_{n2} & \cdots & a_{nn} \end{vmatrix}$$

称为该方程组的系数行列式.

对方程组($*$)作消元变换:第一个方程乘以 A_{1j},第二个方程乘以 A_{2j},…,第 n 个方程乘以 A_{nj},将它们相加,得

$(a_{11}A_{1j}+a_{21}A_{2j}+\cdots+a_{n1}A_{nj})x_1+(a_{12}A_{1j}+a_{22}A_{2j}+\cdots+a_{n2}A_{nj})x_2+\cdots+(a_{1j}A_{1j}+a_{2j}A_{2j}+\cdots+a_{nj}A_{nj})x_j+\cdots+(a_{1n}A_{1j}+a_{2n}A_{2j}+\cdots+a_{nn}A_{nj})x_n=b_1A_{1j}+b_2A_{2j}+\cdots+b_nA_{nj}$.

利用 $a_{1j}A_{1t}+a_{2j}A_{2t}+a_{3j}A_{3t}+\cdots+a_{nj}A_{nt}=\begin{cases} D, & j=t, \\ 0, & j\neq t. \end{cases}$ 有

$$Dx_j=D_j\,(j=1,2,\cdots,n),$$

其中 $D_j=\begin{vmatrix} a_{11} & \cdots & a_{1(j-1)} & b_1 & a_{1(j+1)} & \cdots & a_{1n} \\ a_{21} & \cdots & a_{2(j-1)} & b_2 & a_{2(j+1)} & \cdots & a_{2n} \\ \vdots & & \vdots & \vdots & \vdots & & \vdots \\ a_{n1} & \cdots & a_{n(j-1)} & b_n & a_{n(j+1)} & \cdots & a_{nn} \end{vmatrix}=b_1A_{1j}+b_2A_{2j}+\cdots+b_nA_{nj}$.

故若 $D\neq 0$,则

$$x_j=\frac{D_j}{D}\,(j=1,2,3,\cdots,n).$$

定理1(克拉默 Cramer 法则)　如果线性方程组($*$)的系数行列式 $D\neq 0$,则方程组($*$)有唯一解

$$x_j=\frac{D_j}{D}\,(j=1,2,3,\cdots,n),$$

其中 $D_j(j=1,2,\cdots,n)$ 是将 D 中第 j 列元素替换成(＊)式右边常数列所得的行列式.

注 1 用 Cramer 法则求解线性方程组必须满足两个条件:(ⅰ)未知量的个数与方程的个数相等;(ⅱ)系数行列式 $D\neq0$($D=0$ 的情况将在第 3 章中讨论).

注 2 当 n 较大时,用此法计算量很大,求解不方便.第 3 章将用矩阵作为工具研究一般线性方程组的求解问题.

【例 1】 求解线性方程组

$$\begin{cases}x_1-2x_2+3x_3-4x_4=4,\\ \quad\ x_2-x_3+x_4=-3,\\ x_1+3x_2+x_4=1,\\ \quad -7x_2+3x_3+x_4=-3.\end{cases}$$

解:因为 $D=\begin{vmatrix}1&-2&3&-4\\0&1&-1&1\\1&3&0&1\\0&-7&3&1\end{vmatrix}\xlongequal{(3)-(1)}\begin{vmatrix}1&-2&3&-4\\0&1&-1&1\\0&5&-3&5\\0&-7&3&1\end{vmatrix}=\begin{vmatrix}1&-1&1\\5&-3&5\\-7&3&1\end{vmatrix}$

$$\xlongequal{(2)-5(1)}\begin{vmatrix}1&-1&1\\0&2&0\\-7&3&1\end{vmatrix}=(-1)^{2+2}\times2\begin{vmatrix}1&1\\-7&1\end{vmatrix}=16\neq0,$$

所以方程组有唯一解.

又 $D_1=\begin{vmatrix}4&-2&3&-4\\-3&1&-1&1\\1&3&0&1\\-3&-7&3&1\end{vmatrix}=-128,$

$$D_2=\begin{vmatrix}1&4&3&-4\\0&-3&-1&1\\1&1&0&1\\0&-3&3&1\end{vmatrix}=48,$$

$$D_3=\begin{vmatrix}1&-2&4&-4\\0&1&-3&1\\1&3&1&1\\0&-7&-3&1\end{vmatrix}=96,$$

$$D_4=\begin{vmatrix}1&-2&3&4\\0&1&-1&-3\\1&3&0&1\\0&-7&3&-3\end{vmatrix}=0,$$

故其唯一解为

$$x_1=-\frac{128}{16}=-8,x_2=\frac{48}{16}=3,$$

$$x_3=\frac{96}{16}=6,x_4=\frac{0}{16}=0.$$

定义 4 如果线性方程组(＊)右边的常数都为零,即

$$\begin{cases}a_{11}x_1+a_{12}x_2+\cdots+a_{1n}x_n=0,\\ a_{21}x_1+a_{22}x_2+\cdots+a_{2n}x_n=0,\\ \quad\cdots\cdots\\ a_{n1}x_1+a_{n2}x_2+\cdots+a_{nn}x_n=0,\end{cases}\tag{＊＊}$$

则称它为齐次线性方程组.而把(＊)称为非齐次线性方程组.

显然,齐次线性方程组总有解,$x_1=x_2=\cdots=x_n=0$ 便是一组解,称它为零解.那么齐次线性方程组(＊＊)除零解外,是否还有非零解?这可由以下定理来判定.

定理 2 如果齐次线性方程组(＊＊)的系数行列式 $D\neq0$,则它仅有零解.

证明:由于 $D\neq0$,由 Cramer 法则,知方程组(＊＊)有唯一解.又因为齐次线性方程组必有零解,所以它仅有零解.

推论 如果齐次线性方程组(＊＊)有非零解,那么它的系数行列式 $D=0$.

【例 2】 判断齐次线性方程组

$$\begin{cases}2x_1+2x_2-x_3=0,\\ x_1-2x_2+4x_3=0,\\ 5x_1+8x_2-2x_3=0\end{cases}$$

是否仅有零解?

解:因为

$$D=\begin{vmatrix}2&2&-1\\1&-2&4\\5&8&-2\end{vmatrix}=-30\neq0.$$

所以方程组仅有零解.

【例 3】 当 k 满足什么条件时,齐次线性方程组

$$\begin{cases}kx_1+x_2+x_3=0,\\ x_1+kx_2+x_3=0,\\ x_1+x_2+kx_3=0\end{cases}$$

有非零解?

解:若该方程组有非零解,那么

$$D=\begin{vmatrix} k & 1 & 1 \\ 1 & k & 1 \\ 1 & 1 & k \end{vmatrix}=(k-1)^2(k+2)=0.$$

故当 $k=1$ 或 $k=-2$ 时,原方程组有非零解.

【例 4】 求四个平面 $a_ix+b_iy+c_iz+d_i=0, i=1,2,3,4$ 相交于一点 $P_0(x_0, y_0, z_0)$ 的必要条件.

解:把四个平面方程写成关于变量 x,y,z,t 的齐次线性方程组

$$\begin{cases} a_1x+b_1y+c_1z+d_1t=0, \\ a_2x+b_2y+c_2z+d_2t=0, \\ a_3x+b_3y+c_3z+d_3t=0, \\ a_4x+b_4y+c_4z+d_4t=0, \end{cases}$$

其中 $t=1$.

四个平面相交于唯一点 $P_0(x_0,y_0,z_0)$,相当于此方程组有非零解 $(x_0,y_0,z_0,1)$.

于是系数行列式

$$\begin{vmatrix} a_1 & b_1 & c_1 & d_1 \\ a_2 & b_2 & c_2 & d_2 \\ a_3 & b_3 & c_3 & d_3 \\ a_4 & b_4 & c_4 & d_4 \end{vmatrix}=0,$$

这就是所求的必要条件.

【例 5】 已知三次曲线 $y=f(x)=a_0+a_1x+a_2x^2+a_3x^3$ 在四个点 $x=\pm1$, $x=\pm2$ 处的函数值:$f(1)=f(-1)=f(2)=6$, $f(-2)=-6$. 试求其系数 a_0, a_1, a_2, a_3 之值.

解:将四个点处的值代入 $f(x)$,得

$$\begin{cases} a_0+a_1+a_2+a_3=6, \\ a_0+(-1)a_1+(-1)^2a_2+(-1)^3a_3=6, \\ a_0+2a_1+2^2a_2+2^3a_3=6, \\ a_0+(-2)a_1+(-2)^2a_2+(-2)^3a_3=-6, \end{cases}$$

这是关于变量 a_0,a_1,a_2,a_3 的非齐次线性方程组,其系数行列式 D 为范德蒙行列式,故

$$D=\begin{vmatrix} 1 & 1 & 1 & 1 \\ 1 & -1 & (-1)^2 & (-1)^3 \\ 1 & 2 & 2^2 & 2^3 \\ 1 & -2 & (-2)^2 & (-2)^3 \end{vmatrix}=\begin{vmatrix} 1 & 1 & 1 & 1 \\ 1 & -1 & 2 & -2 \\ 1^2 & (-1)^2 & 2^2 & (-2)^2 \\ 1^3 & (-1)^3 & 2^3 & (-2)^3 \end{vmatrix}$$

$=(-1-1)(2-1)(-2-1)(2+1)(-2+1)(-2-2)$

$=72.$

由克拉默法则,知三次曲线方程的系数

$$a_j=\frac{D_j}{D}(j=0,1,2,3).$$

这里

$$D_0=\begin{vmatrix} 6 & 1 & 1 & 1 \\ 6 & -1 & (-1)^2 & (-1)^3 \\ 6 & 2 & 2^2 & 2^3 \\ -6 & -2 & (-2)^2 & (-2)^3 \end{vmatrix}=576,$$

$$D_1=\begin{vmatrix} 1 & 6 & 1 & 1 \\ 1 & 6 & (-1)^2 & (-1)^3 \\ 1 & 6 & 2^2 & 2^3 \\ 1 & -6 & (-2)^2 & (-2)^3 \end{vmatrix}=-72,$$

$$D_2=\begin{vmatrix} 1 & 1 & 6 & 1 \\ 1 & -1 & 6 & (-1)^3 \\ 1 & 2 & 6 & 2^3 \\ 1 & -2 & -6 & (-2)^3 \end{vmatrix}=-144,$$

$$D_3=\begin{vmatrix} 1 & 1 & 1 & 6 \\ 1 & -1 & (-1)^2 & 6 \\ 1 & 2 & 2^2 & 6 \\ 1 & -2 & (-2)^2 & -6 \end{vmatrix}=72.$$

因此,$a_0=8,a_1=-1,a_2=-2,a_3=1$,这是唯一解.

最后,由上述4点唯一确定的三次曲线的方程为

$$f(x)=8-x-2x^2+x^3.$$

小 结

1. 行列式自成体系,可构成一门基础学科.行列式的知识贯穿在线性代数各章内容之中,它是强有力的计算工具.

2. 二阶行列式:

$$\begin{vmatrix} a_{11} & a_{12} \\ a_{21} & a_{22} \end{vmatrix}=a_{11}a_{22}-a_{12}a_{21}$$

是两项的代数和,每项都是不同行不同列元素的乘积.主对角线两元素相乘取正号,另一项取负号.

a_{11}的代数余子式是a_{22};a_{22}的代数余子式是a_{11};a_{12}的代数余子式是$-a_{21}$;

a_{21}的代数余子式是$-a_{12}$.

3. 三阶行列式

$$\begin{vmatrix} a_{11} & a_{12} & a_{13} \\ a_{21} & a_{22} & a_{23} \\ a_{31} & a_{32} & a_{33} \end{vmatrix} = a_{11}a_{22}a_{33}+a_{21}a_{32}a_{13}+a_{12}a_{23}a_{31}-a_{13}a_{22}a_{31}-a_{12}a_{21}a_{33}-a_{23}a_{32}a_{11}$$

是 6 项的代数和,每项都是不同行不同列元素的乘积. 三项取正号,三项取负号,可用对角线法则加以记忆和计算.

二阶、三阶行列式分别与二元、三元一次方程组的求解有关.

引入三阶行列式的代数余子式,行列式可按任意一行或任意一列展开,为行列式的计算提供了方便.

4. 将三阶行列式代数余子式的概念推广到 n 阶行列式,给出 n 阶行列式 D 的定义.

$$D=\begin{vmatrix} a_{11} & a_{12} & \cdots & a_{1n} \\ a_{21} & a_{22} & \cdots & a_{2n} \\ \vdots & \vdots & \cdots & \vdots \\ a_{n1} & a_{n2} & \cdots & a_{nn} \end{vmatrix} = a_{11}A_{11}+a_{12}A_{12}+\cdots+a_{1n}A_{1n}=\sum_{j=1}^{n}a_{1j}A_{1j},$$

其中 A_{1j} 是 $a_{1j}(j=1,2,\cdots,n)$ 的代数余子式,即一个 n 阶行列式等于它的第一行诸元素与其对应的代数余子式乘积之和.

借助于行列式的性质,得

$$D=a_{i1}A_{i1}+a_{i2}A_{i2}+\cdots+a_{in}A_{in}\ (i=1,2,\cdots,n),$$

这表明行列式 D 可按任意一行展开.

同样

$$D=a_{1j}A_{1j}+a_{2j}A_{2j}+\cdots+a_{nj}A_{nj}\ (j=1,2,\cdots,n),$$

这表明行列式 D 可按任意一列展开.

5. 计算 n 阶行列式的方法归纳如下.

方法一 化三角形法.

利用行列式的性质,将行列式化为上三角形行列式或下三角形行列式. 这样,行列式之值就等于上(下)三角形行列式主对角线上各元素之乘积. 参见 1.4 节例 1.

方法二 降阶展开法.

若用$(i)+k(j)$表示数 k 乘以第 j 行加到第 i 行上去,则行列式之值不变;用 $\overset{\frown}{i}+k\overset{\frown}{j}$ 表示数 k 乘以第 j 列加到第 i 列上去,则行列式之值也不变. 多次运用这一行列式性质 6,可使行列式某行或某列尽可能多的元素为零,就按此行或此列展开,将行列式化为较低阶行列式进行计算. 参见 1.4 节例 4.

方法三 递推法.

递推法是将行列式从高阶向低阶变形，设法建立递推关系式，利用逐步递推，算出行列式，参见 1.4 节例 6.

方法四 归纳法.

归纳法首先通过对二阶、三阶或四阶行列式的计算，找出其中的规律，归纳导出 n 阶行列式的计算公式. 有时需用数学归纳法证实公式的准确性. 参见 1.4 节例 8.

方法五 分裂法.

分裂法是利用性质 5，将行列式拆成若干个同阶行列式之和，再逐个算出各个行列式之值. 参见 1.4 节例 10.

方法六 因式法.

若行列式 D 中含有参数 a、b、c 等，当 $a=b$ 时，若 $D=0$，则 D 中含有因式 $a-b$. 借助于字母轮换的性质，列出 D 中所含的全部因式，然后，用待定系数法确定行列式之值. 参见 1.4 节例 11.

方法七 加边法.

加边法就是把原行列式添加一行一列，使升阶后的行列式的值保持不变，且使升阶后的行列式计算较为方便. 参见 1.4 节例 12.

计算行列式首先要仔细观察行列式在构造上的特点，其次利用行列式的性质进行变换，从中选择合适的方法进行计算. 要注意多种计算方法的综合运用.

6. 作为行列式的一个应用，利用克拉默法则解线性方程组. 当方程组的个数与未知数的个数相等，且方程组系数行列式不为零时，才能运用克拉默法则进行求解，其解是唯一的.

7. 行列式性质 6 中，$(i)+k(j)$ 与 $\overset{\frown}{\underset{\smile}{i}}+k\overset{\frown}{\underset{\smile}{j}}$ 的变换方法是与第 2 章矩阵的初等变换接轨的，要掌握利用性质 6 作行列式的计算.

第 1 章习题

【A 组】

1. 计算下列行列式

(1) $\begin{vmatrix} 2 & 3 \\ 5 & 7 \end{vmatrix}$;

(2) $\begin{vmatrix} x-1 & 1 \\ x^2 & x^2+x+1 \end{vmatrix}$;

(3) $\begin{vmatrix} 1 & 2 & 3 \\ 2 & 3 & 1 \\ 3 & 1 & 2 \end{vmatrix}$;

(4) $\begin{vmatrix} 0 & 4 & 1 \\ 1 & 0 & -1 \\ 3 & 5 & 0 \end{vmatrix}$;

(5) $\begin{vmatrix} 0 & a & 0 \\ b & 0 & c \\ 0 & d & 0 \end{vmatrix}$;

(6) $\begin{vmatrix} x & x & 2 \\ 0 & -1 & 0 \\ 1 & 2 & x \end{vmatrix}$.

2. 行列式 $\begin{vmatrix} a & 1 & 0 \\ 1 & a & 0 \\ 4 & 1 & 1 \end{vmatrix} > 0$ 的充分必要条件是什么?

3. 当 k 为何值时, $\begin{vmatrix} k & 3 & 4 \\ -1 & k & 0 \\ 0 & k & 1 \end{vmatrix} = 0$.

4. 求解下列方程

(1) $\begin{vmatrix} 1 & 0 & 2 \\ x & 3 & 1 \\ 4 & x & 5 \end{vmatrix} = -3$;

(2) $\begin{vmatrix} x+1 & 2 & -1 \\ 2 & x+1 & 1 \\ -1 & 1 & x+1 \end{vmatrix} = 0$.

5. 计算下列行列式

(1) $\begin{vmatrix} 0 & 0 & 0 & 1 \\ 0 & 0 & 2 & 0 \\ 0 & 3 & 0 & 0 \\ 4 & 0 & 0 & 0 \end{vmatrix}$;

(2) $\begin{vmatrix} 7 & 6 & 5 & 4 \\ 3 & 8 & 9 & 0 \\ 0 & 2 & 10 & 0 \\ 0 & 0 & 1 & 0 \end{vmatrix}$;

(3) $\begin{vmatrix} 0 & \cdots & 0 & n \\ 0 & \cdots & n-1 & 0 \\ \vdots & & \vdots & \vdots \\ 1 & \cdots & 0 & 0 \end{vmatrix}$;

(4) $\begin{vmatrix} a & b & \cdots & 0 & 0 \\ 0 & a & \cdots & 0 & 0 \\ \vdots & \vdots & & \vdots & \vdots \\ 0 & 0 & \cdots & a & b \\ b & 0 & 0 & 0 & a \end{vmatrix}$;

(5) $\begin{vmatrix} a & 0 & 0 & e \\ 0 & b & f & 0 \\ 0 & g & c & 0 \\ h & 0 & 0 & d \end{vmatrix}$;

(6) $\begin{vmatrix} 1 & 0 & a & 0 \\ 1 & 0 & 0 & a \\ 1 & 0 & 0 & 0 \\ 1 & a & 0 & 0 \end{vmatrix}$.

6. 利用行列式的性质计算下列行列式

(1) $\begin{vmatrix} 1 & -1 & 3 \\ 2 & -1 & 1 \\ 1 & 2 & 0 \end{vmatrix}$；

(2) $\begin{vmatrix} 5 & -1 & 3 \\ 2 & 2 & 2 \\ 196 & 203 & 199 \end{vmatrix}$；

(3) $\begin{vmatrix} 1 & 2 & 3 & 4 \\ 2 & 3 & 4 & 1 \\ 3 & 4 & 1 & 2 \\ 4 & 1 & 2 & 3 \end{vmatrix}$；

(4) $\begin{vmatrix} 1 & 1 & \lambda \\ 1 & \lambda & 1 \\ \lambda & 1 & 1 \end{vmatrix}$；

(5) $\begin{vmatrix} a+1 & a+2 & a+3 \\ b+1 & b+2 & b+3 \\ c+1 & c+2 & c+3 \end{vmatrix}$；

(6) $\begin{vmatrix} x & y & x+y \\ y & x+y & x \\ x+y & x & y \end{vmatrix}$.

7. 若行列式 $\begin{vmatrix} a_1 & a_2 & a_3 \\ b_1 & b_2 & b_3 \\ c_1 & c_2 & c_3 \end{vmatrix}=k$，求 $\begin{vmatrix} a_1 & 3(a_1+a_3) & \frac{1}{2}a_2 \\ b_1 & 3(b_1+b_3) & \frac{1}{2}b_2 \\ c_1 & 3(c_1+c_3) & \frac{1}{2}c_2 \end{vmatrix}$.

8. 用行列式的性质证明

(1) $\begin{vmatrix} a-b & b-c & c-a \\ b-c & c-a & a-b \\ c-a & a-b & b-c \end{vmatrix}=0$；

(2) $\begin{vmatrix} y+z & z+x & x+y \\ x+y & y+z & z+x \\ z+x & x+y & y+z \end{vmatrix}=2\begin{vmatrix} x & y & z \\ z & x & y \\ y & z & x \end{vmatrix}$；

(3) $\begin{vmatrix} a_1-b_1 & a_1-b_2 & \cdots & a_1-b_n \\ a_2-b_1 & a_2-b_2 & \cdots & a_2-b_n \\ \vdots & \vdots & & \vdots \\ a_n-b_1 & a_n-b_2 & \cdots & a_n-b_n \end{vmatrix}=0\ (n>2)$；

(4) $\begin{vmatrix} a^2 & (a+1)^2 & (a+2)^2 & (a+3)^2 \\ b^2 & (b+1)^2 & (b+2)^2 & (b+3)^2 \\ c^2 & (c+1)^2 & (c+2)^2 & (c+3)^2 \\ d^2 & (d+1)^2 & (d+2)^2 & (d+3)^2 \end{vmatrix}=0$.

9. 计算行列式 $D=\begin{vmatrix} 1 & 2 & 0 & 1 \\ 1 & \frac{3}{2} & 5 & 0 \\ 0 & 1 & \frac{5}{3} & 6 \\ 1 & 2 & 3 & \frac{4}{5} \end{vmatrix}$.

10. 若三阶行列式 $\begin{vmatrix} a_1 & a_2 & a_3 \\ 2b_1-a_1 & 2b_2-a_2 & 2b_3-a_3 \\ c_1 & c_2 & c_3 \end{vmatrix}=6$，则行列式

$\begin{vmatrix} a_1 & a_2 & a_3 \\ b_1 & b_2 & b_3 \\ c_1 & c_2 & c_3 \end{vmatrix}=$________.

11. 设 A_j 表示四阶行列式 $|a_{ij}|(i,j=1,2,3,4)$ 的第 j 列. 已知 $|a_{ij}|=-2$，那么

$|A_3-2A_1,3A_2,A_1,-A_4|=$________.

12. 证明如果 n 阶行列式中等于零的元素个数大于 n^2-n，那么此行列式的值为零.

13. 求行列式 $\begin{vmatrix} 3 & 2 & 1 \\ -1 & 0 & 4 \\ 2 & 5 & -3 \end{vmatrix}$ 中第三行各元素的代数余子式.

14. 已知四阶行列式 D 中第三列元素依次为 $-1,2,0,1$，它们的余子式依次分别为 $5,3,-7,4$，求 D.

15. 已知 $D=\begin{vmatrix} 3 & -1 & 2 \\ -2 & -3 & 1 \\ 0 & 1 & -4 \end{vmatrix}$，求 $2A_{13}+A_{23}-4A_{33}$，$-2A_{21}-3A_{22}+A_{23}$，$3A_{21}-A_{22}+2A_{23}$.

16. 设行列式 $D=\begin{vmatrix} 3 & 0 & 4 & 0 \\ 2 & 2 & 2 & 2 \\ 0 & -7 & 0 & 0 \\ 5 & 3 & -2 & 2 \end{vmatrix}$，求第四行各元素余子式之和.

17. 设 $D_4=\begin{vmatrix} 1 & -1 & 2 & -1 \\ 1 & 1 & 1 & 1 \\ 0 & 1 & 2 & 1 \\ 2 & 0 & 0 & 4 \end{vmatrix}$，求(1) $A_{41}+A_{42}+A_{43}+A_{44}$；(2) $A_{41}+$

$2A_{42}+3A_{43}+4A_{44}$.

18. 设 $D=\begin{vmatrix}1&2&3&4\\5&6&7&8\\2&3&4&5\\6&7&8&9\end{vmatrix}$,求 $3A_{12}+7A_{22}+4A_{32}+8A_{42}$.

19. 设四阶行列式 D 中第 1 行元素为 1,2,0,−4,第 3 行元素的余子式为 6,x,19,2,求 x.

20. 计算 $D=\begin{vmatrix}a_1-b&a_1&a_1&a_1\\a_2&a_2-b&a_2&a_2\\a_3&a_3&a_3-b&a_3\\a_4&a_4&a_4&a_4-b\end{vmatrix}$.

21. 计算 n 阶行列式

$$D=\begin{vmatrix}0&1&1&\cdots&1\\1&0&1&\cdots&1\\1&1&0&\cdots&1\\\vdots&\vdots&\vdots&&\vdots\\1&1&1&\cdots&0\end{vmatrix}.$$

22. 计算行列式 $D=\begin{vmatrix}x&a_1&a_2&\cdots&a_{n-1}&1\\a_1&x&a_2&\cdots&a_{n-1}&1\\a_1&a_2&x&\cdots&a_{n-1}&1\\\vdots&\vdots&\vdots&&\vdots&\vdots\\a_1&a_2&a_3&\cdots&x&1\\a_1&a_2&a_3&\cdots&a_n&1\end{vmatrix}$.

23. 计算行列式 $D=\begin{vmatrix}a_0&1&1&\cdots&1&1\\1&a_1&0&\cdots&0&0\\1&0&a_2&\cdots&0&0\\\vdots&\vdots&\vdots&&\vdots&\vdots\\1&0&0&\cdots&a_{n-1}&0\\1&0&0&\cdots&0&a_n\end{vmatrix}$.

24. 计算行列式 $D=\begin{vmatrix}x_1-m&x_2&\cdots&x_n\\x_1&x_2-m&\cdots&x_n\\\vdots&\vdots&&\vdots\\x_1&x_2&\cdots&x_n-m\end{vmatrix}$.

25. 计算行列式 $D=\begin{vmatrix} -a_1 & a_1 & 0 & \cdots & 0 & 0 \\ 0 & -a_2 & a_2 & \cdots & 0 & 0 \\ 0 & 0 & -a_3 & \cdots & 0 & 0 \\ \vdots & \vdots & \vdots & & \vdots & \vdots \\ 0 & 0 & 0 & \cdots & -a_n & a_n \\ 1 & 1 & 1 & \cdots & 1 & 1 \end{vmatrix}$.

26. 计算行列式 $D=\begin{vmatrix} 1 & 2 & 3 & \cdots & n-1 & n \\ 2 & 3 & 4 & \cdots & n & 1 \\ 3 & 4 & 5 & \cdots & 1 & 2 \\ \vdots & \vdots & \vdots & & \vdots & \vdots \\ n-1 & n & 1 & \cdots & n-3 & n-2 \\ n & 1 & 2 & \cdots & n-2 & n-1 \end{vmatrix}$.

27. 计算行列式 $D=\begin{vmatrix} 1 & -1 & 1 & x-1 \\ 1 & -1 & x+1 & -1 \\ 1 & x-1 & 1 & -1 \\ x+1 & -1 & 1 & -1 \end{vmatrix}$.

28. 解方程 $\begin{vmatrix} 1 & 1 & 1 & \cdots & 1 & 1 \\ 1 & 1-x & 1 & \cdots & 1 & 1 \\ 1 & 1 & 2-x & \cdots & 1 & 1 \\ \vdots & \vdots & \vdots & & \vdots & \vdots \\ 1 & 1 & 1 & \cdots & (n-2)-x & 1 \\ 1 & 1 & 1 & \cdots & 1 & (n-1)-x \end{vmatrix}=0$.

29. 计算行列式 $D_4=\begin{vmatrix} a+x & a & a & a \\ a & a+x & a & a \\ a & a & a+x & a \\ a & a & a & a+x \end{vmatrix}$.

30. 计算行列式 $D_n=\begin{vmatrix} 5 & 3 & 0 & \cdots & 0 & 0 \\ 2 & 5 & 3 & \cdots & 0 & 0 \\ 0 & 2 & 5 & \cdots & 0 & 0 \\ \vdots & \vdots & \vdots & & \vdots & \vdots \\ 0 & 0 & 0 & \cdots & 5 & 3 \\ 0 & 0 & 0 & \cdots & 2 & 5 \end{vmatrix}$.

31. 计算行列式 $D_n=\begin{vmatrix} x & -1 & 0 & \cdots & 0 & 0 \\ 0 & x & -1 & \cdots & 0 & 0 \\ 0 & 0 & x & \cdots & 0 & 0 \\ \vdots & \vdots & \vdots & & \vdots & \vdots \\ 0 & 0 & 0 & \cdots & x & -1 \\ a_n & a_{n-1} & a_{n-2} & \cdots & a_2 & x+a_1 \end{vmatrix}$.

32. 用克拉默法则求解下列方程组

(1) $\begin{cases} 4x_1+5x_2=0, \\ 3x_1-7x_2=0. \end{cases}$

(2) $\begin{cases} x+y-2z=-3, \\ 5x-2y+7z=22, \\ 2x-5y+4z=4. \end{cases}$

(3) $\begin{cases} x_2-3x_3+4x_4=-5, \\ x_1-2x_3+3x_4=-4, \\ 3x_1+2x_2-5x_4=12, \\ 4x_1+3x_2-5x_3=5. \end{cases}$

(4) $\begin{cases} 2x_1+3x_2+11x_3+5x_4=6, \\ x_1+x_2+5x_3+2x_4=2, \\ 2x_1+x_2+3x_3+4x_4=2, \\ x_1+x_2+3x_3+4x_4=2, \end{cases}$

33. 解线性方程组

$$\begin{cases} 5x_1+6x_2=1, \\ x_1+5x_2+6x_3=-2, \\ x_2+5x_3+6x_4=2, \\ x_3+5x_4+6x_5=-2, \\ x_4+5x_5=-4. \end{cases}$$

34. 判断齐次线性方程组

$$\begin{cases} 2x_1+2x_2-x_3=0, \\ x_1-2x_2+4x_3=0, \\ 5x_1+8x_2-2x_3=0 \end{cases}$$

是否仅有零解?

35. 已知齐次线性方程组

$$\begin{cases}(3-\lambda)x_1+x_2+x_3=0,\\(2-\lambda)x_2-x_3=0,\\4x_1-2x_2+(1-\lambda)x_3=0\end{cases}$$

有非零解，求 λ.

36. 如果齐次线性方程组

$$\begin{cases}\lambda x_1+x_2+x_3=0,\\x_1+\lambda x_2+x_3=0,\\x_1+x_2+\lambda x_3=0\end{cases}$$

有非零解，求 λ.

【B组】

1. 计算下列行列式

(1) $\begin{vmatrix}34215 & 35215\\28092 & 29092\end{vmatrix}$；　　(2) $\begin{vmatrix}103 & 100 & 204\\199 & 200 & 395\\301 & 300 & 600\end{vmatrix}$.

2. 如果 $D=\begin{vmatrix}a_{11} & a_{12} & a_{13}\\a_{21} & a_{22} & a_{23}\\a_{31} & a_{32} & a_{33}\end{vmatrix}=1$，那么 $D_1=\begin{vmatrix}4a_{11} & 2a_{11}-3a_{12} & a_{13}\\4a_{21} & 2a_{21}-3a_{22} & a_{23}\\4a_{31} & 2a_{31}-3a_{32} & a_{33}\end{vmatrix}=$______.

3. 已知五阶行列式 $D=4$，依照下列次序将 D 作变换：先交换第1列和第5列，再转置，接着用3乘所有元素，再用-7乘第2行后加到第1行上，最后用18除第2行所有元素. 将经过5次变换后的行列式记为 D_5，则 $D_5=$________.

4. 已知 $D=\begin{vmatrix}3 & -1 & 0\\1 & 2 & -2\\-2 & 0 & 1\end{vmatrix}$，求 $\begin{vmatrix}A_{11} & A_{12} & A_{13}\\A_{21} & A_{22} & A_{23}\\A_{31} & A_{32} & A_{33}\end{vmatrix}$.

5. 已知某三阶行列式 D_3 的第1行元素的代数余子式的值依次为$-3,0,1$. 将 D_3 的第1行元素依次换为1,2,3得到另一个三阶行列式 Δ_3，求 Δ_3.

6. 设四阶行列式 D_4 的第3行元素为$-1,0,2,4$.

(1)当 $D_4=4$ 时，设第3行元素所对应的代数余子式分别为 $5,10,a,4$，求 a；

(2)设第4行元素所对应的余子式分别为 $5,10,a,4$，求 a.

7. 设 n 阶行列式

$$D=\begin{vmatrix}1 & 2 & 3 & \cdots & n\\1 & 2 & 0 & \cdots & 0\\1 & 0 & 3 & \cdots & 0\\\vdots & \vdots & \vdots & & \vdots\\1 & 0 & 0 & \cdots & n\end{vmatrix},$$

求 D 的第一行各元素的代数余子式之和 $A_{11}+A_{12}+\cdots+A_{1n}$.

8. 设 $D=\begin{vmatrix} 3 & -5 & 2 & 1 \\ 1 & 1 & 0 & -5 \\ -1 & 3 & 1 & 3 \\ 2 & -4 & -1 & -3 \end{vmatrix}$，$D$ 中元素 a_{ij} 的余子式和代数余子式依次记作 M_{ij} 和 A_{ij}，求 $A_{11}+A_{12}+A_{13}+A_{14}$ 及 $M_{11}+M_{21}+M_{31}+M_{41}$.

9. 计算行列式 $\begin{vmatrix} a & a & \cdots & a & b \\ a & a & \cdots & b & a \\ \vdots & \vdots & & \vdots & \vdots \\ a & b & \cdots & a & a \\ b & a & \cdots & a & a \end{vmatrix}$.

10. 计算 n 阶行列式

$$D=\begin{vmatrix} 1 & 1 & 1 & \cdots & 1 & 1 \\ 1 & 2 & 2 & \cdots & 2 & 2 \\ 1 & 2 & 3 & \cdots & 3 & 3 \\ \vdots & \vdots & \vdots & & \vdots & \vdots \\ 1 & 2 & 3 & \cdots & n-1 & n-1 \\ 1 & 2 & 3 & \cdots & n-1 & n \end{vmatrix}.$$

11. 计算行列式 $D_n=\begin{vmatrix} 2 & 1 & 0 & \cdots & 0 & 0 \\ 1 & 2 & 1 & \cdots & 0 & 0 \\ 0 & 1 & 2 & \cdots & 0 & 0 \\ \vdots & \vdots & \vdots & & \vdots & \vdots \\ 0 & 0 & 0 & \cdots & 2 & 1 \\ 0 & 0 & 0 & \cdots & 1 & 2 \end{vmatrix}$.

12. 计算行列式 $D_n=\begin{vmatrix} a+b & ab & 0 & \cdots & 0 & 0 \\ 1 & a+b & ab & \cdots & 0 & 0 \\ 0 & 1 & a+b & \cdots & 0 & 0 \\ \vdots & \vdots & \vdots & & \vdots & \vdots \\ 0 & 0 & 0 & \cdots & a+b & ab \\ 0 & 0 & 0 & \cdots & 1 & a+b \end{vmatrix}$.

13. 计算行列式 $D_{n+1}=\begin{vmatrix} a_0 & -1 & 0 & \cdots & 0 & 0 \\ a_1 & x & -1 & \cdots & 0 & 0 \\ a_2 & 0 & x & \cdots & 0 & 0 \\ \vdots & \vdots & \vdots & & \vdots & \vdots \\ a_{n-1} & 0 & 0 & \cdots & x & -1 \\ a_n & 0 & 0 & \cdots & 0 & x \end{vmatrix}$.

14. 计算行列式 $D_n=\begin{vmatrix} 1 & 1 & \cdots & 1 & 1 \\ x_1+1 & x_2+1 & \cdots & x_{n-1}+1 & x_n+1 \\ x_1^2+x_1 & x_2^2+x_2 & \cdots & x_{n-1}^2+x_{n-1} & x_n^2+x_n \\ \vdots & \vdots & & \vdots & \vdots \\ x_1^{n-1}+x_1^{n-2} & x_2^{n-1}+x_2^{n-2} & \cdots & x_{n-1}^{n-1}+x_{n-1}^{n-2} & x_n^{n-1}+x_n^{n-2} \end{vmatrix}$.

15. 解关于 x 的方程

$$\begin{vmatrix} 1 & 1 & 1 & \cdots & 1 \\ x & a_1 & a_2 & \cdots & a_{n-1} \\ x^2 & a_1^2 & a_2^2 & \cdots & a_{n-1}^2 \\ \vdots & \vdots & & & \vdots \\ x^{n-1} & a_n^{n-1} & a_2^{n-1} & \cdots & a_{n-1}^{n-1} \end{vmatrix}=0,$$其中 $a_1,a_2,\cdots,a_{n-1}$ 互异.

16. 记行列式 $\begin{vmatrix} x-2 & x-1 & x-2 & x-3 \\ 2x-2 & 2x-1 & 2x-2 & 2x-3 \\ 3x-3 & 3x-2 & 4x-5 & 3x-5 \\ 4x & 4x-3 & 5x-7 & 4x-3 \end{vmatrix}$ 为 $f(x)$，则方程 $f(x)=0$ 的根的个数为____个.

17. 求方程 $f(x)=0$ 的根，其中

$$f(x)=\begin{vmatrix} x-1 & x-2 & x-1 & x \\ x-2 & x-4 & x-2 & x \\ x-3 & x-6 & x-4 & x-1 \\ x-4 & x-8 & 2x-5 & x-2 \end{vmatrix}.$$

18. 解下列方程

$$\begin{vmatrix} x & a_1 & a_2 & \cdots & a_{n-1} & 1 \\ a_1 & x & a_2 & \cdots & a_{n-1} & 1 \\ a_1 & a_2 & x & \cdots & a_{n-1} & 1 \\ \vdots & \vdots & \vdots & & \vdots & \vdots \\ a_1 & a_2 & a_3 & \cdots & x & 1 \\ a_1 & a_2 & a_3 & \cdots & a_n & 1 \end{vmatrix}=0.$$

19. 计算行列式 $D_n=\begin{vmatrix} 0 & 1 & 2 & \cdots & n-2 & n-1 \\ 1 & 0 & 1 & \cdots & n-3 & n-2 \\ 2 & 1 & 0 & \cdots & n-4 & n-3 \\ \vdots & \vdots & \vdots & & \vdots & \vdots \\ n-2 & n-3 & n-4 & \cdots & 0 & 1 \\ n-1 & n-2 & n-3 & \cdots & 1 & 0 \end{vmatrix}$.

20. 证明行列式 $D_{n+1}=\begin{vmatrix} a^n & (a-1)^n & (a-2)^n & \cdots & (a-n)^n \\ a^{n-1} & (a-1)^{n-1} & (a-2)^{n-1} & \cdots & (a-n)^{n-1} \\ \vdots & \vdots & \vdots & & \vdots \\ a & a-1 & a-2 & \cdots & a-n \\ 1 & 1 & 1 & \cdots & 1 \end{vmatrix}$

$=n!(n-1)!\cdots 2!1!$.

21. 计算行列式 $D_n=\begin{vmatrix} 1 & 1 & 1 & \cdots & 1 \\ 2 & 2^2 & 2^3 & \cdots & 2^n \\ 3 & 3^2 & 3^3 & \cdots & 3^n \\ \vdots & \vdots & \vdots & & \vdots \\ n & n^2 & n^3 & \cdots & n^n \end{vmatrix}$.

22. 计算五阶行列式

$$D=\begin{vmatrix} 0 & a & b & c & d \\ -a & 0 & e & f & g \\ -b & -e & 0 & h & l \\ -c & -f & -h & 0 & k \\ -d & -g & -l & -k & 0 \end{vmatrix}.$$

23. 求三次多项式 $f(x)=a_0+a_1x+a_2x^2+a_3x^3$,使得 $f(-1)=0,f(1)=4,f(2)=3,f(3)=16$.

24. 计算行列式 $D=\begin{vmatrix} a+x_1 & a & a & a \\ a & a+x_2 & a & a \\ a & a & a+x_3 & a \\ a & a & a & a+x_4 \end{vmatrix}$.

25. 计算行列式 $D=\begin{vmatrix} a-b-c & 2a & 2a \\ 2b & b-c-a & 2b \\ 2c & 2c & c-a-b \end{vmatrix}$.

26. 计算行列式 $D=\begin{vmatrix} a & b & c & d \\ a & a+b & a+b+c & a+b+c+d \\ a & 2a+b & 3a+2b+c & 4a+3b+2c+d \\ a & 3a+b & 6a+3b+c & 10a+6b+3c+d \end{vmatrix}$.

27. 计算行列式 $D_n=\begin{vmatrix} 1+a_1 & 1 & 1 & \cdots & 1 \\ 1 & 1+a_2 & 1 & \cdots & 1 \\ 1 & 1 & 1+a_3 & \cdots & 1 \\ \vdots & \vdots & \vdots & & \vdots \\ 1 & 1 & 1 & \cdots & 1+a_n \end{vmatrix}$. ($a_i\neq0, i=1,2,\cdots,n$)

28. 用数学归纳法证明

行列式 $D_n=\begin{vmatrix} 1 & 1 & 1 & \cdots & 1 \\ x_1 & x_2 & x_3 & \cdots & x_n \\ x_1^2 & x_2^2 & x_3^2 & \cdots & x_n^2 \\ \cdots & \cdots & \cdots & \cdots & \cdots \\ x_1^{n-2} & x_2^{n-2} & x_3^{n-2} & \cdots & x_n^{n-2} \\ x_1^n & x_2^n & x_3^n & \cdots & x_n^n \end{vmatrix}$

$=(x_1+x_2+\cdots+x_n)\prod\limits_{1\leqslant j<i\leqslant n}(x_i-x_j)$. ($n\geqslant2$)

29. 问 λ,μ 取何值时,齐次线性方程组 $\begin{cases} \lambda x_1+x_2+x_3=0, \\ x_1+\mu x_2+x_3=0, \\ \lambda x_1+2\mu x_2+x_3=0 \end{cases}$ 有非零解?

30. 当 λ 取何值时,方程组

$$\begin{cases} \lambda x+y-z=0, \\ x+\lambda y-z=0, \\ 2x-y+\lambda z=0 \end{cases}$$

有非零解?

31. 问 λ 取何值时,下列齐次线性方程组有非零解?

$$\begin{cases} (1-\lambda)x_1-2x_2+4x_3=0, \\ 2x_1+(3-\lambda)x_2+x_3=0, \\ x_1+x_2+(1-\lambda)x_3=0. \end{cases}$$

32. 用克拉默法则求解方程组 $\begin{cases} 2x_1-3x_2+x_3=-1, \\ x_1+x_2+x_3=6, \\ 3x_1+x_2-2x_3=-1. \end{cases}$

33. 设 $xyz\neq0$,计算行列式

$$D=\begin{vmatrix} 1+x & 2 & 3 \\ 1 & 2+y & 3 \\ 1 & 2 & 3+z \end{vmatrix}.$$

34. 设 $P_1(x_1,y_1)$,$P_2(x_2,y_2)$,$P_3(x_3,y_3)$为不共线三点,求过这三点的圆的方程.

35. 证明平面上三条不同的直线 $ax+by+c=0$,$bx+cy+a=0$,$cx+ay+b=0$ 相交于一点的充分必要条件是 $a+b+c=0$.

36. 有甲、乙、丙三种化肥,甲种化肥每千克含氮 70 克,磷 8 克,钾 2 克;乙种化肥每千克含氮 64 克,磷 10 克,钾 0.6 克;丙种化肥每千克含氮 70 克,磷 5 克,钾 1.4 克.若把此三种化肥混合,要求总重量 23 千克且含磷 149 克,钾 30 克,问三种化肥各需多少千克?

参考答案

【A 组】

1. (1)-1;(2)x^3-x^2-1;(3)-18;(4)-7;(5)0;(6) $-x^2+2$.

2. $|a|>1$.

3. $k=1$ 或 3.

4. (1)$x=2$ 或 $-\frac{3}{2}$;(2)$x_1=-3, x_2=\sqrt{3}, x_3=-\sqrt{3}$.

5. (1)24;(2)-24;(3) $(-1)^{\frac{n(n-1)}{2}}n!$;(4) $a^n+(-1)^{n+1}b^n$;
(5)$abcd-afgd+efgh-ebch$;(6) a^3.

6. (1)12;(2)8;(3)160;(4) $-(\lambda+2)(\lambda-1)^2$;(5)$0$;(6) $-2(x^3+y^3)$.

7. $-\frac{3}{2}k$.

8. 略.

9. $\frac{43}{6}$.

10. 3.

11. -6.

12. 0.

13. $8,-13,2$.

14. -15.

15. $37,37,0$.

16. -28.

17. $0,10$.

18. 0.

19. 7.

20. $-(\sum_{i=1}^{4}a_i-b)b^3$.

21. $(-1)^{n-1}(n-1)$.

22. $(x-a_1)(x-a_2)\cdots(x-a_n)$.

23. $a_1a_2\cdots a_n\left(a_0-\sum_{i=1}^{n}\frac{1}{a_i}\right)$.

24. $(-1)^{n-1}m^{n-1}(\sum_{i=1}^{n}x_i-m)$.

25. $(-1)^n(n+1)a_1a_2\cdots a_n$.

26. $(-1)^{\frac{n(n-1)}{2}}\frac{n+1}{2}n^{n-1}$(提示:将各列加到第一列,提公因式,再从最后一行起依次减去前一行)

27. x^4.
28. $x=0,1,\cdots,n-2$.
29. x^4+4ax^3.
30. $3^{n+1}-2^{n+1}$.
31. $x^n+a_1x^{n-1}+\cdots+a_{n-1}x+a_n$.
32. (1)$x_1=x_2=0$; (2)$x=1,y=2,z=3$;
(3)$x_1=1,x_2=2,x_3=1,x_4=-1$;(4)$x_1=0,x_2=2,x_3=0,x_4=0$.
33. 略.
34. 仅有零解.
35. $\lambda=3,4$ 或 -1.
36. $\lambda=1$ 或 -2.

【B组】

1. (1)6123000;(2)2000.
2. -12.
3. -54.
4. 9.
5. 0.
6. (1)$-\dfrac{7}{2}$;(2)$\dfrac{21}{2}$.
7. $n!\left(1-\sum\limits_{i=2}^{n}\dfrac{1}{i}\right)$.
8. 4,0.
9. $(-1)^{\frac{n(n-1)}{2}}[(n-1)a+b](b-a)^{n-1}$.
10. 1.
11. $n+1$.
12. 若 $a=b$,则 $D_n=(n+1)a^n$;若 $a\neq b$,则 $D_n=\dfrac{a^{n+1}-b^{n+1}}{a-b}$.
13. $D_{n+1}=a_0x^n+a_1x^{n-1}+\cdots+a_{n-1}x+a_n$.
14. $D_n=\prod\limits_{1\leqslant j<i\leqslant n}(x_i-x_j)$.
15. $x_1=a_1,x_2=a_2,\cdots,x_{n-1}=a_{n-1}$.
16. 2.
17. $x=0$ 或 -1.
18. $x_i=a_i(i=1,2,\cdots,n)$.
19. $(-1)^{n-1}(n-1)2^{n-2}$.
20. 略.

21. $n!(n-1)!(n-2)!\cdots 2!1!$.

22. 0.

23. $f(x)=7-5x^2+2x^3$.

24. $x_1x_2x_3x_4\left(1+a\left(\frac{1}{x_1}+\frac{1}{x_2}+\frac{1}{x_3}+\frac{1}{x_4}\right)\right)$.

25. $(a+b+c)^3$.

26. a^4.

27. $a_1a_2\cdots a_n\left(1+\sum_{i=1}^{n}\frac{1}{a_i}\right)$.

28. 略.

29. $\lambda=1$ 或 $\mu=0$.

30. $\lambda=1$.

31. $\lambda=0,2$ 或 3.

32. $x_1=1,x_2=2,x_3=3$.

33. $yz+2zx+3xy+xyz$.

34. $\begin{vmatrix} x^2+y^2 & x & y & 1 \\ x_1^2+y_1^2 & x_1 & y_1 & 1 \\ x_2^2+y_2^2 & x_2 & y_2 & 1 \\ x_3^2+y_3^2 & x_3 & y_3 & 1 \end{vmatrix}=0$.

35. 略.

36. 甲、乙、丙三种化肥各需 3 千克,5 千克,15 千克.

第 2 章　矩阵

引　言

矩阵理论是从实际问题抽象出来的一个数学概念. 矩阵理论无论是在纯数学还是在经济学、生物学、社会科学、密码学和工程学等方面，都具有广泛的应用. 在经济研究和经济工作的线性经济模型的处理中，矩阵是不可或缺的数学工具. 先看实例矩阵加密问题：

在密码学中，称原来的消息为明文，经过伪装的明文则为密文，由明文变成密文的过程称为加密，改变明文的方法称为密码. 密码在军事上和商业上是一种保密通信技术. 用矩阵加密是其中一种加密方法.

首先，进行信息编码. 把 26 个字母 $A,B,C,\cdots,Z$ 分别映射到 $1,2,3,\cdots,26$. 在字母和数字间建立一一对应关系，即

$$\begin{matrix} A & B & C & \cdots & Z \\ \updownarrow & \updownarrow & \updownarrow & & \updownarrow \\ 1 & 2 & 3 & \cdots & 26 \end{matrix}$$

假设我们要送出信息“Action now”，则此信息编码为 1,3,20,9,15,14,14,15,23，将这 9 个数字写成 3×3 矩阵，即

$$\boldsymbol{M}=\begin{pmatrix} 1 & 9 & 14 \\ 3 & 15 & 15 \\ 20 & 14 & 23 \end{pmatrix}.$$

其次，用矩阵对编码加密，选择一个矩阵 $\boldsymbol{A}$，其元素均为整数，且行列式 $|\boldsymbol{A}|=1$ 或 -1，那么由 $\boldsymbol{A}^{-1}=\dfrac{\boldsymbol{A}^*}{|\boldsymbol{A}|}$，知 $\boldsymbol{A}^{-1}$ 的元素均为整数，称矩阵 $\boldsymbol{A}$ 为加密矩阵，称 $\boldsymbol{A}^{-1}$ 为解密矩阵.

例如，取 $\boldsymbol{A}=\begin{pmatrix} 2 & 2 & 3 \\ 1 & -1 & 0 \\ -1 & 2 & 1 \end{pmatrix}$，其逆矩阵 $\boldsymbol{A}^{-1}=\begin{pmatrix} 1 & -4 & -3 \\ 1 & -5 & -3 \\ -1 & 6 & 4 \end{pmatrix}$，将要发的信息矩阵 $\boldsymbol{M}$ 与矩阵 $\boldsymbol{A}$ 相乘，得

$$\boldsymbol{AM}=\begin{pmatrix} 2 & 2 & 3 \\ 1 & -1 & 0 \\ -1 & 2 & 1 \end{pmatrix}\begin{pmatrix} 1 & 9 & 14 \\ 3 & 15 & 15 \\ 20 & 14 & 23 \end{pmatrix}=\begin{pmatrix} 68 & 90 & 127 \\ -2 & -6 & -1 \\ 25 & 35 & 39 \end{pmatrix}.$$

加密后，对应发出的密文编码为 $68,-2,25,90,-6,35,127,-1,39$.

接下来,对编码解密,合法用户接到密文编码矩阵后,用 $\boldsymbol{A}^{-1}$ 左乘密文编码矩阵,即可解密得到明文:

$$\boldsymbol{A}^{-1}(\boldsymbol{AM})=\begin{pmatrix}1&-4&-3\\1&-5&-3\\-1&6&4\end{pmatrix}\begin{pmatrix}68&90&127\\-2&-6&-1\\25&35&39\end{pmatrix}=\begin{pmatrix}1&9&14\\3&15&15\\20&14&23\end{pmatrix}.$$

查编码表,可得信息“Action now”.

本章介绍矩阵的概念、矩阵的运算、伴随矩阵、逆矩阵的求法和矩阵的秩.

2.1 矩阵的概念

2.1.1 矩阵的定义

定义 1 由 $m\times n$ 个数 $a_{ij}(i=1,2,\cdots,m;j=1,2,\cdots,n)$ 排列成一个 m 行 n 列的矩形数表

$$\begin{pmatrix}a_{11}&a_{12}&\cdots&a_{1n}\\a_{21}&a_{22}&\cdots&a_{2n}\\\vdots&\vdots&&\vdots\\a_{m1}&a_{m2}&\cdots&a_{mn}\end{pmatrix}$$

称为一个 $m\times n$(型)矩阵,其中 a_{ij} 称为矩阵第 i 行第 j 列的元(素),简称为 (i,j) 元,称 i 为行标,j 为列标.

通常,用大写的黑体拉丁字母 $\boldsymbol{A}$、$\boldsymbol{B}$、$\boldsymbol{C}$ 等表示矩阵,为了标明矩阵的行数和列数,也可以将 m 行 n 列的矩阵 $\boldsymbol{A}$ 记作 $\boldsymbol{A}_{m\times n}$,或记作 $(a_{ij})_{m\times n}$.

元素全为实数的矩阵称为实矩阵,元素出现复数的矩阵称为复矩阵. 除非作特殊的说明,本书所讨论的全是实矩阵.

一行 n 列的矩阵称为行向量,m 行一列的矩阵称为列向量. 通常,用小写黑体字母 $\boldsymbol{\alpha},\boldsymbol{\beta},\boldsymbol{x},\boldsymbol{y}$ 表示. 对于一行 n 列的行向量,为了不产生混淆,对其元素用逗号“,”隔开.

例如,在矩阵 $\boldsymbol{A}$ 中,第 i 行行向量为 $\boldsymbol{\alpha}_i=(a_{i1},a_{i2},\cdots,a_{in})$;第 j 列列向量为

$$\boldsymbol{\beta}_j=\begin{pmatrix}a_{1j}\\a_{2j}\\\vdots\\a_{mj}\end{pmatrix}.$$

当矩阵 $\boldsymbol{A}$ 的行数 m 与列数 n 相等时,称 $\boldsymbol{A}$ 为 n 阶方阵或 n 阶矩阵. 显然,一阶矩阵是一个数.

元素全为零的 $m\times n$ 矩阵称为零矩阵,记作 $\boldsymbol{O}_{m\times n}$. 在明确行、列数的情况下,就记作 $\boldsymbol{O}$.

定义 2 如果两个矩阵 $\boldsymbol{A}$,$\boldsymbol{B}$ 有相同的行数与相同的列数,并且对应位置上

的元素均相等,则称矩阵$\boldsymbol{A}$与矩阵$\boldsymbol{B}$相等,记为$\boldsymbol{A}=\boldsymbol{B}$,意即$\forall i,j$,有

$$a_{ij}=b_{ij}\ (i=1,2,\cdots,m;j=1,2,\cdots,n)$$

【例1】 设$\boldsymbol{A}=\begin{pmatrix}1&9&2\\3&4&8\end{pmatrix}$,$\boldsymbol{B}=\begin{pmatrix}1&x&y\\3&4&z\end{pmatrix}$,若已知$\boldsymbol{A}=\boldsymbol{B}$,求$x,y,z$之值.

解:由第1行第2列元素对应相等,得$x=9$;由第1行第3列元素对应相等,得$y=2$;由第2行第3列元素对应相等,得$z=8$.

2.1.2 几种特殊的矩阵

1. 对角矩阵

形如

$$\begin{pmatrix}a_{11}&0&\cdots&0\\0&a_{22}&\cdots&0\\\vdots&\vdots&&\vdots\\0&0&\cdots&a_{nn}\end{pmatrix}$$

的n阶方阵,称为对角矩阵,其中$a_{11},a_{22},\cdots,a_{nn}$位于从左上角到右下角的主对角线上,称为主对角线上的元,而主对角线以外的元全为零.上述对角矩阵简记作

$$\mathrm{diag}(a_{11},a_{22},\cdots,a_{nn}).$$

比如

$$\mathrm{diag}(1,2,9)=\begin{pmatrix}1&0&0\\0&2&0\\0&0&9\end{pmatrix}.$$

2. 数量矩阵

如果n阶对角矩阵$\boldsymbol{A}=\mathrm{diag}(a_{11},a_{22},\cdots,a_{nn})$中,$a_{11}=a_{22}=\cdots=a_{nn}=a$,则称$\boldsymbol{A}$为$n$阶数量矩阵,即

$$\boldsymbol{A}=\begin{pmatrix}a&0&\cdots&0\\0&a&\cdots&0\\\vdots&\vdots&&\vdots\\0&0&\cdots&a\end{pmatrix}=\mathrm{diag}(a,a,\cdots,a).$$

当$a=0$时,A为零矩阵.

3. 单位矩阵

如果n阶数量矩阵$\mathrm{diag}(a,a,\cdots,a)$中,$a=1$,则称$\mathrm{diag}(a,a,\cdots,a)$为单位矩阵,记作$\boldsymbol{I}$或$\boldsymbol{I}_n$,即

$$\boldsymbol{I}=\begin{pmatrix}1&0&\cdots&0\\0&1&\cdots&0\\\vdots&\vdots&&\vdots\\0&0&\cdots&1\end{pmatrix}$$

利用克朗内格(Kronecker)记号

$$\delta_{ij}=\begin{cases}1, i=j,\\0, i\neq j,\end{cases}$$

则

$$\boldsymbol{I}_n=(\delta_{ij}).$$

4. 三角形矩阵

形如

$$\begin{pmatrix}a_{11} & a_{12} & \cdots & a_{1n}\\0 & a_{22} & \cdots & a_{2n}\\\vdots & \vdots & & \vdots\\0 & 0 & \cdots & a_{nn}\end{pmatrix}$$

的矩阵，即主对角线左下方的元素全为零的 n 阶矩阵，称为上三角形矩阵. 换言之，

$$\forall\, i>j(i,j=1,2,\cdots,n)\text{，均有 } a_{ij}=0.$$

类似地，主对角线右上方的元素全为零的 n 阶矩阵，

$$\begin{pmatrix}a_{11} & 0 & \cdots & 0\\a_{21} & a_{22} & \cdots & 0\\\vdots & \vdots & & \vdots\\a_{n1} & a_{n2} & \cdots & a_{nn}\end{pmatrix}$$

称为下三角形矩阵，即

$$\forall\, i<j(i,j=1,2,\cdots,n)\text{，均有 } a_{ij}=0.$$

易见，对角矩阵既可以看成是上三角形矩阵，也可以看成是下三角形矩阵.

5. 转置矩阵

将 $m\times n$ 矩阵 $\boldsymbol{A}$ 的行与列互换，所得到的 $n\times m$ 矩阵，称为矩阵 $\boldsymbol{A}$ 的转置矩阵，记为 $\boldsymbol{A}^T$ 或 $\boldsymbol{A}'$，即若

$$\boldsymbol{A}=\begin{pmatrix}a_{11} & a_{12} & \cdots & a_{1n}\\a_{21} & a_{22} & \cdots & a_{2n}\\\vdots & \vdots & & \vdots\\a_{m1} & a_{m2} & \cdots & a_{mn}\end{pmatrix},$$

则

$$\boldsymbol{A}^T=\begin{pmatrix}a_{11} & a_{21} & \cdots & a_{m1}\\a_{12} & a_{22} & \cdots & a_{m2}\\\vdots & \vdots & & \vdots\\a_{1n} & a_{2n} & \cdots & a_{mn}\end{pmatrix}.$$

比如，$\boldsymbol{A}=\begin{pmatrix}1&2&3\\4&5&9\end{pmatrix}$，则 $\boldsymbol{A}^T=\begin{pmatrix}1&4\\2&5\\3&9\end{pmatrix}$；

又比如，$\boldsymbol{x}=(x_1,x_2,\cdots,x_n)$，则

$$\boldsymbol{x}^T=\begin{pmatrix}x_1\\x_2\\\vdots\\x_n\end{pmatrix}.$$

6. 对称矩阵和反(对)称矩阵

如果 n 阶矩阵 $\boldsymbol{A}=(a_{ij})$ 满足

$$a_{ij}=a_{ji}(i,j=1,2,\cdots,n),$$

则称 $\boldsymbol{A}$ 为对称矩阵.

显然，对称矩阵 $\boldsymbol{A}$ 的元素关于主对角线对称，故有 $\boldsymbol{A}^T=\boldsymbol{A}$.

比如，$\begin{pmatrix}2&9\\9&0\end{pmatrix}$ 和 $\begin{pmatrix}1&a&b\\a&2&c\\b&c&3\end{pmatrix}$ 均为对称矩阵.

如果 n 阶矩阵 $\boldsymbol{A}=(a_{ij})$ 满足

$$a_{ij}=-a_{ji}(i,j=1,2,\cdots,n),$$

则称 $\boldsymbol{A}$ 为反(对)称矩阵.

由 $a_{ij}=-a_{ji}(i,j=1,2,\cdots,n)$，可得 $a_{ii}=0(i=1,2,\cdots,n)$. 因此，反对称矩阵的主对角线上的元素全为零.

比如，$\boldsymbol{A}=\begin{pmatrix}0&2&0\\-2&0&-9\\0&9&0\end{pmatrix}$ 是一个反对称矩阵.

7. 负矩阵

设 $\boldsymbol{A}=(a_{ij})_{m\times n}$，则称矩阵

$$\begin{pmatrix}-a_{11}&-a_{12}&\cdots&-a_{1n}\\-a_{21}&-a_{22}&\cdots&-a_{2n}\\\vdots&\vdots&&\vdots\\-a_{m1}&-a_{m2}&\cdots&-a_{mn}\end{pmatrix}$$

为 $\boldsymbol{A}$ 的负矩阵，记为 $-\boldsymbol{A}$.

【例 2】 下表记录 4 名学生甲、乙、丙、丁的三门课程(数学、语文、英语)的期末考试成绩.

期末考试成绩表

成绩 课程 / 学生	数学	语文	英语
甲	90	86	95
乙	78	80	70
丙	92	93	96
丁	66	74	75

简单地，可将此表记作矩阵

$$\boldsymbol{A}=\begin{pmatrix}90 & 86 & 95\\ 78 & 80 & 70\\ 92 & 93 & 96\\ 66 & 74 & 75\end{pmatrix},$$

它是 4×3 矩阵.

【例 3】 生产 m 种产品需用 n 种材料，如果以 a_{ij} 表示生产第 i 种产品（$i=1,2,\cdots,m$）耗用第 j 种材料（$j=1,2,\cdots,n$）的定额，则消耗定额可以用一个矩形表表示，如下表所示.

定额 材料 / 产品	1	2	$\cdots$	j	$\cdots$	n
1	a_{11}	a_{12}	$\cdots$	a_{1j}	$\cdots$	a_{1n}
2	a_{21}	a_{22}	$\cdots$	a_{2j}	$\cdots$	a_{2n}
$\vdots$	$\vdots$	$\vdots$		$\vdots$		$\vdots$
i	a_{i1}	a_{i2}	$\cdots$	a_{ij}	$\cdots$	a_{in}
$\vdots$	$\vdots$	$\vdots$		$\vdots$		$\vdots$
m	a_{m1}	a_{m2}	$\cdots$	a_{mj}	$\cdots$	a_{mn}

这个由 m 行 n 列构成的矩形消耗定额阵列

$$\begin{pmatrix}a_{11} & a_{12} & \cdots & a_{1n}\\ a_{21} & a_{22} & \cdots & a_{2n}\\ \vdots & \vdots & & \vdots\\ a_{m1} & a_{m2} & \cdots & a_{mn}\end{pmatrix}$$

描述了生产过程中产出的产品与投入材料的数量关系，它是 $m\times n$ 矩阵.

2.2 矩阵的线性运算

2.2.1 数与矩阵的乘法

定义 3 以数 k 乘矩阵 $\boldsymbol{A}=(a_{ij})_{m\times n}$ 的每一个元素所得到的矩阵，称为数 k 与矩阵 $\boldsymbol{A}$ 的积，记作 $k\boldsymbol{A}$，即

$$k\boldsymbol{A}=k(a_{ij})_{m\times n}=(ka_{ij})_{m\times n}.$$

易见，

$$k\operatorname{diag}(a_{11},a_{22},\cdots,a_{nn})=\operatorname{diag}(ka_{11},ka_{22},\cdots,ka_{nn});$$

$$k\boldsymbol{I}=\operatorname{diag}(k,k,\cdots,k).$$

比如，$2\begin{pmatrix}1&2\\3&4\end{pmatrix}=\begin{pmatrix}2&4\\6&8\end{pmatrix}$；

又 $(-1)\boldsymbol{A}=-\boldsymbol{A}$，即

$$(-1)\cdot\begin{pmatrix}a_{11}&a_{12}&\cdots&a_{1n}\\a_{21}&a_{22}&\cdots&a_{2n}\\\vdots&\vdots&&\vdots\\a_{m1}&a_{m2}&\cdots&a_{mn}\end{pmatrix}=\begin{pmatrix}-a_{11}&-a_{12}&\cdots&-a_{1n}\\-a_{21}&-a_{22}&\cdots&-a_{2n}\\\vdots&\vdots&&\vdots\\-a_{m1}&-a_{m2}&\cdots&-a_{mn}\end{pmatrix}.$$

2.2.2 矩阵的加法

定义 4 两个 m 行 n 列矩阵 $\boldsymbol{A}=(a_{ij})$，$\boldsymbol{B}=(b_{ij})$ 对应位置元素相加所得到的 m 行 n 列矩阵，称为矩阵 $\boldsymbol{A}$ 与矩阵 $\boldsymbol{B}$ 的和，记为 $\boldsymbol{A}+\boldsymbol{B}$，即

$$\boldsymbol{A}+\boldsymbol{B}=(a_{ij})_{m\times n}+(b_{ij})_{m\times n}=(a_{ij}+b_{ij})_{m\times n}.$$

利用矩阵的加法及负矩阵，可定义矩阵的减法：

$$\boldsymbol{A}-\boldsymbol{B}=\boldsymbol{A}+(-\boldsymbol{B})\text{，即}$$

$$\boldsymbol{A}-\boldsymbol{B}=(a_{ij})_{m\times n}+(-b_{ij})_{m\times n}=(a_{ij}-b_{ij})_{m\times n}.$$

定理 1 设 $\boldsymbol{A},\boldsymbol{B},\boldsymbol{C}$ 都是 $m\times n$ 矩阵，k,l 为实数，则

(1) $\boldsymbol{A}+\boldsymbol{B}=\boldsymbol{B}+\boldsymbol{A}$；(加法交换律)

(2) $(\boldsymbol{A}+\boldsymbol{B})+\boldsymbol{C}=\boldsymbol{A}+(\boldsymbol{B}+\boldsymbol{C})$；(加法结合律)

(3) $\boldsymbol{A}+\boldsymbol{O}_{m\times n}=\boldsymbol{A}$；

(4) $\boldsymbol{A}+(-\boldsymbol{A})=\boldsymbol{O}_{m\times n}$；

(5) $k(\boldsymbol{A}+\boldsymbol{B})=k\boldsymbol{A}+k\boldsymbol{B}$；

(6) $(k+l)\boldsymbol{A}=k\boldsymbol{A}+l\boldsymbol{A}$；

(7) $k(l\boldsymbol{A})=(kl)\boldsymbol{A}$；

(8) $1\cdot\boldsymbol{A}=\boldsymbol{A}$；

(9) $(k\boldsymbol{A})^T=k\boldsymbol{A}^T$；

(10) $(\boldsymbol{A}+\boldsymbol{B})^T=\boldsymbol{A}^T+\boldsymbol{B}^T$；

(11) $(\boldsymbol{A}^T)^T=\boldsymbol{A}$.

【例 1】 已知 $A=\begin{pmatrix}1 & 2\\0 & -1\\3 & 4\end{pmatrix}$，$B=\begin{pmatrix}-2 & 0\\1 & 5\\2 & -1\end{pmatrix}$，求$(2A+B)^T$.

解：因 $2A+B=\begin{pmatrix}2 & 4\\0 & -2\\6 & 8\end{pmatrix}+\begin{pmatrix}-2 & 0\\1 & 5\\2 & -1\end{pmatrix}=\begin{pmatrix}0 & 4\\1 & 3\\8 & 7\end{pmatrix}$，

故 $(2A+B)^T=\begin{pmatrix}0 & 1 & 8\\4 & 3 & 7\end{pmatrix}$.

【例 2】 设$\begin{pmatrix}7 & 0\\x+3y & y\end{pmatrix}+\begin{pmatrix}5 & y+5\\3x+y & x\end{pmatrix}=3\begin{pmatrix}4 & 2x\\x & y\end{pmatrix}^T$，求 x,y 之值.

解：等式两端分别计算，得

$$\begin{pmatrix}12 & y+5\\4x+4y & x+y\end{pmatrix}=\begin{pmatrix}12 & 3x\\6x & 3y\end{pmatrix}.$$

由等式两端矩阵中对应元素相等，得

$$\begin{cases}y+5=3x,\\4x+4y=6x,\\x+y=3y.\end{cases}$$

解得 $x=2,y=1$.

【例 3】 在上节例 2 中，4 名学生期末考试成绩矩阵为 A. 又若该 4 名学生期中考试成绩矩阵与各门课程平时成绩矩阵分别为 B,C，其中

$$B=\begin{pmatrix}94 & 90 & 97\\83 & 85 & 76\\98 & 95 & 97\\60 & 70 & 72\end{pmatrix},C=\begin{pmatrix}90 & 80 & 90\\80 & 80 & 70\\90 & 90 & 100\\70 & 80 & 80\end{pmatrix}.$$

如果在各门课程的总成绩中，平时成绩、期中考试成绩和期末考试成绩分别占 20%、30%和 50%，求各门课程总成绩矩阵 D.

解：依题设，有

$$D=0.2C+0.3B+0.5A$$

$$=0.2\begin{pmatrix}90 & 80 & 90\\80 & 80 & 70\\90 & 90 & 100\\70 & 80 & 80\end{pmatrix}+0.3\begin{pmatrix}94 & 90 & 97\\83 & 85 & 76\\98 & 95 & 97\\60 & 70 & 72\end{pmatrix}+0.5\begin{pmatrix}90 & 86 & 95\\78 & 80 & 70\\92 & 93 & 96\\66 & 74 & 75\end{pmatrix}$$

$$=\begin{pmatrix}82.2 & 86 & 94.6\\79.9 & 81.5 & 71.8\\93.4 & 93 & 97.1\\65 & 74 & 75.1\end{pmatrix}.$$

2.3 矩阵的乘法

2.3.1 矩阵乘法的定义

定义5 设矩阵 $\boldsymbol{A}=(a_{ik})_{m\times l}$ 的列数与矩阵 $\boldsymbol{B}=(b_{kj})_{l\times n}$ 的行数相同，则由元素

$$c_{ij}=a_{i1}b_{1j}+a_{i2}b_{2j}+\cdots+a_{il}b_{lj}=\sum_{k=1}^{l}a_{ik}b_{kj}\quad(i=1,2,\cdots,m;j=1,2,\cdots,n)$$

所构成的 m 行 n 列矩阵

$$\boldsymbol{C}=(c_{ij})_{m\times n}=(\sum_{k=1}^{l}a_{ik}b_{kj})_{m\times n}$$

称为矩阵 $\boldsymbol{A}$ 与矩阵 $\boldsymbol{B}$ 的乘积，记为 $\boldsymbol{C}=\boldsymbol{A}\cdot\boldsymbol{B}$ 或 $\boldsymbol{C}=\boldsymbol{AB}$.

在本定义中，仅当 $\boldsymbol{A}$ 的列数与 $\boldsymbol{B}$ 的行数相同时，$\boldsymbol{AB}$ 才有意义；乘积 $\boldsymbol{C}$ 中的 (i,j) 元等于矩阵 $\boldsymbol{A}$ 的第 i 行元素与矩阵 $\boldsymbol{B}$ 的第 j 列对应元素乘积之和；矩阵 $\boldsymbol{C}$ 的行数等于矩阵 $\boldsymbol{A}$ 的行数，矩阵 $\boldsymbol{C}$ 的列数等于矩阵 $\boldsymbol{B}$ 的列数.

【例1】 设 $\boldsymbol{A}=\begin{pmatrix}1 & 1\\-1 & -1\end{pmatrix}$，$\boldsymbol{B}=\begin{pmatrix}-1 & 1\\1 & -1\end{pmatrix}$，计算 $\boldsymbol{AB}$ 与 $\boldsymbol{BA}$.

解：$\boldsymbol{AB}=\begin{pmatrix}1 & 1\\-1 & -1\end{pmatrix}\begin{pmatrix}-1 & 1\\1 & -1\end{pmatrix}$

$$=\begin{pmatrix}1\times(-1)+1\times1 & 1\times1+1\times(-1)\\(-1)\times(-1)+(-1)\times1 & (-1)\times1+(-1)\times(-1)\end{pmatrix}=\begin{pmatrix}0 & 0\\0 & 0\end{pmatrix},$$

$$\boldsymbol{BA}=\begin{pmatrix}-1 & 1\\1 & -1\end{pmatrix}\begin{pmatrix}1 & 1\\-1 & -1\end{pmatrix}=\begin{pmatrix}-2 & -2\\2 & 2\end{pmatrix}.$$

【例2】 设 $\boldsymbol{A}=(a_1,a_2,\cdots,a_n)$，$\boldsymbol{B}=\begin{pmatrix}b_1\\b_2\\\vdots\\b_n\end{pmatrix}$，求 $\boldsymbol{AB}$ 与 $\boldsymbol{BA}$.

解：因 $\boldsymbol{A}$ 是 $1\times n$ 矩阵，$\boldsymbol{B}$ 是 $n\times1$ 矩阵，故 $\boldsymbol{AB}$ 是一个数，而 $\boldsymbol{BA}$ 是 $n\times n$ 矩阵.

$$\boldsymbol{AB}=(a_1,a_2,\cdots,a_n)\begin{pmatrix}b_1\\b_2\\\vdots\\b_n\end{pmatrix}=a_1b_1+a_2b_2+\cdots+a_nb_n=\sum_{k=1}^{n}a_kb_k.$$

$$\boldsymbol{BA}=\begin{pmatrix}b_1\\b_2\\\vdots\\b_n\end{pmatrix}(a_1,a_2,\cdots,a_n)=\begin{pmatrix}b_1a_1&b_1a_2&\cdots&b_1a_n\\b_2a_1&b_2a_2&\cdots&b_2a_n\\\vdots&\vdots&&\vdots\\b_na_1&b_na_2&\cdots&b_na_n\end{pmatrix}.$$

在上述两个例子中都是 $\boldsymbol{AB}\neq\boldsymbol{BA}$,即矩阵乘法一般不满足交换律. 据此,将 $\boldsymbol{AB}$ 称为用 $\boldsymbol{A}$ 左乘 $\boldsymbol{B}$,而将 $\boldsymbol{BA}$ 称为用 $\boldsymbol{A}$ 右乘 $\boldsymbol{B}$. 特别需要注意的是:$\boldsymbol{A}$、$\boldsymbol{B}$ 都不是非零矩阵,但 $\boldsymbol{AB}$ 却可能为零矩阵. 换言之,由 $\boldsymbol{AB}=\boldsymbol{O}$ 不能断言 $\boldsymbol{A}=\boldsymbol{O}$ 或 $\boldsymbol{B}=\boldsymbol{O}$,这是矩阵的乘法与数的乘法不同之处.

【例 3】 设矩阵 $\boldsymbol{A}=\begin{pmatrix}1&0\\2&1\end{pmatrix}$,若存在矩阵 $\boldsymbol{B}$,使得 $\boldsymbol{AB}=\boldsymbol{BA}$,则称 $\boldsymbol{B}$ 与 $\boldsymbol{A}$ 可交换. 试求出所有与 $\boldsymbol{A}$ 可交换的矩阵.

解:由题设,知与 $\boldsymbol{A}$ 可交换的矩阵必为 2 阶方阵. 故可设

$$\boldsymbol{X}=\begin{pmatrix}x_{11}&x_{12}\\x_{21}&x_{22}\end{pmatrix},$$

$$\boldsymbol{AX}=\begin{pmatrix}1&0\\2&1\end{pmatrix}\begin{pmatrix}x_{11}&x_{12}\\x_{21}&x_{22}\end{pmatrix}=\begin{pmatrix}x_{11}&x_{12}\\2x_{11}+x_{21}&2x_{12}+x_{22}\end{pmatrix},$$

$$\boldsymbol{XA}=\begin{pmatrix}x_{11}&x_{12}\\x_{21}&x_{22}\end{pmatrix}\begin{pmatrix}1&0\\2&1\end{pmatrix}=\begin{pmatrix}x_{11}+2x_{12}&x_{12}\\x_{21}+2x_{22}&x_{22}\end{pmatrix}.$$

因 $\boldsymbol{X}$ 与 $\boldsymbol{A}$ 可交换,故 $\boldsymbol{AX}=\boldsymbol{XA}$,于是

$$x_{11}=x_{11}+2x_{12},2x_{11}+x_{21}=x_{21}+2x_{22},2x_{12}+x_{22}=x_{22}.$$

解得 $x_{12}=0,x_{11}=x_{22}$,且 x_{11},x_{21} 可取任意值. 因此,欲求的矩阵

$$\boldsymbol{B}=\boldsymbol{X}=\begin{pmatrix}x_{11}&0\\x_{21}&x_{11}\end{pmatrix}.$$

【例 4】 设 $\boldsymbol{A}=\begin{pmatrix}1&2\\0&3\end{pmatrix}$,$\boldsymbol{B}=\begin{pmatrix}1&0\\0&4\end{pmatrix}$,$\boldsymbol{C}=\begin{pmatrix}1&1\\0&0\end{pmatrix}$,求 $\boldsymbol{AC}$ 与 $\boldsymbol{BC}$.

解: $\boldsymbol{AC}=\begin{pmatrix}1&2\\0&3\end{pmatrix}\begin{pmatrix}1&1\\0&0\end{pmatrix}=\begin{pmatrix}1&1\\0&0\end{pmatrix}$,

$$\boldsymbol{BC}=\begin{pmatrix}1&0\\0&4\end{pmatrix}\begin{pmatrix}1&1\\0&0\end{pmatrix}=\begin{pmatrix}1&1\\0&0\end{pmatrix}.$$

在本例中,$\boldsymbol{AC}=\boldsymbol{BC}$,但 $\boldsymbol{A}\neq\boldsymbol{B}$,并且 $\boldsymbol{AC}=\boldsymbol{C}$,$\boldsymbol{BC}=\boldsymbol{C}$. 由此可见,矩阵乘法不满足消去律,即在 $\boldsymbol{AC}=\boldsymbol{BC}$ 中,不能随意约去 $\boldsymbol{C}$,而得到 $\boldsymbol{A}=\boldsymbol{B}$.

【例 5】 设矩阵 $\boldsymbol{X}$ 满足:$\begin{pmatrix}2&1\\1&2\end{pmatrix}\boldsymbol{X}=\begin{pmatrix}1&2\\-1&4\end{pmatrix}$,求矩阵 $\boldsymbol{X}$.

解:依题设,知 $\boldsymbol{X}$ 为 2 阶方阵,故可设

$$X=\begin{pmatrix}x_{11} & x_{12}\\ x_{21} & x_{22}\end{pmatrix}.$$

因 $\begin{pmatrix}2 & 1\\ 1 & 2\end{pmatrix}X=\begin{pmatrix}2 & 1\\ 1 & 2\end{pmatrix}\begin{pmatrix}x_{11} & x_{12}\\ x_{21} & x_{22}\end{pmatrix}=\begin{pmatrix}2x_{11}+x_{21} & 2x_{12}+x_{22}\\ x_{11}+2x_{21} & x_{12}+2x_{22}\end{pmatrix}$,

故原等式化为 $\begin{pmatrix}2x_{11}+x_{21} & 2x_{12}+x_{22}\\ x_{11}+2x_{21} & x_{12}+2x_{22}\end{pmatrix}=\begin{pmatrix}1 & 2\\ -1 & 4\end{pmatrix}$,

即

$$\begin{cases}2x_{11}+\ x_{21}=1,\\ \ x_{11}+2x_{21}=-1,\end{cases}$$

$$\begin{cases}2x_{12}+\ x_{22}=2,\\ \ x_{12}+2x_{22}=4.\end{cases}$$

分别解上述两个方程组,得

$$x_{11}=1, x_{21}=-1, x_{12}=0, x_{22}=2,$$

故 $X=\begin{pmatrix}1 & 0\\ -1 & 2\end{pmatrix}$.

注 通常,称本例的解法为待定系数法,根据已给条件确定矩阵 X 中 4 个元素之值.

【例 6】 如果变量 x,y,z 与变量 x',y',z'之间的关系为

$$\begin{cases}x=a_{11}x'+a_{12}y'+a_{13}z',\\ y=a_{21}x'+a_{22}y'+a_{23}z',\\ z=a_{31}x'+a_{32}y'+a_{33}z',\end{cases} \qquad ①$$

则称它为从变量 x,y,z 到变量 x',y',z' 的线性变换,称 3 阶方阵 $A=(a_{ij})$ 为变换矩阵或系数矩阵;又如果变量 x',y',z'到变量 x'',y'',z''的线性变换为

$$\begin{cases}x'=b_{11}x''+b_{12}y''+b_{13}z'',\\ y'=b_{21}x''+b_{22}y''+b_{23}z'',\\ z'=b_{31}x''+b_{32}y''+b_{33}z'',\end{cases} \qquad ②$$

其变换矩阵为 $B=(b_{ij})$.

用②代入①,知 x,y,z 到 x'',y'',z''的线性变换为

$$\begin{cases}x=(a_{11}b_{11}+a_{12}b_{21}+a_{13}b_{31})x''\\ \quad +(a_{11}b_{12}+a_{12}b_{22}+a_{13}b_{32})y''\\ \quad +(a_{11}b_{13}+a_{12}b_{23}+a_{13}b_{33})z'',\\ y=(a_{21}b_{11}+a_{22}b_{21}+a_{23}b_{31})x''\\ \quad +(a_{21}b_{12}+a_{22}b_{22}+a_{23}b_{32})y''\\ \quad +(a_{21}b_{13}+a_{22}b_{23}+a_{23}b_{33})z'',\\ z=(a_{31}b_{11}+a_{32}b_{21}+a_{33}b_{31})x''\\ \quad +(a_{31}b_{12}+a_{32}b_{22}+a_{33}b_{32})y''\\ \quad +(a_{31}b_{13}+a_{32}b_{23}+a_{33}b_{33})z'',\end{cases}$$

其变换矩阵 $\boldsymbol{C}=\boldsymbol{AB}$.

给定了线性变换①，系数矩阵就被确定. 反之，如果给出一个矩阵作为线性变换的系数矩阵，则线性变换也被确定. 在此意义下，线性变换和系数矩阵之间存在着一一对应的关系.

例如，线性变换

$$\begin{cases} x_1{}'=x_1, \\ x_2{}'=x_2, \\ \quad\cdots\cdots \\ x_n{}'=x_n, \end{cases}$$

叫做恒等变换，它的系数矩阵为单位矩阵 $\boldsymbol{I}_n$.

又如线性变换

$$\begin{cases} x_1{}'=\lambda_1 x_1, \\ x_2{}'=\lambda_2 x_2, \\ \quad\cdots\cdots \\ x_n{}'=\lambda_n x_n, \end{cases}$$

所对应的系数矩阵为对角矩阵 $\mathrm{diag}(\lambda_1,\lambda_2,\cdots,\lambda_n)$.

由于矩阵和线性变换之间存在着一一对应的关系，因此可以利用矩阵来研究线性变换，也可以利用线性变换来解释矩阵的含义.

例如，矩阵 $\boldsymbol{A}=\begin{pmatrix} \cos\varphi & -\sin\varphi \\ \sin\varphi & \cos\varphi \end{pmatrix}$ 所对应的线性变换为

$$\begin{cases} x'=x\cos\varphi-y\sin\varphi, \\ y'=x\sin\varphi+y\cos\varphi, \end{cases} \qquad ③$$

如下图所示，记 xOy 平面上的向量 $\overrightarrow{OP}=\begin{pmatrix} x \\ y \end{pmatrix}$，$\overrightarrow{OP'}=\begin{pmatrix} x' \\ y' \end{pmatrix}$. 则 $\overrightarrow{OP}=(r\cos\theta, r\sin\theta)$，其中 $r=|\overrightarrow{OP}|$. 这样，③式的含义是把向量 $\overrightarrow{OP}$ 依逆时针方向旋转 φ 角变成 $\overrightarrow{OP'}$. 事实上，③式就是平面直角坐标系的旋转变换公式.

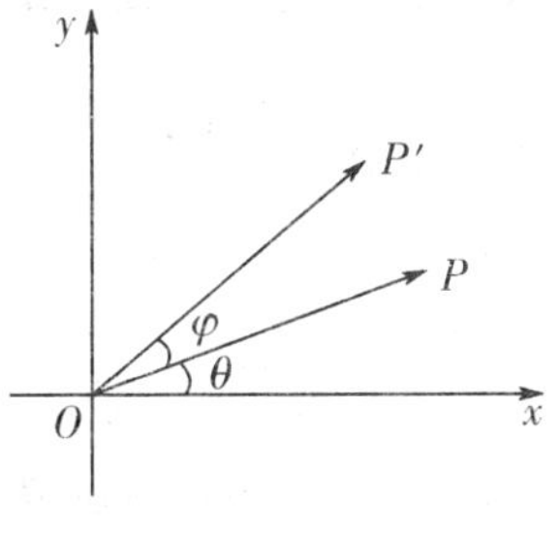

在线性方程组

$$\begin{cases} a_{11}x_1+a_{12}x_2+\cdots+a_{1n}x_n=b_1, \\ a_{21}x_1+a_{22}x_2+\cdots+a_{2n}x_n=b_2, \\ \cdots\cdots \\ a_{m1}x_1+a_{m2}x_2+\cdots+a_{mn}x_n=b_m \end{cases}$$

中,若令 $\boldsymbol{A}=\begin{pmatrix} a_{11} & a_{12} & \cdots & a_{1n} \\ a_{21} & a_{22} & \cdots & a_{2n} \\ \vdots & \vdots & & \vdots \\ a_{m1} & a_{m2} & \cdots & a_{mn} \end{pmatrix}$, $\boldsymbol{x}=\begin{pmatrix} x_1 \\ x_2 \\ \vdots \\ x_n \end{pmatrix}$, $\boldsymbol{b}=\begin{pmatrix} b_1 \\ b_2 \\ \vdots \\ b_m \end{pmatrix}$,则方程组可以表示为矩阵形式 $\boldsymbol{Ax}=\boldsymbol{b}$.

定理 2 在以下各式中,若等式一端有意义,则另一端也有意义,且等式成立.

(1) $(\boldsymbol{AB})\boldsymbol{C}=\boldsymbol{A}(\boldsymbol{BC})$;(乘法结合律)

(2) $(\boldsymbol{A}+\boldsymbol{B})\boldsymbol{C}=\boldsymbol{AC}+\boldsymbol{BC}$,

$\boldsymbol{C}(\boldsymbol{A}+\boldsymbol{B})=\boldsymbol{CA}+\boldsymbol{CB}$;(乘法分配律)

(3) $k(\boldsymbol{AB})=(k\boldsymbol{A})\boldsymbol{B}=\boldsymbol{A}(k\boldsymbol{B})$;

(4) $(\boldsymbol{AB})^T=\boldsymbol{B}^T\boldsymbol{A}^T$,

$(\boldsymbol{A}_1\boldsymbol{A}_2\cdots\boldsymbol{A}_n)^T=\boldsymbol{A}_n^T\boldsymbol{A}_{n-1}^T\cdots\boldsymbol{A}_2^T\boldsymbol{A}_1^T$;

(5) $(k\boldsymbol{I})\boldsymbol{A}=\boldsymbol{A}(k\boldsymbol{I})=k\boldsymbol{A}$.($k$ 为实数)

2.3.2 方阵的幂

定义 6 设 $\boldsymbol{A}$ 是方阵,k 是正整数,规定

$$\boldsymbol{A}^1=\boldsymbol{A}, \boldsymbol{A}^2=\boldsymbol{A}^1\cdot\boldsymbol{A}^1=\boldsymbol{A}\cdot\boldsymbol{A}, \boldsymbol{A}^3=\boldsymbol{A}^2\cdot\boldsymbol{A}^1=\boldsymbol{A}^2\cdot\boldsymbol{A}, \cdots, \boldsymbol{A}^{k+1}=\boldsymbol{A}^k\cdot\boldsymbol{A},$$

即 $\boldsymbol{A}^k$ 就是 k 个 $\boldsymbol{A}$ 连乘,称为 $\boldsymbol{A}$ 的 k 次幂.

由于矩阵乘法适合结合律,所以方阵的幂满足以下运算规律:

$$\boldsymbol{A}^k\boldsymbol{A}^l=\boldsymbol{A}^{k+l}, (\boldsymbol{A}^k)^l=\boldsymbol{A}^{kl},$$

其中 k,l 均为正整数.

值得注意的是:仅当 $\boldsymbol{AB}=\boldsymbol{BA}$ 时,下式才能成立:

$$(\boldsymbol{A}+\boldsymbol{B})^2=\boldsymbol{A}^2+2\boldsymbol{AB}+\boldsymbol{B}^2.$$

【例 7】 设 $\boldsymbol{A}=\begin{pmatrix} \cos\theta & -\sin\theta \\ \sin\theta & \cos\theta \end{pmatrix}$,求 $\boldsymbol{A}^3$.

解:

$$\boldsymbol{A}^2=\boldsymbol{A}\cdot\boldsymbol{A}=\begin{pmatrix} \cos\theta & -\sin\theta \\ \sin\theta & \cos\theta \end{pmatrix}\begin{pmatrix} \cos\theta & -\sin\theta \\ \sin\theta & \cos\theta \end{pmatrix}$$

$$=\begin{pmatrix} \cos^2\theta-\sin^2\theta & -2\sin\theta\cos\theta \\ 2\sin\theta\cos\theta & \cos^2\theta-\sin^2\theta \end{pmatrix}$$

$$=\begin{pmatrix}\cos 2\theta & -\sin 2\theta\\ \sin 2\theta & \cos 2\theta\end{pmatrix},$$

$$\boldsymbol{A}^3=\boldsymbol{A}^2\cdot\boldsymbol{A}=\begin{pmatrix}\cos 2\theta & -\sin 2\theta\\ \sin 2\theta & \cos 2\theta\end{pmatrix}\begin{pmatrix}\cos \theta & -\sin \theta\\ \sin \theta & \cos \theta\end{pmatrix}$$

$$=\begin{pmatrix}\cos 2\theta\cos\theta-\sin 2\theta\sin\theta & -\sin\theta\cos 2\theta-\sin 2\theta\cos\theta\\ \sin 2\theta\cos\theta+\cos 2\theta\sin\theta & -\sin 2\theta\sin\theta+\cos 2\theta\cos\theta\end{pmatrix}$$

$$=\begin{pmatrix}\cos 3\theta & -\sin 3\theta\\ \sin 3\theta & \cos 3\theta\end{pmatrix}.$$

注 用数学归纳法可以证明：

$$\boldsymbol{A}^n=\begin{pmatrix}\cos n\theta & -\sin n\theta\\ \sin n\theta & \cos n\theta\end{pmatrix}.$$

【例 8】 莱斯利(Leslie)人口增长模型是 20 世纪 40 年代提出的，它是预测人口按年龄组变化的离散模型.

因为通常情况下，男女人口的比例变化不大，所以仅考虑女性人口的发展变化，以便简化模型. 今将女性人口按相同的年限(比如 5 年)分成若干年龄组，一个时间周期等于年龄组的间距(5 年). 令 $x_i^{(k)}$ 表示第 k 个时间周期时第 i 个年龄组的女性人口，$i=1,2,\cdots,n$，这里 n 表示最高年龄组，不再考虑更大年龄组人口的变化. 我们只考虑由生育、老化和死亡引起的人口的演化，而不考虑迁移、战争、意外灾难等因素的影响.

设第 i 组女性的生育率为 a_i，存活率为 b_i，因某个时间周期内第 $i+1$ 组女性人数是上一周期内第 i 组女性存活下来的人数，故有

$$x_{i+1}^{(k)}=b_ix_i^{(k)},i=1,2,\cdots,n-1.$$

又因每个周期内第 1 组女性总数是上一周期内各组女性所生育的女婴总数，故有

$$x_1^{(k)}=a_1x_1^{(k-1)}+a_2x_2^{(k-1)}+\cdots+a_nx_n^{(k-1)}.$$

将上述两个式子用矩阵表示为

$$\begin{pmatrix}x_1^{(k)}\\ x_2^{(k)}\\ \vdots\\ x_n^{(k)}\end{pmatrix}=\begin{pmatrix}a_1 & a_2 & a_3 & \cdots & a_{n-1} & a_n\\ b_1 & 0 & 0 & \cdots & 0 & 0\\ 0 & b_2 & 0 & \cdots & 0 & 0\\ & & \cdots & & \cdots & \\ 0 & 0 & 0 & \cdots & b_{n-1} & 0\end{pmatrix}\begin{pmatrix}x_1^{(k-1)}\\ x_2^{(k-1)}\\ \vdots\\ x_n^{(k-1)}\end{pmatrix},$$

或简写成

$$\boldsymbol{X}^{(k)}=\boldsymbol{L}\boldsymbol{X}^{(k-1)},$$

其中

$$L=\begin{pmatrix} a_1 & a_2 & a_3 & \cdots & a_{n-1} & a_n \\ b_1 & 0 & 0 & \cdots & 0 & 0 \\ 0 & b_2 & 0 & \cdots & 0 & 0 \\ & & \cdots & & \cdots & \\ 0 & 0 & 0 & \cdots & b_{n-1} & 0 \end{pmatrix},$$

称 $\boldsymbol{L}$ 为 Leslie 矩阵.

由 $\boldsymbol{X}^{(k)}=\boldsymbol{L}\boldsymbol{X}^{(k-1)}$，递推可得

$$\boldsymbol{X}^{(k)}=\boldsymbol{L}\boldsymbol{X}^{(k-1)}=\cdots=\boldsymbol{L}^k\boldsymbol{X}^{(0)},$$

由此，可计算出第 k 个周期时各年龄组人口数，人口增长率及各年龄组人口占总人口的百分数.

2.4 矩阵的分块

2.4.1 分块矩阵

对于阶数很高或结构特殊的矩阵，为了便于计算和分析，常常把所讨论的矩阵看作是由若干个小矩阵所组成，这些小矩阵称为子矩阵或子块. 原矩阵分块后，以所分的子块作为元素的矩阵称为分块矩阵.

给定一个矩阵 $\boldsymbol{A}$，可在行间作水平线或在列间作虚直线，就可将矩阵 $\boldsymbol{A}$ 分块.

矩阵 $\boldsymbol{A}$ 可以根据需要、矩阵的特点和运算的合理性，把 $\boldsymbol{A}$ 写成多种不同形式的分块矩阵.

例如：$\boldsymbol{A}=\begin{pmatrix} 1 & 0 & 0 & 3 \\ 0 & 1 & 0 & -1 \\ 0 & 0 & 1 & 0 \\ 0 & 0 & 0 & 1 \end{pmatrix}$.

如果令 $\boldsymbol{I}_3=\begin{pmatrix} 1 & 0 & 0 \\ 0 & 1 & 0 \\ 0 & 0 & 1 \end{pmatrix}$，$\boldsymbol{A}_1=\begin{pmatrix} 3 \\ -1 \\ 0 \end{pmatrix}$，$\boldsymbol{O}=(0\quad 0\quad 0)$，$\boldsymbol{A}_2=(1)$，

则 $\boldsymbol{A}=\left(\begin{array}{ccc:c} 1 & 0 & 0 & 3 \\ 0 & 1 & 0 & -1 \\ 0 & 0 & 1 & 0 \\ \hdashline 0 & 0 & 0 & 1 \end{array}\right)=\begin{pmatrix} \boldsymbol{I}_3 & \boldsymbol{A}_1 \\ \boldsymbol{O} & \boldsymbol{A}_2 \end{pmatrix}$.

又如果令 $\boldsymbol{I}_2=\begin{pmatrix} 1 & 0 \\ 0 & 1 \end{pmatrix}$，$\boldsymbol{A}_3=\begin{pmatrix} 0 & 3 \\ 0 & -1 \end{pmatrix}$，$\boldsymbol{O}=\begin{pmatrix} 0 & 0 \\ 0 & 0 \end{pmatrix}$，

则　$\boldsymbol{A}=\left(\begin{array}{cc|cc}1&0&0&3\\0&1&0&-1\\\hline 0&0&1&0\\0&0&0&1\end{array}\right)=\begin{pmatrix}\boldsymbol{I}_2&\boldsymbol{A}_3\\\boldsymbol{O}&\boldsymbol{I}_2\end{pmatrix}$.

再如果令 $\boldsymbol{\varepsilon}_1=\begin{pmatrix}1\\0\\0\\0\end{pmatrix}$, $\boldsymbol{\varepsilon}_2=\begin{pmatrix}0\\1\\0\\0\end{pmatrix}$, $\boldsymbol{\varepsilon}_3=\begin{pmatrix}0\\0\\1\\0\end{pmatrix}$, $\boldsymbol{\alpha}=\begin{pmatrix}3\\-1\\0\\1\end{pmatrix}$,

则　$\boldsymbol{A}=\left(\begin{array}{c|c|c|c}1&0&0&3\\0&1&0&-1\\0&0&1&0\\0&0&0&1\end{array}\right)=(\boldsymbol{\varepsilon}_1,\boldsymbol{\varepsilon}_2,\boldsymbol{\varepsilon}_3,\boldsymbol{\alpha})$.

上面给出了矩阵 $\boldsymbol{A}$ 的三种形式的分块矩阵.

2.4.2　分块矩阵的运算

分块矩阵运算时,把子块作为元素处理.

(1)线性运算

设　$\boldsymbol{A}=(\boldsymbol{A}_{pq})=\begin{pmatrix}\boldsymbol{A}_{11}&\boldsymbol{A}_{12}&\cdots&\boldsymbol{A}_{1t}\\\boldsymbol{A}_{21}&\boldsymbol{A}_{22}&\cdots&\boldsymbol{A}_{2t}\\\vdots&\vdots&&\vdots\\\boldsymbol{A}_{s1}&\boldsymbol{A}_{s2}&\cdots&\boldsymbol{A}_{st}\end{pmatrix}$,

$$\boldsymbol{B}=(\boldsymbol{B}_{pq})=\begin{pmatrix}\boldsymbol{B}_{11}&\boldsymbol{B}_{12}&\cdots&\boldsymbol{B}_{1t}\\\boldsymbol{B}_{21}&\boldsymbol{B}_{22}&\cdots&\boldsymbol{B}_{2t}\\\vdots&\vdots&&\vdots\\\boldsymbol{B}_{s1}&\boldsymbol{B}_{s2}&\cdots&\boldsymbol{B}_{st}\end{pmatrix},$$

其中对应子块 $\boldsymbol{A}_{pq}$ 与 $\boldsymbol{B}_{pq}$ 有相同的行数与相同的列数($p\neq1,\cdots,s;q=1,\cdots,t$),则

$$\boldsymbol{A}+\boldsymbol{B}=(\boldsymbol{A}_{pq})+(\boldsymbol{B}_{pq})=(\boldsymbol{A}_{pq}+\boldsymbol{B}_{pq}).$$

又 k 为实数,则

$$k\boldsymbol{A}=k(\boldsymbol{A}_{pq})=(k\boldsymbol{A}_{pq}).$$

(2)乘法运算

如果将矩阵 $\boldsymbol{A}_{m\times l}$, $\boldsymbol{B}_{l\times n}$ 分块为

$$\boldsymbol{A}_{m\times l}=(\boldsymbol{A}_{pk})=\begin{array}{c}\begin{pmatrix}\boldsymbol{A}_{11}&\boldsymbol{A}_{12}&\cdots&\boldsymbol{A}_{1r}\\\boldsymbol{A}_{21}&\boldsymbol{A}_{22}&\cdots&\boldsymbol{A}_{2r}\\\vdots&\vdots&&\vdots\\\boldsymbol{A}_{s1}&\boldsymbol{A}_{s2}&\cdots&\boldsymbol{A}_{sr}\end{pmatrix}\begin{matrix}m_1\\m_2\\\vdots\\m_s\end{matrix}\\\begin{matrix}l_1&\quad l_2&\quad\cdots&\quad l_r\end{matrix}\end{array},$$

这里 $m_1+m_2+\cdots+m_s=m, l_1+l_2+\cdots+l_r=l$. 如上式所示，子矩阵 $\boldsymbol{A}_{11}$ 为 $m_1\times l_1$ 型矩阵，$\boldsymbol{A}_{12}$ 为 $m_1\times l_2$ 型矩阵，其余类同.

$$\boldsymbol{B}_{l\times n}=(\boldsymbol{B}_{kq})=\begin{pmatrix}\boldsymbol{B}_{11} & \boldsymbol{B}_{12} & \cdots & \boldsymbol{B}_{1t}\\ \boldsymbol{B}_{21} & \boldsymbol{B}_{22} & \cdots & \boldsymbol{B}_{2t}\\ \vdots & \vdots & & \vdots\\ \boldsymbol{B}_{r1} & \boldsymbol{B}_{r2} & \cdots & \boldsymbol{B}_{rt}\end{pmatrix}\begin{matrix} l_1\\ l_2\\ \vdots\\ l_r\end{matrix},$$
$$\qquad\quad n_1 \quad n_2 \quad \cdots \quad n_t,$$

这里 $l_1+l_2+\cdots+l_r=l, n_1+n_2+\cdots+n_t=n$. 子矩阵 $\boldsymbol{B}_{11}$ 为 $l_1\times n_1$ 型矩阵. 从而 $\boldsymbol{A}_{11}\boldsymbol{B}_{11}$ 有意义. 同样 $\boldsymbol{A}_{pk}$ 的列数与 $\boldsymbol{B}_{kq}$ 的行数相同，即 $\boldsymbol{A}_{i1}, \boldsymbol{A}_{i2}, \cdots, \boldsymbol{A}_{ir}$ 的列数分别等于 $\boldsymbol{B}_{1j}, \boldsymbol{B}_{2j}, \cdots, \boldsymbol{B}_{rj}$ 的行数，则分块矩阵的乘积

$$\boldsymbol{C}=(\boldsymbol{A}_{pk})(\boldsymbol{B}_{kq})=\begin{pmatrix}\boldsymbol{C}_{11} & \boldsymbol{C}_{12} & \cdots & \boldsymbol{C}_{1t}\\ \boldsymbol{C}_{21} & \boldsymbol{C}_{22} & \cdots & \boldsymbol{C}_{2t}\\ \vdots & \vdots & & \vdots\\ \boldsymbol{C}_{s1} & \boldsymbol{C}_{s2} & \cdots & \boldsymbol{C}_{st}\end{pmatrix},$$

其中 $\boldsymbol{C}_{pq}=\boldsymbol{A}_{p1}\boldsymbol{B}_{1q}+\boldsymbol{A}_{p2}\boldsymbol{B}_{2q}+\cdots+\boldsymbol{A}_{pr}\boldsymbol{B}_{rq}=\sum\limits_{k=1}^{r}\boldsymbol{A}_{pk}\boldsymbol{B}_{kq}$，$(p=1,2,\cdots,s, q=1,2,\cdots,t)$.

(3)分块矩阵的转置

设 $$\boldsymbol{A}_{m\times l}=\begin{pmatrix}\boldsymbol{A}_{11} & \boldsymbol{A}_{12} & \cdots & \boldsymbol{A}_{1r}\\ \boldsymbol{A}_{21} & \boldsymbol{A}_{22} & \cdots & \boldsymbol{A}_{2r}\\ \vdots & \vdots & & \vdots\\ \boldsymbol{A}_{s1} & \boldsymbol{A}_{s2} & \cdots & \boldsymbol{A}_{sr}\end{pmatrix},$$

则 $$\boldsymbol{A}^T_{m\times l}=\begin{pmatrix}\boldsymbol{A}^T_{11} & \boldsymbol{A}^T_{21} & \cdots & \boldsymbol{A}^T_{s1}\\ \boldsymbol{A}^T_{12} & \boldsymbol{A}^T_{22} & \cdots & \boldsymbol{A}^T_{s2}\\ \vdots & \vdots & & \vdots\\ \boldsymbol{A}^T_{1r} & \boldsymbol{A}^T_{2r} & \cdots & \boldsymbol{A}^T_{sr}\end{pmatrix}.$$

(4)分块对角矩阵的乘法

形如

$$\boldsymbol{A}=\begin{pmatrix}\boldsymbol{A}_1 & 0 & \cdots & 0\\ 0 & \boldsymbol{A}_2 & \cdots & 0\\ \vdots & \vdots & & \vdots\\ 0 & 0 & \cdots & \boldsymbol{A}_s\end{pmatrix}$$

的矩阵称为分块对角矩阵，又称为准对角矩阵，其中 $\boldsymbol{A}_1, \boldsymbol{A}_2, \cdots, \boldsymbol{A}_s$ 均为方阵，且其余子矩阵均为零矩阵.

又设

$$B=\begin{pmatrix} B_1 & 0 & \cdots & 0 \\ 0 & B_2 & \cdots & 0 \\ \vdots & \vdots & & \vdots \\ 0 & 0 & \cdots & B_s \end{pmatrix}$$

为分块对角矩阵，且 A_k 与 $B_k(k=1,2,\cdots,s)$ 的阶数相同，则

$$AB=\begin{pmatrix} A_1B_1 & 0 & \cdots & 0 \\ 0 & A_2B_2 & \cdots & 0 \\ \vdots & \vdots & & \vdots \\ 0 & 0 & \cdots & A_sB_s \end{pmatrix}.$$

【例 1】 用分块法计算 AB，其中

$$A=\left(\begin{array}{ccc:cc} 1 & 0 & -1 & 1 & 0 \\ -1 & 0 & 1 & 0 & 1 \\ \hdashline 0 & 0 & 0 & 2 & 0 \\ 0 & 0 & 0 & 0 & 2 \end{array}\right),\ B=\left(\begin{array}{cc:cc} 1 & 2 & 0 & 1 \\ 2 & 0 & 1 & -1 \\ 0 & 1 & -1 & 2 \\ \hdashline 0 & 0 & 1 & 0 \\ 0 & 0 & 0 & 1 \end{array}\right).$$

解：方法一 对 A,B 分别按虚线分块，则 A 分成 2 个列组，B 分成 2 个行组，且 A 的第一列组含 3 列而 B 的第一行组含 3 行，A 的第 2 列组含 2 列而 B 的第 2 行组含 2 行，故分法合理. 把子块当成元素先算出

$$AB=\begin{pmatrix} A_1 & I_2 \\ O & 2I_2 \end{pmatrix}\begin{pmatrix} B_1 & B_2 \\ O & I_2 \end{pmatrix}=\begin{pmatrix} A_1B_1 & A_1B_2+I_2 \\ O & 2I_2 \end{pmatrix}.$$

再算出

$$A_1B_1=\begin{pmatrix} 1 & 0 & -1 \\ -1 & 0 & 1 \end{pmatrix}\begin{pmatrix} 1 & 2 \\ 2 & 0 \\ 0 & 1 \end{pmatrix}=\begin{pmatrix} 1 & 1 \\ -1 & -1 \end{pmatrix},$$

$$A_1B_2=\begin{pmatrix} 1 & 0 & -1 \\ -1 & 0 & 1 \end{pmatrix}\begin{pmatrix} 0 & 1 \\ 1 & -1 \\ -1 & 2 \end{pmatrix}=\begin{pmatrix} 1 & -1 \\ -1 & 1 \end{pmatrix},$$

$$A_1B_2+I_2=\begin{pmatrix} 1 & -1 \\ -1 & 1 \end{pmatrix}+\begin{pmatrix} 1 & 0 \\ 0 & 1 \end{pmatrix}=\begin{pmatrix} 2 & -1 \\ -1 & 2 \end{pmatrix}.$$

代入前面先算出的分块矩阵，得

$$AB=\begin{pmatrix} A_1B_1 & A_1B_2+I_2 \\ O & 2I_2 \end{pmatrix}=\begin{pmatrix} 1 & 1 & 2 & -1 \\ -1 & -1 & -1 & 2 \\ 0 & 0 & 2 & 0 \\ 0 & 0 & 0 & 2 \end{pmatrix}.$$

方法二 A 的分法如前，将分割 B 的横线保留而撤销竖线，

先算出

$$\boldsymbol{AB}=\begin{pmatrix}\boldsymbol{A}_1 & \boldsymbol{I}_2\\ \boldsymbol{O} & 2\boldsymbol{I}_2\end{pmatrix}\begin{pmatrix}\boldsymbol{B}_3\\ \boldsymbol{B}_4\end{pmatrix}=\begin{pmatrix}\boldsymbol{A}_1\boldsymbol{B}_3+\boldsymbol{B}_4\\ 2\boldsymbol{B}_4\end{pmatrix}.$$

再算出

$$\boldsymbol{A}_1\boldsymbol{B}_3=\begin{pmatrix}1 & 0 & -1\\ -1 & 0 & 1\end{pmatrix}\begin{pmatrix}1 & 2 & 0 & 1\\ 2 & 0 & 1 & -1\\ 0 & 1 & -1 & 2\end{pmatrix}=\begin{pmatrix}1 & 1 & 1 & -1\\ -1 & -1 & -1 & 1\end{pmatrix},$$

$$\begin{aligned}\boldsymbol{A}_1\boldsymbol{B}_3+\boldsymbol{B}_4&=\begin{pmatrix}1 & 1 & 1 & -1\\ -1 & -1 & -1 & 1\end{pmatrix}+\begin{pmatrix}0 & 0 & 1 & 0\\ 0 & 0 & 0 & 1\end{pmatrix}\\ &=\begin{pmatrix}1 & 1 & 2 & -1\\ -1 & -1 & -1 & 2\end{pmatrix},\end{aligned}$$

$$2\boldsymbol{B}_4=\begin{pmatrix}0 & 0 & 2 & 0\\ 0 & 0 & 0 & 2\end{pmatrix},$$

故

$$\boldsymbol{AB}=\begin{pmatrix}\boldsymbol{A}_1\boldsymbol{B}_3+\boldsymbol{B}_4\\ 2\boldsymbol{B}_4\end{pmatrix}=\left(\begin{array}{cccc}1 & 1 & 2 & -1\\ -1 & -1 & -1 & 2\\ \hdashline 0 & 0 & 2 & 0\\ 0 & 0 & 0 & 2\end{array}\right).$$

易见,它与方法一算出的答案是一致的.如果不用分块法,则利用矩阵的乘法可得到同样的结果.

【例 2】 如果将矩阵 $\boldsymbol{A}_{m\times n}$,$\boldsymbol{I}_n$ 分块为

$$\boldsymbol{A}=\begin{pmatrix}a_{11} & a_{12} & \cdots & a_{1n}\\ a_{21} & a_{22} & \cdots & a_{2n}\\ \vdots & \vdots & & \vdots\\ a_{m1} & a_{m2} & \cdots & a_{mn}\end{pmatrix}=(\boldsymbol{A}_1,\boldsymbol{A}_2,\cdots,\boldsymbol{A}_n).$$

$$\boldsymbol{I}_n=\begin{pmatrix}1 & 0 & \cdots & 0\\ 0 & 1 & \cdots & 0\\ \vdots & \vdots & & \vdots\\ 0 & 0 & \cdots & 1\end{pmatrix}=(\boldsymbol{\varepsilon}_1,\boldsymbol{\varepsilon}_2,\cdots,\boldsymbol{\varepsilon}_n),\text{这里 }\boldsymbol{\varepsilon}_j=\begin{pmatrix}0\\ \vdots\\ 0\\ 1\\ 0\\ \vdots\\ 0\end{pmatrix}\text{——第 } j \text{ 行},$$

则 $\boldsymbol{AI}_n=\boldsymbol{A}(\boldsymbol{\varepsilon}_1,\boldsymbol{\varepsilon}_2,\cdots,\boldsymbol{\varepsilon}_n)=(\boldsymbol{A\varepsilon}_1,\boldsymbol{A\varepsilon}_2,\cdots,\boldsymbol{A\varepsilon}_n)$,

又 $\boldsymbol{AI}_n=\boldsymbol{A}$,故

$$(\boldsymbol{A\varepsilon}_1,\boldsymbol{A\varepsilon}_2,\cdots,\boldsymbol{A\varepsilon}_n)=(\boldsymbol{A}_1,\boldsymbol{A}_2,\cdots,\boldsymbol{A}_n).$$

因此

$$\boldsymbol{A}\boldsymbol{\varepsilon}_j=\boldsymbol{A}_j\quad (j=1,2,\cdots,n).$$

这表明:用 $\boldsymbol{\varepsilon}_j$ 右乘矩阵可得矩阵 $\boldsymbol{A}$ 的第 j 列向量.

【例 3】　设 $\boldsymbol{A}=\begin{pmatrix}1&0&0&0\\0&1&0&0\\-1&2&1&0\\1&1&0&1\end{pmatrix}$,$\boldsymbol{B}=\begin{pmatrix}1&0&1&0\\-1&2&0&1\\1&0&4&1\\-1&-1&2&0\end{pmatrix}$,用分块矩阵求 $\boldsymbol{AB}$.

解:把 $\boldsymbol{A},\boldsymbol{B}$ 分块成

$$\boldsymbol{A}=\begin{pmatrix}1&0&0&0\\0&1&0&0\\-1&2&1&0\\1&1&0&1\end{pmatrix}=\begin{pmatrix}\boldsymbol{I}_2&\boldsymbol{O}\\\boldsymbol{A}_1&\boldsymbol{I}_2\end{pmatrix},$$

$$\boldsymbol{B}=\begin{pmatrix}1&0&1&0\\-1&2&0&1\\1&0&4&1\\-1&-1&2&0\end{pmatrix}=\begin{pmatrix}\boldsymbol{B}_{11}&\boldsymbol{I}_2\\\boldsymbol{B}_{21}&\boldsymbol{B}_{22}\end{pmatrix},$$

则

$$\boldsymbol{AB}=\begin{pmatrix}\boldsymbol{I}_2&\boldsymbol{O}\\\boldsymbol{A}_1&\boldsymbol{I}_2\end{pmatrix}\begin{pmatrix}\boldsymbol{B}_{11}&\boldsymbol{I}_2\\\boldsymbol{B}_{21}&\boldsymbol{B}_{22}\end{pmatrix}=\begin{pmatrix}\boldsymbol{B}_{11}&\boldsymbol{I}_2\\\boldsymbol{A}_1\boldsymbol{B}_{11}+\boldsymbol{B}_{21}&\boldsymbol{A}_1+\boldsymbol{B}_{22}\end{pmatrix}.$$

而

$$\begin{aligned}\boldsymbol{A}_1\boldsymbol{B}_{11}+\boldsymbol{B}_{21}&=\begin{pmatrix}-1&2\\1&1\end{pmatrix}\begin{pmatrix}1&0\\-1&2\end{pmatrix}+\begin{pmatrix}1&0\\-1&-1\end{pmatrix}\\&=\begin{pmatrix}-3&4\\0&2\end{pmatrix}+\begin{pmatrix}1&0\\-1&-1\end{pmatrix}=\begin{pmatrix}-2&4\\-1&1\end{pmatrix},\end{aligned}$$

$$\boldsymbol{A}_1+\boldsymbol{B}_{22}=\begin{pmatrix}-1&2\\1&1\end{pmatrix}+\begin{pmatrix}4&1\\2&0\end{pmatrix}=\begin{pmatrix}3&3\\3&1\end{pmatrix},$$

因此

$$\boldsymbol{AB}=\begin{pmatrix}1&0&1&0\\-1&2&0&1\\-2&4&3&3\\-1&1&3&1\end{pmatrix}.$$

2.5　逆矩阵

2.5.1　逆矩阵的定义和性质

定义 7　设 $\boldsymbol{A}$ 是一个 n 阶方阵,如果存在一个 n 阶方阵 $\boldsymbol{B}$,使得

$$\boldsymbol{AB}=\boldsymbol{BA}=\boldsymbol{I},$$

则称 $\boldsymbol{A}$ 是可逆的,又称 $\boldsymbol{B}$ 为 $\boldsymbol{A}$ 的逆矩阵,或逆阵,或逆.

显然,若 $\boldsymbol{B}$ 是 $\boldsymbol{A}$ 的逆阵,则 $\boldsymbol{A}$ 也是 $\boldsymbol{B}$ 的逆阵.

若方阵 $\boldsymbol{A}$ 可逆,则 $\boldsymbol{A}$ 的逆阵是唯一的.

事实上,设 $\boldsymbol{B}_1,\boldsymbol{B}_2$ 都是 $\boldsymbol{A}$ 的逆阵,即 $\boldsymbol{AB}_1=\boldsymbol{I},\boldsymbol{B}_2\boldsymbol{A}=\boldsymbol{I}$,则

$$\boldsymbol{B}_2=\boldsymbol{B}_2\boldsymbol{I}=\boldsymbol{B}_2(\boldsymbol{AB}_1)=(\boldsymbol{B}_2\boldsymbol{A})\boldsymbol{B}_1=\boldsymbol{IB}_1=\boldsymbol{B}_1,$$

唯一性得证.

通常,若 $\boldsymbol{A}$ 是可逆的,则 $\boldsymbol{A}$ 的逆阵记作 $\boldsymbol{A}^{-1}$,故

$$\boldsymbol{A}^{-1}\boldsymbol{A}=\boldsymbol{AA}^{-1}=\boldsymbol{I}.$$

单位矩阵 $\boldsymbol{I}$ 的逆阵是其本身,即 $\boldsymbol{I}^{-1}=\boldsymbol{I}$.

定理 3 若方阵 $\boldsymbol{A}$ 可逆,则

(ⅰ) $|\boldsymbol{A}^{-1}|=\dfrac{1}{|\boldsymbol{A}|}$;

(ⅱ) $(\boldsymbol{A}^{-1})^{-1}=\boldsymbol{A}$;

(ⅲ) $(\boldsymbol{A}^{T})^{-1}=(\boldsymbol{A}^{-1})^{T}$;

(ⅳ) $(k\boldsymbol{A})^{-1}=\dfrac{1}{k}\boldsymbol{A}^{-1}(k\neq 0)$;

(ⅴ) 若 $a_1a_2\cdots a_n\neq 0$,则

$$[\operatorname{diag}(a_1,a_2,\cdots,a_n)]^{-1}=\operatorname{diag}\left(\frac{1}{a_1},\frac{1}{a_2},\cdots,\frac{1}{a_n}\right);$$

(ⅵ) 若方阵 $\boldsymbol{A}_1,\boldsymbol{A}_2,\cdots,\boldsymbol{A}_s$ 均可逆,则

$$\begin{pmatrix}\boldsymbol{A}_1 & 0 & \cdots & 0\\ 0 & \boldsymbol{A}_2 & \cdots & 0\\ \vdots & \vdots & & \vdots\\ 0 & 0 & \cdots & \boldsymbol{A}_s\end{pmatrix}^{-1}=\begin{pmatrix}\boldsymbol{A}_1^{-1} & 0 & \cdots & 0\\ 0 & \boldsymbol{A}_2^{-1} & \cdots & 0\\ \vdots & \vdots & & \vdots\\ 0 & 0 & \cdots & \boldsymbol{A}_s^{-1}\end{pmatrix};$$

(ⅶ) 若方阵 $\boldsymbol{A},\boldsymbol{B}$ 均可逆,则

$$(\boldsymbol{AB})^{-1}=\boldsymbol{B}^{-1}\boldsymbol{A}^{-1};$$

(ⅷ) 若 $\boldsymbol{A}_1,\boldsymbol{A}_2,\cdots,\boldsymbol{A}_s$ 均可逆,则

$$(\boldsymbol{A}_1\boldsymbol{A}_2\cdots\boldsymbol{A}_s)^{-1}=\boldsymbol{A}_s^{-1}\cdots\boldsymbol{A}_2^{-1}\boldsymbol{A}_1^{-1}.$$

下面只证结论(ⅶ),其余留给读者证明.

因 $\boldsymbol{A},\boldsymbol{B}$ 均可逆,故 $\boldsymbol{A}^{-1},\boldsymbol{B}^{-1}$ 存在. 于是

$$(\boldsymbol{AB})(\boldsymbol{B}^{-1}\boldsymbol{A}^{-1})=\boldsymbol{A}(\boldsymbol{BB}^{-1})\boldsymbol{A}^{-1}=\boldsymbol{AIA}^{-1}=\boldsymbol{AA}^{-1}=\boldsymbol{I}.$$

同理可证

$$(\boldsymbol{B}^{-1}\boldsymbol{A}^{-1})(\boldsymbol{AB})=\boldsymbol{I},$$

所以 $\boldsymbol{B}^{-1}\boldsymbol{A}^{-1}$ 是 $\boldsymbol{AB}$ 的逆阵,证毕.

至于结论(viii)的证明可利用数学归纳法.

如果规定:当 $\boldsymbol{A}$ 可逆时,$\boldsymbol{A}^0=\boldsymbol{I}$,$\boldsymbol{A}^{-k}=(\boldsymbol{A}^{-1})^k$,$k\in\boldsymbol{N}^*$,则就将 2.3.2 节中 $\boldsymbol{A}$ 的幂 A^k 推广到 k 为整数,且当 r,s 均为整数时,有

$$\boldsymbol{A}^r\boldsymbol{A}^s=\boldsymbol{A}^{r+s},(\boldsymbol{A}^r)^s=\boldsymbol{A}^{rs}.$$

【例 1】 设多项式 $f(x)=x^3-4x^2+3x-1$,方阵 $\boldsymbol{A}$ 满足 $f(\boldsymbol{A})=\boldsymbol{O}$. 求证 $\boldsymbol{A}$ 可逆,并用 $\boldsymbol{A}$ 的多项式表示 $\boldsymbol{A}^{-1}$.

解:$f(\boldsymbol{A})=\boldsymbol{O}$,即 $\boldsymbol{A}^3-4\boldsymbol{A}^2+3\boldsymbol{A}-\boldsymbol{I}=\boldsymbol{O}$. 于是,下面两式成立:

$$\boldsymbol{A}(\boldsymbol{A}^2-4\boldsymbol{A}+3\boldsymbol{I})=\boldsymbol{I},$$

$$(\boldsymbol{A}^2-4\boldsymbol{A}+3\boldsymbol{I})\boldsymbol{A}=\boldsymbol{I}.$$

根据定义 7,知 $\boldsymbol{A}$ 可逆,且

$$\boldsymbol{A}^{-1}=\boldsymbol{A}^2-4\boldsymbol{A}+3\boldsymbol{I}.$$

【例 2】 设方阵 $\boldsymbol{A}$ 与 $\boldsymbol{A}-\boldsymbol{I}$ 都可逆,$\boldsymbol{B}=\boldsymbol{I}+(\boldsymbol{A}-\boldsymbol{I})^{-1}$. 求证:$\boldsymbol{B}$ 可逆,并求 $\boldsymbol{B}^{-1}$.

解:因 $(\boldsymbol{A}-\boldsymbol{I})^{-1}(\boldsymbol{A}-\boldsymbol{I})=\boldsymbol{I}$,又 $(\boldsymbol{A}-\boldsymbol{I})^{-1}=(\boldsymbol{A}-\boldsymbol{I})^{-1}\boldsymbol{I}$,

故 $\boldsymbol{B}=(\boldsymbol{A}-\boldsymbol{I})^{-1}(\boldsymbol{A}-\boldsymbol{I})+(\boldsymbol{A}-\boldsymbol{I})^{-1}\boldsymbol{I}$,

即 $\boldsymbol{B}=(\boldsymbol{A}-\boldsymbol{I})^{-1}(\boldsymbol{A}-\boldsymbol{I}+\boldsymbol{I})$,

亦即 $\boldsymbol{B}=(\boldsymbol{A}-\boldsymbol{I})^{-1}\boldsymbol{A}$.

因 $\boldsymbol{A}$ 与 $(\boldsymbol{A}-\boldsymbol{I})^{-1}$ 都可逆,由定理 3 中(vii),知矩阵 $\boldsymbol{B}$ 可逆,且

$$\boldsymbol{B}^{-1}=((\boldsymbol{A}-\boldsymbol{I})^{-1}\boldsymbol{A})^{-1}=\boldsymbol{A}^{-1}((\boldsymbol{A}-\boldsymbol{I})^{-1})^{-1}=\boldsymbol{A}^{-1}(\boldsymbol{A}-\boldsymbol{I})=\boldsymbol{I}-\boldsymbol{A}^{-1}.$$

2.5.2 伴随矩阵

定义 8 如果 n 阶方阵 $\boldsymbol{A}$ 的行列式不为零,则称 $\boldsymbol{A}$ 为非奇异矩阵(或非退化矩阵),否则称 $\boldsymbol{A}$ 是奇异矩阵(或退化矩阵).

定义 9 设 $\boldsymbol{A}=(a_{ij})_{n\times n}$,则由行列式 $|\boldsymbol{A}|=|a_{ij}|$ 的元素 a_{ij} 的代数余子式 A_{ij} $(i,j=1,2,\cdots,n)$ 所构成的矩阵

$$\boldsymbol{A}^*=\begin{pmatrix} A_{11} & A_{21} & \cdots & A_{n1} \\ A_{12} & A_{22} & \cdots & A_{n2} \\ \vdots & \vdots & & \vdots \\ A_{1n} & A_{2n} & \cdots & A_{nn} \end{pmatrix}$$

称为矩阵 $\boldsymbol{A}$ 的伴随矩阵.

注意:$\boldsymbol{A}^*$ 的第 j 列是 $\boldsymbol{A}$ 的第 j 行元素的代数余子式.

【例 3】 求矩阵 $\boldsymbol{A}=\begin{pmatrix} 1 & 0 & 1 \\ 2 & 1 & 0 \\ -3 & 2 & -5 \end{pmatrix}$ 的伴随矩阵 $\boldsymbol{A}^*$.

解:$A_{11}=\begin{vmatrix} 1 & 0 \\ 2 & -5 \end{vmatrix}=-5$, $A_{12}=-\begin{vmatrix} 2 & 0 \\ -3 & -5 \end{vmatrix}=10$,

$$A_{13}=\begin{vmatrix}2&1\\-3&2\end{vmatrix}=7,\qquad A_{21}=-\begin{vmatrix}0&1\\2&-5\end{vmatrix}=2,$$

$$A_{22}=\begin{vmatrix}1&1\\-3&-5\end{vmatrix}=-2,\qquad A_{23}=-\begin{vmatrix}1&0\\-3&2\end{vmatrix}=-2,$$

$$A_{31}=\begin{vmatrix}0&1\\1&0\end{vmatrix}=-1,\qquad A_{32}=-\begin{vmatrix}1&1\\2&0\end{vmatrix}=2,$$

$$A_{33}=\begin{vmatrix}1&0\\2&1\end{vmatrix}=1.$$

故 $\boldsymbol{A}^*=\begin{pmatrix}-5&2&-1\\10&-2&2\\7&-2&1\end{pmatrix}.$

定理 4 n 阶矩阵 $\boldsymbol{A}=(a_{ij})$ 可逆的必要充分条件是 $\boldsymbol{A}$ 非奇异，且当 $\boldsymbol{A}$ 可逆时，有

$$\boldsymbol{A}^{-1}=\frac{1}{|\boldsymbol{A}|}\boldsymbol{A}^*,\quad \text{其中 } \boldsymbol{A}^* \text{ 是 } \boldsymbol{A} \text{ 的伴随矩阵}.$$

证明：必要性.

若 $\boldsymbol{A}$ 可逆，即存在 $\boldsymbol{A}^{-1}$，使得 $\boldsymbol{A}\boldsymbol{A}^{-1}=\boldsymbol{I}$. 根据行列式性质，得

$$|\boldsymbol{A}|\cdot|\boldsymbol{A}^{-1}|=|\boldsymbol{A}\boldsymbol{A}^{-1}|=|\boldsymbol{I}|=1,$$

所以 $|\boldsymbol{A}|\neq0$，即 $\boldsymbol{A}$ 非奇异.

充分性.

设 $\boldsymbol{A}$ 非奇异，即 $|\boldsymbol{A}|\neq0$，存在矩阵 $\frac{1}{|\boldsymbol{A}|}\boldsymbol{A}^*$，有

$$\boldsymbol{A}\,\frac{1}{|\boldsymbol{A}|}\boldsymbol{A}^*=\frac{1}{|\boldsymbol{A}|}\begin{pmatrix}a_{11}&a_{12}&\cdots&a_{1n}\\a_{21}&a_{22}&\cdots&a_{2n}\\\vdots&\vdots&&\vdots\\a_{n1}&a_{n2}&\cdots&a_{nn}\end{pmatrix}\begin{pmatrix}A_{11}&A_{21}&\cdots&A_{n1}\\A_{12}&A_{22}&\cdots&A_{n2}\\\vdots&\vdots&&\vdots\\A_{1n}&A_{2n}&\cdots&A_{nn}\end{pmatrix}$$

$$=\frac{1}{|\boldsymbol{A}|}\begin{pmatrix}|\boldsymbol{A}|&0&\cdots&0\\0&|\boldsymbol{A}|&\cdots&0\\\vdots&\vdots&&\vdots\\0&0&\cdots&|\boldsymbol{A}|\end{pmatrix}$$

$$=\begin{pmatrix}1&0&\cdots&0\\0&1&\cdots&0\\\vdots&\vdots&&\vdots\\0&0&\cdots&1\end{pmatrix}=\boldsymbol{I}.$$

同理可得 $\frac{1}{|\boldsymbol{A}|}\boldsymbol{A}^*\boldsymbol{A}=\boldsymbol{I}.$

由此，知矩阵 $\boldsymbol{A}$ 可逆，且

$$\boldsymbol{A}^{-1}=\frac{1}{|\boldsymbol{A}|}\boldsymbol{A}^{*}.$$

注 本定理提供了用伴随矩阵求逆矩阵的方法，即

$$\boldsymbol{A}^{-1}=\frac{1}{|\boldsymbol{A}|}\boldsymbol{A}^{*}.$$

推论 设 A 为 n 阶方阵，则

$$|\boldsymbol{A}^{*}|=|\boldsymbol{A}|^{n-1}.$$

事实上，因 $\boldsymbol{A}\boldsymbol{A}^{*}=|\boldsymbol{A}|\boldsymbol{I}$，
故若 $|\boldsymbol{A}|\neq 0$，即 $\boldsymbol{A}$ 可逆，方程 $\boldsymbol{A}\boldsymbol{A}^{*}=|\boldsymbol{A}|\boldsymbol{I}$ 两边左乘 $\boldsymbol{A}^{-1}$，得

$$\boldsymbol{A}^{*}=|\boldsymbol{A}|\boldsymbol{A}^{-1}.$$

于是 $|\boldsymbol{A}^{*}|=||\boldsymbol{A}|\boldsymbol{A}^{-1}|=|\boldsymbol{A}|^{n}|\boldsymbol{A}^{-1}|=\dfrac{|\boldsymbol{A}|^{n}}{|\boldsymbol{A}|}=|\boldsymbol{A}|^{n-1}$.

又若 $|\boldsymbol{A}|=0$，则 $\boldsymbol{A}\boldsymbol{A}^{*}=\boldsymbol{O}$. 此时，$|\boldsymbol{A}^{*}|=0$. 倘若不然，如果 $|\boldsymbol{A}^{*}|\neq 0$，即 $\boldsymbol{A}^{*}$ 可逆，方程 $\boldsymbol{A}\boldsymbol{A}^{*}=\boldsymbol{O}$ 两边右乘 $(\boldsymbol{A}^{*})^{-1}$，得 $\boldsymbol{A}=\boldsymbol{O}$. 从而 $\boldsymbol{A}^{*}=\boldsymbol{O}$，这与 $\boldsymbol{A}^{*}$ 可逆矛盾. 所以，若 $|\boldsymbol{A}|=0$，就有 $|\boldsymbol{A}^{*}|=0$. 从而 $|\boldsymbol{A}^{*}|=|\boldsymbol{A}|^{n-1}$ 成立.

【例 4】 判定矩阵 $\boldsymbol{A}=\begin{pmatrix}1 & 1 & -1\\ 2 & -1 & 0\\ 1 & 0 & 1\end{pmatrix}$ 是否可逆. 若 $\boldsymbol{A}$ 可逆，求其逆矩阵 $\boldsymbol{A}^{-1}$.

解：因 $|\boldsymbol{A}|=\begin{vmatrix}1 & 1 & -1\\ 2 & -1 & 0\\ 1 & 0 & 1\end{vmatrix}=-4\neq 0$，

故 $\boldsymbol{A}$ 可逆.

因 $A_{11}=\begin{vmatrix}-1 & 0\\ 0 & 1\end{vmatrix}=-1$， $A_{21}=-\begin{vmatrix}1 & -1\\ 0 & 1\end{vmatrix}=-1$，

$A_{31}=\begin{vmatrix}1 & -1\\ -1 & 0\end{vmatrix}=-1$， $A_{12}=-\begin{vmatrix}2 & 0\\ 1 & 1\end{vmatrix}=-2$，

$A_{22}=\begin{vmatrix}1 & -1\\ 1 & 1\end{vmatrix}=2$， $A_{32}=-\begin{vmatrix}1 & -1\\ 2 & 0\end{vmatrix}=-2$，

$A_{13}=\begin{vmatrix}2 & -1\\ 1 & 0\end{vmatrix}=1$， $A_{23}=-\begin{vmatrix}1 & 1\\ 1 & 0\end{vmatrix}=1$，

$A_{33}=\begin{vmatrix}1 & 1\\ 2 & -1\end{vmatrix}=-3$.

故 $A^{-1}=\frac{1}{|A|}A^*=-\frac{1}{4}\begin{pmatrix}-1 & -1 & -1\\ -2 & 2 & -2\\ 1 & 1 & -3\end{pmatrix}=\begin{pmatrix}\frac{1}{4} & \frac{1}{4} & \frac{1}{4}\\ \frac{1}{2} & -\frac{1}{2} & \frac{1}{2}\\ -\frac{1}{4} & -\frac{1}{4} & \frac{3}{4}\end{pmatrix}$.

【例 5】 设 A 为 3 阶方阵，A^* 为 A 的伴随矩阵，且 $|A|=\frac{1}{2}$，计算行列式 $|(3A)^{-1}-2A^*|$.

解：

$$\begin{aligned}|(3A)^{-1}-2A^*|&=\left|\frac{1}{3}A^{-1}-2|A|A^{-1}\right|=\left|\frac{1}{3}A^{-1}-A^{-1}\right|\\&=\left|-\frac{2}{3}A^{-1}\right|=\left(-\frac{2}{3}\right)^3|A^{-1}|\\&=\left(-\frac{2}{3}\right)^3\frac{1}{|A|}=\left(-\frac{2}{3}\right)^3\times 2\\&=-\frac{16}{27}.\end{aligned}$$

2.6 矩阵的初等变换

2.6.1 初等变换与初等矩阵

定义 10 矩阵的行初等变换有三类：

第 1 类是换位变换，它是对调矩阵中任意两行的位置. 用 $(i)\leftrightarrow(j)$ 表示对调矩阵的第 i 行与第 j 行.

第 2 类是倍法变换，它是用一个非零常数 k 乘以矩阵的某一行. 用 $k(i)$ 表示乘以矩阵的第 i 行.

第 3 类是倍加变换，它是用某行的 k 倍加到另一行去. 用 $(i)+k(j)$ 表示用 k 乘以第 j 行加到第 i 行.

同样，矩阵的列初等变换也有三类：

第 1 类是换位变换，它是对调矩阵中任意两列的位置. 用 $\widehat{i}\leftrightarrow\widehat{j}$ 表示对调矩阵的第 i 列与第 j 列.

第 2 类是倍法变换，它是用一个非零常数 k 乘以矩阵的某一列. 用 $k\,\widehat{i}$ 表示乘以矩阵的第 i 列.

第 3 类是倍加变换，它是用某列的 k 倍加到另一列去. 用 $\widehat{i}+k\,\widehat{j}$ 表示用 k 乘以第 j 列加到第 i 列.

行初等变换与列初等变换统称为初等变换.

定义 11 对单位矩阵施以一次行（列）初等变换后，所得到的矩阵称为行（列）初等矩阵.

行初等矩阵与列初等矩阵统称为初等矩阵.

单位矩阵 $\boldsymbol{I}$ 对调第 i 行与第 j 行，或者第 i 列与第 j 列，得初等矩阵

$$\left(\begin{array}{ccccccccc}
1 &&&&&&&& \\
& \ddots &&&&&&& \\
&& 0 & \cdots & \cdots & \cdots & 1 && \\
&& \vdots & 1 &&& \vdots && \\
&& \vdots && \ddots && \vdots && \\
&& \vdots &&& 1 & \vdots && \\
&& 1 & \cdots & \cdots & \cdots & 0 && \\
&&&&&&& \ddots & \\
&&&&&&&& 1
\end{array}\right)
\begin{array}{l}
\\ \\ i\text{ 行} \\ \\ \\ \\ j\text{ 行} \\ \\ \\
\end{array}$$

i 列　　　　j 列

分别记作 $\boldsymbol{R}_{ij}$ 与 $\boldsymbol{C}_{ij}$. 显然，$\boldsymbol{R}_{ij}=\boldsymbol{C}_{ij}$.

单位矩阵 $\boldsymbol{I}$ 用 $k\neq 0$ 乘以第 i 行，或者第 i 列，得初等矩阵

$$\left(\begin{array}{ccccc}
1 &&&& \\
& \ddots &&& \\
&& k && \\
&&& \ddots & \\
&&&& 1
\end{array}\right)
\begin{array}{l}
\\ \\ i\text{ 行} \\ \\ \\
\end{array}$$

i 列

分别记作 $\boldsymbol{R}_i(k)$ 与 $\boldsymbol{C}_i(k)$. 显然，$\boldsymbol{R}_i(k)=\boldsymbol{C}_i(k)$.

单位矩阵 $\boldsymbol{I}$ 用 k 乘以第 j 行加到第 i 行，得初等矩阵

$$\left(\begin{array}{cccccccc}
1 &&&&&&& \\
& \ddots &&&&&& \\
&& 1 & \cdots & \cdots & k && \\
&&& \ddots && \vdots && \\
&&&& \ddots & \vdots && \\
&&&&& 1 && \\
&&&&&& \ddots & \\
&&&&&&& 1
\end{array}\right)
\begin{array}{l}
\\ \\ i\text{ 行} \\ \\ \\ j\text{ 行} \\ \\ \\
\end{array}$$

i 列　　　　j 列

记作 $\boldsymbol{R}_{ij}(k)$.

单位矩阵 $\boldsymbol{I}$ 用 k 乘以第 i 列加到第 j 列，记作 $\boldsymbol{C}_{ji}(k)$.

显然，$\boldsymbol{C}_{ji}(k)=\boldsymbol{R}_{ij}(k)$.

定理 5　设 $\boldsymbol{A}=(a_{ij})_{m\times n}$，则作一次行(列)初等变换所得到的矩阵 $\boldsymbol{B}$ 等于以

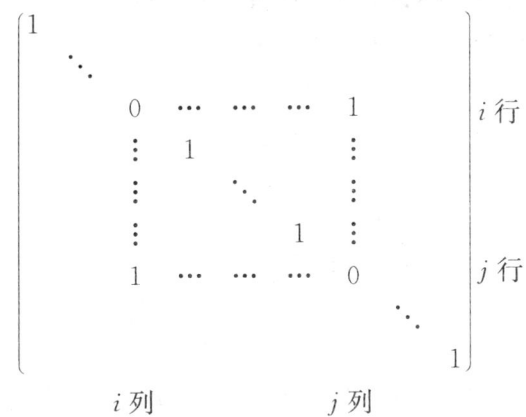

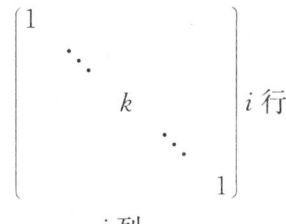

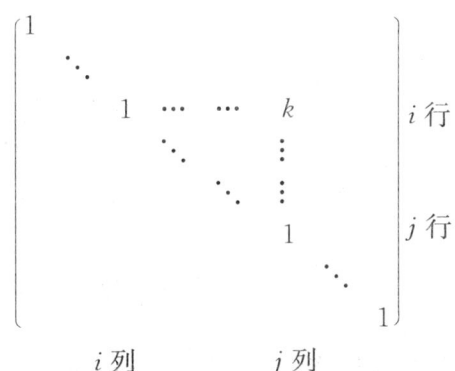

一个相应的 m 阶行(n 阶列)初等矩阵左(右)乘 $\boldsymbol{A}$.

证明:仅就 $\boldsymbol{A}\xrightarrow{(i)+k(j)}\boldsymbol{B}$ 加以证明,余者类似可证.

因 $\boldsymbol{B}$ 是 $m\times n$ 矩阵,下证 $\boldsymbol{B}=\boldsymbol{R}_{ij}(k)\boldsymbol{A}$.

事实上,记

$$\boldsymbol{A}=\begin{pmatrix} a_{11} & a_{12} & \cdots & a_{1n} \\ \vdots & \vdots & & \vdots \\ a_{i1} & a_{i2} & \cdots & a_{in} \\ \vdots & \vdots & & \vdots \\ a_{j1} & a_{j2} & \cdots & a_{jn} \\ \vdots & \vdots & & \vdots \\ a_{m1} & a_{m2} & \cdots & a_{mn} \end{pmatrix}$$

令 $\boldsymbol{\alpha}_k=(a_{k1},a_{k2},\cdots,a_{kn}),(k=1,2,\cdots,m)$

则

$$\boldsymbol{A}=\begin{pmatrix} \boldsymbol{\alpha}_1 \\ \vdots \\ \boldsymbol{\alpha}_i \\ \vdots \\ \boldsymbol{\alpha}_j \\ \vdots \\ \boldsymbol{\alpha}_m \end{pmatrix},\boldsymbol{B}=\begin{pmatrix} \boldsymbol{\alpha}_1 \\ \vdots \\ \boldsymbol{\alpha}_i+k\boldsymbol{\alpha}_j \\ \vdots \\ \boldsymbol{\alpha}_j \\ \vdots \\ \boldsymbol{\alpha}_m \end{pmatrix}.$$

运用分块矩阵的乘法,有

$$\boldsymbol{R}_{ij}(k)\boldsymbol{A}=\begin{pmatrix} 1 & & & & & & \\ & \ddots & & & & & \\ & & 1 & \cdots & k & & \\ & & & \ddots & \vdots & & \\ & & & & 1 & & \\ & & & & & \ddots & \\ & & & & & & 1 \end{pmatrix}\begin{pmatrix} \boldsymbol{\alpha}_1 \\ \vdots \\ \boldsymbol{\alpha}_i \\ \vdots \\ \boldsymbol{\alpha}_j \\ \vdots \\ \boldsymbol{\alpha}_m \end{pmatrix}=\begin{pmatrix} \boldsymbol{\alpha}_1 \\ \vdots \\ \boldsymbol{\alpha}_i+k\boldsymbol{\alpha}_j \\ \vdots \\ \boldsymbol{\alpha}_j \\ \vdots \\ \boldsymbol{\alpha}_m \end{pmatrix}=\boldsymbol{B},$$

得证.

定理 6 初等矩阵都是可逆矩阵,且其逆矩阵亦为同类型的初等矩阵,且有

$$\boldsymbol{R}_{ij}^{-1}=\boldsymbol{R}_{ij},\boldsymbol{R}_i^{-1}(k)=\boldsymbol{R}_i\left(\frac{1}{k}\right),$$

$$\boldsymbol{R}_{ij}^{-1}(k)=\boldsymbol{R}_{ij}(-k),\boldsymbol{C}_{ij}^{-1}(k)=\boldsymbol{C}_{ij}(-k).$$

证明:利用定理 5,知 $\boldsymbol{R}_{ij}\boldsymbol{I}$ 表示矩阵 $\boldsymbol{I}$ 交换第 i 行与第 j 行初等变换后所得

到的矩阵. 因此

$$\boldsymbol{R}_{ij}(\boldsymbol{R}_{ij}\boldsymbol{I})=\boldsymbol{I}.$$

而 $(\boldsymbol{R}_{ij}\boldsymbol{R}_{ij})\boldsymbol{I}=\boldsymbol{R}_{ij}\boldsymbol{R}_{ij}$.

于是 $\boldsymbol{R}_{ij}\boldsymbol{R}_{ij}=\boldsymbol{I}$,证得 $\boldsymbol{R}_{ij}^{-1}=\boldsymbol{R}_{ij}$.

定理中其余结论类似可证.

定义 12 如果矩阵 $\boldsymbol{B}$ 可以由矩阵 $\boldsymbol{A}$ 经过有限次初等变换得到,则称 $\boldsymbol{A}$ 与 $\boldsymbol{B}$ 是等价的,或称 $\boldsymbol{A}$ 与 $\boldsymbol{B}$ 是相抵的,记作 $\boldsymbol{A}\to\boldsymbol{B}$.

从初等变换性质,知等价"$\boldsymbol{A}\to\boldsymbol{B}$"满足:

(ⅰ)自反性. $\boldsymbol{A}\to\boldsymbol{A}$.

(ⅱ)对称性. 若 $\boldsymbol{B}\to\boldsymbol{A}$,则 $\boldsymbol{A}\to\boldsymbol{B}$.

(ⅲ)传递性. 若 $\boldsymbol{A}\to\boldsymbol{B}$,$\boldsymbol{B}\to\boldsymbol{C}$,则 $\boldsymbol{A}\to\boldsymbol{C}$.

定理 7 任意一个矩阵 $\boldsymbol{A}_{m\times n}=(a_{ij})_{m\times n}$经过若干次初等变换,可以化为下面形式的矩阵.

$$\boldsymbol{D}=\begin{pmatrix}1 & & & & & \\ & \ddots & & & & \\ & & 1 & & & \\ & & & 0 & & \\ & & & & \ddots & \\ & & & & & 0\end{pmatrix}=\begin{pmatrix}\boldsymbol{I}_r & \boldsymbol{O}_{r\times(n-r)} \\ \boldsymbol{O}_{(m-r)\times r} & \boldsymbol{O}_{(m-r)\times(n-r)}\end{pmatrix},$$

即矩阵 $\boldsymbol{A}$ 与 $\boldsymbol{D}$ 等价.

证明:如果所有的 a_{ij} 都等于零,则 $\boldsymbol{A}$ 已是 $\boldsymbol{D}$ 的形式(此时 $r=0$);如果至少有一个元素不等于零,不妨假设 $a_{11}\neq0$(如 $a_{11}=0$,可以对矩阵 $\boldsymbol{A}$ 施以交换行或者列的初等变换,使左上角元素不等于零). 用$-\frac{a_{i1}}{a_{11}}$乘第一行加于第 i 行上($i=2,\cdots,m$),用$-\frac{a_{1j}}{a_{11}}$乘所得矩阵的第一列加于第 j 列上($j=2,\cdots,n$),然后以$\frac{1}{a_{11}}$乘第一行,于是矩阵 $\boldsymbol{A}$ 化为

$$\boldsymbol{A}=\begin{pmatrix}1 & 0 & \cdots & 0 \\ 0 & a'_{22} & \cdots & a'_{2n} \\ \vdots & \vdots & & \vdots \\ 0 & a'_{m2} & \cdots & a'_{mn}\end{pmatrix}=\begin{pmatrix}1 & \boldsymbol{O} \\ \boldsymbol{O} & \boldsymbol{B}_1\end{pmatrix},$$

这里 $\boldsymbol{B}_1$ 为$(m-1)\times(n-1)$型矩阵.

如果 $\boldsymbol{B}_1=\boldsymbol{O}$,则 $\boldsymbol{A}$ 已化为 $\boldsymbol{D}$ 的形式,如果 $\boldsymbol{B}_1\neq\boldsymbol{O}$,那么按上面的方法,继续下去,最后总可以化为 $\boldsymbol{D}$ 的形式,证毕.

矩阵 $\boldsymbol{D}$ 称为矩阵 $\boldsymbol{A}$ 的等价标准形.

由定理5,可将本定理叙述为

推论1 设$\boldsymbol{A}=(a_{ij})_{m\times n}$,则存在$m$阶初等矩阵$\boldsymbol{R}_1,\boldsymbol{R}_2,\cdots,\boldsymbol{R}_s$及$n$阶初等矩阵$\boldsymbol{C}_1,\boldsymbol{C}_2,\cdots,\boldsymbol{C}_t$,使得

$$\boldsymbol{R}_s\cdots\boldsymbol{R}_2\boldsymbol{R}_1\boldsymbol{A}\boldsymbol{C}_1\boldsymbol{C}_2\cdots\boldsymbol{C}_t=\boldsymbol{D}.\text{(等价标准形)}$$

令$\boldsymbol{R}=\boldsymbol{R}_s\cdots\boldsymbol{R}_2\boldsymbol{R}_1$,$\boldsymbol{C}=\boldsymbol{C}_1\boldsymbol{C}_2\cdots\boldsymbol{C}_t$. 注意到初等矩阵是可逆的,可逆矩阵的乘积仍为可逆矩阵,因此,$\boldsymbol{R}$,$\boldsymbol{C}$均为可逆矩阵. 从而有

推论2 设$\boldsymbol{A}=(a_{ij})_{m\times n}$,则存在$m$阶可逆矩阵$\boldsymbol{R}$和$n$阶可逆矩阵$\boldsymbol{C}$,使得

$$\boldsymbol{RAC}=\boldsymbol{D}.$$

【例1】 设$\boldsymbol{A}=\begin{pmatrix}1&1&1\\1&-1&1\end{pmatrix}$,试用初等变换将$\boldsymbol{A}$化为等价标准形$\boldsymbol{D}$,并求出相应的初等矩阵使之与$\boldsymbol{A}$的乘积等于$\boldsymbol{D}$.

解:

$$\boldsymbol{A}=\begin{pmatrix}1&1&1\\1&-1&1\end{pmatrix}\xrightarrow{(2)-(1)}\begin{pmatrix}1&1&1\\0&-2&0\end{pmatrix}\xrightarrow[\hat{2}-\hat{1}]{}\begin{pmatrix}1&0&1\\0&-2&0\end{pmatrix}\xrightarrow[\hat{3}-\hat{1}]{}$$

$$\begin{pmatrix}1&0&0\\0&-2&0\end{pmatrix}\xrightarrow[\frac{-1}{2}\times\hat{2}]{}\begin{pmatrix}1&0&0\\0&1&0\end{pmatrix}=\boldsymbol{D}.$$

在上述初等变换中,行初等矩阵为$\begin{pmatrix}1&0\\-1&1\end{pmatrix}$. 列初等矩阵依次为

$$\begin{pmatrix}1&-1&0\\0&1&0\\0&0&1\end{pmatrix},\begin{pmatrix}1&0&-1\\0&1&0\\0&0&1\end{pmatrix},\begin{pmatrix}1&0&0\\0&-\frac{1}{2}&0\\0&0&1\end{pmatrix}.$$

于是

$$\boldsymbol{D}=\begin{pmatrix}1&0\\-1&1\end{pmatrix}\begin{pmatrix}1&1&1\\1&-1&1\end{pmatrix}\begin{pmatrix}1&-1&0\\0&1&0\\0&0&1\end{pmatrix}\begin{pmatrix}1&0&-1\\0&1&0\\0&0&1\end{pmatrix}\begin{pmatrix}1&0&0\\0&-\frac{1}{2}&0\\0&0&1\end{pmatrix}.$$

【例2】 求下列矩阵$\boldsymbol{A}$的等价标准形.

$$\boldsymbol{A}=\begin{pmatrix}2&1&2&3\\4&1&3&5\\2&0&1&2\end{pmatrix}$$

解:

$$\boldsymbol{A}=\begin{pmatrix}2&1&2&3\\4&1&3&5\\2&0&1&2\end{pmatrix}\xrightarrow[(3)-(1)]{(2)-2(1)}\begin{pmatrix}2&1&2&3\\0&-1&-1&-1\\0&-1&-1&-1\end{pmatrix}$$

$$\xrightarrow[\substack{\widehat{2}-\frac{1}{2}\widehat{1}\\ \widehat{3}-\widehat{1}\\ \widehat{4}-\frac{3}{2}\widehat{1}}]{(3)-(2)}\begin{pmatrix}2&0&0&0\\0&-1&-1&-1\\0&0&0&0\end{pmatrix}\xrightarrow[(-1)\times(2)]{\frac{1}{2}\times(1)}\begin{pmatrix}1&0&0&0\\0&1&1&1\\0&0&0&0\end{pmatrix}$$

$$\xrightarrow[\substack{\widehat{3}-\widehat{2}\\ \widehat{4}-\widehat{2}}]{}\begin{pmatrix}1&0&0&0\\0&1&0&0\\0&0&0&0\end{pmatrix}.$$

2.6.2 再谈可逆矩阵

定理 8 若方阵 $\boldsymbol{A},\boldsymbol{B}$ 满足 $\boldsymbol{AB}=\boldsymbol{I}$，则 $\boldsymbol{A},\boldsymbol{B}$ 都可逆，且它们互为逆矩阵.

事实上，由 $\boldsymbol{AB}=\boldsymbol{I}$，得 $|\boldsymbol{A}|\,|\boldsymbol{B}|=1$，于是 $|\boldsymbol{A}|\neq 0$，$|\boldsymbol{B}|\neq 0$，故 $\boldsymbol{A},\boldsymbol{B}$ 都可逆. 设 $\boldsymbol{A}$ 的逆矩阵为 $\boldsymbol{A}^{-1}$，则

$$\boldsymbol{BA}=(\boldsymbol{A}^{-1}\boldsymbol{A})\boldsymbol{BA}=\boldsymbol{A}^{-1}(\boldsymbol{AB})\boldsymbol{A}=\boldsymbol{A}^{-1}\boldsymbol{IA}=\boldsymbol{A}^{-1}\boldsymbol{A}=\boldsymbol{I}.$$

由定义 7，知 $\boldsymbol{A}$ 与 $\boldsymbol{B}$ 互为逆矩阵.

本定理可知：要验证 $\boldsymbol{B}$ 是否为 $\boldsymbol{A}$ 的逆阵，只要验证 $\boldsymbol{AB}=\boldsymbol{I}$ 或 $\boldsymbol{BA}=\boldsymbol{I}$ 两个等式中的一个是否成立即可.

由定理 7 推论 2，知当 $\boldsymbol{A}$ 为 n 阶方阵时，存在 n 阶可逆矩阵 $\boldsymbol{R}$ 和 $\boldsymbol{C}$，使得 $\boldsymbol{RAC}=\begin{pmatrix}\boldsymbol{I}&\boldsymbol{O}\\\boldsymbol{O}&\boldsymbol{O}\end{pmatrix}$. 又由定理 4，知 A 可逆的充分必要条件是 $|\boldsymbol{A}|\neq 0$. 注意到 $|\boldsymbol{RAC}|=|\boldsymbol{R}|\cdot|\boldsymbol{A}|\cdot|\boldsymbol{C}|$. 由此得到

定理 9 n 阶方阵 $\boldsymbol{A}$ 可逆的充分必要条件是 $\boldsymbol{A}$ 的等价标准形为 $\boldsymbol{I}_n$. 换言之，A 可逆必经过有限次初等变换可化为单位矩阵 $\boldsymbol{I}_n$.

定理 10 n 阶方阵 $\boldsymbol{A}$ 可逆的充分必要条件是 $\boldsymbol{A}$ 可以表示为有限个初等矩阵的乘积.

证明：根据定理 7 推论 1 和定理 9，知 $\boldsymbol{A}$ 可逆的充分必要条件是存在初等矩阵 $\boldsymbol{R}_1,\boldsymbol{R}_2,\cdots,\boldsymbol{R}_s$ 和 $\boldsymbol{C}_1,\boldsymbol{C}_2,\cdots,\boldsymbol{C}_t$，使得

$$\boldsymbol{R}_s\cdots\boldsymbol{R}_2\boldsymbol{R}_1\boldsymbol{A}\boldsymbol{C}_1\boldsymbol{C}_2\cdots\boldsymbol{C}_t=\boldsymbol{I}_n.$$

因初等矩阵的逆矩阵仍为初等矩阵，故有

$$\boldsymbol{A}=\boldsymbol{R}_1^{-1}\boldsymbol{R}_2^{-1}\cdots\boldsymbol{R}_s^{-1}\boldsymbol{I}_n\boldsymbol{C}_t^{-1}\cdots\boldsymbol{C}_2^{-1}\boldsymbol{C}_1^{-1},$$

即

$$\boldsymbol{A}=\boldsymbol{R}_1^{-1}\boldsymbol{R}_2^{-1}\cdots\boldsymbol{R}_s^{-1}\boldsymbol{C}_t^{-1}\cdots\boldsymbol{C}_2^{-1}\boldsymbol{C}_1^{-1},$$

定理得证.

下面给出利用初等行变换求逆矩阵 A^{-1} 的方法.

定理 11 设 n 阶方阵 A 可逆. 作一个 $n\times 2n$ 型的分块矩阵 $(A \mid I)$，利用初等行变换将 A 化为 I，则子块 I 化为 A^{-1}，即

$$(A \mid I)\xrightarrow[\text{初等行变换}]{}(I \mid A^{-1}).$$

证明:由定理 10,知可逆矩阵 A 可写成有限个初等矩阵的乘积. 因 A 可逆，所以 A^{-1} 可逆,它也可以写成有限个初等矩阵的乘积,故可记

$$A^{-1}=G_1G_2\cdots G_k.$$

则

$$A^{-1}A=G_1G_2\cdots G_kA,$$

即

$$I=G_1G_2\cdots G_kA, \qquad ①$$

亦即

$$A^{-1}=G_1G_2\cdots G_kI. \qquad ②$$

式①表示对 A 施以若干次初等行变换化为 I；式②表示对 I 施以同样的初等行变换化为 A^{-1}，证毕.

推论 1 设 A 为 n 阶可逆矩阵，作一个 $2n\times n$ 型分块矩阵 $\begin{pmatrix}A\\ \hdashline I\end{pmatrix}$，利用初等列变换将 A 化为 I，则子块 I 化为 A^{-1}，即

$$\begin{pmatrix}A\\ \hdashline I\end{pmatrix}\xrightarrow[\text{初等列变换}]{}\begin{pmatrix}I\\ \hdashline A^{-1}\end{pmatrix}.$$

推论 2 若对方阵 A 施以初等行(列)变换，使分块矩阵 $(A \mid I)$（或 $\begin{pmatrix}A\\ \hdashline I\end{pmatrix}$）中子块 A 处只要有一行(列)的元素全为零，则 A 不可逆.

【例 3】 已给矩阵

$$A=\begin{pmatrix}1 & 1 & -1\\ 2 & -1 & 0\\ 1 & 0 & 1\end{pmatrix},$$

(1)利用初等行变换求 A^{-1}；

(2)利用初等列变换求 A^{-1}.

解:(1)

$$
(\boldsymbol{A}\mid\boldsymbol{I})=\left(\begin{array}{ccc|ccc}1&1&-1&1&0&0\\2&-1&0&0&1&0\\1&0&1&0&0&1\end{array}\right)\xrightarrow[(3)-(1)]{(2)-2(1)}\left(\begin{array}{ccc|ccc}1&1&-1&1&0&0\\0&-3&2&-2&1&0\\0&-1&2&-1&0&1\end{array}\right)
$$

$$
\xrightarrow{(2)\leftrightarrow(3)}\left(\begin{array}{ccc|ccc}1&1&-1&1&0&0\\0&-1&2&-1&0&1\\0&-3&2&-2&1&0\end{array}\right)\xrightarrow[(-1)\times(2)]{(3)-3(2)}\left(\begin{array}{ccc|ccc}1&1&-1&1&0&0\\0&1&-2&1&0&-1\\0&0&-4&1&1&-3\end{array}\right)
$$

$$
\xrightarrow[\left(-\frac{1}{4}\right)\times(3)]{(1)-(2)}\left(\begin{array}{ccc|ccc}1&0&1&0&0&1\\0&1&-2&1&0&-1\\0&0&1&-\frac{1}{4}&-\frac{1}{4}&\frac{3}{4}\end{array}\right)\xrightarrow[(2)+2(3)]{(1)-(3)}\left(\begin{array}{ccc|ccc}1&0&0&\frac{1}{4}&\frac{1}{4}&\frac{1}{4}\\0&1&0&\frac{1}{2}&-\frac{1}{2}&\frac{1}{2}\\0&0&1&-\frac{1}{4}&-\frac{1}{4}&\frac{3}{4}\end{array}\right).
$$

于是

$$
\boldsymbol{A}^{-1}=\begin{pmatrix}\frac{1}{4}&\frac{1}{4}&\frac{1}{4}\\\frac{1}{2}&-\frac{1}{2}&\frac{1}{2}\\-\frac{1}{4}&-\frac{1}{4}&\frac{3}{4}\end{pmatrix}.
$$

(2)

$$
\begin{pmatrix}A\\ \hdashline I\end{pmatrix}=\left(\begin{array}{ccc}1&1&-1\\2&-1&0\\1&0&1\\ \hdashline 1&0&0\\0&1&0\\0&0&1\end{array}\right)\xrightarrow[\textcircled{3}+\textcircled{1}]{\textcircled{2}-\textcircled{1}}\left(\begin{array}{ccc}1&0&0\\2&-3&2\\1&-1&2\\ \hdashline 1&-1&1\\0&1&0\\0&0&1\end{array}\right)\xrightarrow[\textcircled{1}+\frac{2}{3}\textcircled{2}]{\textcircled{3}+\frac{2}{3}\textcircled{2}}\left(\begin{array}{ccc}1&0&0\\0&-3&0\\\frac{1}{3}&-1&\frac{4}{3}\\ \hdashline \frac{1}{3}&-1&\frac{1}{3}\\\frac{2}{3}&1&\frac{2}{3}\\0&0&1\end{array}\right)
$$

$$
\xrightarrow[\left(-\frac{1}{3}\right)\times\textcircled{2}]{}\left(\begin{array}{ccc}1&0&0\\0&1&0\\\frac{1}{3}&\frac{1}{3}&\frac{4}{3}\\ \hdashline \frac{1}{3}&\frac{1}{3}&\frac{1}{3}\\\frac{2}{3}&-\frac{1}{3}&\frac{2}{3}\\0&0&1\end{array}\right)\xrightarrow[\frac{3}{4}\times\textcircled{3}]{}\left(\begin{array}{ccc}1&0&0\\0&1&0\\\frac{1}{3}&\frac{1}{3}&1\\ \hdashline \frac{1}{3}&\frac{1}{3}&\frac{1}{4}\\\frac{2}{3}&-\frac{1}{3}&\frac{1}{2}\\0&0&\frac{3}{4}\end{array}\right)\xrightarrow[\textcircled{2}-\frac{1}{3}\times\textcircled{3}]{\textcircled{1}-\frac{1}{3}\times\textcircled{3}}
$$

$$\begin{pmatrix} 1 & 0 & 0 \\ 0 & 1 & 0 \\ 0 & 0 & 1 \\ \hdashline \frac{1}{4} & \frac{1}{4} & \frac{1}{4} \\ \frac{1}{2} & -\frac{1}{2} & \frac{1}{2} \\ -\frac{1}{4} & -\frac{1}{4} & \frac{3}{4} \end{pmatrix}.$$

于是

$$\boldsymbol{A}^{-1}=\begin{pmatrix} \frac{1}{4} & \frac{1}{4} & \frac{1}{4} \\ \frac{1}{2} & -\frac{1}{2} & \frac{1}{2} \\ -\frac{1}{4} & -\frac{1}{4} & \frac{3}{4} \end{pmatrix}.$$

注 对照2.5节例4,要会用多种方法去求 $\boldsymbol{A}^{-1}$.

2.6.3 矩阵方程

本章2.3节例5是利用待定系数法,求 $\begin{pmatrix} 2 & 1 \\ 1 & 2 \end{pmatrix}\boldsymbol{X}=\begin{pmatrix} 1 & 2 \\ -1 & 4 \end{pmatrix}$ 中的矩阵 $\boldsymbol{X}$,这是一个含有未知矩阵 $\boldsymbol{X}$ 的方程形式. 因此,将含有未知矩阵的等式称为矩阵方程. 下面探讨一般的矩阵方程 $\boldsymbol{AX}=\boldsymbol{B}$ 的求解问题.

方法一 如果矩阵 $\boldsymbol{A}$ 可逆,则可用 $\boldsymbol{A}^{-1}$ 左乘 $\boldsymbol{AX}=\boldsymbol{B}$ 两端,得 $\boldsymbol{X}=\boldsymbol{A}^{-1}\boldsymbol{B}$. 将问题转化为求 $\boldsymbol{A}$ 的逆阵问题,这是容易解决的.

方法二 利用初等行变换的解法. 由定理10,知存在初等矩阵 $\boldsymbol{G}_1,\boldsymbol{G}_2,\cdots,\boldsymbol{G}_k$,使得 $\boldsymbol{A}^{-1}=\boldsymbol{G}_1\boldsymbol{G}_2\cdots\boldsymbol{G}_k$,

即

$$\boldsymbol{G}_1\boldsymbol{G}_2\cdots\boldsymbol{G}_k\boldsymbol{A}=\boldsymbol{I},$$

而 $\boldsymbol{X}=\boldsymbol{A}^{-1}\boldsymbol{B}=\boldsymbol{G}_1\boldsymbol{G}_2\cdots\boldsymbol{G}_k\boldsymbol{B}$.

上两式表明,对分块矩阵 $(\boldsymbol{A} \vdots \boldsymbol{B})$ 施行初等行变换,当 $\boldsymbol{A}$ 变成 $\boldsymbol{I}$ 的同时,$\boldsymbol{B}$ 就变成 $\boldsymbol{X}=\boldsymbol{A}^{-1}\boldsymbol{B}$,即

$$(\boldsymbol{A} \vdots \boldsymbol{B}) \xrightarrow[\text{初等行变换}]{} (\boldsymbol{I} \vdots \boldsymbol{A}^{-1}\boldsymbol{B}).$$

【例4】 设 $\boldsymbol{AX}=\boldsymbol{B}$,求 $\boldsymbol{X}$,其中

$$A=\begin{pmatrix}1&1&\cdots&1\\0&1&\cdots&1\\\vdots&\vdots&&\vdots\\0&0&\cdots&1\end{pmatrix},\quad B=\begin{pmatrix}1&2&\cdots&n\\0&1&\cdots&n-1\\\vdots&\vdots&&\vdots\\0&0&\cdots&1\end{pmatrix}.$$

解:方法一 先求 A^{-1}.

$$(A\ \vdots\ I)=\left(\begin{array}{cccc:cccc}1&1&\cdots&1&1&0&\cdots&0\\0&1&\cdots&1&0&1&\cdots&0\\\vdots&\vdots&&\vdots&\vdots&\vdots&&\vdots\\0&0&\cdots&1&0&0&\cdots&1\end{array}\right)$$

$$\xrightarrow[(n-1)-(n)]{\substack{(1)-(2)\\(2)-(3)\\\cdots}}\left(\begin{array}{c:ccccc}&1&-1&0&\cdots&0\\&0&1&-1&\cdots&0\\I&\vdots&\vdots&\vdots&&\vdots\\&0&0&0&\cdots&1\end{array}\right).$$

故

$$A^{-1}=\begin{pmatrix}1&-1&0&\cdots&0\\0&1&-1&\cdots&0\\\vdots&\vdots&\vdots&&\vdots\\0&0&0&\cdots&1\end{pmatrix}.$$

易见 $A^{-1}B=A$,故 $X=A^{-1}B=A$ 为所求.

方法二 根据刚才介绍的方法二,构造一个 $n\times 2n$ 型矩阵$(A\ \vdots\ B)$,并对它作行初等变换,将 A 变成 I.

$$(A\ \vdots\ B)=\left(\begin{array}{cccc:cccc}1&1&\cdots&1&1&2&\cdots&n\\0&1&\cdots&1&0&1&\cdots&n-1\\\vdots&\vdots&&\vdots&\vdots&\vdots&&\vdots\\0&0&\cdots&1&0&0&\cdots&1\end{array}\right)$$

$$\xrightarrow[(n-1)-(n)]{\substack{(1)-(2)\\(2)-(3)\\\cdots}}\left(\begin{array}{cccc:cccc}1&0&\cdots&0&1&1&\cdots&1\\0&1&\cdots&0&0&1&\cdots&1\\\vdots&\vdots&&\vdots&\vdots&\vdots&&\vdots\\0&1&\cdots&1&0&0&\cdots&1\end{array}\right).$$

通过上述行初等变换,将 A 变成 I 的同时,已将 B 变成 X. 结果为 $X=A$.

注 1 因 A,X 都是上三角形矩阵,故矩阵的乘法较为简单.

注 2 在作一系列行初等变换$(1)-(2),(2)-(3),\cdots,(n-1)-(n)$时,要注意:作行初等变换$(1)-(2)$,第一行变了而第二行没变;再作$(2)-(3)$,第二行变了而第三行没变. 因此,本题所作的$(n-1)$个行初等变换可简写成

$\xrightarrow[i=2,3,\cdots,n]{(i-1)-(i)}$，这种写法是常用的.

2.7 矩阵的秩

2.7.1 矩阵的秩的定义

定义 13 设 $\boldsymbol{A}=(a_{ij})$ 是 $m\times n$ 矩阵，从 $\boldsymbol{A}$ 中任取 k 行 k 列（$k\leqslant \min(m,n)$），位于这些行和列的相交处的元素，保持它们原来的相对位置所构成的 k 阶行列式，称为矩阵 $\boldsymbol{A}$ 的一个 k 阶子式.

例如，设 $\boldsymbol{A}=\begin{pmatrix}1 & 3 & 4 & 5\\ -1 & 0 & 2 & 3\\ 0 & 1 & -1 & 0\end{pmatrix}$，矩阵 $\boldsymbol{A}$ 的第一、三行与第二、四列相交处的元素所构成的二阶子式为 $\begin{vmatrix}3 & 5\\ 1 & 0\end{vmatrix}$.

易见，$m\times n$ 矩阵 $\boldsymbol{A}$ 的 k 阶子式共有 $C_m^k\cdot C_n^k$ 个.

定义 14 设 $\boldsymbol{A}=(a_{ij})$ 是 $m\times n$ 矩阵，若存在一个 l 阶子式不为零，并且所有的 $(l+1)$ 阶子式（如果存在的话）全为零，则称矩阵 $\boldsymbol{A}$ 的秩为 l，记作 $\mathrm{r}(\boldsymbol{A})=l$.

规定：零矩阵的秩为零，即 $\mathrm{r}(\boldsymbol{O})=0$.

【例 1】 求矩阵 $\boldsymbol{A}$ 与 $\boldsymbol{B}$ 的秩，其中

$$\boldsymbol{A}=\begin{pmatrix}1 & 2 & 3\\ 2 & 3 & 1\\ 2 & 4 & 6\end{pmatrix},\boldsymbol{B}=\begin{pmatrix}2 & -1 & 0 & 3 & -1\\ 0 & 3 & 1 & -2 & -2\\ 0 & 0 & 0 & 4 & -3\\ 0 & 0 & 0 & 0 & 0\end{pmatrix}.$$

解：在矩阵 $\boldsymbol{A}$ 中，二阶子式 $\begin{vmatrix}1 & 2\\ 2 & 3\end{vmatrix}=-1\neq 0$. 又 $|\boldsymbol{A}|$ 中第一行与第三行成比例，故 $|\boldsymbol{A}|=0$. 从而 $\mathrm{r}(\boldsymbol{A})=2$.

在矩阵 $\boldsymbol{B}$ 中，因最后一行是零行（该行中所有元素全为零），从而 $\boldsymbol{B}$ 中所有 4 阶行列式都为零. 由于三阶行列式 $\begin{vmatrix}2 & -1 & 3\\ 0 & 3 & -2\\ 0 & 0 & 4\end{vmatrix}=24\neq 0$，故 $\mathrm{r}(\boldsymbol{B})=3$.

由行列式的性质，知当 $\boldsymbol{A}$ 中所有 $(l+1)$ 阶子式全等于零时，所有高于 $(l+1)$ 阶的子式也全等于零. 因此，在矩阵 $\boldsymbol{A}$ 的秩 $\mathrm{r}(\boldsymbol{A})$ 定义中，$\mathrm{r}(\boldsymbol{A})$ 就是 A 的非零子式的最高阶数.

因 $|\boldsymbol{A}|=|\boldsymbol{A}^T|$，又 $\boldsymbol{A}^T$ 的子式与 $\boldsymbol{A}$ 的子式对应相等，故 $\mathrm{r}(\boldsymbol{A}^T)=\mathrm{r}(\boldsymbol{A})$.

2.7.2 满秩矩阵

定义 15 设 $\boldsymbol{A}$ 为 n 阶方阵，若 $|\boldsymbol{A}|\neq 0$，则 $\mathrm{r}(\boldsymbol{A})=n$，称 $\boldsymbol{A}$ 为满秩方阵（或非

退化矩阵);若$|\boldsymbol{A}|=0$,则 $\mathrm{r}(\boldsymbol{A})<n$,称 $\boldsymbol{A}$ 为降秩方阵(或退化矩阵).

易见,可逆矩阵、非退化矩阵、非奇异矩阵、满秩方阵具有等价的含义.

根据定理 7,有下面的定理.

定理 12 设 $\boldsymbol{A}$ 是 n 阶满秩方阵,则 $\boldsymbol{A}$ 与 $\boldsymbol{I}$ 等价.

推论 设 A 是 n 阶满秩方阵,则存在 $\boldsymbol{R}$ 和 $\boldsymbol{C}$ 两个可逆方阵,使得 $\boldsymbol{RAC}=\boldsymbol{I}$.

定理 13 设 $\boldsymbol{A}=(a_{ij})$是 $m\times n$ 矩阵,$\mathrm{r}(\boldsymbol{A})=l$,矩阵 $\boldsymbol{A}$ 经一次行初等变换成为 $\boldsymbol{B}$,则 $\mathrm{r}(\boldsymbol{A})\leqslant \mathrm{r}(\boldsymbol{B})$.

证明:现分别对三类行初等变换证明 $\mathrm{r}(\boldsymbol{A})\leqslant \mathrm{r}(\boldsymbol{B})$.

对第 1 类换位变换$(i)\leftrightarrow(j)$. 此时,矩阵 $\boldsymbol{A}$ 中必有一个 l 阶子式$M_l\neq 0$. 在矩阵 $\boldsymbol{B}$ 中可得到一个相应的子式 N_l,使 $N_l=M_l$ 或者 $N_l=-M_l$,从而 $N_l\neq 0$,这表明 $\mathrm{r}(\boldsymbol{B})\geqslant l=\mathrm{r}(\boldsymbol{A})$.

对第 2 类倍法变换 $k(i)$. 当 $\boldsymbol{A}$ 的非零子式M_l 含有第 i 行元素时,则在 $\boldsymbol{B}$ 中可取相同序号的行和列构成一个 l 阶子式 N_l,使得 $N_l=kM_l\neq 0$;当 $\boldsymbol{A}$ 的非零子式 M_l 不含有第 i 行元素时,则 $N_l=M_l\neq 0$,这表明 $\mathrm{r}(\boldsymbol{B})\geqslant \mathrm{r}(\boldsymbol{A})$.

对第 3 类倍加变换$(i)+k(j)$. 设 $\boldsymbol{A}$ 中非零的 l 阶子式为 M_l,如果 M_l 既不含 $\boldsymbol{A}$ 的第 i 行又不含 $\boldsymbol{A}$ 的第 j 行的元素,或者含 A 的第 j 行但不含第 i 行元素,或者同时含有第 i 行与第 j 行的元素,则在 $\boldsymbol{B}$ 中以相同序号的行和列可构成一个 l 阶子式 N_l,必有 $N_l=M_l\neq 0$.

如果子式 M_l 含有 $\boldsymbol{A}$ 的第 i 行但不含第 j 行的元素,根据换位变换结论成立,不失一般性,只需考虑(1)+k(2)是否成立. 此时,$\boldsymbol{A}$ 的非零 l 阶子式 M_l 含有第一行但不含第二行的元. 在 $\boldsymbol{B}$ 中取相同序号的行和列所构成的子式记作 N_l,则由行列式的性质,知

$N_l=M_l+kD_l$,这里 D_l 为 $\boldsymbol{A}$ 的一个 l 阶子式.

因 $N_l-kD_l=M_l\neq 0$,故 N_l 和 D_l 不能同时为零. 这表明 $\boldsymbol{B}$ 中至少存在一个 l 阶非零子式,故$\mathrm{r}(\boldsymbol{B})\geqslant l=\mathrm{r}(\boldsymbol{A})$.

综上所述,矩阵 $\boldsymbol{A}$ 经一次行初等变换成为 $\boldsymbol{B}$,就有 $\mathrm{r}(\boldsymbol{B})\geqslant \mathrm{r}(\boldsymbol{A})$,证毕.

推论 1 矩阵 $\boldsymbol{A}$ 经一次行初等变换成为 B,则

$$\mathrm{r}(\boldsymbol{B})=\mathrm{r}(\boldsymbol{A}).$$

事实上,由定理 13,知

$$\mathrm{r}(\boldsymbol{B})\geqslant \mathrm{r}(\boldsymbol{A}). \qquad ①$$

因为行初等变换的逆变换亦为同类型的行初等变换,它将 $\boldsymbol{B}\to\boldsymbol{A}$,于是

$$\mathrm{r}(\boldsymbol{A})\geqslant \mathrm{r}(\boldsymbol{B}). \qquad ②$$

由①②,知 $\mathrm{r}(\boldsymbol{A})=\mathrm{r}(\boldsymbol{B})$,结论成立.

推论 2 矩阵 $\boldsymbol{A}$ 经有限次行初等变换后,其秩不变.

推论 3 矩阵 $\boldsymbol{A}$ 经有限次列初等变换后,其秩不变.

事实上,因为对 $\boldsymbol{A}$ 作列初等变换,就是对 $\boldsymbol{A}^T$ 作相应的行初等变换. 根据推论 2 及 $\mathrm{r}(\boldsymbol{A}^T)=\mathrm{r}(\boldsymbol{A})$,知结论成立.

由上述推论 2 和推论 3,可得下面的定理.

定理 14 矩阵 $\boldsymbol{A}$ 经有限次初等变换后,其秩不变.

推论 若 $\boldsymbol{B}=\boldsymbol{RAC}$,且 $\boldsymbol{R},\boldsymbol{C}$ 均为满秩矩阵,则

$$\mathrm{r}(\boldsymbol{B})=\mathrm{r}(\boldsymbol{A}).$$

事实上,因为满秩矩阵 $\boldsymbol{R},\boldsymbol{C}$ 均可分解成有限个初等矩阵的乘积,故 $\boldsymbol{A}$ 与 $\boldsymbol{B}$ 等价,从而 $\mathrm{r}(\boldsymbol{B})=\mathrm{r}(\boldsymbol{A})$.

2.7.3 阶梯矩阵

定义 16 称满足下面两个条件的 $m\times n$ 矩阵为阶梯矩阵.

(1)第 $k+1$ 行的首非零元(每行第 1 个非零的元素)前的零元个数大于第 k 行的这种零元数,$k=1,2,\cdots,m-1$.

(2)如果某行没有非零元,则该行下面全为零行.

换言之,条件(1)等价于每个非零行的第 1 个非零的元素的列标随行标的递增而严格增大.

条件(2)等价于若有零行均放于矩阵的下方.

比如,

$$\begin{pmatrix}0&2&0&8&1\\0&0&9&0&2\\0&0&0&0&2\\0&0&0&0&0\end{pmatrix},\quad\begin{pmatrix}1&0&-1&2&9\\0&2&1&8&0\\0&0&0&2&1\\0&0&0&0&0\\0&0&0&0&0\end{pmatrix}$$

都是阶梯矩阵.

矩阵 $\boldsymbol{A}$ 的等价标准形是特殊的阶梯矩阵.

根据阶梯矩阵的特性及定理 7,可得下面定理.

定理 15 设 $\boldsymbol{A}=(a_{ij})$ 是 $m\times n$ 矩阵,则矩阵 $\boldsymbol{A}$ 必可通过有限次行初等变换化为阶梯矩阵.

为计算矩阵 A 的秩,可归结为求一个与 $\boldsymbol{A}$ 等价的阶梯矩阵. 阶梯矩阵非零行的行数就是 $\mathrm{r}(A)$.

【例 2】 求矩阵 $\boldsymbol{A}=\begin{pmatrix}1&-3&5&-2&1\\-2&1&-3&1&-4\\-1&-7&9&-3&-7\\3&-14&22&-9&1\end{pmatrix}$ 的秩 $\mathrm{r}(\boldsymbol{A})$.

解:利用行初等变换将 $\boldsymbol{A}$ 化为阶梯矩阵.

$$A=\begin{pmatrix}1&-3&5&-2&1\\-2&1&-3&1&-4\\-1&-7&9&-3&-7\\3&-14&22&-9&1\end{pmatrix}\xrightarrow[(4)-3(1)]{(2)+2(1)\atop(3)+(1)}\begin{pmatrix}1&-3&5&-2&1\\0&-5&7&-3&-2\\0&-10&14&-5&-6\\0&-5&7&-3&-2\end{pmatrix}$$

$$\xrightarrow[(4)-(2)]{(3)-2(2)}\begin{pmatrix}1&-3&5&-2&1\\0&-5&7&-3&-2\\0&0&0&1&2\\0&0&0&0&0\end{pmatrix}=\widetilde{A}.$$

矩阵 $\widetilde{A}$ 中所有 4 阶行列式为零,但 $\begin{vmatrix}1&-3&-2\\0&-5&-3\\0&0&1\end{vmatrix}=-5\neq0$,故 $r(A)=3$.

【例 3】 求矩阵 $A=\begin{pmatrix}0&1&1&1&1&1\\0&0&0&1&1&1\\0&-1&-1&0&0&1\\0&-2&-2&-1&0&1\\0&1&1&2&2&2\end{pmatrix}$ 的秩.

解:利用行初等变换将 A 化为阶梯矩阵.

$$A=\begin{pmatrix}0&1&1&1&1&1\\0&0&0&1&1&1\\0&-1&-1&0&0&1\\0&-2&-2&-1&0&1\\0&1&1&2&2&2\end{pmatrix}\xrightarrow[(5)-(1)]{(3)+(1)\atop(4)+2(1)}\begin{pmatrix}0&1&1&1&1&1\\0&0&0&1&1&1\\0&0&0&1&1&2\\0&0&0&1&2&3\\0&0&0&1&1&1\end{pmatrix}$$

$$\xrightarrow[(5)-(2)]{(3)-(2)\atop(4)-(2)}\begin{pmatrix}0&1&1&1&1&1\\0&0&0&1&1&1\\0&0&0&0&0&1\\0&0&0&0&1&2\\0&0&0&0&0&0\end{pmatrix}\xrightarrow{(3)\leftrightarrow(4)}\begin{pmatrix}0&1&1&1&1&1\\0&0&0&1&1&1\\0&0&0&0&1&2\\0&0&0&0&0&1\\0&0&0&0&0&0\end{pmatrix}.$$

因为右上角的 4 阶行列式不为零,又所有的 5 阶行列式为零,故 $r(A)=4$.

实际上,此矩阵的非零行有 4 行,故矩阵 A 的秩为 4.

注 本题试图通过验证右边那个 5 阶行列式为零. 再去找一个非零的 4 阶行列式,就繁了.

【例 4】 设 $A=\begin{pmatrix}a&1&1\\-1&1&0\\1&2&1\end{pmatrix}$,$B=\begin{pmatrix}1&2&0\\2&1&0\\0&0&1\end{pmatrix}$,已知 $r(AB)=2$,求 a 的值.

解:方法一 因 $|B|=-3\neq0$,所以 B 是满秩矩阵.

从而

$$r(\boldsymbol{A})=r(\boldsymbol{AB})=2.$$

因此

$$|\boldsymbol{A}|=0.\ 而|\boldsymbol{A}|=a-2,$$

故 $a=2$.

方法二

$$\boldsymbol{AB}=\begin{pmatrix} a & 1 & 1 \\ -1 & 1 & 0 \\ 1 & 2 & 1 \end{pmatrix}\begin{pmatrix} 1 & 2 & 0 \\ 2 & 1 & 0 \\ 0 & 0 & 1 \end{pmatrix}=\begin{pmatrix} a+2 & 2a+1 & 1 \\ 1 & -1 & 0 \\ 5 & 4 & 1 \end{pmatrix}.$$

若 $r(\boldsymbol{AB})=2$,则 $|\boldsymbol{AB}|=0$,即

$$|\boldsymbol{AB}|=\begin{vmatrix} a+2 & 2a+1 & 1 \\ 1 & -1 & 0 \\ 5 & 4 & 1 \end{vmatrix}=-3a+6=0,$$

所以 $a=2$.

注 若对 $\boldsymbol{AB}$ 施以初等变换,同样能求得 $a=2$.

小 结

1. 矩阵的线性运算有两种:矩阵的加法 $\boldsymbol{A}+\boldsymbol{B}$,以及数 k 乘矩阵 $\boldsymbol{A}$ 的数乘矩阵 $k\boldsymbol{A}$. 两个同型的矩阵才能相加;$k\boldsymbol{A}$ 是数乘以矩阵 $\boldsymbol{A}$ 的每一个元素,即若 $\boldsymbol{A}=(a_{ij})$,则 $k\boldsymbol{A}=(ka_{ij})$. 而当 $\boldsymbol{A}$ 为 n 阶方阵时,

$$|k\boldsymbol{A}|=k^n|\boldsymbol{A}|.$$

2. 仅当 $\boldsymbol{A}$ 的列数等于 $\boldsymbol{B}$ 的行数时,两个矩阵 $\boldsymbol{A},\boldsymbol{B}$ 才能相乘得 $\boldsymbol{AB}$. 矩阵的乘法满足结合律、分配律,但交换律未必成立. 若 $\boldsymbol{AB}=\boldsymbol{BA}$ 成立,则称 $\boldsymbol{A},\boldsymbol{B}$ 可交换.

矩阵是没有除法的,即使 $\boldsymbol{A}\neq\boldsymbol{O}$,由 $\boldsymbol{AB}=\boldsymbol{AC}$,未必有 $\boldsymbol{B}=\boldsymbol{C}$ 成立. 本质上,不能用 $\boldsymbol{A}$ 去除 $\boldsymbol{AB}=\boldsymbol{AC}$ 两端. 然而,当 $\boldsymbol{A}$ 可逆时,$\boldsymbol{AB}=\boldsymbol{AC}$ 两端左乘 $\boldsymbol{A}^{-1}$,可得 $\boldsymbol{B}=\boldsymbol{C}$. 同样,由 $\boldsymbol{AB}=\boldsymbol{O}$,不能导出 $\boldsymbol{A}=\boldsymbol{O}$ 或 $\boldsymbol{B}=\boldsymbol{O}$. 然而,当 $\boldsymbol{A}$ 可逆时,$\boldsymbol{AB}=\boldsymbol{O}$ 两端左乘 $\boldsymbol{A}^{-1}$,可得 $\boldsymbol{B}=\boldsymbol{O}$. 因为方阵 $\boldsymbol{A}$ 可以自乘,因此,有方阵 $\boldsymbol{A}$ 的幂运算.

3. 对称(反对称)矩阵是对方阵 $\boldsymbol{A}$ 而言的. 若 $\boldsymbol{A},\boldsymbol{B}$ 都是对称(反对称)矩阵,则 $\boldsymbol{A}+\boldsymbol{B}$,$k\boldsymbol{A}$ 都是对称(反对称)矩阵;$\boldsymbol{AB}$ 是对称矩阵当且仅当 $\boldsymbol{AB}=\boldsymbol{BA}$;设 $\boldsymbol{A}$ 为 n 阶方阵,则 $\boldsymbol{A}\boldsymbol{A}^T$(或 $\boldsymbol{A}^T\boldsymbol{A}$)是对称矩阵.

4. 在逆矩阵的定义中,已给 $\boldsymbol{A}$,若存在 $\boldsymbol{B}$,使得 $\boldsymbol{AB}=\boldsymbol{BA}=\boldsymbol{I}$ 成立,则 $\boldsymbol{B}$ 是 $\boldsymbol{A}$ 的逆矩阵,记 $\boldsymbol{B}=\boldsymbol{A}^{-1}$. 事实上,只要 $\boldsymbol{AB}=\boldsymbol{I}$ 成立,则 $\boldsymbol{B}$ 与 $\boldsymbol{A}$ 互为逆阵.

计算 n 阶方阵 $\boldsymbol{A}$ 的逆矩阵有两种方法:

一是 $\boldsymbol{A}^{-1}=\frac{1}{|\boldsymbol{A}|}\boldsymbol{A}^*$，这里 $\boldsymbol{A}^*$ 是 $\boldsymbol{A}$ 的伴随矩阵. $|\boldsymbol{A}^*|=|\boldsymbol{A}|^{n-1}$；

二是利用矩阵初等行变换，将 $(\boldsymbol{A} \vdots \boldsymbol{I})$ 化为 $(\boldsymbol{I} \vdots \boldsymbol{B})$，则 $\boldsymbol{B}=\boldsymbol{A}^{-1}$. 当 $\boldsymbol{A}$ 的阶数较高时，可以根据矩阵的特点，先对矩阵分块，然后利用分块矩阵的逆矩阵的有关性质去求逆矩阵.

利用逆矩阵可解矩阵方程.

若 $\boldsymbol{B}=\boldsymbol{P}^{-1}\boldsymbol{AP}$，则 $\boldsymbol{B}^n=\boldsymbol{P}^{-1}\boldsymbol{A}^n\boldsymbol{P}$. 为此，欲求 $\boldsymbol{B}^n$，只需求出 $\boldsymbol{A}^n$ 即可.

5. 计算矩阵 $\boldsymbol{A}$ 的秩 $\mathrm{r}(\boldsymbol{A})$ 有两种方法：

一是定义法，即从矩阵 $\boldsymbol{A}$ 的最高阶子式开始，从高阶到低阶考虑矩阵 $\boldsymbol{A}$ 的子式. 若有一个最高非零 $\boldsymbol{r}$ 阶子式，则 $\mathrm{r}(\boldsymbol{A})=\boldsymbol{r}$.

二是利用矩阵的初等行变换，将矩阵 $\boldsymbol{A}$ 化为阶梯矩阵，则阶梯矩阵的非零行的行数就是 $\mathrm{r}(\boldsymbol{A})$. 关于 $\mathrm{r}(\boldsymbol{A})$ 还有下面的性质：

(1) $\mathrm{r}(k\boldsymbol{A})=\mathrm{r}(\boldsymbol{A})$，$k$ 为非零常数；

(2) $\mathrm{r}(\boldsymbol{A}^T)=\mathrm{r}(\boldsymbol{A})$；

(3) $\mathrm{r}(\boldsymbol{A}+\boldsymbol{B})\leqslant\mathrm{r}(\boldsymbol{A})+\mathrm{r}(\boldsymbol{B})$；

(4) $\mathrm{r}(\boldsymbol{AB})\leqslant\min\{\mathrm{r}(\boldsymbol{A}),\mathrm{r}(\boldsymbol{B})\}$；

(5) 若 $\boldsymbol{A}$ 可逆，则 $\mathrm{r}(\boldsymbol{AB})=\mathrm{r}(\boldsymbol{B})$.

硕士研究生试题摘选

题 1(2001・数一)

设矩阵 $\boldsymbol{A}$ 满足 $\boldsymbol{A}^2+\boldsymbol{A}-4\boldsymbol{E}=\boldsymbol{O}$,其中 $\boldsymbol{E}$ 为单位矩阵,则 $(\boldsymbol{A}-\boldsymbol{E})^{-1}=$________.

解:由 $\boldsymbol{A}^2+\boldsymbol{A}-4\boldsymbol{E}=\boldsymbol{O}$,得 $\boldsymbol{A}^2+\boldsymbol{A}-2\boldsymbol{E}=2\boldsymbol{E}$,即

$$(\boldsymbol{A}-\boldsymbol{E})\cdot\frac{1}{2}(\boldsymbol{A}+2\boldsymbol{E})=\boldsymbol{E}.$$

所以由逆矩阵的定义,得

$$(\boldsymbol{A}-\boldsymbol{E})^{-1}=\frac{1}{2}(\boldsymbol{A}+2\boldsymbol{E}).$$

题 2(2002・数二)

已知 $\boldsymbol{A},\boldsymbol{B}$ 为 3 阶矩阵,且满足 $2\boldsymbol{A}^{-1}\boldsymbol{B}=\boldsymbol{B}-4\boldsymbol{E}$,其中 $\boldsymbol{E}$ 是 3 阶单位矩阵,

(Ⅰ)证明:矩阵 $\boldsymbol{A}-2\boldsymbol{E}$ 可逆;

(Ⅱ)若 $\boldsymbol{B}=\begin{pmatrix}1&-2&0\\1&2&0\\0&0&2\end{pmatrix}$,求矩阵 $\boldsymbol{A}$.

证明:(Ⅰ)由 $2\boldsymbol{A}^{-1}\boldsymbol{B}=\boldsymbol{B}-4\boldsymbol{E}$,知 $\boldsymbol{AB}-2\boldsymbol{B}-4\boldsymbol{A}=\boldsymbol{O}$,
从而

$$(\boldsymbol{A}-2\boldsymbol{E})(\boldsymbol{B}-4\boldsymbol{E})=8\boldsymbol{E},$$

即

$$(\boldsymbol{A}-2\boldsymbol{E})\frac{1}{8}(\boldsymbol{B}-4\boldsymbol{E})=\boldsymbol{E}.$$

故 $\boldsymbol{A}-2\boldsymbol{E}$ 可逆,且 $(\boldsymbol{A}-2\boldsymbol{E})^{-1}=\dfrac{1}{8}(\boldsymbol{B}-4\boldsymbol{E})$.

(Ⅱ)由(Ⅰ),知 $\boldsymbol{A}=2\boldsymbol{E}+8(\boldsymbol{B}-4\boldsymbol{E})^{-1}$,

而

$$(\boldsymbol{B}-4\boldsymbol{E})^{-1}=\begin{pmatrix}-3&-2&0\\1&-2&0\\0&0&-2\end{pmatrix}^{-1}=\begin{pmatrix}-\frac{1}{4}&\frac{1}{4}&0\\-\frac{1}{8}&-\frac{3}{8}&0\\0&0&-\frac{1}{2}\end{pmatrix},$$

故

$$\boldsymbol{A}=\begin{pmatrix}0&2&0\\-1&-1&0\\0&0&-2\end{pmatrix}.$$

题 3(2004 · 数一)

设 $\boldsymbol{A}$ 是 3 阶方阵,将 $\boldsymbol{A}$ 的第一列与第二列交换得 $\boldsymbol{B}$,再把 $\boldsymbol{B}$ 的第二列加到第三列得 $\boldsymbol{C}$,则满足 $\boldsymbol{AQ}=\boldsymbol{C}$ 的可逆矩阵 $\boldsymbol{Q}$ 为(　　).

A. $\begin{pmatrix}0&1&0\\1&0&0\\1&0&1\end{pmatrix}$　　B. $\begin{pmatrix}0&1&0\\1&0&1\\0&0&1\end{pmatrix}$

C. $\begin{pmatrix}0&1&0\\1&0&0\\0&1&1\end{pmatrix}$　　D. $\begin{pmatrix}0&1&1\\1&0&0\\0&0&1\end{pmatrix}$

解:因 $\boldsymbol{B}=\boldsymbol{A}\begin{pmatrix}0&1&0\\1&0&0\\0&0&1\end{pmatrix}$,$\boldsymbol{C}=\boldsymbol{B}\begin{pmatrix}1&0&0\\0&1&1\\0&0&1\end{pmatrix}$,

所以 $\boldsymbol{C}=\boldsymbol{A}\begin{pmatrix}0&1&0\\1&0&0\\0&0&1\end{pmatrix}\begin{pmatrix}1&0&0\\0&1&1\\0&0&1\end{pmatrix}=\boldsymbol{A}\begin{pmatrix}0&1&1\\1&0&0\\0&0&1\end{pmatrix}$.

故选 D.

题 4(2006 · 数一)

设 $\boldsymbol{A}$ 为 3 阶矩阵,将 $\boldsymbol{A}$ 的第 2 行加到第 1 行是 B,再将 B 的第 1 列的 -1 倍加到第 2 列得 $\boldsymbol{C}$,设 $\boldsymbol{P}=\begin{pmatrix}1&1&0\\0&1&0\\0&0&1\end{pmatrix}$,则(　　).

A. $\boldsymbol{C}=\boldsymbol{P}^{-1}\boldsymbol{AP}$　　B. $\boldsymbol{C}=\boldsymbol{PAP}^{-1}$　　C. $\boldsymbol{C}=\boldsymbol{P}^{T}\boldsymbol{AP}$　　D. $\boldsymbol{C}=\boldsymbol{PAP}^{T}$

解:由题意,得

$$\boldsymbol{C}=\begin{pmatrix}1&1&0\\0&1&0\\0&0&1\end{pmatrix}\boldsymbol{A}\begin{pmatrix}1&-1&0\\0&1&0\\0&0&1\end{pmatrix}. \qquad ①$$

由于 $\boldsymbol{P}^{-1}=\begin{pmatrix}1&1&0\\0&1&0\\0&0&1\end{pmatrix}^{-1}=\begin{pmatrix}1&-1&0\\0&1&0\\0&0&1\end{pmatrix}$,

所以①可以表示为 $\boldsymbol{C}=\boldsymbol{PAP}^{-1}$,

故选 B.

题 5(2008 · 数一)

设 $\boldsymbol{A}$ 为 n 阶非零矩阵,E 为 n 阶单位矩阵,若 $\boldsymbol{A}^3=\boldsymbol{O}$,则(　　).

A. $\boldsymbol{E}-\boldsymbol{A}$ 不可逆,$\boldsymbol{E}+\boldsymbol{A}$ 不可逆　　B. $\boldsymbol{E}-\boldsymbol{A}$ 不可逆,$\boldsymbol{E}+\boldsymbol{A}$ 可逆

C. $\boldsymbol{E}-\boldsymbol{A}$ 可逆,$\boldsymbol{E}+\boldsymbol{A}$ 可逆　　D. $\boldsymbol{E}-\boldsymbol{A}$ 可逆,$\boldsymbol{E}+\boldsymbol{A}$ 不可逆

解:因 $\boldsymbol{A}^3=\boldsymbol{O}$,故 $\boldsymbol{A}^3+\boldsymbol{E}=\boldsymbol{E}$,即 $(\boldsymbol{A}+\boldsymbol{E})(\boldsymbol{A}^2-\boldsymbol{A}+\boldsymbol{E})=\boldsymbol{E}$,
所以 $\boldsymbol{A}+\boldsymbol{E}$ 可逆.

又 $\boldsymbol{A}^3=\boldsymbol{O}$,故 $\boldsymbol{A}^3-\boldsymbol{E}=-\boldsymbol{E}$,即 $(\boldsymbol{E}-\boldsymbol{A})(\boldsymbol{A}^2+\boldsymbol{A}+\boldsymbol{E})=\boldsymbol{E}$,
所以 $\boldsymbol{E}-\boldsymbol{A}$ 可逆.
故选 C.

题 6(2005・数一)

设 $\boldsymbol{A}$ 为 $n(n\geqslant 2)$ 阶可逆矩阵,交换 $\boldsymbol{A}$ 的第 1 行和第 2 行得矩阵 $\boldsymbol{B}$,$\boldsymbol{A}^*$,$\boldsymbol{B}^*$ 分别为 $\boldsymbol{A}$,$\boldsymbol{B}$ 的伴随矩阵,则(　　).

A. 交换 $\boldsymbol{A}^*$ 的第 1 列与第 2 列得 $\boldsymbol{B}^*$
B. 交换 $\boldsymbol{A}^*$ 的第 1 行与第 2 行得 $\boldsymbol{B}^*$
C. 交换 $\boldsymbol{A}^*$ 的第 1 列与第 2 列得 $-\boldsymbol{B}^*$
D. 交换 $\boldsymbol{A}^*$ 的第 1 行与第 2 行得 $-\boldsymbol{B}^*$

解:因为 $\boldsymbol{B}=\begin{pmatrix}0&1&0\\1&0&0\\0&0&1\end{pmatrix}\boldsymbol{A}$,所以

$$\boldsymbol{B}^*=\boldsymbol{A}^*\begin{pmatrix}0&1&0\\1&0&0\\0&0&1\end{pmatrix}^*=\boldsymbol{A}^*\begin{vmatrix}0&1&0\\1&0&0\\0&0&1\end{vmatrix}\begin{pmatrix}0&1&0\\1&0&0\\0&0&1\end{pmatrix}^{-1}$$
$$=\boldsymbol{A}^*\cdot(-1)\begin{pmatrix}0&1&0\\1&0&0\\0&0&1\end{pmatrix}=-\boldsymbol{A}^*\begin{pmatrix}0&1&0\\1&0&0\\0&0&1\end{pmatrix},$$

即交换 $\boldsymbol{A}^*$ 的第 1 列与第 2 列可得 $-\boldsymbol{B}^*$.
故选 C.

题 7(2012・数二)

设 $\boldsymbol{A}$ 为 3 阶矩阵,$|\boldsymbol{A}|=3$,$\boldsymbol{A}^*$ 为 $\boldsymbol{A}$ 的伴随矩阵,若交换 $\boldsymbol{A}$ 的第一行和第二行得到矩阵 $\boldsymbol{B}$,则 $|\boldsymbol{B}\boldsymbol{A}^*|=$________.

解:$|\boldsymbol{B}|=-|\boldsymbol{A}|=-3$,$|\boldsymbol{A}^*|=|\boldsymbol{A}|^2=9$.

从而

$$|\boldsymbol{B}\boldsymbol{A}^*|=|\boldsymbol{B}|\cdot|\boldsymbol{A}^*|=3\times 9=27.$$

题 8(2009・数一)

设 $\boldsymbol{A}$,$\boldsymbol{B}$ 均为 2 阶矩阵,$\boldsymbol{A}^*$,$\boldsymbol{B}^*$ 分别为 $\boldsymbol{A}$,$\boldsymbol{B}$ 的伴随矩阵,若 $|\boldsymbol{A}|=2$,$|\boldsymbol{B}|=3$,则分块矩阵 $\begin{pmatrix}\boldsymbol{O}&A\\B&\boldsymbol{O}\end{pmatrix}$ 的伴随矩阵为(　　).

A. $\begin{pmatrix}\boldsymbol{O}&3B^*\\2A^*&\boldsymbol{O}\end{pmatrix}$ B. $\begin{pmatrix}\boldsymbol{O}&2B^*\\3A^*&\boldsymbol{O}\end{pmatrix}$ C. $\begin{pmatrix}\boldsymbol{O}&3A^*\\2B^*&\boldsymbol{O}\end{pmatrix}$ D. $\begin{pmatrix}\boldsymbol{O}&2A^*\\3B^*&\boldsymbol{O}\end{pmatrix}$

解:因为 $\begin{pmatrix}\boldsymbol{O}&A\\B&\boldsymbol{O}\end{pmatrix}\begin{pmatrix}\boldsymbol{O}&3B^*\\2A^*&\boldsymbol{O}\end{pmatrix}=\begin{pmatrix}2|A|E&\boldsymbol{O}\\\boldsymbol{O}&3|B|E\end{pmatrix}=\begin{pmatrix}|A|^2E&\boldsymbol{O}\\\boldsymbol{O}&|B|^2E\end{pmatrix}$,

$\begin{pmatrix}\boldsymbol{O}&A\\B&\boldsymbol{O}\end{pmatrix}\begin{pmatrix}\boldsymbol{O}&2B^*\\3A^*&\boldsymbol{O}\end{pmatrix}=\begin{pmatrix}3|A|E&\boldsymbol{O}\\\boldsymbol{O}&2|B|E\end{pmatrix}=\begin{pmatrix}|A|\cdot|B|E&\boldsymbol{O}\\\boldsymbol{O}&|A|\cdot|B|E\end{pmatrix}$

$$=|A|\cdot|B|\begin{pmatrix}E & \boldsymbol{O}\\ \boldsymbol{O} & E\end{pmatrix},$$

而 $\begin{vmatrix}\boldsymbol{O} & A\\ B & \boldsymbol{O}\end{vmatrix}=|A|\cdot|B|.$

故选 B.

题 9(2005·数三)

设矩阵 $\boldsymbol{A}=(a_{ij})_{3\times3}$ 满足 $\boldsymbol{A}^*=\boldsymbol{A}^T$，其中 $\boldsymbol{A}^*$ 为 $\boldsymbol{A}$ 的伴随矩阵，$\boldsymbol{A}^T$ 为 $\boldsymbol{A}$ 的转置矩阵．若 a_{11},a_{12},a_{13} 为三个相等的正数，则 a_{11} 为(　　).

A. $\frac{\sqrt{3}}{3}$　　B. 3　　C. $\frac{1}{3}$　　D. $\sqrt{3}$

解：利用公式 $\boldsymbol{A}^*\boldsymbol{A}=\boldsymbol{A}\boldsymbol{A}^*=|\boldsymbol{A}|\boldsymbol{E}$.

由于 $\boldsymbol{A}^*=\boldsymbol{A}^T$，故

$$\boldsymbol{A}\boldsymbol{A}^T=|\boldsymbol{A}|\boldsymbol{E}. \quad ①$$

于是 $|\boldsymbol{A}|^2=|\boldsymbol{A}|^3$，即 $|\boldsymbol{A}|=0,1$.

由①，得 $a_{11}^2+a_{12}^2+a_{13}^2=|\boldsymbol{A}|$，即 $3a_{11}^2=1$.

显然，$|\boldsymbol{A}|=0$ 不符合题意，

所以 $a_{11}=\frac{\sqrt{3}}{3}$.

故选 **A**.

题 10(2007·数一)

设矩阵 $\boldsymbol{A}=\begin{pmatrix}0&1&0&0\\0&0&1&0\\0&0&0&1\\0&0&0&0\end{pmatrix}$，则 $\boldsymbol{A}^3$ 的秩为________.

解：因为 $\boldsymbol{A}^2=\begin{pmatrix}0&1&0&0\\0&0&1&0\\0&0&0&1\\0&0&0&0\end{pmatrix}\begin{pmatrix}0&1&0&0\\0&0&1&0\\0&0&0&1\\0&0&0&0\end{pmatrix}=\begin{pmatrix}0&0&1&0\\0&0&0&1\\0&0&0&0\\0&0&0&0\end{pmatrix}$，

$$\boldsymbol{A}^3=\begin{pmatrix}0&0&1&0\\0&0&0&1\\0&0&0&0\\0&0&0&0\end{pmatrix}\begin{pmatrix}0&1&0&0\\0&0&1&0\\0&0&0&1\\0&0&0&0\end{pmatrix}=\begin{pmatrix}0&0&0&1\\0&0&0&0\\0&0&0&0\\0&0&0&0\end{pmatrix}.$$

所以 $\boldsymbol{A}^3$ 的秩为 1.

题 11(2003·数一)

已知平面上三条不同直线的方程分别为

$$l_1: ax+2by+3c=0,$$
$$l_2: bx+2cy+3a=0,$$
$$l_3: cx+2ay+3b=0.$$

试证：这三条直线交于一点的充分必要条件为 $a+b+c=0$.

解:对线性方程组

$$\begin{cases}ax+2by=-3c,\\ bx+2cy=-3a,\\ cx+2ay=-3b\end{cases} \qquad ①$$

的增广矩阵施以初等行变换:

$$\overline{\mathbf{A}}=\left(\begin{array}{cc:c}a & 2b & -3c\\ b & 2c & -3a\\ c & 2a & -3b\end{array}\right)\xrightarrow{(3)+(1)+(2)}\left(\begin{array}{cc:c}a & 2b & -3c\\ b & 2c & -3a\\ a+b+c & 2(a+b+c) & -3(a+b+c)\end{array}\right).$$

充分性:设 $a+b+c=0$,则

$$\overline{\mathbf{A}}\to\left(\begin{array}{cc:c}a & 2b & -3c\\ b & 2c & -3a\\ 0 & 0 & 0\end{array}\right),$$

并且

$$\begin{vmatrix}a & 2b\\ b & 2c\end{vmatrix}=2(ac-b^2)=-2[a(a+b)+b^2]$$

$$=-2\left[\left(a+\frac{1}{2}b\right)^2+\frac{3}{4}b^2\right]<0(\text{由于 } a,b \text{ 不全为零}).$$

由此可知,①的增广矩阵 $\overline{\mathbf{A}}$ 及系数矩阵 $\mathbf{A}=\begin{pmatrix}a & 2b\\ b & 2c\\ c & 2a\end{pmatrix}$ 的秩都为 2.

因此方程组①有唯一解,从而三条直线相交于一点.

必要性:设三条直线相交于一点,即①有唯一解,因此

$$\mathrm{r}(\overline{\mathbf{A}})=\mathrm{r}(\mathbf{A})=2.$$

此时,如果 $a+b+c\neq0$,则由 $|\overline{\mathbf{A}}|=0$,得

$$|\overline{\mathbf{A}}|=\begin{vmatrix}a & 2b & -3c\\ b & 2c & -3a\\ c & 2a & -3b\end{vmatrix}$$

$$=(a+b+c)\begin{vmatrix}a & 2b & -3c\\ b & 2c & -3a\\ 1 & 2 & -3\end{vmatrix}$$

$$=(a+b+c)\begin{vmatrix}0 & 2(b-a) & -3(c-a)\\ 0 & 2(c-b) & -3(a-b)\\ 1 & 2 & -3\end{vmatrix}$$

$$=6(a+b+c)((b-a)^2+(c-a)(c-b))$$

$$=6(a+b+c)(a^2+b^2+c^2-ab-ac-bc)$$

$$=3(a+b+c)((a-b)^2+(b-c)^2+(c-a)^2)=0.$$

由此可得 $a=b=c$,即 l_1,l_2,l_3 成为三条相同的直线,与题设矛盾,因此 $a+b+c=0$.

第 2 章习题

【A 组】

1. 已知 $\boldsymbol{A}=\begin{pmatrix}1&1&2&-1\\0&3&1&2\\2&1&0&-1\end{pmatrix}$，$\boldsymbol{B}=\begin{pmatrix}-2&1&1&1\\1&2&2&1\\0&2&1&3\end{pmatrix}$，求 $4\boldsymbol{A}+2\boldsymbol{B}$.

2. 已知 $\boldsymbol{A}=\begin{pmatrix}3&2\\0&8\\-1&3\\2&1\end{pmatrix}$，$\boldsymbol{B}=\begin{pmatrix}3&1\\1&3\\4&6\\6&2\end{pmatrix}$，且 $\boldsymbol{A}+2\boldsymbol{X}=\boldsymbol{B}$，求矩阵 $\boldsymbol{X}$.

3. 设 $\boldsymbol{A}=\begin{pmatrix}-2&4\\1&-2\end{pmatrix}$，$\boldsymbol{B}=\begin{pmatrix}2&1\\-3&-6\end{pmatrix}$，求 $\boldsymbol{AB}$ 和 $\boldsymbol{BA}$.

4. 设 $\boldsymbol{A}=\begin{pmatrix}1&-1&0&2\\0&3&1&1\\2&0&1&-1\end{pmatrix}$，$\boldsymbol{B}=\begin{pmatrix}1&2\\0&1\\3&1\\1&0\end{pmatrix}$，求 $\boldsymbol{AB}$ 和 $\boldsymbol{BA}$.

5. 设 $\boldsymbol{A}=\begin{pmatrix}a_1\\a_2\\\vdots\\a_n\end{pmatrix}$，$\boldsymbol{B}=(b_1,b_2,\cdots,b_n)$，求 $\boldsymbol{AB}$ 和 $\boldsymbol{BA}$.

6. 设 $\boldsymbol{A}=\begin{pmatrix}1&0&-1\\2&1&0\\3&2&-1\end{pmatrix}$，$\boldsymbol{B}=\begin{pmatrix}-2&1&0\\0&3&1\\0&0&2\end{pmatrix}$，求 $|\boldsymbol{AB}|$.

7. 设 $\boldsymbol{A}=\begin{pmatrix}1&2&3\\-2&1&2\end{pmatrix}$，$\boldsymbol{B}=\begin{pmatrix}1&2&0\\0&1&1\\3&0&-1\end{pmatrix}$，求 $(\boldsymbol{AB})^T$.

8. 设 $\boldsymbol{A}=\begin{pmatrix}1&0&0&0\\0&1&0&0\\-1&2&1&0\\1&1&0&1\end{pmatrix}$，$\boldsymbol{B}=\begin{pmatrix}1&0&1&0\\-1&2&0&1\\1&0&4&1\\-1&-1&2&0\end{pmatrix}$，用分块矩阵求 $\boldsymbol{AB}$.

9. 设 $\boldsymbol{A}=\begin{pmatrix}1&2&0&0&1\\-2&1&0&0&0\\0&0&3&0&0\\0&0&0&3&0\\0&0&0&0&4\\0&0&0&0&0\end{pmatrix}$，$\boldsymbol{B}=\begin{pmatrix}2&0\\0&2\\1&2\\3&4\\0&0\end{pmatrix}$，用分块矩阵求 $\boldsymbol{AB}$.

10. 判断矩阵$A=\begin{pmatrix}1 & 2\\3 & 5\end{pmatrix}$是否可逆,若可逆,求其逆矩阵.

11. 设$A=\begin{pmatrix}1 & 0 & 0\\-2 & -1 & 0\\0 & -1 & 1\end{pmatrix}$,求$A$的伴随矩阵$A^*$.

12. 设$A=\begin{pmatrix}2 & 2 & 3\\1 & -1 & 0\\-1 & 2 & 1\end{pmatrix}$,判断矩阵$A$是否可逆,若可逆,求其逆矩阵.

13. 设$A=\begin{pmatrix}3 & -1 & 0\\-2 & 1 & 1\\2 & -1 & 4\end{pmatrix}$,判断矩阵$A$是否可逆,若可逆,求其逆矩阵.

14. 设$A=\begin{pmatrix}1 & 0 & 1\\2 & 1 & 0\\-3 & 2 & -5\end{pmatrix}$,判断矩阵$A$是否可逆,若可逆,求其逆矩阵.

15. 设$A=\begin{pmatrix}5 & 0 & 0\\0 & 3 & 1\\0 & 2 & 1\end{pmatrix}$,求$A^{-1}$.

16. 设$A=\begin{pmatrix}2 & 2 & 2\\1 & 2 & 3\\1 & 3 & 6\end{pmatrix}$,求$A^{-1}$.

17. 设$A=\begin{pmatrix}1 & 1 & -1\\0 & 2 & -3\\0 & 1 & 1\end{pmatrix}$,$B=\begin{pmatrix}1 & -1 & 3\\0 & -1 & 4\\0 & 0 & -4\end{pmatrix}$,求$(AB)^{-1}$.

18. 设A为3阶方阵,A^*为A的伴随矩阵,$|A|=-2$,求行列式$||A^*|A|$之值.

19. 设$A=\begin{pmatrix}1 & 0 & 0\\2 & 3 & 0\\3 & 5 & 6\end{pmatrix}$,求$(A^*)^{-1}$.

20. 设3阶矩阵A的逆矩阵$A^{-1}=\begin{pmatrix}1 & 1 & 1\\1 & 2 & 1\\1 & 1 & 3\end{pmatrix}$,求$A^*$的逆矩阵$(A^*)^{-1}$.

21. 设A为3阶矩阵,且$|A|=\frac{1}{27}$,求行列式$|(3A)^{-1}-18A^*|$之值.

22. 设$A=\begin{pmatrix}1 & 0 & 0\\0 & -2 & 0\\0 & 0 & 1\end{pmatrix}$,求$(2A-|A|I)^{-1}$.

23. 设$\boldsymbol{A}=\begin{pmatrix}1&0&-1\\0&-1&0\\0&0&-2\end{pmatrix}$，$\boldsymbol{I}$为3阶单位矩阵，求$(\boldsymbol{A}-2\boldsymbol{I})^{-1}(\boldsymbol{A}^2-4\boldsymbol{I})$.

24. 计算分块矩阵

$$\boldsymbol{A}=\left(\begin{array}{cc:ccc}1&2&0&0&0\\2&5&0&0&0\\ \hdashline 0&0&1&1&1\\0&0&1&2&1\\0&0&1&1&3\end{array}\right)$$

的$|\boldsymbol{A}|$、$\boldsymbol{A}^{-1}$和$(\boldsymbol{A}^*)^{-1}$.

25. 设方阵$\boldsymbol{A}$满足$\boldsymbol{A}^3=2\boldsymbol{I}$，$\boldsymbol{I}$为$n$阶单位矩阵，求$(\boldsymbol{A}-\boldsymbol{I})^{-1}$.

26. 若n阶矩阵$\boldsymbol{A}$满足$\boldsymbol{A}^2-\boldsymbol{A}-7\boldsymbol{I}=\boldsymbol{O}$(零矩阵)，试证：$\boldsymbol{A}+2\boldsymbol{I}$可逆，并求$(\boldsymbol{A}+2\boldsymbol{I})^{-1}$.

27. 设n阶矩阵$\boldsymbol{A}$满足$\boldsymbol{A}^2-2\boldsymbol{A}+5\boldsymbol{I}=\boldsymbol{O}$，试问：

(1)$\boldsymbol{A}$是否可逆？给出理由；

(2)若$\boldsymbol{A}$可逆，求$\boldsymbol{A}^{-1}$.

28. 设3阶矩阵$\boldsymbol{A}$、$\boldsymbol{B}$满足$\boldsymbol{A}^{-1}\boldsymbol{B}\boldsymbol{A}=6\boldsymbol{A}+\boldsymbol{B}\boldsymbol{A}$，且$\boldsymbol{A}=\mathrm{diag}\left(\frac{1}{2},\frac{1}{4},\frac{1}{7}\right)$，求$\boldsymbol{B}$.

29. 设$\boldsymbol{A}=\begin{pmatrix}0&1&2\\1&1&4\\2&-1&0\end{pmatrix}$，试用初等变换求$\boldsymbol{A}^{-1}$.

30. 设$\boldsymbol{A}=\begin{pmatrix}-4&1&-3\\-5&1&-3\\6&-1&4\end{pmatrix}$，试用初等变换求$\boldsymbol{A}^{-1}$.

31. 设$\boldsymbol{A}=\begin{pmatrix}2&-1&2&1&1\\1&1&-1&0&2\\2&5&-4&-2&9\\3&3&-1&-1&8\end{pmatrix}$，试用矩阵的初等变换，将$\boldsymbol{A}$化为阶梯矩阵.

32. 设$\boldsymbol{A}=\begin{pmatrix}0&2&6&5\\1&-1&-5&2\\2&5&11&1\\1&1&1&1\end{pmatrix}$，试用矩阵的初等变换，将$\boldsymbol{A}$化为阶梯矩阵.

33. 已知矩阵$\boldsymbol{A}=\begin{pmatrix}1&1&-6&10\\2&5&k&-1\\1&2&-1&k\end{pmatrix}$的秩为2，求$k$的值.

34. 设$\boldsymbol{A}=\begin{pmatrix}1&0&-1\\2&t&1\\1&2&1\end{pmatrix}$,$\boldsymbol{B}$是秩为2的三阶方阵,且$\mathrm{r}(\boldsymbol{AB})=1$,求$t$的值.

35. 利用矩阵的初等变换,化矩阵$\boldsymbol{A}=\begin{pmatrix}1&0&0&3&0\\1&-1&6&0&3\\0&-2&4&-2&2\end{pmatrix}$为阶梯矩阵,并求$\boldsymbol{A}$的秩$\mathrm{r}(\boldsymbol{A})$.

36. 利用矩阵的初等变换,化矩阵$\boldsymbol{A}=\begin{pmatrix}1&0&1&0&0\\1&1&0&0&0\\0&1&1&0&0\\0&-1&1&0&0\end{pmatrix}$为等价标准形$\boldsymbol{D}=\begin{pmatrix}\boldsymbol{I}_r&\boldsymbol{O}\\\boldsymbol{O}&\boldsymbol{O}\end{pmatrix}$,并求矩阵$\boldsymbol{A}$的秩$\mathrm{r}(\boldsymbol{A})$.

【B组】

1. 已知$\boldsymbol{A}=\begin{pmatrix}1&2\\4&3\end{pmatrix}$,$\boldsymbol{B}=\begin{pmatrix}x&1\\2&y\end{pmatrix}$,当$x,y$满足什么关系时,方阵$\boldsymbol{A},\boldsymbol{B}$关于乘法可交换,即满足$\boldsymbol{AB}=\boldsymbol{BA}$.

2. 已知$\boldsymbol{A}=\begin{pmatrix}1&1&0\\0&1&0\\0&0&1\end{pmatrix}$,求$\boldsymbol{A}^n$.

3. 设$\boldsymbol{A}=\begin{pmatrix}2&-1&2\\4&-2&4\\2&-1&2\end{pmatrix}$,求$\boldsymbol{A}^n$.

4. 设$\boldsymbol{A}=\begin{pmatrix}\lambda&1&0\\0&\lambda&1\\0&0&\lambda\end{pmatrix}$,证明$\boldsymbol{A}^n=\begin{pmatrix}\lambda^n&n\lambda^{n-1}&\frac{n(n-1)}{2}\lambda^{n-2}\\0&\lambda^n&n\lambda^{n-1}\\0&0&\lambda^n\end{pmatrix}$,这里$n$为不小于2的正整数.

5. 设$\boldsymbol{A}$是3阶矩阵且$|\boldsymbol{A}|=\frac{1}{3}$,分别求下列行列式之值:

(1) $|(2\boldsymbol{A})^{-1}-3\boldsymbol{A}^*|$;

(2) $|(2\boldsymbol{A}^*)^{-1}-3\boldsymbol{A}|$.

6. 设$\boldsymbol{A}$、$\boldsymbol{B}$都是3阶方阵,$|\boldsymbol{A}|=\frac{1}{2}$,$|\boldsymbol{B}|=\frac{1}{3}$,求行列式$|\boldsymbol{A}^*\boldsymbol{B}^{-1}-\boldsymbol{A}^{-1}\boldsymbol{B}^*|$之值.

7. 设$\boldsymbol{A}$为 3 阶方阵，且$|\boldsymbol{A}|=2$，求行列式$\left|\left(\frac{4}{3}\boldsymbol{A}\right)^{-1}-\boldsymbol{A}^*\right|$之值.

8. 设方阵$\boldsymbol{A}$的伴随矩阵$\boldsymbol{A}^*=\begin{pmatrix}1&0&0&0\\0&2&0&0\\1&0&2&0\\0&1&0&2\end{pmatrix}$，

(1)计算$|\boldsymbol{A}|$；

(2)求$\boldsymbol{A}^{-1}$；

(3)若$2\boldsymbol{A}^{-1}\boldsymbol{B}=\boldsymbol{I}-\boldsymbol{B}$，求$\boldsymbol{B}$.

9. 证明：若n阶矩阵$\boldsymbol{A}$可逆，则其伴随矩阵$\boldsymbol{A}^*$也可逆，且$(\boldsymbol{A}^*)^{-1}=\frac{1}{|\boldsymbol{A}|}\boldsymbol{A}$，$|\boldsymbol{A}^*|=|\boldsymbol{A}|^{n-1}$.

10. 若$\boldsymbol{A}=\begin{pmatrix}a_1&0&\cdots&0\\0&a_2&\cdots&0\\\vdots&\vdots&&\vdots\\0&0&\cdots&a_n\end{pmatrix}$，其中$a_i\neq0(i=1,2,\cdots,n)$，

证明：$\boldsymbol{A}^{-1}=\begin{pmatrix}\frac{1}{a_1}&0&\cdots&0\\0&\frac{1}{a_2}&\cdots&0\\\vdots&\vdots&&\vdots\\0&0&\cdots&\frac{1}{a_n}\end{pmatrix}$.

11. 设分块矩阵$\boldsymbol{A}=\begin{pmatrix}\boldsymbol{B}&\boldsymbol{O}\\\boldsymbol{O}&\boldsymbol{C}\end{pmatrix}$，其中$\boldsymbol{B}=\begin{pmatrix}1&1\\3&2\end{pmatrix}$，$\boldsymbol{C}=\begin{pmatrix}3&-2\\0&-1\end{pmatrix}$，求$\boldsymbol{A}^{-1}$和$\boldsymbol{A}^*$.

12. 设分块矩阵$\boldsymbol{A}=\begin{pmatrix}\boldsymbol{B}&\boldsymbol{O}\\\boldsymbol{C}&\boldsymbol{D}\end{pmatrix}$，其中$\boldsymbol{B}$、$\boldsymbol{D}$均为可逆矩阵，证明：$\boldsymbol{A}$可逆，并求$\boldsymbol{A}^{-1}$.

13. 设分块矩阵$\boldsymbol{D}=\begin{pmatrix}\boldsymbol{A}&\boldsymbol{C}\\\boldsymbol{O}&\boldsymbol{B}\end{pmatrix}$，其中$\boldsymbol{A}$，$\boldsymbol{B}$分别为$r$阶与$k$阶可逆矩阵，$\boldsymbol{C}$是$r\times k$阶矩阵，$\boldsymbol{O}$是零矩阵，证明：$\boldsymbol{D}$可逆，并求$\boldsymbol{D}^{-1}$.

14. 设$\boldsymbol{A}$，$\boldsymbol{B}$分别为r阶与s阶可逆矩阵，求分块矩阵$\boldsymbol{X}=\begin{pmatrix}\boldsymbol{O}&\boldsymbol{A}\\\boldsymbol{C}&\boldsymbol{B}\end{pmatrix}$的逆矩阵.

15. 设$\boldsymbol{B}$为幂等矩阵($\boldsymbol{B}^2=\boldsymbol{B}$)，又$\boldsymbol{A}=\boldsymbol{I}+\boldsymbol{B}$，证明：$\boldsymbol{A}$可逆，且

$$A^{-1}=\frac{1}{2}(3I-A).$$

16. 设 n 阶方阵 A、B 均可逆，证明：

(1) $(AB)^*=B^*A^*$；

(2) $(A^{-1})^*=(A^*)^{-1}$；

(3) $(A^T)^*=(A^*)^T$.

17. 设矩阵 $A=\begin{pmatrix}2&0&-2\\-1&3&1\end{pmatrix}$ 与 $B=\begin{pmatrix}3&0&0\\2&3&0\\3&2&3\end{pmatrix}$，满足 $BX=A^T+2X$，求 X.

18. 设 A 为 n 阶方阵，满足 $AA^T=I$，且 $|A|=-1$，求行列式 $|A+I|$ 之值.

19. 设 A 可逆，且 $A^*B=A^{-1}+B$，证明：B 可逆，又当 $A=\begin{pmatrix}2&6&0\\0&2&6\\0&0&2\end{pmatrix}$ 时，求 B.

20. 设 n 阶方阵 A 满足 $A^2-A-2I=O$，证明：A 与 $A+2I$ 都可逆，并求其逆.

21. 若方阵 A 满足 $A^2-3A-10I=O$，证明：A 与 $A-4I$ 都可逆，并求 A^{-1} 与 $(A-4I)^{-1}$.

22. 设 n 阶方阵 A 满足 $aA^2+bA+cI=O$，其中 a,b,c 为常数，且 $c\neq 0$. 证明：A 为可逆矩阵，并求 A^{-1}.

23. 已知 $AP=PB$，这里 $B=\begin{pmatrix}1&0&0\\0&0&0\\0&0&-1\end{pmatrix}$，$P=\begin{pmatrix}1&0&0\\2&-1&0\\2&1&1\end{pmatrix}$，求 A 与 A^{10}.

24. 设 A,B,C 是同阶矩阵，且 A 可逆.

证明：下列结论中①，③成立，举例说明②，④未必成立.

①若 $AB=AC$，则 $B=C$；

②若 $AB=CB$，则 $A=C$；

③若 $AB=O$，则 $B=O$；

④若 $BC=O$，则 $B=O$.

25. 已知矩阵 $A=\begin{pmatrix}1&-1&0\\0&1&2\\3&2&-2\end{pmatrix}$，$B=\begin{pmatrix}-1&1\\2&0\\1&3\end{pmatrix}$，$C=\begin{pmatrix}1&-1&0\\-3&1&-1\end{pmatrix}$，矩阵 X 满足矩阵方程 $AX-B=C^T$，求 X.

26. 已知矩阵 $A=\begin{pmatrix}1&2&3\\2&2&1\\3&4&3\end{pmatrix}$，$B=\begin{pmatrix}2&1\\5&3\end{pmatrix}$，$C=\begin{pmatrix}1&3\\2&0\\3&1\end{pmatrix}$，矩阵 X 满足矩阵方

程 $\boldsymbol{AXB}=\boldsymbol{C}$，求 $\boldsymbol{X}$.

27. 设 $\boldsymbol{A}=\begin{pmatrix}0&0&1&2\\0&0&2&0\\2&1&0&0\\1&3&0&0\end{pmatrix}$，用初等变换法求 $\boldsymbol{A}^{-1}$.

28. 设 $\boldsymbol{A}=\begin{pmatrix}3&4&5\\2&3&0\\1&0&0\end{pmatrix}$，用初等变换法求 $\boldsymbol{A}^{-1}$，并求 $(\boldsymbol{A}^*)^{-1}$.

29. 设 $\boldsymbol{A}=\begin{pmatrix}1&-1&1&2\\3&\lambda&-1&2\\5&3&\mu&6\end{pmatrix}$，且 $\mathrm{r}(\boldsymbol{A})=2$，求 λ 与 μ 之值.

30. 设 $\boldsymbol{A}=\begin{pmatrix}1&-2&2&-1&1\\2&-4&8&0&2\\-2&4&-2&3&3\\3&-6&0&-6&4\end{pmatrix}$，用初等变换法求矩阵 $\boldsymbol{A}$ 的秩.

31. 设 $\boldsymbol{A}$ 为 n 阶可逆矩阵，$\boldsymbol{B}$ 为 $n\times m$ 矩阵，求证：$\mathrm{r}(\boldsymbol{AB})=\mathrm{r}(\boldsymbol{B})$.

32. 设 $\boldsymbol{A}=\begin{pmatrix}1&-2&1\\2&-3&5\\3&1&2\end{pmatrix}$ 为可逆矩阵，记 $\boldsymbol{X}=\begin{pmatrix}x\\y\\z\end{pmatrix}$，$\boldsymbol{B}=\begin{pmatrix}5\\-1\\4\end{pmatrix}$，则线性方程组 $\boldsymbol{AX}=\boldsymbol{B}$ 的解为 $\boldsymbol{X}=\boldsymbol{A}^{-1}\boldsymbol{B}$. 由此，求出其解 x,y,z.

33. 设 $\boldsymbol{A}$ 为 n 阶方阵，$\boldsymbol{A}^*$ 为 $\boldsymbol{A}$ 的伴随矩阵，试证：

$$\mathrm{r}(\boldsymbol{A}^*)=\begin{cases}n, & \mathrm{r}(\boldsymbol{A})=n,\\ 1, & \mathrm{r}(\boldsymbol{A})=n-1,\\ 0, & \mathrm{r}(\boldsymbol{A})<n-1.\end{cases}$$

34. 设 $\boldsymbol{A}$ 为 n 阶非零矩阵，当 $\boldsymbol{A}^*=\boldsymbol{A}^T$ 时，证明：$|\boldsymbol{A}|\neq 0$.

35. 设 $\boldsymbol{AX}=\boldsymbol{B}$，$\boldsymbol{YA}=\boldsymbol{B}^T$，其中 $\boldsymbol{A}=\begin{pmatrix}1&1&-1\\0&1&0\\1&1&1\end{pmatrix}$，$\boldsymbol{B}=\begin{pmatrix}2\\3\\6\end{pmatrix}$，求 $\boldsymbol{X}$ 与 $\boldsymbol{Y}$.

36. 对于任意的 n 阶矩阵 $\boldsymbol{A}$，证明：

(1) $\boldsymbol{A}+\boldsymbol{A}^T$ 是对称矩阵，$\boldsymbol{A}-\boldsymbol{A}^T$ 是反对称矩阵；

(2) $\boldsymbol{A}$ 可表示为对称矩阵与反对称矩阵之和.

参考答案

【A组】

1. $\begin{pmatrix} 0 & 6 & 10 & -2 \\ 2 & 16 & 8 & 10 \\ 8 & 8 & 2 & 2 \end{pmatrix}$.

2. $\begin{pmatrix} 0 & -\frac{1}{2} \\ \frac{1}{2} & -\frac{5}{2} \\ \frac{5}{2} & \frac{3}{2} \\ 2 & \frac{1}{2} \end{pmatrix}$.

3. $\boldsymbol{AB}=\begin{pmatrix} -16 & -32 \\ 8 & 16 \end{pmatrix}$, $\boldsymbol{BA}=\begin{pmatrix} 0 & 0 \\ 0 & 0 \end{pmatrix}$.

4. $\boldsymbol{AB}=\begin{pmatrix} 3 & 1 \\ 4 & 4 \\ 4 & 5 \end{pmatrix}$, $\boldsymbol{BA}$ 无意义.

5. $\boldsymbol{AB}=(a_{ij})_{n\times n}$, $\boldsymbol{BA}=a_1b_1+a_2b_2+\cdots+a_nb_n$.

6. 24.

7. $\begin{pmatrix} 10 & 4 \\ 4 & -3 \\ -1 & -1 \end{pmatrix}$.

8. $\left(\begin{array}{cc:cc} 1 & 0 & 1 & 0 \\ -1 & 2 & 0 & 1 \\ \hdashline -2 & 4 & 3 & 3 \\ -1 & 1 & 3 & 1 \end{array}\right)$.

9. $\left(\begin{array}{cc} 2 & 4 \\ -4 & 2 \\ \hdashline 3 & 6 \\ 9 & 12 \\ \hdashline 0 & 0 \\ 0 & 0 \end{array}\right)$.

10. $\begin{pmatrix} -5 & 2 \\ 3 & -1 \end{pmatrix}$.

11. $\begin{pmatrix} -1 & 0 & 0 \\ 2 & 1 & 0 \\ 2 & 1 & -1 \end{pmatrix}$.

12. $\begin{pmatrix} 1 & -4 & -3 \\ 1 & -5 & -3 \\ -1 & 6 & 4 \end{pmatrix}$.

13. $\begin{pmatrix} 1 & \frac{4}{5} & -\frac{1}{5} \\ 2 & \frac{12}{5} & -\frac{3}{5} \\ 0 & \frac{1}{5} & \frac{1}{5} \end{pmatrix}$.

14. $\begin{pmatrix} -\frac{5}{2} & 1 & -\frac{1}{2} \\ 5 & -1 & 1 \\ \frac{7}{2} & -1 & \frac{1}{2} \end{pmatrix}$.

15. $\begin{pmatrix} \frac{1}{5} & 0 & 0 \\ 0 & 1 & -1 \\ 0 & -2 & 3 \end{pmatrix}$.

16. $\frac{1}{2}\begin{pmatrix} 3 & -6 & 2 \\ -3 & 10 & -4 \\ 1 & -4 & 2 \end{pmatrix}$.

17. $\frac{1}{20}\begin{pmatrix} 20 & -11 & -18 \\ 0 & 0 & -20 \\ 0 & 1 & -2 \end{pmatrix}$.

18. -128.

19. $\frac{1}{18}\begin{pmatrix} 1 & 0 & 0 \\ 2 & 3 & 0 \\ 3 & 5 & 6 \end{pmatrix}$.

20. $\begin{pmatrix} 5 & -2 & -1 \\ -2 & 2 & 0 \\ -1 & 0 & 1 \end{pmatrix}$.

21. -1.

22. $\begin{pmatrix} \frac{1}{4} & 0 & 0 \\ 0 & -\frac{1}{2} & 0 \\ 0 & 0 & \frac{1}{4} \end{pmatrix}$.

23. $\begin{pmatrix} 3 & 0 & -1 \\ 0 & 1 & 0 \\ 0 & 0 & 0 \end{pmatrix}$.

24. $|\boldsymbol{A}|=2, \boldsymbol{A}^{-1}=\begin{pmatrix} -5 & -2 & 0 & 0 & 0 \\ -2 & 1 & 0 & 0 & 0 \\ 0 & 0 & \frac{5}{2} & -1 & -\frac{1}{2} \\ 0 & 0 & -1 & 1 & 0 \\ 0 & 0 & -\frac{1}{2} & 0 & \frac{1}{2} \end{pmatrix}, (\boldsymbol{A}^*)^{-1}=\frac{1}{2}\boldsymbol{A}$.

25. $\boldsymbol{A}^2+\boldsymbol{A}+\boldsymbol{I}$.

26. $\boldsymbol{A}-3\boldsymbol{I}$.

27. $\frac{1}{5}(2\boldsymbol{I}-\boldsymbol{A})$.

28. $\begin{pmatrix} 6 & 0 & 0 \\ 0 & 2 & 0 \\ 0 & 0 & 1 \end{pmatrix}$.

29. $\begin{pmatrix} 2 & -1 & 1 \\ 4 & -2 & 1 \\ -\frac{3}{2} & 1 & -\frac{1}{2} \end{pmatrix}$.

30. $\begin{pmatrix} 1 & -1 & 0 \\ 2 & 2 & 3 \\ -1 & 2 & 1 \end{pmatrix}$.

31. $\begin{pmatrix} 1 & 1 & -1 & 0 & 2 \\ 0 & -3 & 4 & 1 & -3 \\ 0 & 0 & 2 & -1 & 2 \\ 0 & 0 & 0 & 0 & 0 \end{pmatrix}$.

32. $\begin{pmatrix} 1 & 1 & 1 & 1 \\ 0 & 1 & 3 & 0 \\ 0 & 0 & 0 & -1 \\ 0 & 0 & 0 & 0 \end{pmatrix}$.

33. 3.

34. 3.

35. 3.

36. 3.

【B 组】

1. $y=x+1$.

2. $\begin{pmatrix} 1 & n & 0 \\ 0 & 1 & 0 \\ 0 & 0 & 1 \end{pmatrix}$.

3. $\begin{pmatrix} 2^n & -2^{n-1} & 2^n \\ 2^{n+1} & -2^n & 2^{n+1} \\ 2^n & -2^{n-1} & 2^n \end{pmatrix}$.

4. 用数学归纳法.

5. (1)$-\frac{3}{8}$;(2)$-\frac{9}{8}$.

6. $\frac{1}{36}$.

7. $-\frac{125}{126}$.

8. $|\boldsymbol{A}|=2, \boldsymbol{A}^{-1}=\begin{pmatrix} \frac{1}{2} & 0 & 0 & 0 \\ 0 & 1 & 0 & 0 \\ \frac{1}{2} & 0 & 1 & 0 \\ 0 & \frac{1}{2} & 0 & 1 \end{pmatrix}, \boldsymbol{B}=\begin{pmatrix} \frac{1}{2} & 0 & 0 & 0 \\ 0 & \frac{1}{3} & 0 & 0 \\ -\frac{1}{6} & 0 & \frac{1}{3} & 0 \\ 0 & -\frac{1}{9} & 0 & \frac{1}{3} \end{pmatrix}$.

9. 利用 $\boldsymbol{A}^{-1}=\frac{1}{|\boldsymbol{A}|}\boldsymbol{A}^*$.

10. 观察两个矩阵相乘是否为 $\boldsymbol{I}$.

11. $A^{-1}=\begin{pmatrix} -2 & 1 & 0 & 0 \\ 3 & -1 & 0 & 0 \\ 0 & 0 & \frac{1}{3} & -\frac{2}{3} \\ 0 & 0 & 0 & -1 \end{pmatrix}$, $A^*=3A^{-1}$.

12. $\begin{pmatrix} B^{-1} & O \\ -D^{-1}CB^{-1} & D^{-1} \end{pmatrix}$.

13. $\begin{pmatrix} A^{-1} & -A^{-1}CB^{-1} \\ O & B^{-1} \end{pmatrix}$.

14. $\begin{pmatrix} -C^{-1}BA^{-1} & C^{-1} \\ A^{-1} & O \end{pmatrix}$.

15. 判断 $A^2-3A=-2I$ 是否成立.

16. 注意 $(AB)^*=|AB|(AB)^{-1}$.

17. $\begin{pmatrix} -2 & -1 \\ -4 & 5 \\ 0 & -6 \end{pmatrix}$.

18. 0.

19. $\frac{1}{6}\begin{pmatrix} 1 & 1 & 1 \\ 0 & 1 & 1 \\ 0 & 0 & 1 \end{pmatrix}$.

20. $A^{-1}=\frac{1}{2}(A-I)$, $(A+2I)^{-1}=-\frac{1}{4}(A-3I)$.

21. $A^{-1}=\frac{1}{10}(A-3I)$, $(A-4I)^{-1}=\frac{1}{6}(A+I)$.

22. $-\frac{a}{c}A-\frac{b}{c}C$.

23. $A=\begin{pmatrix} 1 & 0 & 0 \\ 2 & 0 & 1 \\ 6 & -1 & -1 \end{pmatrix}$, $A^{10}=\begin{pmatrix} 1 & 0 & 0 \\ 2 & 0 & 0 \\ -2 & -1 & -1 \end{pmatrix}$.

24. (1)用 A^{-1} 左乘 $AB=AC$.

25. $-\frac{1}{12}\begin{pmatrix} -4 & 6 \\ -4 & -18 \\ -4 & 3 \end{pmatrix}$.

26. $\begin{pmatrix} -2 & 1 \\ 10 & -4 \\ -10 & 4 \end{pmatrix}$.

27. $\begin{pmatrix} 0 & 0 & \frac{3}{5} & -\frac{1}{5} \\ 0 & 0 & -\frac{1}{5} & \frac{2}{5} \\ 0 & \frac{1}{2} & 0 & 0 \\ \frac{1}{2} & -\frac{1}{4} & 0 & 0 \end{pmatrix}$.

28. $\boldsymbol{A}^{-1}=\begin{pmatrix} 0 & 0 & 1 \\ 0 & \frac{1}{3} & -\frac{2}{3} \\ \frac{1}{5} & -\frac{4}{5} & -\frac{1}{15} \end{pmatrix}$,$(\boldsymbol{A}^{*})^{-1}=-\frac{1}{15}\begin{pmatrix} 3 & 4 & 5 \\ 2 & 3 & 0 \\ 1 & 0 & 0 \end{pmatrix}$.

29. $\lambda=5,\mu=1$.

30. 3.

31. 因 $\boldsymbol{A}$ 可逆,故可表示成若干个初等矩阵的乘积.

32. $x=4,y=-2,z=-3$.

33. 当 $\mathrm{r}(\boldsymbol{A})=n-1$ 时,$|\boldsymbol{A}|=0$,从而 $\boldsymbol{A}\boldsymbol{A}^{*}=\boldsymbol{O}$.

34. 利用 $\boldsymbol{A}^{T}\boldsymbol{A}=\boldsymbol{A}^{*}\boldsymbol{A}=|\boldsymbol{A}|\boldsymbol{I}$ 计算之.

35. $\boldsymbol{X}=\begin{pmatrix} 1 \\ 3 \\ 2 \end{pmatrix}$,$\boldsymbol{Y}=(-2,1,4)$.

36. 利用对称矩阵与反对称矩阵的定义.

第 3 章　线性方程组

引　　言

向量空间、线性变换和线性方程组是线性代数的核心内容，在自然科学与社会科学各个领域内是应用较多的数学内容之一. 许多线性系统的研究往往最后归结为线性方程组的求解问题，而且某些非线性系统问题也可近似地简化为线性系统进行求解，下面先看实例：投入产出模型.

投入产出模型是由美国经济学家列昂惕夫（Wassily Leontief）于 20 世纪 30 年代建立起来的，该成果使他于 1973 年获得诺贝尔经济学奖，同时推动了线性代数的迅速发展.

投入产出模型是一种研究一个经济系统各部门之间“投入”与“产出”关系的线性模型，在一个经济系统中，每个部门作为生产者，既要为该系统内各个部门（包括本部门）进行生产提供一定产品，又要满足系统外部对该产品的需求，即为“产出”；另一方面，每个部门为了生产其产品，必然又是消耗者，要消耗本部门和该系统内部其他部门所生产的产品，如原材料、设备、能源、人力等，即为“投入”. 如何在特定经济形式下确定各经济部门的产出水平以满足经济系统的需要是一个十分重要的问题. 投入产出模型就是一种用来分析经济系统内部各部门的生产和分配之间的数量依存关系的数学模型.

下表是某个经济系统中 n 个部门的投入产出表，此表是按价值形式编制的，也称为价值型投入产出表

价值型投入产出表

<table>
<tr><th colspan="3" rowspan="2">投入 \ 产出</th><th colspan="4">中间产品</th><th colspan="4">最终产品</th><th rowspan="2">总产品</th></tr>
<tr><th>1</th><th>2</th><th>⋯</th><th>n</th><th>消费</th><th>积累</th><th>出口</th><th>小计</th></tr>
<tr><td rowspan="5">生产资料补偿价值</td><td rowspan="4">生产部门</td><td>1</td><td>x_{11}</td><td>x_{12}</td><td>⋯</td><td>x_{1n}</td><td></td><td></td><td></td><td>y_1</td><td>x_1</td></tr>
<tr><td>2</td><td>x_{21}</td><td>x_{22}</td><td>⋯</td><td>x_{2n}</td><td></td><td></td><td></td><td>y_2</td><td>x_2</td></tr>
<tr><td>⋮</td><td>⋮</td><td>⋮</td><td></td><td>⋮</td><td></td><td></td><td></td><td>⋮</td><td>⋮</td></tr>
<tr><td>n</td><td>x_{n1}</td><td>x_{n2}</td><td>⋯</td><td>x_{nn}</td><td></td><td></td><td></td><td>y_n</td><td>x_n</td></tr>
<tr><td colspan="2">固定资产折旧</td><td>d_1</td><td>d_2</td><td>⋯</td><td>d_n</td><td></td><td></td><td></td><td></td><td></td></tr>
<tr><td rowspan="3">新创造价值</td><td colspan="2">劳动报酬</td><td>v_1</td><td>v_2</td><td>⋯</td><td>v_n</td><td></td><td></td><td></td><td></td><td></td></tr>
<tr><td colspan="2">纯收入</td><td>m_1</td><td>m_2</td><td>⋯</td><td>m_n</td><td></td><td></td><td></td><td></td><td></td></tr>
<tr><td colspan="2">合计</td><td>z_1</td><td>z_2</td><td>⋯</td><td>z_n</td><td></td><td></td><td></td><td></td><td></td></tr>
<tr><td colspan="3">总产值</td><td>x_1</td><td>x_2</td><td>⋯</td><td>x_n</td><td></td><td></td><td></td><td></td><td></td></tr>
</table>

对价值型投入产出表做以下说明：

(1)x_i 表示第 i 个部门的总产值，$x_i\geqslant 0(i=1,2,\cdots,n)$；

x_{ij} 表示第 i 个部门分配给第 j 个部门的产值数，或者说第 j 个部门消耗第 i 个部门的产值数；

y_i 表示第 i 个部门的最终产值，$y_i\geqslant 0(i=1,2,\cdots,n)$；

d_j 表示第 j 个部门的固定资产折旧$(j=1,2,\cdots,n)$；

v_j 表示第 j 个部门的劳动报酬$(j=1,2,\cdots,n)$；

m_j 表示第 j 个部门的纯收入$(j=1,2,\cdots,n)$；

z_j 表示第 j 个部门新创造的价值，即 $z_j=v_j+m_j(j=1,2,\cdots,n)$.

(2)投入产出表分 4 个部分，称为 4 个象限.

左上角为第一象限，反映了各部门之间的出产技术联系，是投入产出表最基本的部分，每个部门都以生产者和消费者的双重身份出现，作为生产部门时，以自己的产品分配给各部门；作为消耗部门时，它在生产过程中消耗各部门的产品.

右上角为第二象限，反映了各部门最终产品分配情况.

左下角为第三象限，包括各生产部门的固定资产折旧和新创造价值部分，反映了收入的初次分配情况.

右下角为第四象限，反映收入的再分配过程，比较复杂，有待进一步研究，故在编表时略去.

从表中第一、二象限每一行来看，每个部门分配给各部门的产值加上该部门的最终产值，应等于该部门的总产值，即

$$\begin{cases} x_1=x_{11}+x_{12}+\cdots+x_{1n}+y_1, \\ x_2=x_{21}+x_{22}+\cdots+x_{2n}+y_2, \\ \quad\cdots\cdots \\ x_n=x_{n1}+x_{n2}+\cdots+x_{nn}+y_n. \end{cases} \qquad ①$$

或简写为

$$x_i=\sum_{j=1}^{n}x_{ij}+y_i(i=1,2,\cdots,n). \qquad ②$$

①式或②式称为分配平衡方程组.

从表中第一、三象限每一列来看，每个部门作为消耗部门时，各部门对它的投入产值加上该部门的固定资产折扣、新创造价值之和等于该部门的总产值，即

$$\begin{cases} x_1=x_{11}+x_{21}+\cdots+x_{n1}+d_1+z_1, \\ x_2=x_{12}+x_{22}+\cdots+x_{n2}+d_2+z_2, \\ \quad\cdots\cdots \\ x_n=x_{1n}+x_{2n}+\cdots+x_{nn}+d_n+z_n. \end{cases} \qquad ③$$

或简写为

$$x_j=\sum_{i=1}^{n}x_{ij}+d_j+z_j(j=1,2,\cdots,n). \qquad ④$$

③式或④式称为消耗平衡方程组.

若记第 j 个部门生产单位产品直接消耗第 i 个部门的产品量为 a_{ij}，即

$$a_{ij}=\frac{x_{ij}}{x_j}(i,j=1,2,\cdots,n). \tag{⑤}$$

并称 a_{ij} 为第 j 个部门对第 i 个部门的直接消耗系数.

由直接消耗系数构成的 n 阶方阵

$$\boldsymbol{A}=\begin{pmatrix} a_{11} & a_{12} & \cdots & a_{1n} \\ a_{21} & a_{22} & \cdots & a_{2n} \\ \vdots & \vdots & & \vdots \\ a_{n1} & a_{n2} & \cdots & a_{nn} \end{pmatrix}$$

称为直接消耗矩阵.

将 $x_{ij}=a_{ij}x_j$ 代入分配平衡方程组①，得

$$\begin{cases} x_1=a_{11}x_1+a_{12}x_2+\cdots+a_{1n}x_n+y_1, \\ x_2=a_{21}x_1+a_{22}x_2+\cdots+a_{2n}x_n+y_2, \\ \quad\cdots\cdots \\ x_n=a_{n1}x_1+a_{n2}x_2+\cdots+a_{nn}x_n+y_n. \end{cases} \tag{⑥}$$

记 $\boldsymbol{X}=(x_1,x_2,\cdots,x_n)^T$，$\boldsymbol{Y}=(y_1,y_2,\cdots,y_n)^T$，则⑥式可写成

$$\boldsymbol{X}=\boldsymbol{AX}+\boldsymbol{Y},$$

或

$$(\boldsymbol{I}-\boldsymbol{A})\boldsymbol{X}=\boldsymbol{Y}. \tag{⑦}$$

若将 $x_{ij}=a_{ij}x_j$ 代入消耗平衡方程组③，得

$$\begin{cases} x_1=a_{11}x_1+a_{21}x_1+\cdots+a_{n1}x_1+d_1+z_1, \\ x_2=a_{12}x_2+a_{22}x_2+\cdots+a_{n2}x_2+d_2+z_2, \\ \quad\cdots\cdots \\ x_n=a_{1n}x_n+a_{2n}x_n+\cdots+a_{nn}x_n+d_n+z_n. \end{cases} \tag{⑧}$$

记 $\boldsymbol{X}=(x_1,x_2,\cdots,x_n)^T$，$\boldsymbol{Z}=(z_1,z_2,\cdots,z_n)^T$，$\boldsymbol{D}=(d_1,d_2,\cdots,d_n)^T$，

$$\boldsymbol{C}=\begin{pmatrix} \sum_{i=1}^{n}a_{i1} & & & \\ & \sum_{i=1}^{n}a_{i2} & & \\ & & \ddots & \\ & & & \sum_{i=1}^{n}a_{in} \end{pmatrix}$$

则⑧式可写成

$$\boldsymbol{X}=\boldsymbol{CX}+\boldsymbol{D}+\boldsymbol{Z},$$

或

$$(\boldsymbol{I}-\boldsymbol{C})\boldsymbol{X}=\boldsymbol{D}+\boldsymbol{Z}. \tag{⑨}$$

在利用投入产出数学模型进行经济分析时，首先根据该经济系统报告期的数据求出直接消耗系数矩阵 A，并假设在未来一段时期内直接消耗系数 $a_{ij}(i,j=1,2,\cdots,n)$ 不发生变化，则可由⑦式和⑨式求得平衡方程组的解.

$$\boldsymbol{X}=(\boldsymbol{I}-\boldsymbol{A})^{-1}\boldsymbol{Y}，或\ \boldsymbol{X}=(\boldsymbol{I}-\boldsymbol{C})^{-1}(\boldsymbol{D}+\boldsymbol{Z}).$$

本章讨论 n 维向量组的线性相关、线性无关和线性组合的概念，探究向量组的秩与矩阵的行秩与列秩以及矩阵的秩之间的内在联系. 给出向量组极大无关组的求法，利用基础解系给出方程组解的分布，以及线性方程组解的结构.

3.1 线性方程组的消元法

在现实生活中，经常需要求出一组量的大小，这组量通常可以用 $x_1,x_2,\cdots$ 来表示，根据问题的实际意义，列出 $x_1,x_2,\cdots$ 所满足的方程组，其中有许多为线性方程组. 数学的各个分支以及生产劳动、经济生活中的许多问题都可以通过建立数学模型，归结为线性方程组的问题.

3.1.1 一般的线性方程组

现在来讨论一般的线性方程组

$$\begin{cases} a_{11}x_1+a_{12}x_2+\cdots+a_{1n}x_n=b_1, \\ a_{21}x_1+a_{22}x_2+\cdots+a_{2n}x_n=b_2, \\ \cdots\cdots \\ a_{s1}x_1+a_{s2}x_2+\cdots+a_{sn}x_n=b_s, \end{cases} \tag{①}$$

其中 $x_1,x_2,\cdots,x_n$ 是 n 个未知量，$a_{11},a_{12},\cdots,a_{sn}$ 是系数，$b_1,b_2,\cdots,b_s$ 是常数项，s 是方程的个数. 方程组中未知量的个数 n 与方程的个数 s 不一定相等. 系数 a_{ij} 的第一个下标 i 表示它在第 i 个方程，第二个下标表示它是 x_j 的系数.

记
$$\boldsymbol{A}=\begin{pmatrix} a_{11} & a_{12} & \cdots & a_{1n} \\ a_{21} & a_{22} & \cdots & a_{2n} \\ \vdots & \vdots & & \vdots \\ a_{s1} & a_{s2} & \cdots & a_{sn} \end{pmatrix},\boldsymbol{x}=\begin{pmatrix} x_1 \\ x_2 \\ \vdots \\ x_n \end{pmatrix},\boldsymbol{b}=\begin{pmatrix} b_1 \\ b_2 \\ \vdots \\ b_s \end{pmatrix}.$$

由矩阵的乘法，知方程组①等价于

$$\boldsymbol{Ax}=\boldsymbol{b},$$

其中 $\boldsymbol{A}$ 称为方程组①的系数矩阵，$\boldsymbol{b}$ 称为方程组的常数列，$\boldsymbol{x}$ 称为 n 元未知量矩阵.

显然，如果方程组的全部系数和常数项都给定了，则方程组就被确定. 换言之，线性方程组①由下列矩阵

$$\overline{\mathbf{A}}=(\mathbf{A} \vdots \boldsymbol{b})=\begin{pmatrix} a_{11} & a_{12} & \cdots & a_{1n} & b_1 \\ a_{21} & a_{22} & \cdots & a_{2n} & b_2 \\ \vdots & \vdots & & \vdots & \vdots \\ a_{s1} & a_{s2} & \cdots & a_{sn} & b_n \end{pmatrix}$$

唯一确定. 其中, $\overline{\mathbf{A}}$是方程组①的系数矩阵 $\mathbf{A}$ 和常数列 $\boldsymbol{b}$ 放在一起所构成的矩阵,称为线性方程组①的增广矩阵.

若存在一个有序数组$(c_1,c_2,\cdots,c_n)$,使得当 $x_1,x_2,\cdots,x_n$ 分别取 $c_1,c_2,\cdots,c_n$ 代入方程组①时,方程组①中的每个式子都变成恒等式,则称有序数组$(c_1,c_2,\cdots,c_n)$是方程组①的一个解. 本章的任务是找到线性方程组的全部解(解集合). 更确切地说,判断线性方程组是否有解? 若有解,是唯一解还是无穷多解? 无穷多解时,给出方程组解的结构. 如果两个方程组有相同的解集合,称它们是同解方程组.

3.1.2 消元法

在中学所学的代数中,我们学过用消元法来解二元和三元的线性方程组. 实际上,这种方法比行列式解线性方程组的克拉默(Cramer)法则更具普遍性,用消元法同样可以解一般的线性方程组. 下面来看一个例子.

【例1】 解线性方程组

$$\begin{cases} 2x_1+5x_2-x_3=-5, \\ x_1-2x_2+x_3=5, \\ 5x_1-3x_2+7x_3=22. \end{cases} \quad ②$$

解:交换方程组②中第一个方程和第二个方程的位置,得

$$\begin{cases} x_1-2x_2+x_3=5, \\ 2x_1+5x_2-x_3=-5, \\ 5x_1-3x_2+7x_3=22. \end{cases} \quad ③$$

将方程组③中的第一个方程分别乘以(−2)和(−5)加到第二个方程和第三个方程,得

$$\begin{cases} x_1-2x_2+x_3=5, \\ 9x_2-3x_3=-15, \\ 7x_2+2x_3=-3. \end{cases} \quad ④$$

方程组④中的第二个方程乘以$\left(-\dfrac{7}{9}\right)$加到第三个方程,得

$$\begin{cases} x_1-2x_2+x_3=5, \\ 9x_2-3x_3=-15, \\ \dfrac{13}{3}x_3=\dfrac{26}{3}. \end{cases} \quad ⑤$$

将方程组⑤的第三个方程乘以$\frac{3}{13}$,得

$$\begin{cases}x_1-2x_2+\ x_3=5,\\ \quad 9x_2-3x_3=-15,\\ \qquad\qquad x_3=2.\end{cases} \tag{⑥}$$

将方程组⑥中的第三个方程分别乘以(−1)和 3 加到第一个方程和第二个方程,得

$$\begin{cases}x_1-2x_2\quad =3,\\ \quad 9x_2\quad =-9,\\ \qquad\quad x_3=2.\end{cases} \tag{⑦}$$

将方程组⑦中的第二个方程乘以$\frac{1}{9}$,得

$$\begin{cases}x_1-2x_2\quad =3,\\ \qquad x_2\quad =-1,\\ \qquad\quad x_3=2.\end{cases} \tag{⑧}$$

将方程组⑧中的第二个方程乘以 2 加到第一个方程,得

$$\begin{cases}x_1=1,\\ x_2=-1,\\ x_3=2.\end{cases} \tag{⑨}$$

因此,线性方程组②的解为(1,−1,2).

分析上述过程,不难发现,消元法实际上就是反复对线性方程组作如下三种变换:

变换 1,交换两个方程的位置;

变换 2,方程乘以某一非零常数;

变换 3,方程的某一个非零倍数加到另一个方程.

定义 1 变换 1、2、3 称为线性方程组的初等变换.

利用消元法解线性方程组的过程实际上就是对方程组反复施行初等变换的过程.

定理 1 初等变换将线性方程组化为同解方程组.

证明:仅对第三种初等变换进行证明.

对方程组①作第三种初等变换.为方便起见,不妨设第一个方程的 k 倍($k\neq 0$)加到第二个方程,得

$$\begin{cases} a_{11}x_1+a_{12}x_2+\cdots+a_{1n}x_n=b_1, \\ (ka_{11}+a_{21})x_1+(ka_{12}+a_{22})x_2+\cdots+(ka_{1n}+a_{2n})x_n=kb_1+b_2, \\ \cdots\cdots \\ a_{s1}x_1+a_{n2}x_2+\cdots+a_{m}x_n=b_n. \end{cases} \quad ⑩$$

现设$(c_1,c_2,\cdots,c_n)$是①的任一解. 显然$(c_1,c_2,\cdots,c_n)$满足⑩中除第二个方程以外的 $s-1$ 个方程. 又

$$a_{11}c_1+a_{12}c_2+\cdots+a_{1n}c_n=b_1,$$
$$a_{21}c_1+a_{22}c_2+\cdots+a_{2n}c_n=b_2.$$

将第一式的两边乘以 k 加到第二式，得

$$(ka_{11}+a_{21})c_1+(ka_{12}+a_{22})c_2+\cdots+(ka_{1n}+a_{2n})c_n=kb_1+b_2,$$

故$(c_1,c_2,\cdots,c_n)$也满足⑩中第二个方程，因而是⑩的解.

类似可证，⑩的任一解也是①的解.

前面提到，线性方程组①可以由其增广矩阵$\overline{\boldsymbol{A}}$唯一确定. 不难看出，对线性方程组施行初等变换即是对其增广矩阵施行初等行变换. 因此，例 1 的解题过程也可以表示成对增广矩阵施行初等行变换的过程：

$$\overline{\boldsymbol{A}}=(\boldsymbol{A}\,\vdots\,\boldsymbol{b})=\begin{pmatrix}2&5&-1&-5\\1&-2&1&5\\5&-3&7&22\end{pmatrix}\xrightarrow{(1)\leftrightarrow(2)}\begin{pmatrix}1&-2&1&5\\2&5&-1&-5\\5&-3&7&22\end{pmatrix}$$

$$\xrightarrow[(3)-5(1)]{(2)-2(1)}\left(\begin{array}{ccc:c}1&-2&1&5\\0&9&-3&-15\\0&7&2&-3\end{array}\right)\xrightarrow{(3)-\frac{7}{9}(2)}\left(\begin{array}{ccc:c}1&-2&1&5\\0&9&-3&-15\\0&0&\frac{13}{3}&\frac{26}{3}\end{array}\right)$$

$$\xrightarrow{\frac{3}{13}(3)}\left(\begin{array}{ccc:c}1&-2&1&5\\0&9&-3&-15\\0&0&1&2\end{array}\right)\xrightarrow[(2)+3(3)]{(1)-(3)}\begin{pmatrix}1&-2&0&3\\0&9&0&-9\\0&0&1&2\end{pmatrix}$$

$$\xrightarrow{\frac{1}{9}(2)}\begin{pmatrix}1&-2&0&3\\0&1&0&-1\\0&0&1&2\end{pmatrix}\xrightarrow{(1)+2(2)}\begin{pmatrix}1&0&0&1\\0&1&0&-1\\0&0&1&2\end{pmatrix}.$$

由最后一个矩阵可以得到

$$x_1=1, x_2=-1, x_3=2.$$

在例 1 的求解过程中，方程组⑤所对应的增广矩阵为阶梯矩阵. 本质上，是对方程组①的增广矩阵施行初等行变换，化为阶梯矩阵. 此时，已经能够判断出方程组是否有解？有唯一解还是无穷多解？继续对阶梯矩阵施行初等行变换，直至化为等价标准形矩阵：

$$\begin{pmatrix} 1 & 0 & 0 & -1 \\ 0 & 1 & 0 & -1 \\ 0 & 0 & 1 & 2 \end{pmatrix},$$

就可写出方程组的解.

由此可见,解线性方程组的过程实际上就是将增广矩阵通过初等行变换,转化为阶梯矩阵或等价标准形矩阵的过程.

下面给出如何通过初等行变换将增广矩阵转化为阶梯矩阵的步骤.

第 1 步,写出线性方程组①的增广矩阵$\overline{\mathbf{A}}$. 检查$\overline{\mathbf{A}}$的第一列元素. 如果 a_{11}, a_{21}, …, a_{s1} 全为零,则方程组①对 x_1 没有限制,x_1 就可以取任意值,此时方程组①可以看作 x_2, …, x_n 的方程组来解. 如果 a_{11}, a_{21}, …, a_{s1} 不全为零,不妨设 $a_{11}\neq 0$(否则,至少有一个 $a_{i1}\neq 0$,交换第 1 行和第 i 行的位置,即得第一行第一列的元素不为零).

第 2 步,第一行乘以$\left(-\dfrac{a_{i1}}{a_{11}}\right)$再加到第 i 行($i=2,3,\cdots,s$),将$\overline{\mathbf{A}}$转化为

$$\begin{pmatrix} a_{11} & a_{12} & \cdots & a_{1n} & b_1 \\ 0 & a_{22}^{(1)} & \cdots & a_{2n}^{(1)} & b_2^{(1)} \\ \vdots & \vdots & & \vdots & \vdots \\ 0 & a_{s2}^{(1)} & \cdots & a_{s2}^{(1)} & b_s^{(1)} \end{pmatrix}.$$

对矩阵$\begin{pmatrix} a_{11} & a_{12} & \cdots & a_{1n} & b_1 \\ 0 & a_{22}^{(1)} & \cdots & a_{2n}^{(1)} & b_2^{(1)} \\ \vdots & \vdots & & \vdots & \vdots \\ 0 & a_{s2}^{(1)} & \cdots & a_{s2}^{(1)} & b_s^{(1)} \end{pmatrix}$重复上述步骤,经过有限次的初等行变换,$\overline{\mathbf{A}}$可转化为如下的阶梯矩阵

$$\begin{pmatrix} k_{11} & k_{12} & \cdots & k_{1r} & k_{1r+1} & \cdots & k_{1n} & d_1 \\ 0 & k_{22} & \cdots & k_{2r} & k_{2r+1} & \cdots & k_{2n} & d_2 \\ \vdots & \vdots & & \vdots & \vdots & & \vdots & \vdots \\ 0 & 0 & \cdots & k_{rr} & k_{rr+1} & \cdots & k_{rn} & d_r \\ 0 & 0 & \cdots & 0 & 0 & \cdots & 0 & d_{r+1} \\ \vdots & \vdots & & \vdots & \vdots & & \vdots & \vdots \\ 0 & 0 & \cdots & 0 & 0 & \cdots & 0 & 0 \end{pmatrix}$$

方程组①的同解方程组为:

$$\begin{cases} k_{11}x_1+k_{12}x_2+\cdots+k_{1r}x_r+k_{1r+1}x_{r+1}+\cdots+k_{1n}x_n=d_1, \\ \qquad k_{22}x_2+\cdots+k_{2r}x_r+k_{2r+1}x_{r+1}+\cdots+k_{2n}x_n=d_2, \\ \qquad\qquad \cdots\cdots \\ \qquad\qquad k_{rr}x_r+k_{rr+1}x_{r+1}+\cdots+k_{rn}x_n=d_r, \\ \qquad\qquad\qquad 0=d_{r+1}, \\ \qquad\qquad\qquad 0=0, \\ \qquad\qquad\qquad \cdots\cdots, \\ \qquad\qquad\qquad 0=0. \end{cases} \tag{⑪}$$

其中 $k_{ii}\neq 0(i=1,2,\cdots,r)$，方程组⑪中的“$0=0$”这样的恒等式可能出现，也可能不出现，去掉它们不影响方程的求解.

现在讨论方程组⑪的解的各种情况.

情形 1 若⑪中 $d_{r+1}\neq 0$. 此时，无论 $x_1,x_2,\cdots,x_n$ 取何值，该式无解，故⑪无解，从而方程组⑪无解.

情形 2 当 $d_{r+1}=0$，或⑪中无“$0=0$”的方程时，又分为以下两种情况：

(1)当 $r=n$ 时，方程组⑪可写成

$$\begin{cases} k_{11}x_1+k_{12}x_2+\cdots+k_{1n}x_n=d_1, \\ \qquad k_{22}x_2+\cdots+k_{2n}x_n=d_2, \\ \qquad\qquad \cdots\cdots \\ \qquad\qquad k_{nn}x_n=d_n, \end{cases} \tag{⑫}$$

其中 $k_{ii}\neq 0(i=1,2,\cdots,n)$，从最后一个方程解出 x_n，再将 x_n 的值代入前$(n-1)$个方程，解出 $x_1,x_2,\cdots,x_{n-1}$，故方程组⑪有唯一解.

(2)当 $r<n$ 时，方程组⑪为

$$\begin{cases} k_{11}x_1+k_{12}x_2+\cdots+k_{1r}x_r+k_{1r+1}x_{r+1}+\cdots+k_{1n}x_n=d_1, \\ \qquad k_{22}x_2+\cdots+k_{2r}x_r+k_{2r+1}x_{r+1}+\cdots+k_{2n}x_n=d_2, \\ \qquad\qquad \cdots\cdots \\ \qquad\qquad k_{rr}x_r+k_{rr+1}x_{r+1}+\cdots+k_{rn}x_n=d_r, \end{cases} \tag{⑬}$$

其中 $k_{ii}\neq 0(i=1,2,\cdots,r)$，

即

$$\begin{cases} k_{11}x_1+k_{12}x_2+\cdots+k_{1r}x_r=d_1-k_{1r+1}x_{r+1}-\cdots-k_{1n}x_n, \\ \qquad k_{22}x_2+\cdots+k_{2r}x_r=d_2-k_{2r+1}x_{r+1}-\cdots-k_{2n}x_n, \\ \qquad\qquad \cdots\cdots \\ \qquad\qquad k_{rr}x_r=d_r-k_{rr+1}x_{r+1}-\cdots-k_{rn}x_n. \end{cases} \tag{⑭}$$

任给 $x_{r+1},\cdots,x_n$ 的一组值，就可以唯一地确定出 $x_1,x_2,\cdots,x_r$ 的值，也就给出了方程组⑪的一组解. 令 $x_{r+1}=c_1,\cdots,x_n=c_{n-r}$，经过一系列初等变换，可得

方程组⑭的解为

$$\begin{cases} x_1=d_1-k'_{1r+1}c_1-\cdots-k'_{1n}c_{n-r}, \\ x_2=d_2-k'_{2r+1}c_1-\cdots-k'_{2n}c_{n-r}, \\ \quad\cdots\cdots \\ x_r=d_r-k'_{rr+1}c_1-\cdots-k'_{rn}c_{n-r}, \\ x_{r+1}=c_1, \\ \quad\cdots\cdots \\ x_n=c_{n-r}. \end{cases}$$

这一组表达式称为线性方程组①的一般解，其中 $x_{r+1},\cdots,x_n$ 称为一组自由未知量.

综上所述，解线性方程组的一般步骤，首先是将增广矩阵通过初等行变换化为阶梯矩阵，然后写出相应的同解方程组，参见⑬、⑭. 若 $\mathrm{r}(\overline{\mathbf{A}})\neq\mathrm{r}(\mathbf{A})$，则方程组无解；若 $\mathrm{r}(\overline{\mathbf{A}})=\mathrm{r}(\mathbf{A})$，则方程组有解. 在有解的的情况下，若阶梯形方程组中方程的个数 r 等于未知量的个数 n（即 $\mathrm{r}(\overline{\mathbf{A}})=\mathrm{r}(\mathbf{A})=n$），则方程组有唯一解；若阶梯形方程组中方程的个数 r 小于未知量的个数 n（即 $\mathrm{r}(\overline{\mathbf{A}})=\mathrm{r}(\mathbf{A})<n$），则方程组有无穷多解. 由此，我们得到

定理 2 线性方程组①有解的充分必要条件为：$\mathrm{r}(\mathbf{A})=\mathrm{r}(\mathbf{A})\leqslant n$，且当 $\mathrm{r}(\overline{\mathbf{A}})=\mathrm{r}(\mathbf{A})=n$ 时，方程组有唯一解；当 $\mathrm{r}(\overline{\mathbf{A}})=\mathrm{r}(\mathbf{A})<n$ 时，方程组有无穷多解.

【例 2】 解线性方程组

$$\begin{cases} x_1+3x_2+5x_3-4x_4=1, \\ 2x_1+3x_2+x_3+x_4=5, \\ x_1+2x_3-x_4=6, \\ 3x_1-4x_2+2x_3+x_4=-2. \end{cases}$$

解：

$$\overline{\mathbf{A}}=\begin{pmatrix} 1 & 3 & 5 & -4 & 1 \\ 2 & 3 & 1 & 1 & 5 \\ 1 & 0 & 2 & -1 & 6 \\ 3 & -4 & 2 & 1 & -2 \end{pmatrix} \xrightarrow[(4)-3(1)]{\substack{(2)-2(1)\\(3)-(1)}} \begin{pmatrix} 1 & 3 & 5 & -4 & 1 \\ 0 & -3 & -9 & 9 & 3 \\ 0 & -3 & -3 & 3 & 5 \\ 0 & -13 & -13 & 13 & -5 \end{pmatrix}$$

$$\xrightarrow{(4)-\frac{13}{3}(3)} \begin{pmatrix} 1 & 3 & 5 & -4 & 1 \\ 0 & -3 & -9 & 9 & 3 \\ 0 & -3 & -3 & 3 & 5 \\ 0 & 0 & 0 & 0 & -\frac{80}{3} \end{pmatrix}.$$

因 $\mathrm{r}(\mathbf{A})=3$，$\mathrm{r}(\overline{\mathbf{A}})=4$，$\mathrm{r}(\mathbf{A})\neq\mathrm{r}(\overline{\mathbf{A}})$，故原方程组无解.

【例 3】 解线性方程组

$$\begin{cases} x_1+x_2+x_3+x_4 = 1, \\ x_1+3x_2+2x_3-2x_4+x_5=-1, \\ x_1+2x_2+x_3-x_4+x_5=-1, \\ x_1-2x_2+x_3-x_4-3x_5=-1. \end{cases}$$

解：

$$\overline{\boldsymbol{A}}=\begin{pmatrix} 1 & 1 & 1 & 1 & 0 & 1 \\ 1 & 3 & 2 & -2 & 1 & -1 \\ 1 & 2 & 1 & -1 & 1 & -1 \\ 1 & -2 & 1 & -1 & -3 & -1 \end{pmatrix} \xrightarrow[(4)-(1)]{\substack{(2)-(1) \\ (3)-(1)}} \begin{pmatrix} 1 & 1 & 1 & 1 & 0 & 1 \\ 0 & 2 & 1 & -3 & 1 & -2 \\ 0 & 1 & 0 & -2 & 1 & -2 \\ 0 & -3 & 0 & -2 & -3 & -2 \end{pmatrix}$$

$$\xrightarrow{(2)\leftrightarrow(3)} \begin{pmatrix} 1 & 1 & 1 & 1 & 0 & 1 \\ 0 & 1 & 0 & -2 & 1 & -2 \\ 0 & 2 & 1 & -3 & 1 & -2 \\ 0 & -3 & 0 & -2 & -3 & -2 \end{pmatrix} \xrightarrow[(4)+3(2)]{(3)-2(2)} \begin{pmatrix} 1 & 1 & 1 & 1 & 0 & 1 \\ 0 & 1 & 0 & -2 & 1 & -2 \\ 0 & 0 & 1 & 1 & -1 & 2 \\ 0 & 0 & 0 & -8 & 0 & -8 \end{pmatrix}$$

$$\xrightarrow{\frac{1}{8}(4)} \begin{pmatrix} 1 & 1 & 1 & 1 & 0 & 1 \\ 0 & 1 & 0 & -2 & 1 & -2 \\ 0 & 0 & 1 & 1 & -1 & 2 \\ 0 & 0 & 0 & 1 & 0 & 1 \end{pmatrix} \xrightarrow[(3)-(4)]{\substack{(1)-(4) \\ (2)+2(4)}} \begin{pmatrix} 1 & 1 & 1 & 0 & 0 & 0 \\ 0 & 1 & 0 & 0 & 1 & 0 \\ 0 & 0 & 1 & 0 & -1 & 1 \\ 0 & 0 & 0 & 1 & 0 & 1 \end{pmatrix}$$

$$\xrightarrow{(1)-((2)+(3))} \begin{pmatrix} 1 & 0 & 0 & 0 & 0 & -1 \\ 0 & 1 & 0 & 0 & 1 & 0 \\ 0 & 0 & 1 & 0 & -1 & 1 \\ 0 & 0 & 0 & 1 & 0 & 1 \end{pmatrix}.$$

原方程组的同解方程组为

$$\begin{cases} x_1 = -1, \\ x_2 + x_5 = 0, \\ x_3 - x_5 = 1, \\ x_4 = 1, \end{cases}$$

其中 x_5 为自由未知量，令 $x_5=c$（c 为任意常数），得方程组的一般解为

$$\begin{cases} x_1=-1, \\ x_2=-c, \\ x_3=1+c, \\ x_4=1, \\ x_5=c. \end{cases}$$

【例 4】 设线性方程组

$$\begin{cases} x_1+x_2-2x_3+3x_4=0, \\ 2x_1+x_2-6x_3+4x_4=-1, \\ 3x_1+2x_2+px_3+7x_4=-1, \\ x_1-x_2-6x_3-x_4=t. \end{cases}$$

讨论参数 p、t 取何值时，方程组无解？有唯一解？有无穷多解？当方程组有解时，求出其解.

解：用初等行变换将其增广矩阵化为阶梯矩阵.

$$\overline{\boldsymbol{A}}=\begin{pmatrix} 1 & 1 & -2 & 3 & 0 \\ 2 & 1 & -6 & 4 & -1 \\ 3 & 2 & p & 7 & -1 \\ 1 & -1 & -6 & -1 & t \end{pmatrix} \xrightarrow[(4)-(1)]{\substack{(2)-2(1)\\(3)-3(1)}} \begin{pmatrix} 1 & 1 & -2 & 3 & 0 \\ 0 & -1 & -2 & -2 & -1 \\ 0 & -1 & p+6 & -2 & -1 \\ 0 & -2 & -4 & -4 & t \end{pmatrix}$$

$$\xrightarrow[(4)-2(2)]{\substack{(1)+(2)\\(3)-(2)}} \begin{pmatrix} 1 & 0 & -4 & 1 & -1 \\ 0 & -1 & -2 & -2 & -1 \\ 0 & 0 & p+8 & 0 & 0 \\ 0 & 0 & 0 & 0 & t+2 \end{pmatrix}$$

$=\overline{\boldsymbol{A}_1}$.

情形 1 当 $t\neq-2$ 时，$\mathrm{r}(\boldsymbol{A})\neq\mathrm{r}(\overline{\boldsymbol{A}})$，方程组无解.

情形 2 当 $t=-2$ 时，$\mathrm{r}(\boldsymbol{A})=\mathrm{r}(\overline{\boldsymbol{A}})\leqslant3<4$，方程组有无穷多组解.

(1) 当 $t=-2$ 且 $p=-8$ 时，$\mathrm{r}(\boldsymbol{A})=\mathrm{r}(\overline{\boldsymbol{A}})=2$. 此时，

$$\overline{\boldsymbol{A}_1}=\begin{pmatrix} 1 & 0 & -4 & 1 & -1 \\ 0 & -1 & -2 & -2 & -1 \\ 0 & 0 & 0 & 0 & 0 \\ 0 & 0 & 0 & 0 & 0 \end{pmatrix}.$$

原方程组的同解方程组为

$$\begin{cases} x_1-4x_3+x_4=-1, \\ -x_2-2x_3-2x_4=-1, \end{cases}$$

即

$$\begin{cases} x_1=-1+4x_3-x_4, \\ x_2=1-2x_3-2x_4, \end{cases}$$

其中，x_3，x_4 是自由未知量，令 $x_3=c_1$，$x_4=c_2$（c_1，c_2 为任意常数），得方程组的一般解为

$$\begin{cases} x_1=-1+4c_3-c_4, \\ x_2=1-2c_3-2c_4, \\ x_3=c_1, \\ x_4=c_2. \end{cases}$$

(2)当 $t=-2$ 且 $p\neq-8$ 时，$r(\boldsymbol{A})=r(\overline{\boldsymbol{A}})=3$. 此时

$$\overline{\boldsymbol{A}_1}=\begin{pmatrix} 1 & 0 & -4 & 1 & -1 \\ 0 & -1 & -2 & -2 & -1 \\ 0 & 0 & 1 & 0 & 0 \\ 0 & 0 & 0 & 0 & 0 \end{pmatrix} \xrightarrow[(2)+2(3)]{(1)+4(3)} \begin{pmatrix} 1 & 0 & 0 & 1 & -1 \\ 0 & -1 & 0 & -2 & -1 \\ 0 & 0 & 1 & 0 & 0 \\ 0 & 0 & 0 & 0 & 0 \end{pmatrix}.$$

同解方程组为

$$\begin{cases} x_1 \qquad\qquad + x_4=-1, \\ \quad -x_2 \qquad -2x_4=-1, \\ \qquad\qquad x_3 \qquad =0, \end{cases}$$

即

$$\begin{cases} x_1=-1-x_4, \\ x_2=1-2x_4, \\ x_3=0, \end{cases}$$

其中，x_4 是自由未知量. 令 $x_4=c$（c 为任意常数），得方程组的一般解为

$$\begin{cases} x_1=-1-c, \\ x_2=1-2c, \\ x_3=0, \\ x_4=c. \end{cases}$$

3.1.3 齐次线性方程组

形如

$$\begin{cases} a_{11}x_1+a_{12}x_2+\cdots+a_{1n}x_n=0, \\ a_{21}x_1+a_{22}x_2+\cdots+a_{2n}x_n=0, \\ \cdots\cdots \\ a_{s1}x_1+a_{s2}x_2+\cdots+a_{sn}x_n=0, \end{cases} \qquad ⑮$$

的方程组称为齐次线性方程组. 齐次线性方程组是线性方程组中常数项全为零的特殊情况. 相应地，若线性方程组中常数项不全为零，则称为非齐次线性方程组. 显然，齐次线性方程组必有零解 $x_1=x_2=\cdots=x_n=0$. 将线性方程组的结果应用到齐次线性方程组，就有

定理 3 齐次线性方程组⑮有非零解的充分必要条件为 $r(\boldsymbol{A})<n$.

推论 设 $s=\min(s,n)$，当 $s<n$ 时，齐次线性方程组⑮必有非零解.

证明：$r(\boldsymbol{A})\leqslant\min(s,n)=s<n$，由定理 2，知方程组⑮的解不唯一，则必有非零解.

【例 5】 解齐次线性方程组

$$\begin{cases} x_1-x_2+4x_3-2x_4=0, \\ x_1-x_2-x_3+2x_4=0, \\ 3x_1+x_2+7x_3-2x_4=0, \\ x_1-3x_2-12x_3+6x_4=0. \end{cases}$$

解：求解齐次线性方程组只需将其系数矩阵化为阶梯矩阵.

$$\boldsymbol{A}=\begin{pmatrix} 1 & -1 & 4 & -2 \\ 1 & -1 & -1 & 2 \\ 3 & 1 & 7 & -2 \\ 1 & -3 & -12 & 0 \end{pmatrix}\xrightarrow[\substack{(3)-3(1)\\(4)-(1)}]{(2)-(1)}\begin{pmatrix} 1 & -1 & 4 & -2 \\ 0 & 0 & -5 & 4 \\ 0 & 4 & -5 & 4 \\ 0 & -2 & -16 & 8 \end{pmatrix}\xrightarrow{(3)-(2)}\begin{pmatrix} 1 & -1 & 4 & -2 \\ 0 & 0 & -5 & 4 \\ 0 & 4 & 0 & 0 \\ 0 & -2 & -16 & 8 \end{pmatrix}.$$

因

$$\begin{vmatrix} 1 & -1 & 4 & -2 \\ 0 & 0 & -5 & 4 \\ 0 & 4 & 0 & 0 \\ 0 & -2 & -16 & 8 \end{vmatrix}=\begin{vmatrix} 0 & -5 & 4 \\ 4 & 0 & 0 \\ -2 & -16 & 8 \end{vmatrix}=-4\begin{vmatrix} -5 & 4 \\ -16 & 8 \end{vmatrix}=-96\neq0.$$

故 $r(\boldsymbol{A})=4$，由定理 3，知方程组只有零解 $x_1=x_2=x_3=x_4=0$.

3.2 n 维向量与向量组的线性组合

上一节中，我们用消元法将线性方程组的增广矩阵化为阶梯矩阵，得到线性方程组有解的判别定理. 对同一增广矩阵实施不同的初等行变换，得到的阶梯矩阵也不尽相同. 那么，当线性方程组有无穷多解时，可以选取不同的自由未知量，这些不同的自由未知量相互之间有何关系？得到的解集合是否相同？为了深入研究线性方程组的问题，本节介绍 n 维向量、向量间的线性运算，以及向量组的线性组合.

3.2.1. n 维向量及其线性运算

定义 2 给定数域 P，数域 P 上的 n 个数组成的有序数组称为数域 P 上的 n 维向量（简称 n 维向量）.

n 维向量行的形式为

$$\boldsymbol{\alpha}=(a_1,a_2,\cdots,a_n),$$

称其为行向量，其中 $a_i\in P(i=1,2,\cdots n)$ 称为向量 $\boldsymbol{\alpha}$ 的第 i 个分量.

n 维向量列的形式为

$$\boldsymbol{\beta}=\begin{pmatrix}b_1\\b_2\\\vdots\\b_n\end{pmatrix}$$

称其为列向量，其中 $b_j\in P(j=1,2,\cdots,n)$ 称为向量 $\boldsymbol{\beta}$ 的第 j 个分量.

一般地，用小写希腊字母 $\boldsymbol{\alpha},\boldsymbol{\beta},\boldsymbol{\gamma},\cdots$ 表示向量. 数域 P 上 n 维向量的全体所构成的集合，记作 P^n.

定义 3　设 $\boldsymbol{\alpha}=(a_1,a_2,\cdots,a_n)$，$\boldsymbol{\beta}=(b_1,b_2,\cdots,b_n)$，$\boldsymbol{\alpha},\boldsymbol{\beta}\in P^n$. 若 $a_i=b_i(i=1,2,\cdots n)$，则称两个 n 维向量 $\boldsymbol{\alpha}$ 与 $\boldsymbol{\beta}$ 是相等的，记作 $\boldsymbol{\alpha}=\boldsymbol{\beta}$.

n 维向量 $(0,0,\cdots,0)$ 称为零向量，记作 $\mathbf{0}$. n 维向量 $(-a_1,-a_2,\cdots,-a_n)$ 称为向量 $\boldsymbol{\alpha}$ 的负向量. 记作 $-\boldsymbol{\alpha}$.

定义 4　n 维向量 $(a_1+b_1,a_2+b_2,\cdots,a_n+b_n)$ 称为向量 $\boldsymbol{\alpha}$ 与 $\boldsymbol{\beta}$ 的和，记作 $\boldsymbol{\alpha}+\boldsymbol{\beta}$.

显然，向量的加法满足：

(1)加法交换律：$\boldsymbol{\alpha}+\boldsymbol{\beta}=\boldsymbol{\beta}+\boldsymbol{\alpha}$；

(2)加法结合律：$(\boldsymbol{\alpha}+\boldsymbol{\beta})+\boldsymbol{\gamma}=\boldsymbol{\alpha}+(\boldsymbol{\beta}+\boldsymbol{\gamma})$；

(3)$\boldsymbol{\alpha}+\mathbf{0}=\boldsymbol{\alpha}$；

(4)$\boldsymbol{\alpha}+(-\boldsymbol{\alpha})=\mathbf{0}$.

其中 $\boldsymbol{\alpha},\boldsymbol{\beta},\boldsymbol{\gamma}\in P^n$.

定义 5　设数 $k\in P$，称 n 维向量 $(ka_1,ka_2,\cdots,ka_n)$ 为数 k 与向量 $\boldsymbol{\alpha}$ 的数量乘积(简称数乘)，记作 $k\boldsymbol{\alpha}$.

显然，数量乘法满足：

(5)数乘结合律：$k(l\boldsymbol{\alpha})=(kl)\boldsymbol{\alpha}$；

(6)数乘分配律：$k(\boldsymbol{\alpha}+\boldsymbol{\beta})=k\boldsymbol{\alpha}+k\boldsymbol{\beta}$；

(7)数乘分配律：$(k+l)\boldsymbol{\alpha}=k\boldsymbol{\alpha}+l\boldsymbol{\alpha}$；

(8)$1\cdot\boldsymbol{\alpha}=\boldsymbol{\alpha}$

其中 $\boldsymbol{\alpha},\boldsymbol{\beta},\boldsymbol{\gamma}\in P^n,k,l\in P$.

向量的加法和数乘运算统称为向量的线性运算. 由向量的加法和数乘运算，不难定义向量的减法.

定义 6　n 维向量 $(a_1-b_1,a_2-b_2,\cdots,a_n-b_n)$ 称为向量 $\boldsymbol{\alpha}$ 与向量 $\boldsymbol{\beta}$ 之差，记作 $\boldsymbol{\alpha}-\boldsymbol{\beta}$，即 $\boldsymbol{\alpha}-\boldsymbol{\beta}=\boldsymbol{\alpha}+(-\boldsymbol{\beta})$.

定义 7　n 维向量的全体 P^n，考虑到在其中定义的满足上述 8 条性质的加法和数乘运算，称为数域 P 上的 n 维向量空间，仍记作 P^n. 特别地，当 P 取实数域 $\mathbf{R}$ 时，称 $\mathbf{R}^n$ 为 n 维实向量空间. 如无特别说明，所取的数域均为实数域.

3.2.2　向量组的线性组合

对一般的线性方程组

$$\begin{cases} a_{11}x_1+a_{12}x_2+\cdots+a_{1n}x_n=b_1, \\ a_{21}x_1+a_{22}x_2+\cdots+a_{2n}x_n=b_2, \\ \cdots\cdots \\ a_{s1}x_1+a_{s2}x_2+\cdots+a_{sn}x_n=b_s. \end{cases}$$

利用向量的加法和数乘运算可写成

$$\begin{pmatrix} a_{11} \\ a_{21} \\ \vdots \\ a_{s1} \end{pmatrix} x_1+\begin{pmatrix} a_{12} \\ a_{22} \\ \vdots \\ a_{s2} \end{pmatrix} x_2+\cdots+\begin{pmatrix} a_{1n} \\ a_{2n} \\ \vdots \\ a_{sn} \end{pmatrix} x_n=\begin{pmatrix} b_1 \\ b_2 \\ \vdots \\ b_s \end{pmatrix}.$$

令

$$\boldsymbol{\alpha}_j=\begin{pmatrix} a_{1j} \\ a_{2j} \\ \vdots \\ a_{sj} \end{pmatrix}(j=1,2,\cdots,n),\boldsymbol{\beta}=\begin{pmatrix} b_1 \\ b_2 \\ \vdots \\ b_s \end{pmatrix},$$

则线性方程组的向量形式为

$$x_1\boldsymbol{\alpha}_1+x_2\boldsymbol{\alpha}_2+\cdots+x_n\boldsymbol{\alpha}_n=\boldsymbol{\beta}.$$

于是,线性方程组的求解问题就转化为是否存在一组实数 $C_1,C_2,\cdots,C_n$,使得这 $(n+1)$个向量 $\boldsymbol{\alpha}_1,\boldsymbol{\alpha}_2,\cdots,\boldsymbol{\alpha}_n,\boldsymbol{\beta}$ 间满足上述关系. 为此,下面引入线性表示的概念.

定义 8　向量 $\boldsymbol{\alpha}_1,\boldsymbol{\alpha}_2,\cdots,\boldsymbol{\alpha}_n,\boldsymbol{\beta}\in P^n$,若存在一组数 $k_1,k_2,\cdots,k_n\in P$,满足

$$\boldsymbol{\beta}=k_1\boldsymbol{\alpha}_1+k_2\boldsymbol{\alpha}_2+\cdots+k_n\boldsymbol{\alpha}_n=\sum_{i=1}^{n}k_i\boldsymbol{\alpha}_i,$$

则称 $\boldsymbol{\beta}$ 可由向量组 $\boldsymbol{\alpha}_1,\boldsymbol{\alpha}_2,\cdots,\boldsymbol{\alpha}_n$ 线性表示或称 $\boldsymbol{\beta}$ 是向量组 $\boldsymbol{\alpha}_1,\boldsymbol{\alpha}_2,\cdots,\boldsymbol{\alpha}_n$ 的线性组合. 线性表示刻画了向量间的一种最基础的线性关系. 这样,线性方程组解的存在性问题就转化为常数列向量 $\boldsymbol{\beta}$ 能否由系数矩阵 A 的列向量 $\boldsymbol{\alpha}_1,\boldsymbol{\alpha}_2,\cdots,\boldsymbol{\alpha}_n$ 线性表示的问题.

显然,零向量可以由任意向量组线性表示.

【例 1】　设向量组 $\boldsymbol{\varepsilon}_1=(1,0,\cdots,0)$,

$\boldsymbol{\varepsilon}_2=(0,1,\cdots,0)$,

……

$\boldsymbol{\varepsilon}_n=(0,0,\cdots,1)$.

试证:任意 n 维向量 $\boldsymbol{\alpha}$ 均可由向量 $\boldsymbol{\varepsilon}_1,\boldsymbol{\varepsilon}_2,\cdots,\boldsymbol{\varepsilon}_n$ 线性表示.

证明:设 n 维向量 $\boldsymbol{\alpha}=(a_1,a_2,\cdots,a_n)$,则由

$$\boldsymbol{\alpha}=a_1\boldsymbol{\varepsilon}_1+a_2\boldsymbol{\varepsilon}_2+\cdots+a_n\boldsymbol{\varepsilon}_n,$$

知 $\boldsymbol{\alpha}$ 可以由向量组 $\boldsymbol{\varepsilon}_1,\boldsymbol{\varepsilon}_2,\cdots,\boldsymbol{\varepsilon}_n$ 线性表示.

注 向量 $\boldsymbol{\varepsilon}_1,\boldsymbol{\varepsilon}_2,\cdots,\boldsymbol{\varepsilon}_n$ 称为 n 维单位向量.

【例 2】 判断向量 $\boldsymbol{\beta}$ 能否由向量组 $\boldsymbol{\alpha}_1,\boldsymbol{\alpha}_2,\boldsymbol{\alpha}_3$ 线性表示.若能,写出其表达式.

(1) $\boldsymbol{\alpha}_1=(0,1,1)^T,\boldsymbol{\alpha}_2=(1,0,2)^T,$
$\boldsymbol{\alpha}_3=(-1,2,0)^T,\boldsymbol{\beta}=(1,1,1)^T;$

(2) $\boldsymbol{\alpha}_1=(1,1,1)^T,\boldsymbol{\alpha}_2=(-1,3,0),^T$
$\boldsymbol{\alpha}_3=(2,0,3)^T,\boldsymbol{\beta}=(1,3,0)^T;$

(3) $\boldsymbol{\alpha}_1=(1,-1,2)^T,\boldsymbol{\alpha}_2=(-1,2,-3)^T,$
$\boldsymbol{\alpha}_3=(2,-3,5)^T,\boldsymbol{\beta}=(2,3,-1)^T.$

解:设存在 x_1,x_2,x_3,满足

$$x_1\boldsymbol{\alpha}_1+x_2\boldsymbol{\alpha}_2+x_3\boldsymbol{\alpha}_3=\boldsymbol{\beta}.$$

$\boldsymbol{\beta}$ 能否由向量组 $\boldsymbol{\alpha}_1,\boldsymbol{\alpha}_2,\boldsymbol{\alpha}_3$ 线性表示,也就是线性方程组是否有解.

(1)线性方程组为

$$\begin{pmatrix}0\\1\\1\end{pmatrix}x_1+\begin{pmatrix}1\\0\\2\end{pmatrix}x_2+\begin{pmatrix}-1\\2\\0\end{pmatrix}x_3=\begin{pmatrix}1\\1\\1\end{pmatrix},$$

即

$$\begin{cases}x_2-x_3=1,\\x_1+2x_3=1,\\x_1+2x_2=1.\end{cases}$$

对增广矩阵 $\overline{A}$ 作初等行变换.

$$\overline{\boldsymbol{A}}=\begin{pmatrix}0&1&-1&1\\1&0&2&1\\1&2&0&1\end{pmatrix}\xrightarrow{(3)-(2)}\begin{pmatrix}0&1&-1&1\\1&0&2&1\\0&2&-2&0\end{pmatrix}\xrightarrow{(3)-2(1)}\begin{pmatrix}0&1&-1&1\\1&0&2&1\\0&0&0&-2\end{pmatrix},$$

因为 $0\neq-2$,故线性方程组无解,即 $\boldsymbol{\beta}$ 不能由向量组 $\boldsymbol{\alpha}_1,\boldsymbol{\alpha}_2,\boldsymbol{\alpha}_3$ 线性表示.

(2)线性方程组为

$$\begin{pmatrix}1\\1\\1\end{pmatrix}x_1+\begin{pmatrix}-1\\3\\0\end{pmatrix}x_2+\begin{pmatrix}2\\0\\3\end{pmatrix}x_3=\begin{pmatrix}1\\3\\0\end{pmatrix},$$

即

$$\begin{cases}x_1-x_2+2x_3=1,\\x_1+3x_2=3,\\x_1+3x_3=0.\end{cases}$$

对增广矩阵 $\overline{\boldsymbol{A}}$ 作初等行变换.

$$\overline{\boldsymbol{A}}=\begin{pmatrix}1&-1&2&1\\1&3&0&3\\1&0&3&0\end{pmatrix}\xrightarrow[(3)-(1)]{(2)-(1)}\begin{pmatrix}1&-1&2&1\\0&4&-2&2\\0&1&1&-1\end{pmatrix}$$

$$\xrightarrow[(2)-4(3)]{(1)+(3)}\begin{pmatrix}1&0&3&0\\0&0&-6&6\\0&1&1&-1\end{pmatrix}\xrightarrow[-\frac{1}{6}(2)]{\substack{(1)+\frac{1}{2}(2)\\(3)+\frac{1}{6}(2)}}\begin{pmatrix}1&0&0&3\\0&0&1&-1\\0&1&0&0\end{pmatrix}$$

$$\xrightarrow{(2)\leftrightarrow(3)}\begin{pmatrix}1&0&0&3\\0&1&0&0\\0&0&1&-1\end{pmatrix}.$$

线性方程组的解为 $x_1=3,x_2=0,x_3=-1$,则 $\boldsymbol{\beta}=3\boldsymbol{\alpha}_1-\boldsymbol{\alpha}_3$. 故 $\boldsymbol{\beta}$ 可由向量组 $\boldsymbol{\alpha}_1$,$\boldsymbol{\alpha}_2$,$\boldsymbol{\alpha}_3$ 线性表示.

(3)线性方程组为

$$\begin{pmatrix}1\\-1\\2\end{pmatrix}x_1+\begin{pmatrix}-1\\2\\-3\end{pmatrix}x_2+\begin{pmatrix}2\\-3\\5\end{pmatrix}x_3=\begin{pmatrix}2\\3\\-1\end{pmatrix},$$

即

$$\begin{cases}x_1-\ x_2+2x_3=2,\\-x_1+2x_2-3x_3=3,\\2x_1-3x_2+5x_3=-1.\end{cases}$$

对增广矩阵 $\overline{\boldsymbol{A}}$ 作初等行变换.

$$\overline{\boldsymbol{A}}=\begin{pmatrix}1&-1&2&2\\-1&2&-3&3\\2&-3&5&-1\end{pmatrix}\xrightarrow[(3)\ 2(1)]{(2)+(1)}\begin{pmatrix}1&-1&2&2\\0&1&-1&5\\0&-1&1&-5\end{pmatrix}\xrightarrow[(3)+(2)]{(1)+(2)}\begin{pmatrix}1&0&1&7\\0&1&-1&5\\0&0&0&0\end{pmatrix}.$$

方程组的同解方程组为

$$\begin{cases}x_1\qquad+x_3=7,\\\qquad x_2-x_3=5,\end{cases}$$

其中 x_3 是自由未知量.

令 $x_3=c$(c 为任意实数),则方程组的一般解为 $\begin{cases}x_1=7-c,\\x_2=5+c.\end{cases}$

从而 $\boldsymbol{\beta}=(7-c)\boldsymbol{\alpha}_1+(5+c)\boldsymbol{\alpha}_2$. 故 $\boldsymbol{\beta}$ 可由向量组 $\boldsymbol{\alpha}_1$,$\boldsymbol{\alpha}_2$,$\boldsymbol{\alpha}_3$ 线性表示,且表示不唯一.

特别地,取 $c=0$ 时,有 $\boldsymbol{\beta}=7\boldsymbol{\alpha}_1+5\boldsymbol{\alpha}_2$.

【例 3】 设向量组 $\boldsymbol{\alpha}_1=(a,2,10)^T$,$\boldsymbol{\alpha}_2=(-2,1,5)^T$,$\boldsymbol{\alpha}_3=(-1,1,4)^T$,$\boldsymbol{\beta}=(1,b,c)^T$,试问:当 a,b,c 满足什么条件时,

(1)$\boldsymbol{\beta}$ 可由 $\boldsymbol{\alpha}_1,\boldsymbol{\alpha}_2,\boldsymbol{\alpha}_3$ 线性表示，且表示唯一？

(2)$\boldsymbol{\beta}$ 不能由 $\boldsymbol{\alpha}_1,\boldsymbol{\alpha}_2,\boldsymbol{\alpha}_3$ 线性表示？

(3)$\boldsymbol{\beta}$ 可由 $\boldsymbol{\alpha}_1,\boldsymbol{\alpha}_2,\boldsymbol{\alpha}_3$ 线性表示，但表示不唯一？并求出一般表达式.

解：设有一组数 x_1,x_2,x_3，使得

$$x_1\boldsymbol{\alpha}_1+x_2\boldsymbol{\alpha}_2+x_3\boldsymbol{\alpha}_3=\boldsymbol{\beta},$$

即

$$\begin{cases} ax_1-2x_2-x_3=1, \\ 2x_1+x_2+x_3=b, \\ 10x_1+5x_2+4x_3=c. \end{cases}$$

该方程组的系数行列式

$$|\mathbf{A}|=\begin{vmatrix} a & -2 & -1 \\ 2 & 1 & 1 \\ 10 & 5 & 4 \end{vmatrix}=-a-4.$$

(1)当 $a\neq-4$ 时，行列式 $|\mathbf{A}|\neq0$，方程组有唯一解，$\boldsymbol{\beta}$ 可由 $\boldsymbol{\alpha}_1,\boldsymbol{\alpha}_2,\boldsymbol{\alpha}_3$ 线性表示，且表示唯一.

(2)当 $a=-4$ 时，对增广矩阵作初等行变换，有

$$\overline{\mathbf{A}}=\begin{pmatrix} -4 & -2 & -1 & 1 \\ 2 & 1 & 1 & b \\ 10 & 5 & 4 & c \end{pmatrix}\xrightarrow{(1)\leftrightarrow(2)}\begin{pmatrix} 2 & 1 & 1 & b \\ -4 & -2 & -1 & 1 \\ 10 & 5 & 4 & c \end{pmatrix}$$

$$\xrightarrow[(3)-5(1)]{(2)+2(1)}\begin{pmatrix} 2 & 1 & 1 & b \\ 0 & 0 & 1 & 1+2b \\ 0 & 0 & -1 & c-5b \end{pmatrix}\xrightarrow{(3)+(2)}\begin{pmatrix} 2 & 1 & 1 & b \\ 0 & 0 & 1 & 1+2b \\ 0 & 0 & 0 & -3b+c+1 \end{pmatrix}.$$

若 $3b-c\neq1$，则 $\mathrm{r}(\mathbf{A})\neq\mathrm{r}(\overline{\mathbf{A}})$，方程组无解，$\boldsymbol{\beta}$ 不能用 $\boldsymbol{\alpha}_1,\boldsymbol{\alpha}_2,\boldsymbol{\alpha}_3$ 线性表示.

(3)当 $a=-4$ 且 $3b-c=1$ 时，$\mathrm{r}(\mathbf{A})=\mathrm{r}(\overline{\mathbf{A}})=2<3$，方程组有无穷多组解. $\boldsymbol{\beta}$ 可由 $\boldsymbol{\alpha}_1,\boldsymbol{\alpha}_2,\boldsymbol{\alpha}_3$ 线性表示，但表示不唯一. 解方程组，得

$x_1=\lambda,x_2=-2\lambda-b-1,x_3=2b+1$（$\lambda$ 为任意常数）. 此时，

$$\boldsymbol{\beta}=\lambda\boldsymbol{\alpha}_1-(2\lambda+b+1)\boldsymbol{\alpha}_2+(2b+1)\boldsymbol{\alpha}_3.$$

定义 9 若向量组 $\boldsymbol{\alpha}_1,\boldsymbol{\alpha}_2,\cdots,\boldsymbol{\alpha}_s$ 中的每一个向量 $\boldsymbol{\alpha}_i(i=1,2,\cdots,s)$ 都可以由向量组 $\boldsymbol{\beta}_1,\boldsymbol{\beta}_2,\cdots,\boldsymbol{\beta}_t$ 线性表示，则称向量组 $\boldsymbol{\alpha}_1,\boldsymbol{\alpha}_2,\cdots,\boldsymbol{\alpha}_s$ 可由向量组 $\boldsymbol{\beta}_1,\boldsymbol{\beta}_2,\cdots,\boldsymbol{\beta}_t$ 线性表示. 如果向量组 $\boldsymbol{\alpha}_1,\boldsymbol{\alpha}_2,\cdots,\boldsymbol{\alpha}_s$ 与向量组 $\boldsymbol{\beta}_1,\boldsymbol{\beta}_2,\cdots,\boldsymbol{\beta}_t$ 可以相互线性表示，则称向量组 $\boldsymbol{\alpha}_1,\boldsymbol{\alpha}_2,\cdots,\boldsymbol{\alpha}_s$ 与向量组 $\boldsymbol{\beta}_1,\boldsymbol{\beta}_2,\cdots,\boldsymbol{\beta}_t$ 等价.

【例 4】 设向量组(1)：$\boldsymbol{\alpha}_1,\boldsymbol{\alpha}_2,\boldsymbol{\alpha}_3$；

向量组(2)：$\boldsymbol{\alpha}_1+\boldsymbol{\alpha}_2,\boldsymbol{\alpha}_2+\boldsymbol{\alpha}_3,\boldsymbol{\alpha}_1+\boldsymbol{\alpha}_3$；

试问：向量组(1)与向量组(2)是否等价.

解：由 $\boldsymbol{\alpha}_1=\dfrac{1}{2}(\boldsymbol{\alpha}_1+\boldsymbol{\alpha}_2)-\dfrac{1}{2}(\boldsymbol{\alpha}_2+\boldsymbol{\alpha}_3)+\dfrac{1}{2}(\boldsymbol{\alpha}_1+\boldsymbol{\alpha}_3)$，

$$\boldsymbol{\alpha}_2=\frac{1}{2}(\boldsymbol{\alpha}_1+\boldsymbol{\alpha}_2)+\frac{1}{2}(\boldsymbol{\alpha}_2+\boldsymbol{\alpha}_3)-\frac{1}{2}(\boldsymbol{\alpha}_1+\boldsymbol{\alpha}_3),$$

$$\boldsymbol{\alpha}_3=-\frac{1}{2}(\boldsymbol{\alpha}_1+\boldsymbol{\alpha}_2)+\frac{1}{2}(\boldsymbol{\alpha}_2+\boldsymbol{\alpha}_3)+\frac{1}{2}(\boldsymbol{\alpha}_1+\boldsymbol{\alpha}_3).$$

知向量组(1)可由向量组(2)线性表示.显然,向量组(2)可由向量组(1)线性表示.故向量组(1)与向量组(2)等价.

【例 5】 向量组 $\boldsymbol{\alpha}_1,\boldsymbol{\alpha}_2,\cdots,\boldsymbol{\alpha}_s$ 可由向量组 $\boldsymbol{\beta}_1,\boldsymbol{\beta}_2,\cdots,\boldsymbol{\beta}_t$ 线性表示,向量组 $\boldsymbol{\beta}_1,\boldsymbol{\beta}_2,\cdots,\boldsymbol{\beta}_t$ 可由向量组 $\boldsymbol{\gamma}_1,\boldsymbol{\gamma}_2,\cdots,\boldsymbol{\gamma}_p$ 线性表示.

求证:向量组 $\boldsymbol{\alpha}_1,\boldsymbol{\alpha}_2,\cdots,\boldsymbol{\alpha}_s$ 可由向量组 $\boldsymbol{\gamma}_1,\boldsymbol{\gamma}_2,\cdots,\boldsymbol{\gamma}_p$ 线性表示.

证明:因向量组 $\boldsymbol{\alpha}_1,\boldsymbol{\alpha}_2,\cdots,\boldsymbol{\alpha}_s$ 可由向量组 $\boldsymbol{\beta}_1,\boldsymbol{\beta}_2,\cdots,\boldsymbol{\beta}_t$ 线性表示,故存在数 $k_{i1},k_{i2},\cdots,k_{it}(i=1,2,\cdots,s)$ 使得

$$\begin{aligned}\boldsymbol{\alpha}_i&=k_{i1}\boldsymbol{\beta}_1+k_{i2}\boldsymbol{\beta}_2+\cdots+k_{it}\boldsymbol{\beta}_t\\&=\sum_{j=1}^{t}k_{ij}\boldsymbol{\beta}_j.\end{aligned}\qquad ①$$

同理,存在数 $l_{j1},l_{j2},\cdots,l_{jp}(j=1,2,\cdots,t)$ 使得

$$\begin{aligned}\boldsymbol{\beta}_j&=l_{j1}\boldsymbol{\gamma}_1+l_{j2}\boldsymbol{\gamma}_2+\cdots+l_{jp}\boldsymbol{\gamma}_p\\&=\sum_{m=1}^{p}l_{jm}\boldsymbol{\gamma}_m.\end{aligned}\qquad ②$$

将②式代入①式,得

$$\begin{aligned}\boldsymbol{\alpha}_i&=\sum_{j=1}^{t}k_{ij}\left(\sum_{m=1}^{p}l_{jm}\boldsymbol{\gamma}_m\right)\\&=\sum_{j=1}^{t}\sum_{m=1}^{p}k_{ij}l_{jm}\boldsymbol{\gamma}_m\\&=\sum_{m=1}^{p}\sum_{j=1}^{t}k_{ij}l_{jm}\boldsymbol{\gamma}_m\\&=\sum_{m=1}^{p}\left(\sum_{j=1}^{t}k_{ij}l_{jm}\right)\boldsymbol{\gamma}_m,\end{aligned}$$

其中 $\sum_{j=1}^{t}k_{ij}l_{jm}$ 是常数.

令 $q_{im}=\sum_{j=1}^{t}k_{ij}l_{jm}$,则有

$$\boldsymbol{\alpha}_i=q_{i1}\boldsymbol{\gamma}_1+q_{i2}\boldsymbol{\gamma}_2+\cdots+q_{ip}\boldsymbol{\gamma}_p(i=1,2,\cdots,s).$$

从而,向量组 $\boldsymbol{\alpha}_1,\boldsymbol{\alpha}_2,\cdots,\boldsymbol{\alpha}_s$ 可由向量组 $\boldsymbol{\gamma}_1,\boldsymbol{\gamma}_2,\cdots,\boldsymbol{\gamma}_p$ 线性表示.

向量组等价具有下述性质.

(1)自反性:任意向量组都与其身自等价.

(2)对称性:向量组 $\boldsymbol{\alpha}_1,\boldsymbol{\alpha}_2,\cdots,\boldsymbol{\alpha}_s$ 与向量组 $\boldsymbol{\beta}_1,\boldsymbol{\beta}_2,\cdots,\boldsymbol{\beta}_t$ 等价,则向量组 $\boldsymbol{\beta}_1,\boldsymbol{\beta}_2,\cdots,\boldsymbol{\beta}_t$ 与向量组 $\boldsymbol{\alpha}_1,\boldsymbol{\alpha}_2\cdots,\boldsymbol{\alpha}_s$ 等价.

(3)传递性:向量组 $\boldsymbol{\alpha}_1,\boldsymbol{\alpha}_2,\cdots,\boldsymbol{\alpha}_s$ 与向量组 $\boldsymbol{\beta}_1,\boldsymbol{\beta}_2,\cdots,\boldsymbol{\beta}_t$ 等价,向量组 $\boldsymbol{\beta}_1,\boldsymbol{\beta}_2,\cdots,\boldsymbol{\beta}_t$ 与向量组 $\boldsymbol{\gamma}_1,\boldsymbol{\gamma}_2,\cdots,\boldsymbol{\gamma}_p$ 等价,则向量组 $\boldsymbol{\alpha}_1,\boldsymbol{\alpha}_2,\cdots,\boldsymbol{\alpha}_s$ 与向量组 $\boldsymbol{\gamma}_1,\boldsymbol{\gamma}_2,\cdots,\boldsymbol{\gamma}_p$ 等价.

3.3 线性相关与线性无关的向量组

在上一节中，把线性方程组有没有解的问题归结为常数项列向量 $\boldsymbol{\beta}$ 能不能由系数矩阵的列向量组 $\boldsymbol{\alpha}_1,\boldsymbol{\alpha}_2,\cdots,\boldsymbol{\alpha}_n$ 线性表示. 当 $\boldsymbol{\beta}=\mathbf{0}$ 时，方程组为齐次线性方程组. 关注的是其是否有非零解，即是否存在一组不全为零的数 $k_1,k_2,\cdots,k_n$，满足 $k_1\boldsymbol{\alpha}_1+k_2\boldsymbol{\alpha}_2+\cdots+k_n\boldsymbol{\alpha}_n=\mathbf{0}$. 为了研究齐次线性方程组解的情况，本节引入线性相关与线性无关的理论.

3.3.1 线性相关与线性无关

定义 10 已知向量组 $\boldsymbol{\alpha}_1,\boldsymbol{\alpha}_2,\cdots,\boldsymbol{\alpha}_s$，若存在一组不全为零的数 $k_1,k_2,\cdots,k_s$，使得

$$k_1\boldsymbol{\alpha}_1+k_2\boldsymbol{\alpha}_2+\cdots+k_s\boldsymbol{\alpha}_s=\mathbf{0},$$

则称向量组 $\boldsymbol{\alpha}_1,\boldsymbol{\alpha}_2,\cdots,\boldsymbol{\alpha}_s$ 线性相关.

若向量组部分线性相关，则整个向量组线性相关.

事实上，设向量组 $\boldsymbol{\alpha}_1,\boldsymbol{\alpha}_2,\cdots,\boldsymbol{\alpha}_r,\cdots,\boldsymbol{\alpha}_s$ 中部分向量组 $\boldsymbol{\alpha}_1,\boldsymbol{\alpha}_2,\cdots,\boldsymbol{\alpha}_r(r\leqslant s)$ 线性相关，则存在不全为 0 的数 $k_1,k_2,\cdots,k_r$，使得

$$k_1\boldsymbol{\alpha}_1+k_2\boldsymbol{\alpha}_2+\cdots+k\cdot\boldsymbol{\alpha}_r=\mathbf{0}.$$

于是，有

$$k_1\boldsymbol{\alpha}_1+k_2\boldsymbol{\alpha}_2+\cdots+k_r\boldsymbol{\alpha}_r+0\cdot\boldsymbol{\alpha}_{r+1}+\cdots+0\cdot\boldsymbol{\alpha}_s=\mathbf{0}.$$

因为 $k_1,k_2,\cdots,k_r$ 不全为 0，从而 $\boldsymbol{\alpha}_1,\boldsymbol{\alpha}_2,\cdots,\boldsymbol{\alpha}_s$，线性相关.

定义 10′ 若向量组 $\boldsymbol{\alpha}_1,\boldsymbol{\alpha}_2,\cdots,\boldsymbol{\alpha}_s$ 中至少有一个向量可以由其余向量线性表示，则该向量组 $\boldsymbol{\alpha}_1,\boldsymbol{\alpha}_2,\cdots,\boldsymbol{\alpha}_s$ 线性相关.

定义 10 与定义 10′是等价的.

事实上，对向量组 $\boldsymbol{\alpha}_1,\boldsymbol{\alpha}_2,\cdots,\boldsymbol{\alpha}_s$，若存在一组不全为 0 的数 $k_1,k_2,\cdots,k_s$，使得

$$k_1\boldsymbol{\alpha}_1+k_2\boldsymbol{\alpha}_2+\cdots+k_s\boldsymbol{\alpha}_s=\mathbf{0},$$

则其中至少有一个数不等于 0，不妨设 $k_1\neq0$，有

$$\boldsymbol{\alpha}_1=-\frac{k_2}{k_1}\boldsymbol{\alpha}_2-\cdots-\frac{k_s}{k_1}\boldsymbol{\alpha}_s,$$

即 $\boldsymbol{\alpha}_1$ 可由向量组 $\boldsymbol{\alpha}_2,\cdots,\boldsymbol{\alpha}_s$ 线性表示.

反之，不妨设 $\boldsymbol{\alpha}_1$ 可由向量组 $\boldsymbol{\alpha}_2,\cdots,\boldsymbol{\alpha}_s$ 线性表示. 即存在一组数 $l_2,\cdots,l_s$，使得

$$\boldsymbol{\alpha}_1=l_2\boldsymbol{\alpha}_2+\cdots+l_s\boldsymbol{\alpha}_s.$$

此时，有

$$-\boldsymbol{\alpha}_1+l_2\boldsymbol{\alpha}_2+\cdots+l_s\boldsymbol{\alpha}_s=\mathbf{0}.$$

数 $-1,l_2,\cdots,l_s$ 中至少有一个 -1 不为零，故 $\boldsymbol{\alpha}_1,\boldsymbol{\alpha}_2,\cdots,\boldsymbol{\alpha}_s$ 线性相关.

由定义,知向量组 $\boldsymbol{\alpha}_1,\boldsymbol{\alpha}_2,\cdots,\boldsymbol{\alpha}_s$ 线性相关的充要条件为齐次线性方程组 $x_1\boldsymbol{\alpha}_1+x_2\boldsymbol{\alpha}_2+\cdots+x_s\boldsymbol{\alpha}_s=\mathbf{0}$ 有非零解.

定义 11 若不存在一组不全为零的数 $k_1,k_2,\cdots,k_s$,使得

$$k_1\boldsymbol{\alpha}_1+k_2\boldsymbol{\alpha}_2+\cdots+k_s\boldsymbol{\alpha}_s=\mathbf{0},$$

则称向量组 $\boldsymbol{\alpha}_1,\boldsymbol{\alpha}_2,\cdots,\boldsymbol{\alpha}_s$,线性无关,即当且仅当 $k_1=k_2=\cdots=k_s=0$ 时,

$$k_1\boldsymbol{\alpha}_1+k_2\boldsymbol{\alpha}_2+\cdots+k_s\boldsymbol{\alpha}_s=\mathbf{0}$$

成立,则称向量组 $\boldsymbol{\alpha}_1,\boldsymbol{\alpha}_2,\cdots,\boldsymbol{\alpha}_s$ 线性无关.

显然,向量组线性无关,则其任一部分向量组也线性无关.

定义 11′ 向量组 $\boldsymbol{\alpha}_1,\boldsymbol{\alpha}_2,\cdots,\boldsymbol{\alpha}_s$ 中任一向量都不能由其余向量线性表示,则称向量组 $\boldsymbol{\alpha}_1,\boldsymbol{\alpha}_2,\cdots,\boldsymbol{\alpha}_s$ 线性无关.

定义 11 与定义 11′是等价的.

不难得出,向量组 $\boldsymbol{\alpha}_1,\boldsymbol{\alpha}_2,\cdots,\boldsymbol{\alpha}_s$ 线性无关的充要条件为齐次线性方程组 $x_1\boldsymbol{\alpha}_1+x_2\boldsymbol{\alpha}_2+\cdots+x_s\boldsymbol{\alpha}_s=\mathbf{0}$ 只有零解,即以 $\boldsymbol{\alpha}_1,\boldsymbol{\alpha}_2,\cdots,\boldsymbol{\alpha}_s$ 为列向量所构成的系数矩阵 $\mathbf{A}$ 的秩,$\mathrm{r}(\mathbf{A})=s$.

判断一个向量组是否线性相关可以归结为齐次线性方程组有无非零解的问题.

【例 1】 求证:n 维单位向量组 $\boldsymbol{\varepsilon}_1,\boldsymbol{\varepsilon}_2,\cdots,\boldsymbol{\varepsilon}_n$ 线性无关.

证明:考查齐次线性方程组

$$x_1\boldsymbol{\varepsilon}_1+x_2\boldsymbol{\varepsilon}_2+\cdots+x_n\boldsymbol{\varepsilon}_n=\mathbf{0},$$

其系数矩阵

$$\mathbf{A}=(\boldsymbol{\varepsilon}_1,\boldsymbol{\varepsilon}_2,\cdots,\boldsymbol{\varepsilon}_n)=\begin{pmatrix}1&0&\cdots&0\\0&1&\cdots&0\\\vdots&\vdots&&\vdots\\0&0&\cdots&1\end{pmatrix}$$

为 n 阶单位矩阵,故 $|\mathbf{A}|=1\neq0$,从而方程组只有零解,即 n 维单位向量 $\boldsymbol{\varepsilon}_1,\boldsymbol{\varepsilon}_2,\cdots,\boldsymbol{\varepsilon}_n$ 线性无关.

【例 2】 判断下列向量组是线性相关还是线性无关?

(1)$\boldsymbol{\alpha}_1=(1,3,1,1),\boldsymbol{\alpha}_2=(-1,1,3,1),\boldsymbol{\alpha}_3=(-5,-7,3-1)$;

(2)$\boldsymbol{\beta}_1=(1,2,3,4),\boldsymbol{\beta}_2=(1,0,1,2),\boldsymbol{\beta}_3=(3,-1,2,0)$.

解:(1)将 $\boldsymbol{\alpha}_1,\boldsymbol{\alpha}_2,\boldsymbol{\alpha}_3$ 排成行向量作矩阵 $\mathbf{A}$,并对 $\mathbf{A}$ 施行初等行变换,得

$$\mathbf{A}=\begin{pmatrix}\boldsymbol{\alpha}_1\\\boldsymbol{\alpha}_2\\\boldsymbol{\alpha}_3\end{pmatrix}=\begin{pmatrix}1&3&1&1\\-1&1&3&1\\-5&-7&3&-1\end{pmatrix}\xrightarrow[(3)+5(1)]{(2)+(1)}\begin{pmatrix}1&3&1&1\\0&4&4&2\\0&8&8&4\end{pmatrix}$$

$$\xrightarrow{(3)-2(2)}\begin{pmatrix}1&3&1&1\\0&4&4&2\\0&0&0&0\end{pmatrix}=\mathbf{A}_1.$$

显然 $r(\boldsymbol{A}_1)=2$，故 $r(\boldsymbol{A})=2<3$，因此向量组 $\boldsymbol{\alpha}_1,\boldsymbol{\alpha}_2,\boldsymbol{\alpha}_3$ 线性相关.

(2)将 $\boldsymbol{\beta}_1,\boldsymbol{\beta}_2,\boldsymbol{\beta}_3$ 排成列向量作矩阵 $\boldsymbol{A}$，并对 $\boldsymbol{A}$ 施行初等行变换，得

$$\boldsymbol{A}=(\boldsymbol{\beta}_1^T,\boldsymbol{\beta}_2^T,\boldsymbol{\beta}_3^T)$$

$$=\begin{pmatrix}1&1&3\\2&0&-1\\3&1&2\\4&2&0\end{pmatrix}\xrightarrow[(4)-4(1)]{\substack{(2)-2(1)\\(3)-3(1)}}\begin{pmatrix}1&1&3\\0&-2&-7\\0&-2&-7\\0&-2&-12\end{pmatrix}\xrightarrow[(4)-(2)]{(3)-(2)}\begin{pmatrix}1&1&3\\0&-2&-7\\0&0&0\\0&0&-5\end{pmatrix}$$

$$\xrightarrow[(3)\leftrightarrow(4)]{(-1)\times(4)}\begin{pmatrix}1&1&3\\0&-2&-7\\0&0&5\\0&0&0\end{pmatrix}=A_1.$$

显然 $r(\boldsymbol{A}_1)=3$，故 $r(\boldsymbol{A})=3$，因此向量组 $\boldsymbol{\beta}_1,\boldsymbol{\beta}_2,\boldsymbol{\beta}_3$ 线性无关.

3.3.2. 关于线性组合与线性相关的定理

定理 4 向量组 $\boldsymbol{\alpha}_1,\boldsymbol{\alpha}_2,\cdots,\boldsymbol{\alpha}_s$ 线性无关，且向量 $\boldsymbol{\beta}$ 可由向量组 $\boldsymbol{\alpha}_1,\boldsymbol{\alpha}_2,\cdots,\boldsymbol{\alpha}_s$ 线性表示. 则表示方法必唯一.

证明：$\boldsymbol{\beta}$ 可由向量组 $\boldsymbol{\alpha}_1,\boldsymbol{\alpha}_2,\cdots,\boldsymbol{\alpha}_s$ 线性表示，即存在一组数 $k_1,k_2,\cdots,k_s$，使得

$$\boldsymbol{\beta}=k_1\boldsymbol{\alpha}_1+k_2\boldsymbol{\alpha}_2+\cdots+k_s\boldsymbol{\alpha}_s.$$

若对另一数组 $l_1,l_2,\cdots,l_s$ 也成立，记

$$\boldsymbol{\beta}=l_1\boldsymbol{\alpha}_1+l_2\boldsymbol{\alpha}_2+\cdots+l_s\boldsymbol{\alpha}_s.$$

则两式相减，有

$$(k_1-l_1)\boldsymbol{\alpha}_1+(k_2-l_2)\boldsymbol{\alpha}_2+\cdots+(k_s-l_s)\boldsymbol{\alpha}_s=\boldsymbol{0}.$$

因向量组 $\boldsymbol{\alpha}_1,\boldsymbol{\alpha}_2,\cdots,\boldsymbol{\alpha}_s$ 线性无关，故

$$k_1-l_1=k_2-l_2=\cdots=k_s-l_s=0,$$

即 $k_1=l_1,k_2=l_2,\cdots,k_s=l_s$.

从而，表示方法唯一.

显然，任一 n 维向量都可以由 n 维单位向量 $\boldsymbol{\varepsilon}_1,\boldsymbol{\varepsilon}_2,\cdots,\boldsymbol{\varepsilon}_n$ 线性表示，由定理 4 可进一步得到，任一 n 维向量都可以唯一地由 n 维单位向量 $\boldsymbol{\varepsilon}_1,\boldsymbol{\varepsilon}_2,\cdots,\boldsymbol{\varepsilon}_n$ 线性表示.

下面，证明定理 4 的逆命题也是成立的.

定理 5 向量 $\boldsymbol{\beta}$ 可以由向量组 $\boldsymbol{\alpha}_1,\boldsymbol{\alpha}_2,\cdots,\boldsymbol{\alpha}_s$ 线性表示，且表示法唯一，则向量组 $\boldsymbol{\alpha}_1,\boldsymbol{\alpha}_2,\cdots,\boldsymbol{\alpha}_s$ 线性无关.

证明：采用反证法，设向量组 $\boldsymbol{\alpha}_1,\boldsymbol{\alpha}_2,\cdots,\boldsymbol{\alpha}_s$ 线性相关，即存在一组不全为 0 的数 $k_1,k_2,\cdots,k_s$，使得

$$k_1\boldsymbol{\alpha}_1+k_2\boldsymbol{\alpha}_2+\cdots+k_s\boldsymbol{\alpha}_s=\boldsymbol{0}.$$

因 $\boldsymbol{\beta}$ 可由向量组 $\boldsymbol{\alpha}_1,\boldsymbol{\alpha}_2,\cdots,\boldsymbol{\alpha}_s$ 线性表示. 故存在一组数 $l_1,l_2,\cdots,l_s$,使得

$$\boldsymbol{\beta}=l_1\boldsymbol{\alpha}_1+l_2\boldsymbol{\alpha}_2+\cdots+l_s\boldsymbol{\alpha}_s.$$

结合上面两个等式,$\boldsymbol{\beta}$ 也可以表示成

$$\boldsymbol{\beta}=(l_1+k_1)\boldsymbol{\alpha}_1+(l_2+k_2)\boldsymbol{\alpha}_2+\cdots+(l_s+k_s)\boldsymbol{\alpha}_s,$$

且 $k_1,k_2,\cdots,k_s$ 中至少有一个数不等于 0,从而表示方法不唯一,矛盾. 因此,向量组 $\boldsymbol{\alpha}_1,\boldsymbol{\alpha}_2,\cdots,\boldsymbol{\alpha}_s$ 线性无关.

注 结合定理 4、定理 5,知向量 $\boldsymbol{\beta}$ 可以由向量组 $\boldsymbol{\alpha}_1,\boldsymbol{\alpha}_2,\cdots,\boldsymbol{\alpha}_s$ 线性表示,则表示方法唯一的充要条件是向量组 $\boldsymbol{\alpha}_1,\boldsymbol{\alpha}_2,\cdots,\boldsymbol{\alpha}_s$ 线性无关.

定理 6 向量组 $\boldsymbol{\alpha}_1,\boldsymbol{\alpha}_2,\cdots,\boldsymbol{\alpha}_s$ 线性无关,其中 $\boldsymbol{\alpha}_i=(a_{i1},a_{i2},\cdots,a_{in})(i=1,2,\cdots,s)$. 任取 s 个数记作 $\boldsymbol{\alpha}_{i(n+1)}(i=1,2,\cdots,s)$,构成$(n+1)$维向量 $\tilde{\boldsymbol{\alpha}}_i=(a_{i1},a_{i2},\cdots,a_{in},a_{i(n+1)})$,则向量组$\widetilde{\boldsymbol{\alpha}_1},\widetilde{\boldsymbol{\alpha}_2},\cdots,\widetilde{\boldsymbol{\alpha}_s}$线性无关,即线性无关向量组的“延长组”也线性无关.

证明: 向量组 $\boldsymbol{\alpha}_1,\boldsymbol{\alpha}_2,\cdots,\boldsymbol{\alpha}_s$ 线性无关,则

$$x_1\boldsymbol{\alpha}_1+x_2\boldsymbol{\alpha}_2+\cdots+x_s\boldsymbol{\alpha}_s=\boldsymbol{0}$$

只有零解,即齐次线性方程组

$$\begin{cases}a_{11}x_1+a_{21}x_2+\cdots+a_{s1}x_s=0,\\ a_{12}x_1+a_{22}x_2+\cdots+a_{s2}x_s=0,\\ \quad\cdots\cdots\\ a_{1n}x_1+a_{2n}x_2+\cdots+a_{sn}x_s=0\end{cases}$$

只有零解. 从而齐次方程组

$$\begin{cases}a_{11}x_1+a_{21}x_2+\cdots+a_{s1}x_s=0,\\ a_{12}x_1+a_{22}x_2+\cdots+a_{s2}x_s=0,\\ \quad\cdots\cdots\\ a_{1n}x_1+a_{2n}x_2+\cdots+a_{sn}x_s=0,\\ a_{1n+1}x_1+a_{2n+1}x_2+\cdots+a_{sn+1}x_s=0\end{cases}$$

只有零解,即

$$x_1\tilde{\boldsymbol{\alpha}}_1+x_2\tilde{\boldsymbol{\alpha}}_2+\cdots+x_s\tilde{\boldsymbol{\alpha}}_s=\boldsymbol{0}$$

只有零解. 从而向量组 $\tilde{\boldsymbol{\alpha}}_1,\tilde{\boldsymbol{\alpha}}_2,\cdots,\tilde{\boldsymbol{\alpha}}_s$线性无关.

注 线性相关的向量组的“延长组”不一定线性相关.

定理 7 已知向量组 $\boldsymbol{\alpha}_1,\boldsymbol{\alpha}_2,\cdots,\boldsymbol{\alpha}_s$ 与向量组 $\boldsymbol{\beta}_1,\boldsymbol{\beta}_2,\cdots,\boldsymbol{\beta}_t$ 满足:

(1)向量组 $\boldsymbol{\beta}_1,\boldsymbol{\beta}_2,\cdots,\boldsymbol{\beta}_t$ 可以由向量组 $\boldsymbol{\alpha}_1,\boldsymbol{\alpha}_2,\cdots,\boldsymbol{\alpha}_s$ 线性表示;

(2)$t>s$,

则向量组 $\boldsymbol{\beta}_1,\boldsymbol{\beta}_2,\cdots,\boldsymbol{\beta}_t$ 线性相关.

证明: $\boldsymbol{\beta}_j(j=1,2,\cdots,t)$可以由向量组 $\boldsymbol{\alpha}_1,\boldsymbol{\alpha}_2,\cdots,\boldsymbol{\alpha}_s$ 线性表示,即存在一组

数 $C_{j1},C_{j2},\cdots,C_{js}(j=1,2,\cdots,t)$使得

$$\boldsymbol{\beta}_j=\sum_{j=1}^{s}C_{ji}\boldsymbol{\alpha}_i(j=1,2,\cdots,t). \qquad ①$$

解方程

$$x_1\boldsymbol{\beta}_1+x_2\boldsymbol{\beta}_2+\cdots+x_t\boldsymbol{\beta}_t=\mathbf{0}, \qquad ②$$

即

$$\sum_{j=1}^{t}x_j\boldsymbol{\beta}_j=\mathbf{0}. \qquad ③$$

将①代入③,并结合向量加法和数乘运算的性质,得到

$$\begin{aligned}\mathbf{0}&=\sum_{j=1}^{t}x_j\left(\sum_{i=1}^{s}C_{ji}\boldsymbol{\alpha}_i\right)=\sum_{j=1}^{t}\sum_{i=1}^{s}x_jC_{ji}\boldsymbol{\alpha}_i\\&=\sum_{i=1}^{s}\sum_{j=1}^{t}x_jC_{ji}\boldsymbol{\alpha}_i=\sum_{i=1}^{s}\left(\sum_{j=1}^{t}x_jC_{ji}\right)\boldsymbol{\alpha}_i.\end{aligned} \qquad ④$$

显然,当

$$\sum_{j=1}^{t}x_jC_{j\gamma}=0(i=1,2,\cdots,s)$$

成立时,④式成立.

齐次线性方程组

$$\begin{cases}C_{11}x_1+C_{21}x_2+\cdots+C_{t1}x_t=0,\\C_{12}x_1+C_{22}x_2+\cdots+C_{t2}x_t=0,\\\quad\cdots\cdots\\C_{1s}x_1+C_{2s}x_2+\cdots+C_{ts}x_t=0\end{cases}$$

方程的个数 s 小于未知量的个数 t,其必有非零解. 取一组非零解

$$x_j=k_j(j=1,2,\cdots,t)$$

有下式成立:

$$k_1\boldsymbol{\beta}_1+k_2\boldsymbol{\beta}_2+\cdots+k_t\boldsymbol{\beta}_t=\mathbf{0}.$$

从而向量组 $\boldsymbol{\beta}_1,\boldsymbol{\beta}_2,\cdots,\boldsymbol{\beta}_t$ 线性相关.

推论 1 任意 $n+1$ 个 n 维向量线性相关.

证明: 向量组 $\boldsymbol{\alpha}_1,\boldsymbol{\alpha}_2,\cdots,\boldsymbol{\alpha}_n,\boldsymbol{\alpha}_{n+1}$ 可以由 n 维单位向量 $\boldsymbol{\varepsilon}_1,\boldsymbol{\varepsilon}_2,\cdots,\boldsymbol{\varepsilon}_n$ 线性表示,又向量组 $\boldsymbol{\varepsilon}_1,\boldsymbol{\varepsilon}_2,\cdots,\boldsymbol{\varepsilon}_n$ 线性无关,且 $n+1>n$,从而,由定理 7,知向量组 $\boldsymbol{\alpha}_1,\boldsymbol{\alpha}_2,\cdots,\boldsymbol{\alpha}_n,\boldsymbol{\alpha}_{n+1}$ 线性相关.

推论 2 已知向量组 $\boldsymbol{\alpha}_1,\boldsymbol{\alpha}_2,\cdots,\boldsymbol{\alpha}_s$ 与向量组 $\boldsymbol{\beta}_1,\boldsymbol{\beta}_2,\cdots,\boldsymbol{\beta}_t$ 满足

(1)向量组 $\boldsymbol{\beta}_1,\boldsymbol{\beta}_2,\cdots,\boldsymbol{\beta}_t$ 可以由向量组 $\boldsymbol{\alpha}_1,\boldsymbol{\alpha}_2,\cdots,\boldsymbol{\alpha}_s$ 线性表示;

(2)向量组 $\boldsymbol{\beta}_1,\boldsymbol{\beta}_2,\cdots,\boldsymbol{\beta}_t$ 线性无关,

则 $t\leqslant s$.

推论 3 已知向量组 $\boldsymbol{\alpha}_1,\boldsymbol{\alpha}_2,\cdots,\boldsymbol{\alpha}_s$ 与向量组 $\boldsymbol{\beta}_1,\boldsymbol{\beta}_2,\cdots,\boldsymbol{\beta}_t$ 满足

(1)向量组 $\boldsymbol{\alpha}_1,\boldsymbol{\alpha}_2,\cdots,\boldsymbol{\alpha}_s$ 与向量组 $\boldsymbol{\beta}_1,\boldsymbol{\beta}_2,\cdots,\boldsymbol{\beta}_t$ 等价;

(2)向量组 $\boldsymbol{\alpha}_1,\boldsymbol{\alpha}_2,\cdots,\boldsymbol{\alpha}_s$ 与向量组 $\boldsymbol{\beta}_1,\boldsymbol{\beta}_2,\cdots,\boldsymbol{\beta}_t$ 都线性无关，则 $t=s$，即两个线性无关的等价的向量组，必含有相同个数的向量.

3.4 向量组的秩及其极大无关组

在上一节中，我们引入了向量组线性相关和线性无关的概念，线性相关的向量组的部分组并不一定是线性相关的. 那么，向量组中线性无关的部分组的个数最多有多少个？为此，本节引入向量组的极大无关组以及向量组的秩的概念，并且讨论与之相关的性质.

3.4.1. 向量组的极大无关组

设 $\boldsymbol{\alpha}_1,\boldsymbol{\alpha}_2,\cdots,\boldsymbol{\alpha}_s$ 为非零向量组，那么其中至少有一个非零向量，则此非零向量线性无关. 再考虑由两个向量组成的部分组，若其中至少可以找到一个部分组线性无关. 当 $s>2$，就再考虑由三个向量组成的部分组，…，如此循环下去，就能找到向量组 $\boldsymbol{\alpha}_1,\boldsymbol{\alpha}_2,\cdots,\boldsymbol{\alpha}_s$ 中向量个数最多的线性无关的部分组.

定义 12 已知向量组 $\boldsymbol{\alpha}_1,\boldsymbol{\alpha}_2,\cdots,\boldsymbol{\alpha}_s$，若其中部分组 $\boldsymbol{\alpha}_{i_1},\cdots,\boldsymbol{\alpha}_{i_r}(1\leqslant i_j\leqslant s,j=1,\cdots,r)$ 线性无关，且任意 $(r+1)$ 个向量线性相关（如果 $r<s$ 的话），则称向量组 $\boldsymbol{\alpha}_{i_1},\cdots,\boldsymbol{\alpha}_{i_r}$ 是向量组 $\boldsymbol{\alpha}_1,\boldsymbol{\alpha}_2,\cdots,\boldsymbol{\alpha}_s$ 的极大线性无关组，简称极大无关组.

显然，全部都是零向量的向量组没有极大无关组，线性无关的向量组的极大无关组是其自身.

考查向量组 $\boldsymbol{\alpha}_1=(1,0,0),\boldsymbol{\alpha}_2=(0,1,0),\boldsymbol{\alpha}_3=(0,0,1),\boldsymbol{\alpha}_4=(1,1,1)$，这 4 个三维向量 $\boldsymbol{\alpha}_1,\boldsymbol{\alpha}_2,\boldsymbol{\alpha}_3,\boldsymbol{\alpha}_4$ 是线性相关的向量组. 而向量组 $\boldsymbol{\alpha}_1,\boldsymbol{\alpha}_2,\boldsymbol{\alpha}_3$，向量组 $\boldsymbol{\alpha}_1,\boldsymbol{\alpha}_2,\boldsymbol{\alpha}_4$，向量组 $\boldsymbol{\alpha}_1,\boldsymbol{\alpha}_3,\boldsymbol{\alpha}_4$ 及向量组 $\boldsymbol{\alpha}_2,\boldsymbol{\alpha}_3,\boldsymbol{\alpha}_4$ 均线性无关，从而这 4 个向量组都是向量组 $\boldsymbol{\alpha}_1,\boldsymbol{\alpha}_2,\boldsymbol{\alpha}_3,\boldsymbol{\alpha}_4$ 的极大无关组.

由此例可知，向量组的极大无关组可能不止一个.

定理 8 向量组与其极大无关组等价.

证明：不妨设向量组 $\boldsymbol{\alpha}_1,\cdots,\boldsymbol{\alpha}_r$ 是向量组 $\boldsymbol{\alpha}_1,\boldsymbol{\alpha}_2,\cdots,\boldsymbol{\alpha}_r,\cdots\boldsymbol{\alpha}_s(r\leqslant s)$ 的极大无关组.

向量组 $\boldsymbol{\alpha}_1,\boldsymbol{\alpha}_2,\cdots,\boldsymbol{\alpha}_s$ 中的任一向量 $\boldsymbol{\alpha}_i(1\leqslant i\leqslant s)$，若 $1\leqslant i\leqslant r$，则

$$\boldsymbol{\alpha}_i=0\cdot\boldsymbol{\alpha}_1+\cdots+1\cdot\boldsymbol{\alpha}_i+0\cdot\boldsymbol{\alpha}_{i+1}+\cdots+0\cdot\boldsymbol{\alpha}_r,$$

即 $\boldsymbol{\alpha}_i$ 可由向量组 $\boldsymbol{\alpha}_1,\cdots,\boldsymbol{\alpha}_r$ 线性表示.

若 $r<i\leqslant s$，由极大无关组的定义，知 $\boldsymbol{\alpha}_i,\boldsymbol{\alpha}_1,\cdots,\boldsymbol{\alpha}_r$ 线性相关. 又向量组 $\boldsymbol{\alpha}_1,\cdots,\boldsymbol{\alpha}_r$ 线性无关，故 $\boldsymbol{\alpha}_i$ 可由向量组 $\boldsymbol{\alpha}_1,\cdots,\boldsymbol{\alpha}_r$ 线性表示.

显然，向量组 $\boldsymbol{\alpha}_1,\cdots,\boldsymbol{\alpha}_r$ 可以由向量组 $\boldsymbol{\alpha}_1,\boldsymbol{\alpha}_2,\cdots,\boldsymbol{\alpha}_r,\cdots,\boldsymbol{\alpha}_s$ 线性表示.

因此，向量组 $\boldsymbol{\alpha}_1,\boldsymbol{\alpha}_2,\cdots,\boldsymbol{\alpha}_s$ 与其极大无关组 $\boldsymbol{\alpha}_1,\cdots,\boldsymbol{\alpha}_r$ 等价.

推论 1 向量组的任意两个极大无关组等价.

推论 2 同一向量组的极大无关组具有相同个数的向量.

3.4.2 向量组的秩

向量组的极大无关组可能不止一个. 但是,极大无关组所含向量的个数与极大无关组的选择无关,它直接反映了向量组内在的性质.

定义 13 向量组 $\boldsymbol{\alpha}_1,\boldsymbol{\alpha}_2,\cdots,\boldsymbol{\alpha}_s$ 的极大无关组所含的向量的个数,称为向量组的秩,记作

$$\mathrm{r}(\boldsymbol{\alpha}_1,\boldsymbol{\alpha}_2,\cdots,\boldsymbol{\alpha}_s).$$

例如,向量组 $\boldsymbol{\alpha}_1=(1,0,0),\boldsymbol{\alpha}_2=(0,1,0),\boldsymbol{\alpha}_3=(0,0,1),\boldsymbol{\alpha}_4=(1,1,1)$的秩 $\mathrm{r}(\boldsymbol{\alpha}_1,\boldsymbol{\alpha}_2,\boldsymbol{\alpha}_3,\boldsymbol{\alpha}_4)=3$.

显然,向量组 $\boldsymbol{\alpha}_1,\boldsymbol{\alpha}_2,\cdots,\boldsymbol{\alpha}_s$ 线性无关的充要条件是 $\mathrm{r}(\boldsymbol{\alpha}_1,\boldsymbol{\alpha}_2,\cdots,\boldsymbol{\alpha}_s)=s$.

定理 9 向量组 $\boldsymbol{\beta}_1,\boldsymbol{\beta}_2,\cdots,\boldsymbol{\beta}_t$ 可由向量组 $\boldsymbol{\alpha}_1,\boldsymbol{\alpha}_2,\cdots,\boldsymbol{\alpha}_s$ 线性表示,则

$$\mathrm{r}(\boldsymbol{\alpha}_1,\boldsymbol{\alpha}_2,\cdots,\boldsymbol{\alpha}_s)\geqslant \mathrm{r}(\boldsymbol{\beta}_1,\boldsymbol{\beta}_2,\cdots,\boldsymbol{\beta}_t).$$

证明:记 $\mathrm{r}(\boldsymbol{\alpha}_1,\boldsymbol{\alpha}_2,\cdots,\boldsymbol{\alpha}_s)=p,\mathrm{r}(\boldsymbol{\beta}_1,\boldsymbol{\beta}_2,\cdots,\boldsymbol{\beta}_t)=q$. 设向量组 $\boldsymbol{\alpha}_1,\boldsymbol{\alpha}_2,\cdots,\boldsymbol{\alpha}_s$ 的极大无关组为 $\boldsymbol{\alpha}_{i_1},\cdots,\boldsymbol{\alpha}_{i_p}$,向量组 $\boldsymbol{\beta}_1,\boldsymbol{\beta}_2,\cdots,\boldsymbol{\beta}_t$ 的极大无关组为 $\boldsymbol{\beta}_{j_1},\cdots,\boldsymbol{\beta}_{j_q}$.

向量组 $\boldsymbol{\beta}_1,\boldsymbol{\beta}_2,\cdots,\boldsymbol{\beta}_t$ 可以由向量组 $\boldsymbol{\alpha}_1,\boldsymbol{\alpha}_2,\cdots,\boldsymbol{\alpha}_s$ 线性表示,且向量组 $\boldsymbol{\alpha}_{i_1},\cdots,\boldsymbol{\alpha}_{i_p}$ 与向量组 $\boldsymbol{\alpha}_1,\boldsymbol{\alpha}_2,\cdots,\boldsymbol{\alpha}_s$ 等价,因而向量组 $\boldsymbol{\beta}_1,\boldsymbol{\beta}_2,\cdots,\boldsymbol{\beta}_t$ 可以由向量组 $\boldsymbol{\alpha}_{i_1},\cdots,\boldsymbol{\alpha}_{i_p}$ 线性表示,从而向量组 $\boldsymbol{\beta}_{j_1},\cdots,\boldsymbol{\beta}_{j_q}$ 可以由向量组 $\boldsymbol{\alpha}_{1_i},\cdots,\boldsymbol{\alpha}_{i_p}$ 线性表示. 又向量组 $\boldsymbol{\beta}_{j_1},\cdots,\boldsymbol{\beta}_{j_q}$ 线性无关,因此有 $p\geqslant q$. 即 $\mathrm{r}(\boldsymbol{\alpha}_1,\boldsymbol{\alpha}_2,\cdots,\boldsymbol{\alpha}_s)\geqslant \mathrm{r}(\boldsymbol{\beta}_1,\boldsymbol{\beta}_2,\cdots,\boldsymbol{\beta}_t)$.

推论 向量组 $\boldsymbol{\alpha}_1,\boldsymbol{\alpha}_2,\cdots,\boldsymbol{\alpha}_s$ 与向量组 $\boldsymbol{\beta}_1,\boldsymbol{\beta}_2,\cdots,\boldsymbol{\beta}_t$ 等价,则

$$\mathrm{r}(\boldsymbol{\alpha}_1,\boldsymbol{\alpha}_2,\cdots,\boldsymbol{\alpha}_s)=\mathrm{r}(\boldsymbol{\beta}_1,\boldsymbol{\beta}_2,\cdots,\boldsymbol{\beta}_t).$$

本节一开始就给出了求向量组的极大无关组的具体方法. 但是,当向量组中向量的个数多于 2 个时,利用这种方法来求向量组的极大无关组是非常麻烦的. 为此,需要探求其它方法,能够简便地求出向量组的极大无关组,并且能够求出向量组中的其余向量用极大无关组线性表示的表达式. 回忆一下,在上一章中,我们定义了矩阵的秩. 如果矩阵的每一行作为一个向量,矩阵的行向量组的秩称为矩阵的行秩. 相应地,如果矩阵的每一列作为一个向量,矩阵的列向量组的秩称为矩阵的列秩.

定理 10 矩阵的秩等于矩阵的行(列)秩.

证明: 设矩阵 $\boldsymbol{A}=(a_{ij})_{m\times n}=(\boldsymbol{\alpha}_1,\boldsymbol{\alpha}_2,\cdots,\boldsymbol{\alpha}_m)^T$ 的秩 $\mathrm{r}(\boldsymbol{A})=r$. 由矩阵的秩的性质,知至少存在一个 $\boldsymbol{A}$ 的 r 阶子式不为零,不妨设

$$\boldsymbol{A}_1=\begin{vmatrix} a_{11} & a_{12} & \cdots & a_{1r} \\ a_{21} & a_{22} & \cdots & a_{2r} \\ \vdots & \vdots & & \vdots \\ a_{r1} & a_{r2} & \cdots & a_{rr} \end{vmatrix}\neq 0.$$

记 $\tilde{\boldsymbol{\alpha}}_i=(a_{i1},\cdots,a_{ir})(i=1,\cdots,r)$,则向量组 $\tilde{\boldsymbol{\alpha}}_1,\cdots,\tilde{\boldsymbol{\alpha}}_r$ 线性无关,从而其延长组

$\boldsymbol{\alpha}_1=(a_{11},\cdots,a_{1r},a_{1r+1},\cdots,a_{1n}),\cdots,\boldsymbol{\alpha}_r=(a_{r1},\cdots,a_{rr},a_{rr+1},\cdots,a_{rn})$也线性无关. 因此,矩阵 A 的行秩$\geqslant r$.

反之,设矩阵 A 的行秩为 s,则 A 的行向量 $\boldsymbol{\alpha}_1,\boldsymbol{\alpha}_2,\cdots,\boldsymbol{\alpha}_m$ 中有 s 个向量线性无关,不妨设 $\boldsymbol{\alpha}_1,\cdots,\boldsymbol{\alpha}_s$ 线性无关,即齐次线性方程组

$$x_1\boldsymbol{\alpha}_1+\cdots+x_s\boldsymbol{\alpha}_s=\mathbf{0}$$

只有零解. 由本章定理 2,知系数矩阵 $\widetilde{\mathbf{A}}=(\boldsymbol{\alpha}_1,\cdots,\boldsymbol{\alpha}_s)$的秩 $\mathrm{r}(\widetilde{\mathbf{A}})=s$,则 $\widetilde{\mathbf{A}}$ 中至少有一个 s 阶子式不为零. 注意到 $\widetilde{\mathbf{A}}$ 的子式均为 $\mathbf{A}$ 的子式,因此 $\mathbf{A}$ 中至少有一个 s 阶子式不为零. 因此,$\mathrm{r}(\mathbf{A})\geqslant s$.

综上可知,$r=s$,即矩阵 $\mathbf{A}$ 的秩等于 $\mathbf{A}$ 的行秩.

同理可证,矩阵 $\mathbf{A}$ 的秩等于 $\mathbf{A}$ 的列秩.

在本章第一节中,用初等行变换将线性方程组转化为同解方程组. 换言之,初等行变换不改变列向量组的线性关系. 同理,可以证明初等列变换不改变行向量组的线性关系,这是寻找向量组的极大无关组及向量间线性关系的关键.

【例 1】 求下列向量组的秩及一个极大无关组,并把其余向量表示成极大无关组的线性组合.

(1)$\boldsymbol{\alpha}_1=(1,2,3,4),\boldsymbol{\alpha}_2=(2,3,4,5),\boldsymbol{\alpha}_3=(3,4,5,6),\boldsymbol{\alpha}_4=(4,5,6,7)$;

(2)$\boldsymbol{\beta}_1=(1,2,1,1)^T,\boldsymbol{\beta}_2=(2,1,0,1)^T,\boldsymbol{\beta}_3=(0,2,3,2)^T,\boldsymbol{\beta}_4=(-1,1,1,0)^T$.

解:(1)以 $\boldsymbol{\alpha}_1,\boldsymbol{\alpha}_2,\boldsymbol{\alpha}_3,\boldsymbol{\alpha}_4$ 为行向量作矩阵 A,并对 A 进行初等列变换,即

$$\mathbf{A}=\begin{pmatrix}\boldsymbol{\alpha}_1\\\boldsymbol{\alpha}_2\\\boldsymbol{\alpha}_3\\\boldsymbol{\alpha}_4\end{pmatrix}=\begin{pmatrix}1&2&3&4\\2&3&4&5\\3&4&5&6\\4&5&6&7\end{pmatrix}\xrightarrow[\substack{\textcircled{2}-2\textcircled{1}\\\textcircled{3}-3\textcircled{1}\\\textcircled{4}-4\textcircled{1}}]{}\begin{pmatrix}1&0&0&0\\2&-1&-2&-3\\3&-2&-4&-6\\4&-3&-6&-9\end{pmatrix}\xrightarrow[\substack{\textcircled{3}-2\textcircled{2}\\\textcircled{4}-3\textcircled{2}}]{}\begin{pmatrix}1&0&0&0\\2&-1&0&0\\3&-2&0&0\\4&-3&0&0\end{pmatrix}$$

$$\xrightarrow[\textcircled{1}+2\textcircled{2}]{}\begin{pmatrix}1&0&0&0\\0&-1&0&0\\-1&-2&0&0\\-2&-3&0&0\end{pmatrix}\xrightarrow[(-1)\times\textcircled{2}]{}\begin{pmatrix}1&0&0&0\\0&1&0&0\\-1&2&0&0\\-2&3&0&0\end{pmatrix}=\begin{pmatrix}\boldsymbol{\delta}_1\\\boldsymbol{\delta}_2\\\boldsymbol{\delta}_3\\\boldsymbol{\delta}_4\end{pmatrix}=\mathbf{A}_1.$$

显然,$\mathbf{A}_1$ 中前两个行向量 $\boldsymbol{\delta}_1,\boldsymbol{\delta}_2$ 线性无关,且为 $\boldsymbol{\delta}_1,\boldsymbol{\delta}_2,\boldsymbol{\delta}_3,\boldsymbol{\delta}_4$ 的一个极大无关组;且其余两个行向量可表示成 $\boldsymbol{\delta}_1,\boldsymbol{\delta}_2$ 的线性组合,即

$$\boldsymbol{\delta}_3=-\boldsymbol{\delta}_1+2\boldsymbol{\delta}_2,\boldsymbol{\delta}_4=-2\boldsymbol{\delta}_1+3\boldsymbol{\delta}_2.$$

从而得到 $\boldsymbol{\alpha}_1,\boldsymbol{\alpha}_2$ 线性无关,且为向量组 $\boldsymbol{\alpha}_1,\boldsymbol{\alpha}_2,\boldsymbol{\alpha}_3,\boldsymbol{\alpha}_4$ 的一个极大无关组,故该向量组的秩$\mathrm{r}(\boldsymbol{\alpha}_1,\boldsymbol{\alpha}_2,\boldsymbol{\alpha}_3,\boldsymbol{\alpha}_4)=2$,而

$$\boldsymbol{\alpha}_3=-\boldsymbol{\alpha}_1+2\boldsymbol{\alpha}_2,\boldsymbol{\alpha}_4=-2\boldsymbol{\alpha}_1+3\boldsymbol{\alpha}_2.$$

(2)以 $\boldsymbol{\beta}_1,\boldsymbol{\beta}_2,\boldsymbol{\beta}_3,\boldsymbol{\beta}_4$ 为列向量作矩阵 $\mathbf{B}$,并对 $\mathbf{B}$ 进行初等行变换,即

$\boldsymbol{B}=(\boldsymbol{\beta}_1,\boldsymbol{\beta}_2,\boldsymbol{\beta}_3,\boldsymbol{\beta}_4)$

$$=\begin{pmatrix}1&2&0&-1\\2&1&2&1\\1&0&3&1\\1&1&2&0\end{pmatrix}\xrightarrow[(4)-(1)]{\substack{(2)-2(1)\\(3)-(1)}}\begin{pmatrix}1&2&0&-1\\0&-3&2&3\\0&-2&3&2\\0&-1&2&1\end{pmatrix}\xrightarrow{(2)\leftrightarrow(4)}\begin{pmatrix}1&2&0&-1\\0&-1&2&1\\0&-2&3&2\\0&-3&2&3\end{pmatrix}\xrightarrow[(4)-3(2)]{(3)-2(2)}$$

$$\begin{pmatrix}1&2&0&-1\\0&-1&2&1\\0&0&-1&0\\0&0&-4&0\end{pmatrix}\xrightarrow[(4)-4(3)]{(2)+2(3)}\begin{pmatrix}1&2&0&-1\\0&-1&0&1\\0&0&-1&0\\0&0&0&0\end{pmatrix}\xrightarrow[(-1)\times(3)]{(1)+2(2)}\begin{pmatrix}1&0&0&1\\0&-1&0&1\\0&0&1&0\\0&0&0&0\end{pmatrix}$$

$=(\boldsymbol{\eta}_1,\boldsymbol{\eta}_2,\boldsymbol{\eta}_3,\boldsymbol{\eta}_4)=\boldsymbol{B}_1.$

显然,B_1 中的前三个列向量 $\boldsymbol{\eta}_1,\boldsymbol{\eta}_2,\boldsymbol{\eta}_3$ 线性无关,又 $\boldsymbol{\eta}_4=\boldsymbol{\eta}_1-\boldsymbol{\eta}_2$.

从而得到 $\boldsymbol{\beta}_1,\boldsymbol{\beta}_2,\boldsymbol{\beta}_3$ 线性无关,且为 $\boldsymbol{\beta}_1,\boldsymbol{\beta}_2,\boldsymbol{\beta}_3,\boldsymbol{\beta}_4$ 的一个极大无关组,而 $\boldsymbol{\beta}_4=\boldsymbol{\beta}_1-\boldsymbol{\beta}_2$.

【例 2】 设 $\boldsymbol{\alpha}_1,\boldsymbol{\alpha}_2,\boldsymbol{\alpha}_3$ 是一向量组的极大无关组,$\boldsymbol{\beta}_1,\boldsymbol{\beta}_2,\boldsymbol{\beta}_3$ 是该向量组的另一部分组,而 $\boldsymbol{\beta}_1=\boldsymbol{\alpha}_1+\boldsymbol{\alpha}_2+\boldsymbol{\alpha}_3,\boldsymbol{\beta}_2=\boldsymbol{\alpha}_1+\boldsymbol{\alpha}_2+2\boldsymbol{\alpha}_3,\boldsymbol{\beta}_3=\boldsymbol{\alpha}_1+2\boldsymbol{\alpha}_2+3\boldsymbol{\alpha}_3$. 证明:$\boldsymbol{\beta}_1,\boldsymbol{\beta}_2,\boldsymbol{\beta}_3$ 也是该向量组的极大无关组.

证明:依题意,

$$\begin{cases}\boldsymbol{\beta}_1=\boldsymbol{\alpha}_1+\boldsymbol{\alpha}_2+\boldsymbol{\alpha}_3,\\\boldsymbol{\beta}_2=\boldsymbol{\alpha}_1+\boldsymbol{\alpha}_2+2\boldsymbol{\alpha}_3,\\\boldsymbol{\beta}_3=\boldsymbol{\alpha}_1+2\boldsymbol{\alpha}_2+3\boldsymbol{\alpha}_3,\end{cases}$$

即
$$\begin{pmatrix}\boldsymbol{\beta}_1\\\boldsymbol{\beta}_2\\\boldsymbol{\beta}_3\end{pmatrix}=\begin{pmatrix}1&1&1\\1&1&2\\1&2&3\end{pmatrix}\begin{pmatrix}\boldsymbol{\alpha}_1\\\boldsymbol{\alpha}_2\\\boldsymbol{\alpha}_3\end{pmatrix}=\boldsymbol{A}\begin{pmatrix}\boldsymbol{\alpha}_1\\\boldsymbol{\alpha}_2\\\boldsymbol{\alpha}_3\end{pmatrix},$$

因为$|\boldsymbol{A}|=\begin{vmatrix}1&1&1\\1&1&2\\1&2&3\end{vmatrix}=-1\neq0$,

所以矩阵 $\boldsymbol{A}$ 为可逆矩阵,则有

$$\begin{pmatrix}\boldsymbol{\alpha}_1\\\boldsymbol{\alpha}_2\\\boldsymbol{\alpha}_3\end{pmatrix}=\boldsymbol{A}^{-1}\begin{pmatrix}\boldsymbol{\beta}_1\\\boldsymbol{\beta}_2\\\boldsymbol{\beta}_3\end{pmatrix}.$$

从而 $\boldsymbol{\alpha}_1,\boldsymbol{\alpha}_2,\boldsymbol{\alpha}_3$ 可由 $\boldsymbol{\beta}_1,\boldsymbol{\beta}_2,\boldsymbol{\beta}_3$ 线性表示,且 $\boldsymbol{\beta}_1,\boldsymbol{\beta}_2,\boldsymbol{\beta}_3$ 线性无关. 于是该向量组的任一向量均可由 $\boldsymbol{\beta}_1,\boldsymbol{\beta}_2,\boldsymbol{\beta}_3$ 线性表示,从而,$\boldsymbol{\beta}_1,\boldsymbol{\beta}_2,\boldsymbol{\beta}_3$ 为该向量组的一个极大无关组.

【例 3】 证明 $\mathrm{r}(\boldsymbol{A}+\boldsymbol{B})\leqslant\mathrm{r}(\boldsymbol{A})+\mathrm{r}(\boldsymbol{B})$.

证明: 设 $\boldsymbol{A},\boldsymbol{B}$ 均为 $m\times n$ 矩阵,将 $\boldsymbol{A}$、$\boldsymbol{B}$ 按照列分块,$\boldsymbol{A}=(\boldsymbol{\alpha}_1,\boldsymbol{\alpha}_2,\cdots,\boldsymbol{\alpha}_n)$,

$\boldsymbol{B}=(\boldsymbol{\beta}_1,\boldsymbol{\beta}_2,\cdots,\boldsymbol{\beta}_n)$，则

$$\boldsymbol{A}+\boldsymbol{B}=(\boldsymbol{\alpha}_1+\boldsymbol{\beta}_1,\boldsymbol{\alpha}_2+\boldsymbol{\beta}_2,\cdots,\boldsymbol{\alpha}_n+\boldsymbol{\beta}_n).$$

即证 $\mathrm{r}(\boldsymbol{\alpha}_1+\boldsymbol{\beta}_1,\boldsymbol{\alpha}_2+\boldsymbol{\beta}_2,\cdots,\boldsymbol{\alpha}_n+\boldsymbol{\beta}_n)\leqslant\mathrm{r}(\boldsymbol{\alpha}_1,\boldsymbol{\alpha}_2,\cdots,\boldsymbol{\alpha}_n)+\mathrm{r}(\boldsymbol{\beta}_1,\boldsymbol{\beta}_2,\cdots,\boldsymbol{\beta}_n)$. 取向量组 $\boldsymbol{\alpha}_1,\boldsymbol{\alpha}_2,\cdots,\boldsymbol{\alpha}_n$ 的一个极大无关组 $\boldsymbol{\alpha}_{i_1},\cdots,\boldsymbol{\alpha}_{i_r}$；向量组 $\boldsymbol{\beta}_1,\boldsymbol{\beta}_2,\cdots,\boldsymbol{\beta}_n$ 的一个极大无关组 $\boldsymbol{\beta}_{j_1},\cdots,\boldsymbol{\beta}_{j_s}$. 显然，向量组 $\boldsymbol{\alpha}_1+\boldsymbol{\beta}_1,\boldsymbol{\alpha}_2+\boldsymbol{\beta}_2,\cdots,\boldsymbol{\alpha}_n+\boldsymbol{\beta}_n$ 可以由向量组 $\boldsymbol{\alpha}_{i_1},\cdots,\boldsymbol{\alpha}_{i_r},\boldsymbol{\beta}_{j_1},\cdots,\boldsymbol{\beta}_{j_s}$ 线性表示. 由定理 2，有

$$\mathrm{r}(\boldsymbol{\alpha}_1+\boldsymbol{\beta}_1,\boldsymbol{\alpha}_2+\boldsymbol{\beta}_2,\cdots,\boldsymbol{\alpha}_n+\boldsymbol{\beta}_n)\leqslant\mathrm{r}(\boldsymbol{\alpha}_{i_1},\cdots,\boldsymbol{\alpha}_{i_r},\boldsymbol{\beta}_{j_1},\cdots,\boldsymbol{\beta}_{j_s})\leqslant r+s,$$

即

$$\mathrm{r}(\boldsymbol{\alpha}_1+\boldsymbol{\beta}_1,\boldsymbol{\alpha}_2+\boldsymbol{\beta}_2,\cdots,\boldsymbol{\alpha}_n+\boldsymbol{\beta}_n)\leqslant\mathrm{r}(\boldsymbol{\alpha}_1,\boldsymbol{\alpha}_2,\cdots,\boldsymbol{\alpha}_n)+\mathrm{r}(\boldsymbol{\beta}_1,\boldsymbol{\beta}_2,\cdots,\boldsymbol{\beta}_n),$$

证毕.

【例 4】 已知 $\boldsymbol{A}$ 是 $m\times n$ 矩阵，$\boldsymbol{B}$ 是 $n\times s$ 矩阵，证明

$$\mathrm{r}(\boldsymbol{AB})\leqslant\min\{\mathrm{r}(\boldsymbol{A}),\mathrm{r}(\boldsymbol{B})\}.$$

证明：设 $\boldsymbol{A}=(a_{ij})_{m\times n}=(\boldsymbol{\alpha}_1,\boldsymbol{\alpha}_2,\cdots,\boldsymbol{\alpha}_n)$， $\boldsymbol{B}=(b_{ij})_{n\times s}=(\boldsymbol{\beta}_1,\boldsymbol{\beta}_2,\cdots,\boldsymbol{\beta}_n)^T$，则 $\boldsymbol{AB}=(c_{ij})_{m\times s}=(\boldsymbol{\gamma}_1,\boldsymbol{\gamma}_2,\cdots,\boldsymbol{\gamma}_s)$.

于是$$(\boldsymbol{\gamma}_1,\boldsymbol{\gamma}_2,\cdots,\boldsymbol{\gamma}_s)=(\boldsymbol{\alpha}_1,\boldsymbol{\alpha}_2,\cdots,\boldsymbol{\alpha}_n)\begin{pmatrix}b_{11}&\cdots&b_{1j}&\cdots&b_{1s}\\b_{21}&\cdots&b_{2j}&\cdots&b_{2s}\\\vdots&&\vdots&&\vdots\\b_{n1}&\cdots&b_{nj}&\cdots&b_{ns}\end{pmatrix}.$$

因此有 $\boldsymbol{\gamma}_j=b_{1j}\boldsymbol{\alpha}_1+b_{2j}\boldsymbol{\alpha}_2+\cdots+b_{nj}\boldsymbol{\alpha}_n(j=1,2,\cdots,s)$，即向量组 $\boldsymbol{\gamma}_1,\boldsymbol{\gamma}_2,\cdots,\boldsymbol{\gamma}_s$ 可以由向量组 $\boldsymbol{\alpha}_1,\boldsymbol{\alpha}_2,\cdots,\boldsymbol{\alpha}_n$ 线性表示，从而 $\mathrm{r}(\boldsymbol{\gamma}_1,\boldsymbol{\gamma}_2,\cdots,\boldsymbol{\gamma}_s)\leqslant\mathrm{r}(\boldsymbol{\alpha}_1,\boldsymbol{\alpha}_2,\cdots,\boldsymbol{\alpha}_n)$，也就是 $\mathrm{r}(\boldsymbol{AB})\leqslant\mathrm{r}(\boldsymbol{A})$.

同理可证，向量组 $\boldsymbol{\gamma}_1,\boldsymbol{\gamma}_2,\cdots,\boldsymbol{\gamma}_s$ 可以由向量组 $\boldsymbol{\beta}_1,\boldsymbol{\beta}_2,\cdots,\boldsymbol{\beta}_n$ 线性表示，即 $\mathrm{r}(\boldsymbol{AB})\leqslant\mathrm{r}(\boldsymbol{B})$.

因此，$\mathrm{r}(\boldsymbol{AB})\leqslant\min\{\mathrm{r}(\boldsymbol{A}),\mathrm{r}(\boldsymbol{B})\}$.

3.5 线性方程组解的结构

n 元线性方程组

$$x_1\boldsymbol{\alpha}_1+x_2\boldsymbol{\alpha}_2+\cdots+x_n\boldsymbol{\alpha}_n=\boldsymbol{\beta} \qquad ①$$

的一个解是一个 n 元有序数组，从而是一个 n 维向量，称为解向量. 本章第一节中给出了线性方程组有解的判定定理. 本节将讨论线性方程组解的结构问题. 当方程组仅有唯一解时，没有什么结构问题；当方程组有无穷多解时，解向量组成的向量组含有无穷多的向量，这个向量组的秩是多少？极大无关组又是由哪些解向量所构成？这些都是需要解决的问题.

当解向量不唯一时，解向量相互之间有什么关系呢？首先，讨论齐次线性方程组的情形.

3.5.1 齐次线性方程组解的结构

考虑 n 元齐次线性方程组

$$\begin{cases} a_{11}x_1+a_{12}x_2+\cdots+a_{1n}x_n=0, \\ a_{21}x_1+a_{22}x_2+\cdots+a_{2n}x_n=0, \\ \cdots\cdots \\ a_{s1}x_1+a_{s2}x_2+\cdots+a_{sn}x_n=0, \end{cases} \quad ②$$

即 $\boldsymbol{A}\boldsymbol{x}=\boldsymbol{0}$，其中 $\boldsymbol{A}=(a_{ij})_{s\times n}$，$\boldsymbol{x}=(x_1,x_2,\cdots,x_n)^T$. 显然，零向量是齐次线性方程组的解. 除此之外，齐次方程组的解向量有以下两个重要性质：

性质 1 设 $\boldsymbol{\xi},\boldsymbol{\eta}$ 是齐次线性方程组②的两个解向量，则 $\boldsymbol{\xi}+\boldsymbol{\eta}$ 也是齐次线性方程组②的解.

证明： 设 $\boldsymbol{\xi}=(k_1,k_2,\cdots,k_n)^T$，$\boldsymbol{\eta}=(l_1,l_2,\cdots,l_n)^T$ 是齐次方程②的两个解向量，即

$$\sum_{j=1}^{n} a_{ij}k_j = 0(i=1,2,\cdots,s),$$

$$\sum_{j=1}^{n} a_{ij}l_j = 0(i=1,2,\cdots,s),$$

则

$$\sum_{j=1}^{n} a_{ij}(k_j+l_j) = \sum_{j=1}^{n} a_{ij}k_j + \sum_{j=1}^{n} a_{ij}l_j = 0(i=1,2,\cdots,s),$$

即 $\boldsymbol{\xi}+\boldsymbol{\eta}=(k_1+l_1,k_2+l_2,\cdots,k_n+l_n)^T$ 是方程组②的解.

性质 2 设 $\boldsymbol{\xi}$ 是齐次线性方程组②的解，$k\in\mathbf{R}$，则 $k\boldsymbol{\xi}$ 也是齐次线性方程组②的解.

证明： 设 $\boldsymbol{\xi}=(c_1,c_2,\cdots,c_n)^T$ 是齐次线性方程组②的解，即

$$\sum_{j=1}^{n} a_{ij}c_j = 0(i=1,2,\cdots,s),$$

$$\sum_{j=1}^{n} a_{ij}(kc_j) = k\sum_{j=1}^{n} a_{ij}c_j = 0(i=1,2,\cdots,s),$$

即 $k\boldsymbol{\xi}=(kc_1,kc_2,\cdots,kc_n)^T$ 是齐次线性方程组②的解.

由以上两个性质，知齐次线性方程组解向量的线性组合还是解向量，即对任意常数 c_1 和 c_2，若 $\boldsymbol{\xi},\boldsymbol{\eta}$ 是齐次线性方程组②的解，则 $c_1\boldsymbol{\xi}+c_2\boldsymbol{\eta}$ 还是方程组②的解. 那么，齐次线性方程组的任一解向量能否由有限个解向量线性表示呢？答案是肯定的.

定义 14 设 $\boldsymbol{\eta}_1,\boldsymbol{\eta}_2,\cdots,\boldsymbol{\eta}_r$ 是齐次线性方程组②的一组解，满足：

(1) $\boldsymbol{\eta}_1,\boldsymbol{\eta}_2,\cdots,\boldsymbol{\eta}_r$ 线性无关，

(2) 方程组②的任一解 $\boldsymbol{\eta}$ 都可以由向量组 $\boldsymbol{\eta}_1,\boldsymbol{\eta}_2,\cdots,\boldsymbol{\eta}_r$ 线性表示，

则称向量组 $\boldsymbol{\eta}_1,\boldsymbol{\eta}_2,\cdots,\boldsymbol{\eta}_r$ 是齐次线性方程组②的一个基础解系.

显然,齐次线性方程组的一个基础解系也就是由解向量组成的向量组的一个极大无关组.下面,解决基础解系的存在性问题.

定理 11 设齐次线性方程组②有非零解,则存在基础解系,且基础解系中含有$(n-r)$个解向量,其中 $r=\mathrm{r}(\boldsymbol{A})$.

证明:因为 $\mathrm{r}(\boldsymbol{A})=r<n$,所以对方程组②的系数矩阵进行初等行变换,可化为如下形式.

$$\begin{pmatrix} 1 & 0 & \cdots & 0 & c_{1r+1} & \cdots & c_{1n} \\ 0 & 1 & \cdots & 0 & c_{2n+1} & \cdots & c_{2n} \\ \vdots & \vdots & & \vdots & \vdots & & \vdots \\ 0 & 0 & \cdots & 1 & c_{rr+1} & \cdots & c_{rn} \\ 0 & 0 & \cdots & 0 & 0 & \cdots & 0 \\ \vdots & \vdots & & \vdots & \vdots & & \vdots \\ 0 & 0 & \cdots & 0 & 0 & \cdots & 0 \end{pmatrix}.$$

由此可得方程组②的同解方程组

$$\begin{cases} x_1=-c_{1r+1}x_{r+1}-\cdots-c_{1n}x_n, \\ x_2=-c_{2r+1}x_{r+1}-\cdots-c_{2n}x_n, \\ \qquad\cdots\cdots \\ x_r=-c_{rr+1}x_{r+1}-\cdots-c_{rn}x_n, \end{cases}$$

其中 $x_{r+1},x_{r+2},\cdots,x_n$ 为自由未知量,$(x_{r+1},x_{r+2},\cdots,x_n)^T$ 分别取

$$\begin{pmatrix} 1 \\ 0 \\ \vdots \\ 0 \end{pmatrix}, \begin{pmatrix} 0 \\ 1 \\ \vdots \\ 0 \end{pmatrix}, \cdots, \begin{pmatrix} 0 \\ 0 \\ \vdots \\ 1 \end{pmatrix},$$

可得$(n-r)$个解向量

$$\boldsymbol{\eta}_1=\begin{pmatrix} -c_{1r+1} \\ -c_{2r+1} \\ \vdots \\ -c_{rr+1} \\ 1 \\ 0 \\ \vdots \\ 0 \end{pmatrix}, \boldsymbol{\eta}_2=\begin{pmatrix} -c_{1r+2} \\ -c_{2r+2} \\ \vdots \\ -c_{rr+2} \\ 0 \\ 1 \\ \vdots \\ 0 \end{pmatrix}, \cdots, \boldsymbol{\eta}_{n-r}=\begin{pmatrix} -c_{1n} \\ -c_{2n} \\ \vdots \\ -c_{rn} \\ 0 \\ 0 \\ \vdots \\ 1 \end{pmatrix}.$$

首先,证明 $\boldsymbol{\eta}_1,\boldsymbol{\eta}_2,\cdots,\boldsymbol{\eta}_{n-r}$线性无关.

以 $\boldsymbol{\eta}_1,\boldsymbol{\eta}_2,\cdots,\boldsymbol{\eta}_{n-r}$ 为列向量作矩阵 $\boldsymbol{B}=(\boldsymbol{\eta}_1,\boldsymbol{\eta}_2,\cdots,\boldsymbol{\eta}_{n-r})$. 显然 $\boldsymbol{B}$ 中至少有

一个$(n-r)$阶子式

$$\begin{vmatrix} 1 & 0 & \cdots & 0 \\ 0 & 1 & \cdots & 0 \\ \vdots & \vdots & & \vdots \\ 0 & 0 & \cdots & 1 \end{vmatrix} = 1 \neq 0.$$

因此，$r(\boldsymbol{B})=n-r$，即向量组$\boldsymbol{\eta}_1,\boldsymbol{\eta}_2,\cdots,\boldsymbol{\eta}_{n-r}$线性无关.

其次，再证任一解向量$\boldsymbol{\eta}=(c_1,c_2,\cdots,c_n)^T$可以由向量组$\boldsymbol{\eta}_1,\boldsymbol{\eta}_2,\cdots,\boldsymbol{\eta}_{n-r}$线性表示.

设存在一组数$k_1,k_2,\cdots,k_{n-r}$，使得

$\boldsymbol{\eta}=k_1\boldsymbol{\eta}_1+k_2\boldsymbol{\eta}_2+\cdots+k_{n-r}\boldsymbol{\eta}_{n-r}$.

即

$$\begin{cases} c_1=-k_1c_{1r+1}-k_2c_{1r+2}-\cdots-k_{n-r}c_{1n}, \\ c_2=-k_1c_{2r+1}-k_2c_{2r+2}-\cdots-k_{n-r}c_{2n}, \\ \quad\cdots\cdots \\ c_r=-k_1c_{rr+1}-k_2c_{rr+2}-\cdots-k_{n-r}c_{rn}, \\ c_{r+1}=k_1, \\ c_{r+2}=k_2, \\ \quad\cdots\cdots \\ c_n=k_{n-r}. \end{cases} \qquad ③$$

注意到齐次方程组的解由其自由未知量唯一确定. 因此，只要取

$(k_1,k_2,\cdots,k_{n-r})^T=(c_{r+1},c_{r+2},\cdots,c_n)^T$ 即可，故

$$\boldsymbol{\eta}=c_{r+1}\boldsymbol{\eta}_1+c_{r+2}\boldsymbol{\eta}_2+\cdots+c_n\boldsymbol{\eta}_{n-r},$$

可知$\boldsymbol{\eta}$是向量组$\boldsymbol{\eta}_1,\boldsymbol{\eta}_2,\cdots,\boldsymbol{\eta}_{n-r}$的线性组合.

综上，证明了向量组$\boldsymbol{\eta}_1,\boldsymbol{\eta}_2,\cdots,\boldsymbol{\eta}_{n-r}$是齐次线性方程组②的一个基础解系，并在证明过程中，给出了求基础解系的具体方法. 齐次线性方程组②的全部解为

$$c_1\boldsymbol{\eta}_1+c_2\boldsymbol{\eta}_2+\cdots+c_{n-r}\boldsymbol{\eta}_{n-r},$$

其中$c_1,c_2,\cdots,c_{n-r}$为任意常数.

【例1】 求下面齐次线性方程组的一个基础解系.

$$\begin{cases} x_1-2x_2+4x_3-7x_4=0, \\ 2x_1+x_2-2x_3+x_4=0, \\ 3x_1-x_2+2x_3-4x_4=0. \end{cases}$$

解：对系数矩阵$\boldsymbol{A}$施行初等行变换.

$$\boldsymbol{A}=\begin{pmatrix} 1 & -2 & 4 & -7 \\ 2 & 1 & -2 & 1 \\ 3 & -1 & 2 & -4 \end{pmatrix} \xrightarrow[(3)-3(1)]{(2)-2(1)} \begin{pmatrix} 1 & -2 & 4 & -7 \\ 0 & 5 & -10 & 15 \\ 0 & 5 & -10 & 17 \end{pmatrix}$$

$$\xrightarrow{(3)-(2)}\begin{pmatrix}1&-2&4&-7\\0&5&-10&15\\0&0&0&2\end{pmatrix}\xrightarrow[\frac{1}{5}\times(2)]{\frac{1}{2}\times(3)}\begin{pmatrix}1&-2&4&-7\\0&1&-2&3\\0&0&0&1\end{pmatrix}$$

$$\xrightarrow{(1)+2(2)}\begin{pmatrix}1&0&0&-1\\0&1&-2&3\\0&0&0&1\end{pmatrix}\xrightarrow[2-3(3)]{(1)+(3)}\begin{pmatrix}1&0&0&0\\0&1&-2&0\\0&0&0&1\end{pmatrix}.$$

原方程组的同解方程组为

$$\begin{cases}x_1=0,\\x_2=2x_3,\\x_4=0,\end{cases}$$

其中 x_3 为自由未知量.

令 $x_3=1$,得方程组的解为 $\boldsymbol{\eta}=(0,2,1,0)^T$,

$\boldsymbol{\eta}$ 就是所给方程组的一个基础解系.

【例 2】 用基础解系表示下面齐次线性方程组的全部解.

$$\begin{cases}x_1+x_2+x_3+x_4+x_5=0,\\3x_1+2x_2+x_3+x_4-3x_5=0,\\x_2+2x_3+2x_4+6x_5=0,\\5x_1+4x_2+3x_3+3x_4-x_5=0.\end{cases}$$

解:对系数矩阵 $\boldsymbol{A}$ 施行初等行变换.

$$\boldsymbol{A}=\begin{pmatrix}1&1&1&1&1\\3&2&1&1&-3\\0&1&2&2&6\\5&4&3&3&-1\end{pmatrix}\xrightarrow[(4)-5(1)]{(2)-3(1)}\begin{pmatrix}1&1&1&1&1\\0&-1&-2&-2&-6\\0&1&2&2&6\\0&-1&-2&-2&-6\end{pmatrix}$$

$$\xrightarrow[(4)-(2)]{\substack{(1)+(2)\\(3)+(2)}}\begin{pmatrix}1&0&-1&-1&-5\\0&-1&-2&-2&-6\\0&0&0&0&0\\0&0&0&0&0\end{pmatrix}\xrightarrow{(-1)\times(2)}\begin{pmatrix}1&0&-1&-1&-5\\0&1&2&2&6\\0&0&0&0&0\\0&0&0&0&0\end{pmatrix}.$$

原方程组的同解方程组为

$$\begin{cases}x_1=x_3+x_4+5x_5,\\x_2=-2x_3-2x_4-6x_5,\end{cases}$$

其中 x_3,x_4,x_5 为自由未知量,

分别取 $(x_3,x_4,x_5)^T$ 为 $(1,0,0)^T,(0,1,0)^T,(0,0,1)^T$,

得方程组的解为

$$\boldsymbol{\eta}_1=\begin{pmatrix}1\\-2\\1\\0\\0\end{pmatrix},\boldsymbol{\eta}_2=\begin{pmatrix}1\\-2\\0\\1\\0\end{pmatrix},\boldsymbol{\eta}_3=\begin{pmatrix}5\\-6\\0\\0\\1\end{pmatrix}$$，$\boldsymbol{\eta}_1,\boldsymbol{\eta}_2,\boldsymbol{\eta}_3$ 就是所给方程组的一个基础解系.因此,方程组的全部解为

$$\boldsymbol{\eta}=c_1\begin{pmatrix}1\\-2\\1\\0\\0\end{pmatrix}+c_2\begin{pmatrix}1\\-2\\0\\1\\0\end{pmatrix}+c_3\begin{pmatrix}5\\-6\\0\\0\\1\end{pmatrix},$$

其中 c_1,c_2,c_3 为任意常数.

【例 3】 设 $\boldsymbol{A},\boldsymbol{B}$ 分别是 $m\times n$ 与 $n\times s$ 矩阵,满足 $\boldsymbol{AB}=\boldsymbol{O}$.

求证：
$$\mathrm{r}(\boldsymbol{A})+\mathrm{r}(\boldsymbol{B})\leqslant n.$$

证明:记 $\mathrm{r}(\boldsymbol{A})=r$,将 B 按列分块,得 $\boldsymbol{B}=(\boldsymbol{\beta}_1,\boldsymbol{\beta}_2,\cdots,\boldsymbol{\beta}_s)$. 由 $\boldsymbol{AB}=\boldsymbol{O}$,得

$$\boldsymbol{A\beta}_j=\boldsymbol{0}(j=1,2,\cdots,s),$$

即 $\boldsymbol{B}$ 的每一个列向量都是齐次线性方程组 $\boldsymbol{Ax}=\boldsymbol{0}$ 的解. 注意到 $\boldsymbol{Ax}=\boldsymbol{0}$ 的基础解系中含 $n-r$ 个向量,即 $\boldsymbol{Ax}=\boldsymbol{0}$ 的任一组解中至多含有$(n-r)$个线性无关的解. 因此,

$$\mathrm{r}(\boldsymbol{B})=\mathrm{r}(\boldsymbol{\beta}_1,\boldsymbol{\beta}_2,\cdots,\boldsymbol{\beta}_s)\leqslant n-r.$$

故
$$\mathrm{r}(\boldsymbol{A})+\mathrm{r}(\boldsymbol{B})\leqslant n.$$

3.5.2 非齐次线性方程组解的结构

考虑一般的线性方程组.

$$\begin{cases}a_{11}x_1+a_{12}x_2+\cdots+a_{1n}x_n=b_1,\\a_{21}x_1+a_{22}x_2+\cdots+a_{2n}x_n=b_2,\\\cdots\cdots\\a_{s1}x_1+a_{s2}x_2+\cdots+a_{sn}x_n=b_s,\end{cases}\qquad ④$$

即 $\boldsymbol{Ax}=\boldsymbol{b}$,其中 $\boldsymbol{A}=(a_{ij})_{s\times n},\boldsymbol{b}=(b_1,b_2,\cdots,b_s)^T$. 若将方程组④中的常数项向量换成 $\boldsymbol{0}$,就得到齐次方程组②,方程组②称为方程组④的导出组. 线性方程组④的解具有如下两个重要性质;

性质 1 设 $\boldsymbol{\xi}=(h_1,h_2,\cdots,h_n)^T,\boldsymbol{\eta}=(k_1,k_2,\cdots,k_n)^T$ 是线性方程组④的两个解,则 $\boldsymbol{\xi}-\boldsymbol{\eta}$ 是其导出组②的解.

事实上,因 $\sum\limits_{j=1}^{n}a_{ij}h_j=b_i,\sum\limits_{j=1}^{n}a_{ij}k_j=b_i(i=1,2,\cdots,s)$,

故

$$\sum_{j=1}^{n} a_{ij}(h_j - k_j) = \sum_{j=1}^{n} a_{ij}h_j - \sum_{j=1}^{n} a_{ij}k_j = b_i - b_i = 0(i = 1,2,\cdots,s),$$

从而 $\boldsymbol{\xi}-\boldsymbol{\eta}=(h_1-k_1,h_2-k_2,\cdots,h_n-k_n)^T$ 是其导出组②的一个解.

性质 2 设 $\boldsymbol{\eta}_0$ 是线性方程组④的一个解,$\boldsymbol{\eta}$ 是其导出组②的一个解,则 $\boldsymbol{\eta}_0+\boldsymbol{\eta}$ 是线性方程组④的一个解.

证明: 因 $\boldsymbol{\eta}=(k_1,k_2,\cdots,k_n)^T$ 是线性方程组④的一个解,则

$$\sum_{j=1}^{n} a_{ij}k_j = b_i(i = 1,2,\cdots,s).$$

又 $\boldsymbol{\eta}=(l_1,l_2,\cdots,l_n)$ 是其导出组 ② 的一个解,所以

$$\sum_{j=1}^{n} a_{ij}l_j = 0(i = 1,2,\cdots,s).$$

于是

$$\sum_{j=1}^{n} a_{ij}(k_j + l_j) = \sum_{j=1}^{n} a_{ij}k_j + \sum_{j=1}^{n} a_{ij}l_j = b_i + 0 = b_i(i = 1,2,\cdots,s).$$

从而 $\boldsymbol{\eta}_0+\boldsymbol{\eta}=(k_1+l_1,k_2+l_2,\cdots,k_n+l_n)^T$ 是方程组④的一个解.

由以上两个性质,就可以得到非齐次线性方程组解的结构定理.

定理 12 线性方程组④有解,则其任一解 $\boldsymbol{r}$ 都可以表示成

$$\boldsymbol{r}=\boldsymbol{\eta}_0+\boldsymbol{\eta}, \qquad ⑤$$

其中 $\boldsymbol{\eta}_0$ 是方程组④的一个特解,$\boldsymbol{\eta}$ 是其导出组②的一个解. 对于方程组④的任一特解 $\boldsymbol{\eta}_0$,当 $\boldsymbol{\eta}$ 取遍它的导出组的全部解时,⑤就给出了方程组④的全部解.

证明: 对线性方程组④的任一解 $\boldsymbol{r}$,$\boldsymbol{\eta}_0$ 是方程组④的一个特解,则 $\boldsymbol{r}$ 可以表示成

$$\boldsymbol{r}=\boldsymbol{\eta}_0+(\boldsymbol{r}-\boldsymbol{\eta}_0).$$

由性质 1,知 $\boldsymbol{r}-\boldsymbol{\eta}_0$ 是它的导出组②的一个解,令 $\boldsymbol{\eta}=\boldsymbol{r}-\boldsymbol{\eta}_0$,就得到定理的结论. 既然方程组④的任一解都可以表示成⑤的形式,那么当 $\boldsymbol{\eta}$ 取遍方程组②的全部解时

$$\boldsymbol{r}=\boldsymbol{\eta}_0+\boldsymbol{\eta}$$

就取遍方程组④的全部解,证毕.

设 $\boldsymbol{\eta}_1,\boldsymbol{\eta}_2,\cdots,\boldsymbol{\eta}_{n-r}$ 是齐次方程组②的一个基础解系,则方程组②的全部解为

$$\boldsymbol{\eta}=c_1\boldsymbol{\eta}_1+c_2\boldsymbol{\eta}_2+\cdots+c_{n-r}\boldsymbol{\eta}_{n-r},$$

其中 $c_1,c_2,\cdots,c_{n-r}$ 为任意常数,结合定理 2,给出线性方程组解的结构.

定理 13 设 $\boldsymbol{\eta}_0$ 是线性方程组④的一个特解,$\boldsymbol{\eta}_1,\boldsymbol{\eta}_2,\cdots,\boldsymbol{\eta}_{n-r}$ 是其导出组②的一个基础解系,则方程组④的全部解为

$$\boldsymbol{\eta}=\boldsymbol{\eta}_0+c_1\boldsymbol{\eta}_1+c_2\boldsymbol{\eta}_2+\cdots+c_{n-r}\boldsymbol{\eta}_{n-r},$$

其中 $c_1,c_2,\cdots,c_{n-r}$ 为任意常数.

推论 在线性方程组④有解的条件下,解唯一的充要条件是其导出组②只有零解.

【例4】 用基础解系表示下面线性方程组的全部解

$$\begin{cases}2x_1-x_2+4x_3-3x_4=-4,\\ x_1\qquad+x_3-x_4=-3,\\ 3x_1+x_2+x_3\qquad=1,\\ 7x_1\qquad+7x_3-3x_4=3.\end{cases}$$

解:对方程组的增广矩阵 $\overline{\boldsymbol{A}}=(\boldsymbol{A}\mid\boldsymbol{b})$ 施行初等行变换.

$$\overline{\boldsymbol{A}}=(\boldsymbol{A}\mid\boldsymbol{b})=\begin{pmatrix}2&-1&4&-3&-4\\1&0&1&-1&-3\\3&1&1&0&1\\7&0&7&-3&3\end{pmatrix}\xrightarrow{(1)\leftrightarrow(2)}\begin{pmatrix}1&0&1&-1&-3\\2&-1&4&-3&-4\\3&1&1&0&1\\7&0&7&-3&3\end{pmatrix}$$

$$\xrightarrow[(4)-7(1)]{\substack{(2)-2(1)\\(3)-3(1)}}\begin{pmatrix}1&0&1&-1&-3\\0&-1&2&-1&2\\0&1&-2&3&10\\0&0&0&4&24\end{pmatrix}\xrightarrow{(3)+(2)}\begin{pmatrix}1&0&1&-1&-3\\0&-1&2&-1&2\\0&0&0&2&12\\0&0&0&4&24\end{pmatrix}$$

$$\xrightarrow[(2)+\frac{1}{2}(3)]{\substack{(1)+\frac{1}{2}(3)\\(4)-2(3)}}\begin{pmatrix}1&0&1&0&3\\0&-1&2&0&8\\0&0&0&2&12\\0&0&0&0&0\end{pmatrix}\xrightarrow[(-1)\times(2)]{\frac{1}{2}\times(3)}\begin{pmatrix}1&0&1&0&3\\0&1&-2&0&-8\\0&0&0&1&6\\0&0&0&0&0\end{pmatrix}.$$

原方程组的同解方程组为

$$\begin{cases}x_1=3-x_3,\\ x_2=-8+2x_3,\\ x_4=6,\end{cases}$$

其中 x_3 为自由未知量.

令 $x_3=0$,得方程组的一个特解

$$\boldsymbol{\eta}_0=\begin{pmatrix}3\\-8\\0\\6\end{pmatrix}.$$

原方程组的导出组的同解方程组为

$$\begin{cases}x_1=-x_3,\\ x_2=2x_3,\\ x_4=0,\end{cases}$$

其中 x_3 为自由未知量.

令 $x_3=1$,得导出组的一个基础解系

$$\boldsymbol{\eta}=\begin{pmatrix}-1\\2\\1\\0\end{pmatrix}.$$

因此,原方程组的全部解为

$$\boldsymbol{r}=\boldsymbol{\eta}_0+c\boldsymbol{\eta}=\begin{pmatrix}3\\-8\\0\\0\end{pmatrix}+c\begin{pmatrix}-1\\2\\1\\0\end{pmatrix},$$

其中 c 为任意常数.

小 结

1. 设 P 为数域,数域 P 上的 n 个数组成的有序数组 $\boldsymbol{\alpha}=(a_1,a_2,\cdots,a_n)$ 或 $\boldsymbol{\beta}=\begin{pmatrix}b_1\\b_2\\\cdots\\b_n\end{pmatrix}$ 称为数域 P 上的 n 维向量,简称 n 维向量,这里 $a_i,b_j\in P(i,j=1,2,\cdots,n)$.

引入向量的加法与数乘运算,则 n 维向量满足第 2 节中所介绍的 8 条性质.这样,全体 n 维向量构成一个向量空间,记作 P^n.

本章取数域 P 为实数域 $\mathbf{R}$,则 P^n 向量空间就是 n 维实向量空间 $\boldsymbol{R}^n$.

2. 取 $n+1$ 个向量 $\boldsymbol{\alpha}_1,\boldsymbol{\alpha}_2\cdots,\boldsymbol{\alpha}_m,\boldsymbol{\beta}\in\boldsymbol{R}^n$,若存在一组数 $k_1,k_2,\cdots,k_n\in\mathbf{R}$,满足

$$\boldsymbol{\beta}-k_1\boldsymbol{\alpha}_1+k_2\boldsymbol{\alpha}_2+\cdots+k_n\boldsymbol{\alpha}_n=\sum_{i=1}^{n}k_i\boldsymbol{\alpha}_i,$$

则称 $\boldsymbol{\beta}$ 可由向量组 $\boldsymbol{\alpha}_1,\boldsymbol{\alpha}_2,\cdots,\boldsymbol{\alpha}_n$ 线性表示,或称 $\boldsymbol{\beta}$ 是向量组 $\boldsymbol{\alpha}_1,\boldsymbol{\alpha}_2,\cdots,\boldsymbol{\alpha}_n$ 的线性组合.

3. 已知向量组 $\boldsymbol{\alpha}_1,\boldsymbol{\alpha}_2,\cdots,\boldsymbol{\alpha}_s$.若存在一组不全为零的数 $k_1,k_2,\cdots,k_s$,使得

$$k_1\boldsymbol{\alpha}_1+k_2\boldsymbol{\alpha}_2,\cdots+k_s\boldsymbol{\alpha}_s=\mathbf{0},$$

则称向量组 $\boldsymbol{\alpha}_1,\boldsymbol{\alpha}_2,\cdots,\boldsymbol{\alpha}_s$ 线性相关.

若不存在一组不全为零的数 $k_1,k_2,\cdots,k_s$,使得

$$k_1\boldsymbol{\alpha}_1+k_2\boldsymbol{\alpha}_2+\cdots+k_s\boldsymbol{\alpha}_s=\mathbf{0},$$

则称向量组 $\boldsymbol{\alpha}_1,\boldsymbol{\alpha}_2,\cdots,\boldsymbol{\alpha}_s$ 线性无关.

换言之,仅当 $k_1=k_2=\cdots=k_s=0$ 时,$k_1\boldsymbol{\alpha}_1+k_2\boldsymbol{\alpha}_2+\cdots k_s\boldsymbol{\alpha}_s=\mathbf{0}$,则向量组 $\boldsymbol{\alpha}_1,\boldsymbol{\alpha}_2,\cdots,\boldsymbol{\alpha}_s$ 线性无关.

(1)线性相关的向量组存在系数不全为零的线性组合是零向量;线性无关的向量组只有系数全为零的线性组合是零向量.

(2)线性相关的向量组中至少有一个向量可由其余向量线性表示;线性无关的向量组中任何一个向量都不能由其余向量线性表示.

(3)以线性相关的向量组为系数矩阵的齐次线性方程组存在非零解;以线性无关的向量组为系数矩阵的齐次线性方程组只有零解.

4. 判断向量组的线性相关性的方法.

方法一 利用定义判断.这是最基本的方法,既适用于分量已知的向量组,也适用于分量中含有参数的向量组.

方法二 利用行列式判断.这种方法只适用于向量组中向量的个数与向量的维数相等的情形.假设 $\boldsymbol{\alpha}_1,\boldsymbol{\alpha}_2,\cdots,\boldsymbol{\alpha}_n$ 是 n 个 n 维向量,记 $\boldsymbol{A}$ 为以 $\boldsymbol{\alpha}_1,\boldsymbol{\alpha}_2,\cdots,\boldsymbol{\alpha}_n$ 为行(列)向量组成的矩阵,则 $\boldsymbol{\alpha}_1,\boldsymbol{\alpha}_2,\cdots,\boldsymbol{\alpha}_n$ 线性相关当且仅当 $|\boldsymbol{A}|=0$.

方法三 利用向量组的秩判断.一个向量组线性无关当且仅当向量组的秩等于向量组所含向量的个数,意即向量组构成的矩阵是满秩矩阵.

如果向量组所含向量的个数多于向量的维数,则此向量组线性相关.

5. 极大线性无关组的求法.

方法一 逐个删去法.对于所给的向量组中的向量.按自左至右的顺序逐个删去可由其后面的向量线性表示的向量,则所剩的向量组就是所给向量组的一个极大线性无关组.

方法二 初等行变换法.

步1,将所给向量组按列摆放构成矩阵 $\boldsymbol{A}$.

步2,对 $\boldsymbol{A}$ 进行初等行变换将矩阵 $\boldsymbol{A}$ 化为阶梯矩阵 $\boldsymbol{B}$,从而求出矩阵 $\boldsymbol{A}$ 的秩 $\mathrm{r}(\boldsymbol{A})$.

步3,设 $\mathrm{r}(\boldsymbol{A})=r$,在矩阵 $\boldsymbol{B}$ 中找一个不为零的 r 阶子式,则位于这 r 阶子式所在列的矩阵 $\boldsymbol{A}$ 的 r 个列向量一定线性无关,并构成所给向量组的一个极大线性无关组.可称这种方法为"列摆行变换法".

一个向量组的极大线性无关组不是唯一的.但是它们所含的向量的个数却是相同的,那就是向量组的秩.

矩阵的行向量组的秩称为矩阵的行秩;矩阵的列向量组的秩称为矩阵的列秩.

矩阵的行秩等于其列秩,且都等于矩阵的秩.

6. 在3.4节中引入非齐次线性方程组 $\boldsymbol{Ax}=\boldsymbol{b}$, ①

其中 $\boldsymbol{A}=(a_{ij})_{s\times n},\boldsymbol{b}=(b_1,b_2,\cdots,b_s)^T$,且系数矩阵 $\boldsymbol{A}$ 的列向量组为 $\boldsymbol{\alpha}_1,\boldsymbol{\alpha}_2,\cdots,\boldsymbol{\alpha}_n$.

设其导出组为 $\boldsymbol{Ax}=\boldsymbol{0}$.则 ②

$\boldsymbol{Ax}=\boldsymbol{b}$ 的全部解等于它的一个特解加上其导出组的全部解.

齐次线性方程组②任意有限个解的线性组合仍为②的解.

$\boldsymbol{Ax}=\boldsymbol{b}$ 的任意两个解的差是导出组②的解.

若 $\boldsymbol{\alpha}_1,\boldsymbol{\alpha}_2,\cdots,\boldsymbol{\alpha}_k$ 是 $\boldsymbol{Ax}=\boldsymbol{b}$ 的 k 个解，则 $\frac{1}{k}(\boldsymbol{\alpha}_1+\boldsymbol{\alpha}_2+\cdots+\boldsymbol{\alpha}_k)$ 是 $\boldsymbol{Ax}=\boldsymbol{b}$ 的解.

7. 对于 $\boldsymbol{Ax}=\boldsymbol{0}$，下面的命题是等价的.

(1) $\boldsymbol{Ax}=\boldsymbol{0}$ 有非零解；

(2) $\mathrm{r}(\boldsymbol{A})<n$；

(3)矩阵 $\boldsymbol{A}$ 的列向量组 $\boldsymbol{\alpha}_1,\boldsymbol{\alpha}_2,n,\cdots,\boldsymbol{\alpha}_n$ 线性相关.

特别地，当 $s=n$ 时，$Ax=\boldsymbol{0}$ 有非零解当且仅当 $|\boldsymbol{A}|=0$.

8. 对于 $\boldsymbol{Ax}=\boldsymbol{b}$ 下面的命题是等价的.

(1) $\boldsymbol{Ax}=\boldsymbol{b}$ 有解；

(3) $\boldsymbol{b}$ 可由矩阵 $\boldsymbol{A}$ 的列向量组线性表示；

(4) $\boldsymbol{\alpha}_1,\boldsymbol{\alpha}_2,\cdots,\boldsymbol{\alpha}_n$ 与 $\boldsymbol{\alpha}_1,\boldsymbol{\alpha}_2,\cdots,\boldsymbol{\alpha}_n,\boldsymbol{b}$ 是等价向量组.

9. 求 $\boldsymbol{Ax}=\boldsymbol{0}$ 一个基础解系的步骤为：

步 1，对系数矩阵 $\boldsymbol{A}$ 作初等行变换化为阶梯矩阵.

步 2，求出矩阵 $\boldsymbol{A}$ 的秩 $\mathrm{r}(\boldsymbol{A})$.

步 3，将阶梯矩阵中的非零首元所对应的未知数取作非自由未知量，其余 $n-\mathrm{r}(\boldsymbol{A})$ 个作为自由未知量.

步 4，写出阶梯矩阵所对应的齐次线性方程组，它是与原方程组同解的.

步 5，对 $(n-\mathrm{r}(\boldsymbol{A}))$ 个自由未知量分别取单位向量 $\boldsymbol{\varepsilon}_1,\boldsymbol{\varepsilon}_2,\cdots,\boldsymbol{\varepsilon}_{n-\mathrm{r}(A)}$ 代入到同解的齐次线性方程组中，得到 $(n-\mathrm{r}(\boldsymbol{A}))$ 个解向量，它构成了 $\boldsymbol{Ax}=\boldsymbol{0}$ 的一个基础解系 $\boldsymbol{\xi}_1,\boldsymbol{\xi}_2,\cdots,\boldsymbol{\xi}_{n-\mathrm{r}(A)}$. 这样，原方程组的全部解为：

$$\boldsymbol{x}=C_1\boldsymbol{\xi}_1+C_2\boldsymbol{\xi}_2+\cdots+C_{n-\mathrm{r}(A)}\boldsymbol{\xi}_{n-\mathrm{r}(A)},$$

其中 $C_1,C_2,\cdots,C_{n-\mathrm{r}(A)}$ 为任意常数，参见 3.5 节例 2.

10. 求 $\boldsymbol{Ax}=\boldsymbol{b}$ 通解的步骤为：

步 1，对增广矩阵 $\overline{\boldsymbol{A}}$ 作初等行变换化为阶梯矩阵.

步 2，求出导出组 $\boldsymbol{Ax}=\boldsymbol{0}$ 的全部解 $\boldsymbol{x}$.

步 3，$(n-\mathrm{r}(A))$ 个自由未知量均取零值，并代入到同解的齐次线性方程组中得到一个特解 $\boldsymbol{\eta}$，则 $\boldsymbol{Ax}=\boldsymbol{b}$ 的通解为 $\boldsymbol{x}+\boldsymbol{\eta}$. 参见 3.5 节例 4.

硕士研究生试题摘选

题 1(2007・数一)

设向量组 $\boldsymbol{\alpha}_1,\boldsymbol{\alpha}_2,\boldsymbol{\alpha}_3$ 线性无关,则下列向量组线性相关的是( ).

A. $\boldsymbol{\alpha}_1-\boldsymbol{\alpha}_2,\boldsymbol{\alpha}_2-\boldsymbol{\alpha}_3,\boldsymbol{\alpha}_3-\boldsymbol{\alpha}_1$ B. $\boldsymbol{\alpha}_1+\boldsymbol{\alpha}_2,\boldsymbol{\alpha}_2+\boldsymbol{\alpha}_3,\boldsymbol{\alpha}_3+\boldsymbol{\alpha}_1$

C. $\boldsymbol{\alpha}_1-2\boldsymbol{\alpha}_2,\boldsymbol{\alpha}_2-2\boldsymbol{\alpha}_3,\boldsymbol{\alpha}_3-2\boldsymbol{\alpha}_1$ D. $\boldsymbol{\alpha}_1+2\boldsymbol{\alpha}_2,\boldsymbol{\alpha}_2+2\boldsymbol{\alpha}_3,\boldsymbol{\alpha}_3+2\boldsymbol{\alpha}_1$

解:对向量组 $\boldsymbol{\alpha}_1-\boldsymbol{\alpha}_2,\boldsymbol{\alpha}_2-\boldsymbol{\alpha}_3,\boldsymbol{\alpha}_3-\boldsymbol{\alpha}_1$,有

$$\boldsymbol{\alpha}_1-\boldsymbol{\alpha}_2=-(\boldsymbol{\alpha}_2-\boldsymbol{\alpha}_3)-(\boldsymbol{\alpha}_3-\boldsymbol{\alpha}_1).$$

所以该向量组线性相关.

故选 A.

题 2(2011・数一)

设向量组 $\boldsymbol{\alpha}_1=(1,0,1)^T,\boldsymbol{\alpha}_2=(0,1,1)^T,\boldsymbol{\alpha}_3=(1,3,5)^T$ 不能由向量组 $\boldsymbol{\beta}_1=(1,1,1)^T,\boldsymbol{\beta}_2=(1,2,3)^T,\boldsymbol{\beta}_3=(3,4,a)^T$ 线性表示.

(Ⅰ)求 a 的值;

(Ⅱ)将 $\boldsymbol{\beta}_1,\boldsymbol{\beta}_2,\boldsymbol{\beta}_3$ 用 $\boldsymbol{\alpha}_1,\boldsymbol{\alpha}_2,\boldsymbol{\alpha}_3$ 线性表示.

解:(Ⅰ)因四个三维向量 $\boldsymbol{\beta}_1,\boldsymbol{\beta}_2,\boldsymbol{\beta}_3,\boldsymbol{\alpha}_i(i=1,2,3)$ 线性相关,若 $\boldsymbol{\beta}_1,\boldsymbol{\beta}_2,\boldsymbol{\beta}_3$ 线性无关,则 $\boldsymbol{\alpha}_i$ 可由 $\boldsymbol{\beta}_1,\boldsymbol{\beta}_2,\boldsymbol{\beta}_3$ 线性表示$(i=1,2,3)$,而这与题设矛盾,于是 $\boldsymbol{\beta}_1,\boldsymbol{\beta}_2,\boldsymbol{\beta}_3$ 线性相关,从而

$$|\boldsymbol{\beta}_1,\boldsymbol{\beta}_2,\boldsymbol{\beta}_3|=\begin{vmatrix}1&1&3\\1&2&4\\1&3&a\end{vmatrix}=a-5=0.$$

于是 $a=5$.

(Ⅱ)令 $\boldsymbol{A}=(\boldsymbol{\alpha}_1\quad\boldsymbol{\alpha}_2\quad\boldsymbol{\alpha}_3\ \vdots\ \boldsymbol{\beta}_1\quad\boldsymbol{\beta}_2\quad\boldsymbol{\beta}_3)$,对 $\boldsymbol{A}$ 施以初等行变换

$$\boldsymbol{A}=\left(\begin{array}{ccc:ccc}1&0&1&1&1&3\\0&1&3&1&2&4\\1&1&5&1&3&5\end{array}\right)\xrightarrow[\substack{(1)-(3)\\(2)-3(3)}]{\substack{(3)-(1)\\(3)-(2)}}\left(\begin{array}{ccc:ccc}1&0&0&2&1&5\\0&1&0&4&2&10\\0&0&1&-1&0&-2\end{array}\right).$$

从而 $\boldsymbol{\beta}_3=5\boldsymbol{\alpha}_1+10\boldsymbol{\alpha}_2-2\boldsymbol{\alpha}_3,\boldsymbol{\beta}_2=\boldsymbol{\alpha}_1+2\boldsymbol{\alpha}_2,$

$\boldsymbol{\beta}_1=2\boldsymbol{\alpha}_1+4\boldsymbol{\alpha}_2-\boldsymbol{\alpha}_3.$

题 3(2010・数二)

设向量组Ⅰ:$\boldsymbol{\alpha}_1,\boldsymbol{\alpha}_2,\cdots,\boldsymbol{\alpha}_r$ 可由向量组Ⅱ:$\boldsymbol{\beta}_2,\boldsymbol{\beta}_2,\cdots,\boldsymbol{\beta}_s$线性表示,下列命题正确的是( ).

A. 若向量组Ⅰ线性无关,则 $r\leqslant s$ B. 若向量组Ⅰ线性相关,则 $r>s$

C. 若向量组Ⅱ线性无关,则 $r\leqslant s$ D. 若向量组Ⅱ线性相关,则 $r>s$

解:由于向量组(Ⅰ)能由向量组(Ⅱ)线性表示,所以 r(Ⅰ)≤r(Ⅱ),即 $\mathrm{r}(\boldsymbol{\alpha}_1,\cdots,\boldsymbol{\alpha}_r)\leqslant\mathrm{r}(\boldsymbol{\beta}_1,\cdots,\boldsymbol{\beta}_s)\leqslant s$.

若向量组(Ⅰ)线性无关,则 $r(\boldsymbol{\alpha}_1,\cdots,\boldsymbol{\alpha}_r)=r$,所以

$$r=r(\boldsymbol{\alpha}_1,\cdots,\boldsymbol{\alpha}_r)\leqslant r(\boldsymbol{\beta}_1,\cdots,\boldsymbol{\beta}_s)\leqslant s,$$

即 $r\leqslant s$.

故选 A.

题 4(2003·数三)

设 n 维向量 $\boldsymbol{\alpha}=(a,0,\cdots,0,a)^T$,$a<0$;$\boldsymbol{E}$ 为 n 阶单位矩阵,矩阵 $\boldsymbol{A}=\boldsymbol{E}-\boldsymbol{\alpha\alpha}^T$,$\boldsymbol{B}=\boldsymbol{E}+\frac{1}{a}\boldsymbol{\alpha\alpha}^T$,其中 $\boldsymbol{A}$ 的逆矩阵为 $\boldsymbol{B}$,则 $a=$________.

解:因为 $\boldsymbol{B}$ 是 $\boldsymbol{A}$ 的逆矩阵,所以 $\boldsymbol{AB}=\boldsymbol{E}$. 即

$$(\boldsymbol{E}-\boldsymbol{\alpha\alpha}^T)\left(\boldsymbol{E}+\frac{1}{a}\boldsymbol{\alpha\alpha}^T\right)=\boldsymbol{E}. \qquad ①$$

由于 $(\boldsymbol{E}-\boldsymbol{\alpha\alpha}^T)\left(\boldsymbol{E}+\frac{1}{a}\boldsymbol{\alpha\alpha}^T\right)$

$$=\boldsymbol{E}-\boldsymbol{\alpha\alpha}^T+\frac{1}{a}\boldsymbol{\alpha\alpha}^T-\frac{1}{a}\boldsymbol{\alpha}(\boldsymbol{\alpha}^T\boldsymbol{\alpha})\boldsymbol{\alpha}^T$$

$$=\boldsymbol{E}+\left(-1+\frac{1}{a}-2a\right)\boldsymbol{\alpha\alpha}^T,$$

将它代入①,得 $-1+\frac{1}{a}-2a=0$.

故 $a=-1,\frac{1}{2}$. 但 $a=\frac{1}{2}$不符合题意,

所以 $a=-1$.

题 5(2013·数三)

设 $\boldsymbol{A},\boldsymbol{B},\boldsymbol{C}$ 均为 n 阶矩阵,若 $\boldsymbol{AB}=\boldsymbol{C}$,又 $\boldsymbol{B}$ 可逆,则( ).

A. 矩阵 $\boldsymbol{C}$ 的行向量组与矩阵 $\boldsymbol{A}$ 的行向量组等价

B. 矩阵 $\boldsymbol{C}$ 的列向量组与矩阵 $\boldsymbol{A}$ 的列向量组等价

C. 矩阵 $\boldsymbol{C}$ 的行向量组与矩阵 $\boldsymbol{B}$ 的行向量组等价

D. 矩阵 $\boldsymbol{C}$ 的列向量组与矩阵 $\boldsymbol{B}$ 的列向量组等价

解:将 $\boldsymbol{A},\boldsymbol{C}$ 按列分块,$\boldsymbol{A}=(\boldsymbol{\alpha}_1,\cdots,\boldsymbol{\alpha}_n)$,$\boldsymbol{C}=(\boldsymbol{\gamma}_1,\cdots,\boldsymbol{\gamma}_n)$.

由于 $\boldsymbol{AB}=\boldsymbol{C}$,故

$$(\boldsymbol{\alpha}_1,\cdots,\boldsymbol{\alpha}_n)\begin{pmatrix} b_{11} & \cdots & b_{1n} \\ \vdots & & \vdots \\ b_{n1} & \cdots & b_{nn} \end{pmatrix}=(\boldsymbol{\gamma}_1,\cdots,\boldsymbol{\gamma}_n),$$

即

$$\boldsymbol{\gamma}_1=b_{11}\boldsymbol{\alpha}_1+\cdots+b_{n1}\boldsymbol{\alpha}_n,\cdots,\boldsymbol{\gamma}_n=b_{1n}\boldsymbol{\alpha}_1+\cdots+b_{nn}\boldsymbol{\alpha}_n,$$

亦即 $\boldsymbol{C}$ 的列向量组可由 $\boldsymbol{A}$ 的列向量组线性表示.

由于 $\boldsymbol{B}$ 可逆,故 $\boldsymbol{A}=\boldsymbol{CB}^{-1}$,即 $\boldsymbol{A}$ 的列向量组可由 $\boldsymbol{C}$ 的列向量组线性表示.

故选 B.

题 6(2004・数三)

设 $\boldsymbol{\alpha}_1=(1,2,0)^T,\boldsymbol{\alpha}_2=(1,a+2,-3a)^T,\boldsymbol{\alpha}_3=(-1,-b-2,a+2b)^T,\boldsymbol{\beta}=(1,3,-3)^T$,试讨论当 a,b 为何值时,

(Ⅰ)$\boldsymbol{\beta}$ 不能由 $\boldsymbol{\alpha}_1,\boldsymbol{\alpha}_2,\boldsymbol{\alpha}_3$ 线性表示;

(Ⅱ)$\boldsymbol{\beta}$ 可由 $\boldsymbol{\alpha}_1,\boldsymbol{\alpha}_2,\boldsymbol{\alpha}_3$ 唯一的线性表示,并求出表示式;

(Ⅲ)$\boldsymbol{\beta}$ 可由 $\boldsymbol{\alpha}_1,\boldsymbol{\alpha}_2,\boldsymbol{\alpha}_3$ 线性表示,但表示式不唯一,并求出表示式.

解:设 $k_1\boldsymbol{\alpha}_1+k_2\boldsymbol{\alpha}_2+k_3\boldsymbol{\alpha}_3=\boldsymbol{\beta}$,即

$$\begin{pmatrix}1&1&-1\\2&a+2&-b-2\\0&-3a&a+2b\end{pmatrix}\begin{pmatrix}k_1\\k_2\\k_3\end{pmatrix}=\begin{pmatrix}1\\3\\-3\end{pmatrix}. \qquad ①$$

设①的系数矩阵为 $\boldsymbol{A}$,增广矩阵为 $\overline{\boldsymbol{A}}$,且对其施以初等行变换,得

$$\overline{\boldsymbol{A}}=\left(\begin{array}{ccc:c}1&1&-1&1\\2&a+2&-b-2&3\\0&-3a&a+2b&-3\end{array}\right)\to\left(\begin{array}{ccc:c}1&1&-1&1\\0&a&-b&1\\0&-3a&a+2b&-3\end{array}\right)\to\left(\begin{array}{ccc:c}1&1&-1&1\\0&a&-b&1\\0&0&a-b&0\end{array}\right).$$

(Ⅰ)当 $a=0$ 时,由于

$$\overline{\boldsymbol{A}}\to\left(\begin{array}{ccc:c}1&1&-1&1\\0&0&-b&1\\0&0&-b&0\end{array}\right)\to\left(\begin{array}{ccc:c}1&1&-1&1\\0&0&-b&1\\0&0&0&-1\end{array}\right),$$

即 $\mathrm{r}(\overline{\boldsymbol{A}})>\mathrm{r}(\boldsymbol{A})$,所以①无解,从而 $\boldsymbol{\beta}$ 不能由 $\boldsymbol{\alpha}_1,\boldsymbol{\alpha}_2,\boldsymbol{\alpha}_3$ 线性表示.

(Ⅱ)当 $a\neq0$ 且 $a\neq b$ 时,$\mathrm{r}(\overline{\boldsymbol{A}})=\mathrm{r}(\boldsymbol{A})=3$,所以①有唯一解.

$$k_1=1-\frac{1}{a},k_2=\frac{1}{a},k_3=0,$$

从而 $\boldsymbol{\beta}$ 可由 $\boldsymbol{\alpha}_1,\boldsymbol{\alpha}_2,\boldsymbol{\alpha}_3$ 唯一线性表示,表示式为

$$\boldsymbol{\beta}=\left(1-\frac{1}{a}\right)\boldsymbol{\alpha}_1+\frac{1}{a}\boldsymbol{\alpha}_2.$$

(Ⅲ)当 $a=b\neq0$ 时,

$$\overline{\boldsymbol{A}}\to\left(\begin{array}{ccc:c}1&1&-1&1\\0&a&-b&1\\0&0&0&0\end{array}\right)\xrightarrow{\frac{1}{a}\times(2)}\left(\begin{array}{ccc:c}1&1&-1&1\\0&1&-1&\frac{1}{a}\\0&0&0&0\end{array}\right)\xrightarrow{(1)-(2)}\left(\begin{array}{ccc:c}1&0&0&1-\frac{1}{a}\\0&1&-1&\frac{1}{a}\\0&0&0&0\end{array}\right),$$

由于 $\mathrm{r}(\overline{\boldsymbol{A}})=\mathrm{r}(\boldsymbol{A})=2<3$,所以方程组①有无穷多解:

$$k_1=1-\frac{1}{a},k_2=C+\frac{1}{a},k_3=C(C\text{ 为任意常数}).$$

从而,$\boldsymbol{\beta}$ 可由 $\boldsymbol{\alpha}_1,\boldsymbol{\alpha}_2,\boldsymbol{\alpha}_3$ 线性表示,但表示式不唯一,其表示式为

$$\boldsymbol{\beta}=\left(1-\frac{1}{a}\right)\boldsymbol{\alpha}_1+\left(C+\frac{1}{a}\right)\boldsymbol{\alpha}_2+C\boldsymbol{\alpha}_3\text{（}C\text{ 为任意常数）}.$$

题 7(2012 · 数一)

设 $\boldsymbol{A}$ 为 3 阶矩阵，$\boldsymbol{P}$ 为 3 阶可逆矩阵，且

$$\boldsymbol{P}^{-1}\boldsymbol{AP}=\begin{pmatrix}1&0&0\\0&1&0\\0&0&2\end{pmatrix},\text{若 }\boldsymbol{P}=(\boldsymbol{\alpha}_1,\boldsymbol{\alpha}_2,\boldsymbol{\alpha}_3),\boldsymbol{Q}=(\boldsymbol{\alpha}_1+\boldsymbol{\alpha}_2,\boldsymbol{\alpha}_2,\boldsymbol{\alpha}_3),$$

则 $\boldsymbol{Q}^{-1}\boldsymbol{AQ}=$(　　).

A. $\begin{pmatrix}1&0&0\\0&2&0\\0&0&1\end{pmatrix}$　　B. $\begin{pmatrix}1&0&0\\0&1&0\\0&0&2\end{pmatrix}$

C. $\begin{pmatrix}2&0&0\\0&1&0\\0&0&2\end{pmatrix}$　　D. $\begin{pmatrix}2&0&0\\0&2&0\\0&0&1\end{pmatrix}$

解：$\boldsymbol{Q}=(\boldsymbol{\alpha}_1+\boldsymbol{\alpha}_2,\boldsymbol{\alpha}_2,\boldsymbol{\alpha}_3)=\boldsymbol{P}\begin{pmatrix}1&0&0\\1&1&0\\0&0&1\end{pmatrix}$,

$$\boldsymbol{Q}^{-1}\boldsymbol{AQ}=\begin{pmatrix}1&0&0\\1&1&0\\0&0&1\end{pmatrix}^{-1}\boldsymbol{P}^{-1}\boldsymbol{AP}\begin{pmatrix}1&0&0\\1&1&0\\0&0&1\end{pmatrix}$$

$$=\begin{pmatrix}1&0&0\\-1&1&0\\0&0&1\end{pmatrix}\begin{pmatrix}1&&\\&1&\\&&2\end{pmatrix}\begin{pmatrix}1&0&0\\1&1&0\\0&0&1\end{pmatrix}=\begin{pmatrix}1&&\\&1&\\&&2\end{pmatrix}.$$

故选 B.

题 8(2001 · 数二)

已知 $\boldsymbol{\alpha}_1,\boldsymbol{\alpha}_2,\boldsymbol{\alpha}_3,\boldsymbol{\alpha}_4$，是线性方程组 $\boldsymbol{Ax}=\boldsymbol{0}$ 的一个基础解系，若 $\boldsymbol{\beta}_1=\boldsymbol{\alpha}_1+t\boldsymbol{\alpha}_2$，$\boldsymbol{\beta}_2=\boldsymbol{\alpha}_2+t\boldsymbol{\alpha}_3$，$\boldsymbol{\beta}_3=\boldsymbol{\alpha}_3+t\boldsymbol{\alpha}_4$，$\boldsymbol{\beta}_4=\boldsymbol{\alpha}_4+t\boldsymbol{\alpha}_1$，讨论实数 t 满足什么条件时，$\boldsymbol{\beta}_1,\boldsymbol{\beta}_2,\boldsymbol{\beta}_3,\boldsymbol{\beta}_4$ 也是 $\boldsymbol{Ax}=\boldsymbol{0}$ 的一个基础解系．

解：由于 $\boldsymbol{\beta}_1,\boldsymbol{\beta}_2,\boldsymbol{\beta}_3,\boldsymbol{\beta}_4$ 可由向量组 $\boldsymbol{\alpha}_1,\boldsymbol{\alpha}_2,\boldsymbol{\alpha}_3,\boldsymbol{\alpha}_4$ 线性表示，所以 $\boldsymbol{\beta}_1,\boldsymbol{\beta}_2,\boldsymbol{\beta}_3,\boldsymbol{\beta}_4$ 均是 $\boldsymbol{Ax}=\boldsymbol{0}$ 的解. 因此，当且仅当 $\boldsymbol{\beta}_1,\boldsymbol{\beta}_2,\boldsymbol{\beta}_3,\boldsymbol{\beta}_4$ 线性无关时，$\boldsymbol{\beta}_1,\boldsymbol{\beta}_2,\boldsymbol{\beta}_3,\boldsymbol{\beta}_4$ 也是 $\boldsymbol{Ax}=\boldsymbol{0}$ 的一个基础解系．

又由其表达式，有

$$(\boldsymbol{\beta}_1,\boldsymbol{\beta}_2,\boldsymbol{\beta}_3,\boldsymbol{\beta}_4)=(\boldsymbol{\alpha}_1,\boldsymbol{\alpha}_2,\boldsymbol{\alpha}_3,\boldsymbol{\alpha}_4)\begin{pmatrix}1&0&0&t\\t&1&0&0\\0&t&1&0\\0&0&t&1\end{pmatrix},$$

而秩$(\boldsymbol{\alpha}_1,\boldsymbol{\alpha}_2,\boldsymbol{\alpha}_3,\boldsymbol{\alpha}_4)=4$,

要使秩$(\boldsymbol{\beta}_1,\boldsymbol{\beta}_2,\boldsymbol{\beta}_3,\boldsymbol{\beta}_4)=4$,必须 $D=\begin{vmatrix}1&0&0&t\\t&1&0&0\\0&t&1&0\\0&0&t&1\end{vmatrix}=1-t^4\neq0$,

即矩阵$\begin{pmatrix}1&0&0&t\\t&1&0&0\\0&t&1&0\\0&0&t&1\end{pmatrix}$满秩,因此当 $t\neq\pm1$ 时,$\boldsymbol{\beta}_1,\boldsymbol{\beta}_2,\boldsymbol{\beta}_3,\boldsymbol{\beta}_4$ 线性无关,从而$\boldsymbol{\beta}_1,\boldsymbol{\beta}_2,\boldsymbol{\beta}_3,\boldsymbol{\beta}_4$ 也是$\boldsymbol{Ax}=\boldsymbol{0}$的一个基础解系.

题 9(2005·数三)

已知齐次线性方程组(i)$\begin{cases}x_1+2x_2+3x_3=0,\\2x_1+3x_2+5x_3=0,\\x_1+x_2+ax_3=0,\end{cases}$和(ii)$\begin{cases}x_1+bx_2+cx_3=0,\\2x_1+b^2x_2+(c+1)x_3=0\end{cases}$同解,求 a,b,c 的值.

解:由于(ii)的系数矩阵的秩小于 3,所以(ii)有非零解,从而由(i)与(ii)同解,知(i)有非零解.因此(i)的系数矩阵的行列式$\begin{vmatrix}1&2&3\\2&3&5\\1&1&a\end{vmatrix}=0$,即 $a=2$.

此时,对(i)的系数矩阵施以初等行变换,得

$$\begin{pmatrix}1&2&3\\2&3&5\\1&1&2\end{pmatrix}\xrightarrow[\substack{(3)-(2)\\(-1)\times(2)\\(1)-2(2)}]{\substack{(2)-2(1)\\(3)-(1)}}\begin{pmatrix}1&0&1\\0&1&1\\0&0&0\end{pmatrix},$$

所以(i)有通解 $k(-1,-1,1)^T$(k 是任意常数).

将 $x_1=-k,x_2=-k,x_3=k$,代入(ii),得

$b=0,c=1$ 和 $b=1,c=2$.

当 $a=2,b=0,c=1$ 时,(i)的系数矩阵的秩为 2,而(ii)的系数矩阵的秩为 1,这与(i),(ii)同解矛盾.

当 $a=2,b=1,c=2$ 时,(ii)有通解 $x_1=-\lambda,x_2=-\lambda,x_3=\lambda$($\lambda$ 是任意常数).

所以,当(i)与(ii)同解时,有 $a=2,b=1,c=2$.

题 10(2007·数一)

设线性方程组

$$\begin{cases}x_1+x_2+x_3=0,\\x_1+2x_2+ax_3=0,\\x_1+4x_2+a^2x_3=0\end{cases}\qquad①$$

与方程

$$x_1+2x_2+x_3=a-1 \quad ②$$

有公共解,求 a 的值及所有公共解.

解:②的通解为

$$c_1(-2,1,0)^T+c_2(-1,0,1)^T+(a-1,0,0)^T=(-2c_1-c_2+a-1,c_1,c_2)^T,$$

即

$$x_1=-2c_1-c_2+a-1,x_2=c_1,x_3=c_2.$$

将它代入①,得 $\begin{cases}c_1=a-1, & ③\\(a-1)(c_2+1)=0, & ④\\(a-1)[c_2(a+1)+3]=0. & ⑤\end{cases}$

由④,得 $a=1$ 或 $c_2=-1$.

当 $a=1$ 时,$c_1=0$,所以①,②的公共解为

$$x_1=-c_2,x_2=0,x_3=c_2(c_2\text{为任意常数}), \quad ⑥$$

当 $a\neq1$ 时,$c_2=-1$,代入⑤,得 $a=2$,从而由③,得 $c_1=1$.此时,①②的公共解为

$$x_1=0,x_2=1,x_3=-1. \quad ⑦$$

由此可见,使①,②有公共解的 $a=1$ 或 $a=2$,并且当 $a=1$ 时,公共解为⑥;当 $a=2$ 时,公共解为⑦.

题 11(2013·数三)

设 $\boldsymbol{A}=\begin{pmatrix}1&a\\1&0\end{pmatrix}$,$\boldsymbol{B}=\begin{pmatrix}0&1\\1&b\end{pmatrix}$,当 a,b 为何值时,存在矩阵 $\boldsymbol{C}$ 使得 $\boldsymbol{AC}-\boldsymbol{CA}=\boldsymbol{B}$,并求矩阵 $\boldsymbol{C}$.

解:设 $\boldsymbol{C}=\begin{bmatrix}x_1&x_2\\x_3&x_4\end{bmatrix}$,由于 $\boldsymbol{AC}-\boldsymbol{CA}=\boldsymbol{B}$,故

$$\begin{pmatrix}1&a\\1&0\end{pmatrix}\begin{bmatrix}x_1&x_2\\x_3&x_4\end{bmatrix}-\begin{bmatrix}x_1&x_2\\x_3&x_4\end{bmatrix}\begin{pmatrix}1&a\\1&0\end{pmatrix}=\begin{pmatrix}0&1\\1&b\end{pmatrix},$$

即

$$\begin{bmatrix}x_1+ax_3&x_2+ax_4\\x_1&x_2\end{bmatrix}-\begin{bmatrix}x_1+x_2&ax_1\\x_3+x_4&ax_3\end{bmatrix}=\begin{pmatrix}0&1\\1&b\end{pmatrix},$$

亦即

$$\begin{cases}-x_2+ax_3=0,\\-ax_1+x_2+ax_4=1,\\x_1-x_3-x_4=1,\\x_2-ax_3=b.\end{cases} \quad (\text{I})$$

由于矩阵 $\boldsymbol{C}$ 存在，故方程组（Ⅰ）有解，对（Ⅰ）的增广矩阵进行初等行变换：

$$\left(\begin{array}{cccc:c} 0 & -1 & a & 0 & 0 \\ -a & 1 & 0 & a & 1 \\ 1 & 0 & -1 & -1 & 1 \\ 0 & 1 & -a & 0 & b \end{array}\right) \xrightarrow[\substack{(-1)\times(3) \\ (2)\leftrightarrow(3)}]{\substack{(1)\leftrightarrow(3) \\ (2)+a(1)}} \left(\begin{array}{cccc:c} 1 & 0 & -1 & -1 & 1 \\ 0 & 1 & -a & 0 & 0 \\ 0 & 1 & -a & 0 & a+1 \\ 0 & 0 & 0 & 0 & b \end{array}\right)$$

$$\xrightarrow{(3)-(2)} \left(\begin{array}{cccc:c} 1 & 0 & -1 & -1 & 1 \\ 0 & 1 & -a & 0 & 0 \\ 0 & 0 & 0 & 0 & a+1 \\ 0 & 0 & 0 & 0 & b \end{array}\right),$$

方程组有解，故 $a+1=0, b=0$，即 $a=-1, b=0$.

当 $a=-1, b=0$ 时，增广矩阵变为

$$\left(\begin{array}{cccc:c} 1 & 0 & -1 & -1 & 1 \\ 0 & 1 & 1 & 0 & 0 \\ 0 & 0 & 0 & 0 & 0 \\ 0 & 0 & 0 & 0 & 0 \end{array}\right),$$

取 x_3, x_4 为自由未知量，令 $x_3=1, x_4=0$，代入相应齐次方程组，得 $x_2=-1$，$x_1=1$，

令 $x_3=0, x_4=1$，代入相应齐次方程组，得 $x_2=0, x_1=1$，

故 $\boldsymbol{\xi}_1=(1,-1,1,0)^T$，$\boldsymbol{\xi}_2=(1,0,0,1)^T$. 令 $x_3=0, x_4=0$，得特解 $\boldsymbol{\eta}=(1,0,0,0)^T$，方程组的通解为

$\boldsymbol{x}=k_1\boldsymbol{\xi}_1+k_2\boldsymbol{\xi}_2+\boldsymbol{\eta}=(k_1+k_2+1,-k_1,k_1,k_2)^T$，所以

$\boldsymbol{C}=\begin{pmatrix} k_1+k_2+1 & -k_1 \\ k_1 & k_2 \end{pmatrix}$（$k_1, k_2$ 为任意常数）.

第 3 章习题

【A 组】

1. 用消元法解下列线性方程组

(1) $\begin{cases} x_1-x_2+x_3-x_4=1, \\ x_1-x_2-x_3+x_4=0, \\ x_1-x_2-2x_3+2x_4=-\dfrac{1}{2}; \end{cases}$

(2) $\begin{cases} x_1-2x_2+3x_3-4x_4=4, \\ \qquad x_2-x_3+x_4=-3, \\ x_1+3x_2-3x_4=1, \\ \quad -7x_2+3x_3+x_4=1; \end{cases}$

(3) $\begin{cases} x_1-x_2+4x_3-2x_4=0, \\ x_1-x_2-x_3+2x_4=0, \\ 3x_1+x_2+7x_3-2x_4=0, \\ x_1-3x_2-12x_3+6x_4=0; \end{cases}$

(4) $\begin{cases} x_1+x_2-3x_4-x_5=0, \\ x_1-x_2+2x_3-x_4=0, \\ 4x_1-2x_2+6x_3+3x_4-4x_5=0, \\ 2x_1+4x_2-2x_3+4x_4-7x_5=0; \end{cases}$

(5) $\begin{cases} x_1+5x_2-x_3-x_4=-1, \\ x_1-2x_2+x_3+3x_4=3, \\ 3x_1+8x_2-x_3+x_4=1, \\ x_1-9x_2+3x_3+7x_4=7; \end{cases}$

(6) $\begin{cases} x_1-x_2+5x_3-x_4=0, \\ x_1+x_2-2x_3+3x_4=0, \\ 3x_1-x_2+8x_3+x_4=0, \\ x_1+3x_2-9x_3+7x_4=0. \end{cases}$

2. 如果方程组$\begin{cases} \lambda x_1+x_2-x_3=0, \\ x_1+\lambda x_2-x_3=0, \\ 2x_1-x_2+x_3=0 \end{cases}$只有零解，则 λ 为何值？

3. 讨论下列方程组解的情况？

$$\begin{cases} \lambda x_1+x_2+x_3=-2, \\ x_1+\lambda x_2+x_3=-2, \\ x_1+x_2+\lambda x_3=-2. \end{cases}$$

4. 设 $\boldsymbol{A}=\begin{pmatrix}\lambda & 1 & 1\\ 0 & \lambda-1 & 0\\ 1 & 1 & \lambda\end{pmatrix}$，$\boldsymbol{b}=\begin{pmatrix}a\\ 1\\ 1\end{pmatrix}$，已知线性方程组 $\boldsymbol{Ax}=\boldsymbol{b}$ 有两个不同的解.

(1)求 λ,a；

(2)求方程 $\boldsymbol{Ax}=\boldsymbol{b}$ 的通解.

5. 已知向量 $\boldsymbol{\alpha}_1=(1,2,3)$，$\boldsymbol{\alpha}_2=(3,2,1)$，$\boldsymbol{\alpha}_3=(-2,0,2)$，$\boldsymbol{\alpha}_4=(1,2,4)$，求 $3\boldsymbol{\alpha}_1+2\boldsymbol{\alpha}_2-5\boldsymbol{\alpha}_3+4\boldsymbol{\alpha}_4$.

6. 已知向量 $\boldsymbol{\alpha}=(3,5,7,9)$，$\boldsymbol{\beta}=(-1,5,2,0)$，若 $\boldsymbol{\alpha}+\boldsymbol{\xi}=\boldsymbol{\beta}$，求 $\boldsymbol{\xi}$.

7. 将下列各题中的向量 $\boldsymbol{\beta}$ 表示为其他向量的线性组合.

(1)$\boldsymbol{\beta}=(3,5,-6)$，$\boldsymbol{\alpha}_1=(1,0,1)$，$\boldsymbol{\alpha}_2=(1,1,1)$，$\boldsymbol{\alpha}_3=(0,-1,-1)$；

(2)$\boldsymbol{\beta}=(2,-1,5,1)$，$\boldsymbol{\varepsilon}_1=(1,0,0,0)$，$\boldsymbol{\varepsilon}_2=(0,1,0,0)$，$\boldsymbol{\varepsilon}_3=(0,0,1,0)$，$\boldsymbol{\varepsilon}_4=(0,0,0,1)$.

8. 设向量 $\boldsymbol{\alpha}_1=(1,4,0,2)^T$，$\boldsymbol{\alpha}_2=(2,7,1,3)^T$，$\boldsymbol{\alpha}_3=(0,1,-1,a)^T$，$\boldsymbol{\beta}=(3,10,b,4)^T$.

(1)当 a,b 取何值时，$\boldsymbol{\beta}$ 不能由 $\boldsymbol{\alpha}_1,\boldsymbol{\alpha}_2,\boldsymbol{\alpha}_3$ 线性表示？

(2)当 a,b 取何值时，$\boldsymbol{\beta}$ 可由 $\boldsymbol{\alpha}_1,\boldsymbol{\alpha}_2,\boldsymbol{\alpha}_3$ 线性表示，并求出相应的表示式.

9. 设 $\boldsymbol{\alpha}_1=(1,1,t)$，$\boldsymbol{\alpha}_2=(1,t,1,)$，$\boldsymbol{\alpha}_3=(t,1,1)$，$\boldsymbol{\beta}=(1,t,t^2)$. 若 $\boldsymbol{\beta}$ 不是 $\boldsymbol{\alpha}_1,\boldsymbol{\alpha}_2,\boldsymbol{\alpha}_3$ 的线性组合，求 t 之值.

10. 试判断下列向量组的线性相关性.

(1)$\boldsymbol{\beta}_1=\boldsymbol{\alpha}_1+\boldsymbol{\alpha}_2$，$\boldsymbol{\beta}_2=\boldsymbol{\alpha}_2+\boldsymbol{\alpha}_3$，$\boldsymbol{\beta}_3=\boldsymbol{\alpha}_3-\boldsymbol{\alpha}_1$；

(2)$\boldsymbol{\gamma}_1=\boldsymbol{\alpha}_1+\boldsymbol{\alpha}_2$，$\boldsymbol{\gamma}_2=\boldsymbol{\alpha}_2+\boldsymbol{\alpha}_3$，$\boldsymbol{\gamma}_3=\boldsymbol{\alpha}_1+2\boldsymbol{\alpha}_2+\boldsymbol{\alpha}_3$.

11. 设 $\boldsymbol{\alpha}_1,\boldsymbol{\alpha}_2,\boldsymbol{\alpha}_3$ 线性无关，试问下列向量组线性相关性如何？

(1)$\boldsymbol{\beta}_1=\boldsymbol{\alpha}_1+2\boldsymbol{\alpha}_2$；$\boldsymbol{\beta}_2=2\boldsymbol{\alpha}_2+3\boldsymbol{\alpha}_3$，$\boldsymbol{\beta}_3=3\boldsymbol{\alpha}_3+\boldsymbol{\alpha}_1$；

(2)$\boldsymbol{\gamma}_1=\boldsymbol{\alpha}_1+\boldsymbol{\alpha}_2$，$\boldsymbol{\gamma}_2=\boldsymbol{\alpha}_2+2\boldsymbol{\alpha}_3$，$\boldsymbol{\gamma}_3=\boldsymbol{\alpha}_3-3\boldsymbol{\alpha}_1$，$\boldsymbol{\gamma}_4=\boldsymbol{\alpha}_2-2\boldsymbol{\alpha}_1$.

12. 判断下列向量组是线性相关还是线性无关.

(1)$\boldsymbol{\alpha}_1=(1,0,-1)$，$\boldsymbol{\alpha}_2=(-2,2,0)$，$\boldsymbol{\alpha}_3=(3,-5,2)$；

(2)$\boldsymbol{\beta}_1=(1,1,3,1)$，$\boldsymbol{\beta}_2=(3,-1,2,4)$，$\boldsymbol{\beta}_3=(2,2,7,-1)$；

(3)$\boldsymbol{\gamma}_1=(1,0,0,5,6)$，$\boldsymbol{\gamma}_2=(1,2,0,7,8)$，$\boldsymbol{\gamma}_3=(1,2,3,9,10)$.

13. 设 3 阶矩阵 $\boldsymbol{A}=\begin{pmatrix}1 & 2 & -2\\ 2 & 1 & 2\\ 3 & 0 & 4\end{pmatrix}$，三维列向量 $\boldsymbol{\alpha}=(a,1,1)^T$，已知 $\boldsymbol{A\alpha}$ 与 $\boldsymbol{\alpha}$ 线性相关，求常数 a.

14. 设行向量 $(2,1,1,1)$，$(2,1,a,a)$，$(3,2,1,a)$，$(4,3,2,1)$ 线性相关，且 $a\neq1$，求常数 a.

15. 设 $\boldsymbol{\alpha}_1=(1,1,1)$，$\boldsymbol{\alpha}_2=(1,2,3)$，$\boldsymbol{\alpha}_3=(1,3,t)$.

(1)问当 t 为何值时，向量组 $\boldsymbol{\alpha}_1,\boldsymbol{\alpha}_2,\boldsymbol{\alpha}_3$ 线性无关；

(2)问当 t 为何值时，向量组 $\boldsymbol{\alpha}_1,\boldsymbol{\alpha}_2,\boldsymbol{\alpha}_3$ 线性相关；

(3)当 $\boldsymbol{\alpha}_1,\boldsymbol{\alpha}_2,\boldsymbol{\alpha}_3$ 线性相关时，将 $\boldsymbol{\alpha}_3$ 表示为 $\boldsymbol{\alpha}_1,\boldsymbol{\alpha}_2$ 的线性组合.

16. 设 $\boldsymbol{A}$ 是 $m\times n(m>n)$ 矩阵，$\boldsymbol{B}$ 是 $n\times m$ 矩阵，$\boldsymbol{I}$ 是 n 阶单位矩阵，已知 $\boldsymbol{BA}=\boldsymbol{I}$，试判断 $\boldsymbol{A}$ 的列向量是否线性相关？为什么？

17. 设向量组 $\boldsymbol{\alpha}_1,\boldsymbol{\alpha}_2,\boldsymbol{\alpha}_3$ 线性无关，向量组 $l\boldsymbol{\alpha}_2-\boldsymbol{\alpha}_1,m\boldsymbol{\alpha}_3-\boldsymbol{\alpha}_2,\boldsymbol{\alpha}_1-\boldsymbol{\alpha}_3$ 线性相关，求 l,m 应满足的关系式.

18. 设 $\boldsymbol{\alpha}_i=(a_{i1},a_{i2},\cdots,a_{in})^T(i=1,2,\cdots,r;r<n)$ 是 n 维实向量，且 $\boldsymbol{\alpha}_1,\boldsymbol{\alpha}_2,\cdots,\boldsymbol{\alpha}_r$ 线性无关，已知 $\boldsymbol{\beta}=(b_1,b_2,\cdots,b_n)^T$ 是线性方程组

$$\begin{cases} a_{11}x_1+a_{12}x_2+\cdots a_{1n}x_n=0, \\ a_{21}x_1+a_{22}x_2+\cdots+a_{2n}x_n=0, \\ \qquad\cdots\cdots \\ a_{r1}x_1+a_{r2}x_2+\cdots+a_{rn}x_n=0. \end{cases}$$

的非零解向量. 试判断向量组 $\boldsymbol{\alpha}_1,\boldsymbol{\alpha}_2,\cdots,\boldsymbol{\alpha}_r,\boldsymbol{\beta}$ 的线性相关性.

19. 设 $\boldsymbol{\alpha}_1=(1,1,0)$，$\boldsymbol{\alpha}_2=(-2,4,3)$，$\boldsymbol{\alpha}_3=(-1,1,1)$，求此向量组的一个极大无关组，并把其余向量表示成极大无关组的线性组合.

20. 求下列向量组的一个极大无关组，并把其余向量用该极大无关组线性表示.

(1)$\boldsymbol{\alpha}_1=(1,0,0,1)$，$\boldsymbol{\alpha}_2=(0,1,0,-1)$，$\boldsymbol{\alpha}_3=(0,0,1,-1)$，$\boldsymbol{\alpha}_4=(2,-1,3,0)$.

(2)$\boldsymbol{\beta}_1=(1,-1,2,1,0)$，$\boldsymbol{\beta}_2=(2,-2,4,-2,0)$. $\boldsymbol{\beta}_3=(3,0,6,-1,1)$，$\boldsymbol{\beta}_4=(0,3,0,0,1)$.

21. 试求向量组 $\boldsymbol{\alpha}_1=(1,0,-1,0)$，$\boldsymbol{\alpha}_2=(1,-1,0,1)$，$\boldsymbol{\alpha}_3=(4,-2,-2,2)$，$\boldsymbol{\alpha}_4=(0,1,-1,-1)$的秩 $\mathrm{r}(\boldsymbol{\alpha}_1,\boldsymbol{\alpha}_2,\boldsymbol{\alpha}_3,\boldsymbol{\alpha}_4)$.

22. 设向量组Ⅰ：$\boldsymbol{\beta}_1=(0,1,-1)^T$，$\boldsymbol{\beta}_2=(a,2,1)^T$，$\boldsymbol{\beta}_3=(b,1,0)^T$ 及向量组Ⅱ：$\boldsymbol{\alpha}_1=(1,2,-3)^T$，$\boldsymbol{\alpha}_2=(3,0,1)^T$，$\boldsymbol{\alpha}_3=(9,6,-7)^T$. 已知向量组Ⅰ与Ⅱ有相同的秩，且 $\boldsymbol{\beta}_3$ 可由 $\boldsymbol{\alpha}_1,\boldsymbol{\alpha}_2,\boldsymbol{\alpha}_3$ 线性表示，求 a,b 的值.

23. 求下列各齐次线性方程组的一个基础解系.

$$(1)\begin{cases} 2x_1-4x_2+5x_3+3x_4=0, \\ 3x_1-6x_2+4x_3+2x_4=0, \\ 4x_1-8x_2+17x_3+11x_4=0; \end{cases}$$

$$(2)\begin{cases} x_1+x_2+x_3+x_4+x_5=0, \\ 3x_1+2x_2+x_3+x_4-3x_5=0, \\ x_2+2x_3+2x_4+6x_5=0, \\ 5x_1+4x_2+3x_3+3x_4-x_5=0; \end{cases}$$

(3) $\begin{cases} x_1+x_2-3x_4-x_5=0; \\ x_1-x_2+2x_3-x_4=0, \\ 4x_1-2x_2+6x_3+3x_4-4x_5=0, \\ 2x_1+4x_2-2x_3+4x_4-7x_5=0; \end{cases}$

(4) $\begin{cases} x_1-2x_2+x_3+x_4-x_5=0, \\ 2x_1+x_2-x_3-x_4-x_5=0, \\ x_1+7x_2-5x_3-5x_4+5x_5=0, \\ 3x_1-x_2-2x_3+x_4-x_5=0. \end{cases}$

24. 求解下列线性方程组,并用特解和其导出组的基础解系表示其全部解.

(1) $\begin{cases} x_1+5x_2-x_3-x_4=-1, \\ x_1-2x_2+x_3+3x_4=3, \\ 3x_1+8x_2-x_3+x_4=1, \\ x_1-9x_2+3x_3+7x_4=7; \end{cases}$

(2) $\begin{cases} x_1-x_2+x_3+2x_4-x_5=-1, \\ 2x_1+x_2+2x_3-x_4+x_5=2, \\ 4x_1-x_2+4x_3+3x_4-x_5=0; \end{cases}$

(3) $\begin{cases} x_1+3x_2+3x_3-2x_4+x_5=3, \\ 2x_1+6x_2+x_3-3x_4=2, \\ x_1+3x_2-2x_3-x_4-x_5=-1, \\ 3x_1+9x_2+4x_3-5x_4+x_5=5. \end{cases}$

25. 当参数 λ 取何值时,方程组 $\begin{cases} \lambda x_1+x_2+x_3=\lambda-3, \\ x_1+\lambda x_2+x_3=-2, \\ x_1+x_2+\lambda x_3=-2 \end{cases}$

(1)无解;(2)有唯一解;(3)有无穷多个解,并用导出组的基础解系表示原方程组的全部解.

26. 讨论方程组 $\begin{cases} x_1+x_2+2x_3+3x_4=1, \\ x_1+3x_2+6x_3+x_4=3, \\ 3x_1-x_2-ax_3+15x_4=3, \\ x_1-5x_2-10x_3+12x_4=b \end{cases}$ 解的情况.

27. 已知线性方程组 $\begin{cases} x_1+x_2+x_3+x_4+x_5=a, \\ 3x_1+2x_2+x_3+x_4-3x_5=0, \\ x_2+2x_3+2x_4+6x_5=b, \\ 5x_1+4x_2+3x_3+3x_4-x_5=2. \end{cases}$

(1)当 a,b 取何值时,方程组有解;

(2)当方程组有解时,求出方程组的导出组的一个基础解系;

(3)当方程组有解时,求出方程组的全部解.

28. 设 $\boldsymbol{A}=\begin{pmatrix}1&a&0&0\\0&1&a&0\\0&0&1&a\\a&0&0&1\end{pmatrix}$, $\boldsymbol{b}=\begin{pmatrix}1\\-1\\0\\0\end{pmatrix}$.

(1)求 $|\boldsymbol{A}|$;(2)已知线性方程组 $\boldsymbol{Ax}=\boldsymbol{b}$ 有无穷多解,求 a,并求出 $\boldsymbol{Ax}=\boldsymbol{b}$ 的通解.

29. 设 $\boldsymbol{\alpha}_1,\boldsymbol{\alpha}_2,\boldsymbol{\alpha}_3$ 是齐次线性方程组 $\boldsymbol{Ax}=\boldsymbol{0}$ 的一个基础解系,求常数 l,m 满足什么条件时,$l\boldsymbol{\alpha}_2-\boldsymbol{\alpha}_1,m\boldsymbol{\alpha}_3-2\boldsymbol{\alpha}_2,\boldsymbol{\alpha}_1-3\boldsymbol{\alpha}_3$ 也是 $\boldsymbol{Ax}=\boldsymbol{0}$ 的一个基础解系.

30. 设 n 阶矩阵 $\boldsymbol{A}$ 的秩为 r,证明存在秩为 $n-r$ 的方阵 $\boldsymbol{C}$,使 $\boldsymbol{AC}=\boldsymbol{O}$.

31. 设有齐次线性方程组 $\begin{cases}(a+1)x_1+x_2+x_3+x_4=0,\\2x_1+(a+2)x_2+2x_3+2x_4=0,\\3x_1+3x_2+(a+3)x_3+3x_4=0,\\4x_1+4x_2+4x_3+(a+4)x_4=0.\end{cases}$

试问 a 取何值时,该方程组有非零解,并求出其全部解.

32. 设四元非齐次线性方程组 $\boldsymbol{Ax}=\boldsymbol{b}$ 有三个特解 $\boldsymbol{\alpha}_1=(-3,-4,0,0)^T$, $\boldsymbol{\alpha}_2=(-4,-3,0,0)^T$, $\boldsymbol{\alpha}_3=(-2,-3,1,1)^T$. 若 $\mathrm{r}(\boldsymbol{A})=2$,求 $\boldsymbol{Ax}=\boldsymbol{b}$ 的通解.

33. 已知 4 阶方阵 $A=(\boldsymbol{\alpha}_1,\boldsymbol{\alpha}_2,\boldsymbol{\alpha}_3,\boldsymbol{\alpha}_4)$,$\boldsymbol{\alpha}_1,\boldsymbol{\alpha}_2,\boldsymbol{\alpha}_3,\boldsymbol{\alpha}_4$ 均为四维列向量,其中 $\boldsymbol{\alpha}_2,\boldsymbol{\alpha}_3,\boldsymbol{\alpha}_4$ 线性无关,$\boldsymbol{\alpha}_1=2\boldsymbol{\alpha}_2-\boldsymbol{\alpha}_3$,如果 $\boldsymbol{\beta}=\boldsymbol{\alpha}_1+\boldsymbol{\alpha}_2+\boldsymbol{\alpha}_3+\boldsymbol{\alpha}_4$,求线性方程组 $\boldsymbol{Ax}=\boldsymbol{\beta}$ 的通解.

34. 设齐次线性方程组 $\begin{cases}ax_1+bx_2+bx_3+\cdots+bx_n=0,\\bx_1+ax_2+bx_3+\cdots+bx_n=0,\\\quad\cdots\cdots\\bx_1+bx_2+bx_3+\cdots+ax_n=0,\end{cases}$ 其中 $a\neq0,b\neq0$, $n\geqslant2$,试讨论 a,b 为何值时,方程组仅有零解?有无穷多解?在有无穷多解时,用基础解系表示全部解.

35. 设 $\boldsymbol{A}=\begin{pmatrix}1&-1&-1\\-1&1&1\\0&-4&-2\end{pmatrix}$, $\boldsymbol{\xi}_1=\begin{pmatrix}-1\\1\\-2\end{pmatrix}$

(1)求满足 $\boldsymbol{A\xi}_2=\boldsymbol{\xi}_1,\boldsymbol{A}^2\boldsymbol{\xi}_3=\boldsymbol{\xi}_1$ 的所有向量 $\boldsymbol{\xi}_2$;$\boldsymbol{\xi}_3$;

(2)对(1)中的任意向量 $\boldsymbol{\xi}_2,\boldsymbol{\xi}_3$,证明 $\boldsymbol{\xi}_1,\boldsymbol{\xi}_2,\boldsymbol{\xi}_3$ 线性无关.

36. 已知三阶矩阵 $\boldsymbol{A}$ 的第一行是(a,b,c),a,b,c 不全为零,矩阵 $\boldsymbol{B}=\begin{pmatrix}1&2&3\\2&4&6\\3&6&k\end{pmatrix}$($k$ 为常数),且 $\boldsymbol{AB}=\boldsymbol{O}$,求线性方程组 $\boldsymbol{Ax}=\boldsymbol{0}$ 的通解.

【B组】

1. 解线性方程组

$$\begin{cases} x_1+x_2+2x_3+3x_4=1, \\ 2x_1+3x_2+5x_3+2x_4=-3, \\ 3x_1-x_2-x_3-2x_4=-4, \\ 3x_1+5x_2+2x_3-2x_4=-10. \end{cases}$$

2. 求线性方程组的通解

$$\begin{cases} 2x_1+x_2+11x_3+2x_4=3, \\ x_1+4x_3-x_4=1, \\ 2x_1-x_2+5x_3-6x_4=1. \end{cases}$$

3. 设方程 $\begin{pmatrix} a & 1 & 1 \\ 1 & a & 1 \\ 1 & 1 & a \end{pmatrix}\begin{pmatrix} x_1 \\ x_2 \\ x_3 \end{pmatrix}=\begin{pmatrix} 1 \\ 1 \\ -2 \end{pmatrix}$ 有无穷多个解,求常数 a.

4. 当 a,b 取何值时,线性方程组.

$$\begin{cases} x_1+x_2+x_3+x_4=0, \\ x_2+2x_3+2x_4=1, \\ -x_2+(a-3)x_3-2x_4=b, \\ 3x_1+2x_2+x_3+ax_4=-1 \end{cases}$$

有唯一解？无解？有无穷多解？当方程组有解时,求出它的解.

5. 已给向量 $\boldsymbol{\alpha}_1=(1,1,1)$,$\boldsymbol{\alpha}_2=(1,2,3)$,$\boldsymbol{\alpha}_3=(2,-1,1)$,$\boldsymbol{\beta}=(1,-4,-4)$. 试判别 $\boldsymbol{\beta}$ 是否可由 $\boldsymbol{\alpha}_1,\boldsymbol{\alpha}_2,\boldsymbol{\alpha}_3$ 线性表示？表示式是否唯一,为什么？

6. 已知向量 $\boldsymbol{\gamma}_1,\boldsymbol{\gamma}_2$ 由向量 $\boldsymbol{\beta}_1,\boldsymbol{\beta}_2,\boldsymbol{\beta}_3$ 的线性表示式为

$$\boldsymbol{\gamma}_1=3\boldsymbol{\beta}_1-\boldsymbol{\beta}_2+\boldsymbol{\beta}_3,\ \boldsymbol{\gamma}_2=\boldsymbol{\beta}_1+2\boldsymbol{\beta}_2+4\boldsymbol{\beta}_3.$$

向量 $\boldsymbol{\beta}_1,\boldsymbol{\beta}_2,\boldsymbol{\beta}_3$ 由向量 $\boldsymbol{\alpha}_1,\boldsymbol{\alpha}_2,\boldsymbol{\alpha}_3$ 的线性表示式为

$\boldsymbol{\beta}_1=2\boldsymbol{\alpha}_1+\boldsymbol{\alpha}_2-5\boldsymbol{\alpha}_3$,$\boldsymbol{\beta}_2=\boldsymbol{\alpha}_1+3\boldsymbol{\alpha}_2+\boldsymbol{\alpha}_3$,$\boldsymbol{\beta}_3=-\boldsymbol{\alpha}_1+4\boldsymbol{\alpha}_2-\boldsymbol{\alpha}_3$. 求向量 $\boldsymbol{\gamma}_1,\boldsymbol{\gamma}_2$ 由向量 $\boldsymbol{\alpha}_1,\boldsymbol{\alpha}_2,\boldsymbol{\alpha}_3$ 的线性表示式.

7. 已知向量组Ⅱ:$\boldsymbol{\alpha}_1,\boldsymbol{\alpha}_2,\boldsymbol{\alpha}_3$ 由向量组Ⅰ:$\boldsymbol{\beta}_1,\boldsymbol{\beta}_2,\boldsymbol{\beta}_3$ 的线性表示式为

$$\boldsymbol{\beta}_1=\boldsymbol{\alpha}_1-\boldsymbol{\alpha}_2+\boldsymbol{\alpha}_3,\ \boldsymbol{\beta}_2=\boldsymbol{\alpha}_1+\boldsymbol{\alpha}_2-\boldsymbol{\alpha}_3,\ \boldsymbol{\beta}_3=-\boldsymbol{\alpha}_1+\boldsymbol{\alpha}_2+\boldsymbol{\alpha}_3.$$

试验证向量组Ⅰ与向量组Ⅱ等价.

8. 确定常数 a,使向量组 $\boldsymbol{\alpha}_1=(1,1,a)^T$,$\boldsymbol{\alpha}_2=(1,a,1)^T$,$\boldsymbol{\alpha}_3=(a,1,1)^T$ 可由向量组 $\boldsymbol{\beta}_1=(1,1,a)^T$,$\boldsymbol{\beta}_2=(-2,a,4)^T$,$\boldsymbol{\beta}_3=(-2,a,a)^T$ 线性表示,但向量组 $\boldsymbol{\beta}_1,\boldsymbol{\beta}_2,\boldsymbol{\beta}_3$ 不能由向量组 $\boldsymbol{\alpha}_1,\boldsymbol{\alpha}_2,\boldsymbol{\alpha}_3$ 线性表示.

9. 设 $\boldsymbol{\alpha}_1,\boldsymbol{\alpha}_2,\cdots,\boldsymbol{\alpha}_s$ 均为 n 维向量,下列结论不正确的是(　　).

A. 若对于任意一组不全为零的数 $k_1,k_2,\cdots,k_s$,都有 $k_1\boldsymbol{\alpha}_1+k_2\boldsymbol{\alpha}_2+\cdots+$

$k_s\boldsymbol{\alpha}_s \neq \mathbf{0}$. 则 $\boldsymbol{\alpha}_1,\boldsymbol{\alpha}_2,\cdots,\boldsymbol{\alpha}_s$ 线性无关

B. 若 $\boldsymbol{\alpha}_1,\boldsymbol{\alpha}_2,\cdots,\boldsymbol{\alpha}_s$ 线性相关,则对于任意一组不全为零的数 $k_1,k_2,\cdots,k_s$,有 $k_1\boldsymbol{\alpha}_1+k_2\boldsymbol{\alpha}_2+\cdots+k_s\boldsymbol{\alpha}_s=\mathbf{0}$

C. $\boldsymbol{\alpha}_1,\boldsymbol{\alpha}_2,\cdots,\boldsymbol{\alpha}_s$ 线性无关的充分必要条件是此向量组的秩为 s

D. $\boldsymbol{\alpha}_1,\boldsymbol{\alpha}_2,\cdots,\boldsymbol{\alpha}_s$ 线性无关的必要条件是其中任意两个向量线性无关

10. 设向量组 $\boldsymbol{\alpha}_1,\boldsymbol{\alpha}_2,\boldsymbol{\alpha}_3$ 线性无关,向量 $\boldsymbol{\beta}_1$ 可由 $\boldsymbol{\alpha}_1,\boldsymbol{\alpha}_2,\boldsymbol{\alpha}_3$ 线性表示,而向量 $\boldsymbol{\beta}_2$ 不能由 $\boldsymbol{\alpha}_1,\boldsymbol{\alpha}_2,\boldsymbol{\alpha}_3$ 线性表示,则对任意常数 k,必有(　　).

A. $\boldsymbol{\alpha}_1,\boldsymbol{\alpha}_2,\boldsymbol{\alpha}_3,k\boldsymbol{\beta}_1+\boldsymbol{\beta}_2$ 线性无关

B. $\boldsymbol{\alpha}_1,\boldsymbol{\alpha}_2,\boldsymbol{\alpha}_3,k\boldsymbol{\beta}_1+\boldsymbol{\beta}_2$ 线性相关

C. $\boldsymbol{\alpha}_1,\boldsymbol{\alpha}_2,\boldsymbol{\alpha}_3,\boldsymbol{\beta}_1+k\boldsymbol{\beta}_2$ 线性无关

D. $\boldsymbol{\alpha}_1,\boldsymbol{\alpha}_2,\boldsymbol{\alpha}_3,\boldsymbol{\beta}_1+k\boldsymbol{\beta}_2$ 线性相关

11. 设 $\boldsymbol{\alpha}_1=(0,0,c_1),\boldsymbol{\alpha}_2=(0,1,c_2),\boldsymbol{\alpha}_3=(1,-1,c_3),\boldsymbol{\alpha}_4=(-1,1,c_4)$,其中 c_1,c_2,c_3,c_4 为任意常数,则下列向量组线性相关的是(　　).

A. $\boldsymbol{\alpha}_1,\boldsymbol{\alpha}_2,\boldsymbol{\alpha}_3$　　B. $\boldsymbol{\alpha}_1,\boldsymbol{\alpha}_2,\boldsymbol{\alpha}_4$

C. $\boldsymbol{\alpha}_1,\boldsymbol{\alpha}_3,\boldsymbol{\alpha}_4$　　D. $\boldsymbol{\alpha}_2,\boldsymbol{\alpha}_3,\boldsymbol{\alpha}_4$

12. 设 $\boldsymbol{\alpha}_1,\boldsymbol{\alpha}_2,\cdots,\boldsymbol{\alpha}_s$ 均为 n 维列向量,$\boldsymbol{A}$ 是 $m\times n$ 矩阵,下列选项正确的是(　　).

A. 若 $\boldsymbol{\alpha}_1,\boldsymbol{\alpha}_2,\cdots,\boldsymbol{\alpha}_s$ 线性相关,则 $\boldsymbol{A}\boldsymbol{\alpha}_1,\boldsymbol{A}\boldsymbol{\alpha}_2,\cdots,\boldsymbol{A}\boldsymbol{\alpha}_s$ 线性相关

B. 若 $\boldsymbol{\alpha}_1,\boldsymbol{\alpha}_2,\cdots,\boldsymbol{\alpha}_s$ 线性相关,则 $\boldsymbol{A}\boldsymbol{\alpha}_1,\boldsymbol{A}\boldsymbol{\alpha}_2,\cdots,\boldsymbol{A}\boldsymbol{\alpha}_s$ 线性无关

C. 若 $\boldsymbol{\alpha}_1,\boldsymbol{\alpha}_2,\cdots,\boldsymbol{\alpha}_s$ 线性无关,则 $\boldsymbol{A}\boldsymbol{\alpha}_1,\boldsymbol{A}\boldsymbol{\alpha}_2,\cdots,\boldsymbol{A}\boldsymbol{\alpha}_s$ 线性相关

D. 若 $\boldsymbol{\alpha}_1,\boldsymbol{\alpha}_2,\cdots,\boldsymbol{\alpha}_s$ 线性无关,则 $\boldsymbol{A}\boldsymbol{\alpha}_1,\boldsymbol{A}\boldsymbol{\alpha}_2,\cdots,\boldsymbol{A}\boldsymbol{\alpha}_s$ 线性无关

13. 设向量组 Ⅰ:$\boldsymbol{\alpha}_1,\boldsymbol{\alpha}_2,\cdots,\boldsymbol{\alpha}_r$ 可由向量组 Ⅱ:$\boldsymbol{\beta}_1,\boldsymbol{\beta}_2,\cdots,\boldsymbol{\beta}_s$ 线性表示,则(　　).

A. 当 $r<s$ 时,向量组Ⅱ必线性相关

B. 当 $r>s$ 时,向量组Ⅱ必线性相关

C. 当 $r<s$ 时,向量组Ⅰ必线性相关

D. 当 $r>s$ 时,向量组Ⅰ必线性相关

14. 设 $\boldsymbol{A}$、$\boldsymbol{B}$ 为满足 $\boldsymbol{AB}=\boldsymbol{O}$ 的任意两个非零矩阵,则必有(　　).

A. $\boldsymbol{A}$ 的列向量组线性相关,$\boldsymbol{B}$ 的行向量组线性相关

B. $\boldsymbol{A}$ 的列向量组线性相关,$\boldsymbol{B}$ 的列向量组线性相关

C. $\boldsymbol{A}$ 的行向量组线性相关,$\boldsymbol{B}$ 的行向量组线性相关

D. $\boldsymbol{A}$ 的行向量组线性相关,$\boldsymbol{B}$ 的列向量组线性相关

15. 求下列向量组的一个极大无关组,并将其余向量表示成极大无关组的线性组合.

$\boldsymbol{\alpha}_1=(1,0,1,0,3),\boldsymbol{\alpha}_2=(0,2,3,1,0),\boldsymbol{\alpha}_3=(3,2,1,0,0),\boldsymbol{\alpha}_4=(1,4,7,2,3)$,

$\boldsymbol{\alpha}_5=(4,4,5,1,3)$.

16. 设4维向量组$\boldsymbol{\alpha}_1=(1+a,1,1,1)^T,\boldsymbol{\alpha}_2=(2,2+a,2,2)^T,\boldsymbol{\alpha}_3=(3,3,3+a,3)^T,\boldsymbol{\alpha}_4=(4,4,4,4+a)^T$,问$a$为何值时,$\boldsymbol{\alpha}_1,\boldsymbol{\alpha}_2,\boldsymbol{\alpha}_3,\boldsymbol{\alpha}_4$线性相关?当$\boldsymbol{\alpha}_1,\boldsymbol{\alpha}_2,\boldsymbol{\alpha}_3,\boldsymbol{\alpha}_4$线性相关时,求其一个极大线性无关组,并将其余向量用该极大线性无关组线性表示.

17. 设向量组$\boldsymbol{\alpha}_1=(1,1,2,-2),\boldsymbol{\alpha}_2=(1,3,-x,-4),\boldsymbol{\alpha}_3=(1,-1,6,0)$.若此向量组的秩为2,求$x$.

18. 设$\boldsymbol{A}$是$m\times n$矩阵,$\boldsymbol{B}$是$n\times m$矩阵,则线性方程组$(\boldsymbol{AB})\boldsymbol{x}=\boldsymbol{0}$(　　).

A. 当$n>m$时仅有零解　　B. 当$n>m$时必有非零解

C. 当$m>n$时仅有零解　　D. 当$m>n$时必有非零解

19. 设$\boldsymbol{\alpha},\boldsymbol{\beta}$是3维列向量,矩阵$\boldsymbol{A}=\boldsymbol{\alpha\alpha}^T+\boldsymbol{\beta\beta}^T$,其中$\boldsymbol{\alpha}^T,\boldsymbol{\beta}^T$分别为$\boldsymbol{\alpha},\boldsymbol{\beta}$的转置.

证明:(1)秩$\mathrm{r}(\boldsymbol{A})\leqslant 2$.(2)若$\boldsymbol{\alpha},\boldsymbol{\beta}$线性相关.则秩$\mathrm{r}(\boldsymbol{A})<2$.

20. 求下列齐次线性方程组的一个基础解系,并用基础解系表示其全部解

$$\begin{cases}x_1-2x_2+x_3+x_4+x_5=0,\\2x_1+x_2-x_3-2x_4+x_5=0,\\x_1+7x_2-5x_3-5x_4+2x_5=0.\end{cases}$$

21. 用基础解系表示下列方程组的全部解

$$\begin{cases}x_1+3x_2-2x_3+4x_4+x_5=7,\\2x_1+6x_2+5x_4+2x_5=5,\\4x_1+11x_2+8x_3+5x_5=3,\\x_1+3x_2+2x_3+x_4+x_5=-2.\end{cases}$$

22. 就参数p、q,讨论方程组.

$$\begin{cases}x_1+x_2+x_3+x_4=1,\\x_2-x_3+2x_4=1,\\2x_1+3x_2+(p+2)x_3+4x_4=q+3,\\3x_1+5x_2+x_3+(p+8)x_4=5\end{cases}$$

何时有解?何时有唯一解?何时有无穷多解?在无穷多解的情况下,用导出组的基础解系表示原方程组的全部解.

23. 当a,b取什么值时,方程组$\begin{cases}x_1+x_2+x_3+x_4+x_5=1,\\3x_1+2x_2+x_3+x_4-3x_5=a,\\x_2+2x_3+2x_4+6x_5=4,\\5x_1+4x_2+3x_3+3x_4-x_5=b\end{cases}$无解或有解,在有解时,用基础解系表示其全部解.

24. 设有齐次线性方程组

$$\begin{cases}(1+a)x_1+x_2+\cdots+x_n=0,\\ 2x_1+(2+a)x_2+\cdots+2x_n=0,\\ \cdots\cdots\\ nx_1+nx_2+\cdots+(n+a)x_n=0.\end{cases}\quad(n\geqslant 2)$$

试问 a 取何值时，该方程组有非零解，并求出其全部解.

25. 设 $\boldsymbol{A}$ 为 4×3 矩阵，$\boldsymbol{\eta}_1,\boldsymbol{\eta}_2,\boldsymbol{\eta}_3$ 是非齐次线性方程组 $\boldsymbol{Ax}=\boldsymbol{\beta}$ 的 3 个线性无关的解，k_1,k_2 为任意常数，则 $\boldsymbol{Ax}=\boldsymbol{\beta}$ 的通解为(　　).

A. $\dfrac{\boldsymbol{\eta}_2+\boldsymbol{\eta}_3}{2}+k_1(\boldsymbol{\eta}_2-\boldsymbol{\eta}_1)$

B. $\dfrac{\boldsymbol{\eta}_2-\boldsymbol{\eta}_3}{2}+k_1(\boldsymbol{\eta}_2-\boldsymbol{\eta}_1)$

C. $\dfrac{\boldsymbol{\eta}_2+\boldsymbol{\eta}_3}{2}+k_1(\boldsymbol{\eta}_2-\boldsymbol{\eta}_1)+k_2(\boldsymbol{\eta}_3-\boldsymbol{\eta}_1)$

D. $\dfrac{\boldsymbol{\eta}_2-\boldsymbol{\eta}_3}{2}+k_1(\boldsymbol{\eta}_2-\boldsymbol{\eta}_1)+k_2(\boldsymbol{\eta}_3-\boldsymbol{\eta}_1)$

26. 设有齐次线性方程组 $\boldsymbol{Ax}=\boldsymbol{0}$ 和 $\boldsymbol{Bx}=\boldsymbol{0}$，其中 $\boldsymbol{A}$、$\boldsymbol{B}$ 均为 $m\times n$ 矩阵，现有四个命题：

①若 $\boldsymbol{Ax}=\boldsymbol{0}$ 的解均是 $\boldsymbol{Bx}=\boldsymbol{0}$ 的解，则秩($\boldsymbol{A}$)$\geqslant$秩($\boldsymbol{B}$)

②若秩($\boldsymbol{A}$)$\geqslant$秩($\boldsymbol{B}$)，则 $\boldsymbol{Ax}=\boldsymbol{0}$ 的解均是 $\boldsymbol{Bx}=\boldsymbol{0}$ 的解

③若 $\boldsymbol{Ax}=\boldsymbol{0}$ 与 $\boldsymbol{Bx}=\boldsymbol{0}$ 同解，则秩($\boldsymbol{A}$)＝秩($\boldsymbol{B}$)

④若秩($\boldsymbol{A}$)＝秩($\boldsymbol{B}$)，则 $\boldsymbol{Ax}=\boldsymbol{0}$ 与 $\boldsymbol{Bx}=\boldsymbol{0}$ 同解

以上命题正确的是(　　).

A. ①②

B. ①③

C. ②④

D. ③④

27. 设 n 阶矩阵 $\boldsymbol{A}$ 的伴随矩阵 $\boldsymbol{A}^*\neq\boldsymbol{O}$，若 ξ_1,ξ_2,ξ_3,ξ_4 是非齐次线性方程组 $\boldsymbol{Ax}=\boldsymbol{b}$ 的互不相等的解，则对应的齐次线性方程组 $\boldsymbol{Ax}=\boldsymbol{0}$ 的基础解系(　　).

A. 不存在.

B. 仅含有一个非零解向量.

C. 含有两个线性无关的解向量.

D. 含有三个线性无关的解向量.

28. 设 $\boldsymbol{A}=(\boldsymbol{\alpha}_1,\boldsymbol{\alpha}_2,\boldsymbol{\alpha}_3,\boldsymbol{\alpha}_4)$是 4 阶矩阵，$\boldsymbol{A}^*$ 为 $\boldsymbol{A}$ 的伴随矩阵，若$(1,0,1,0)^T$ 是方程组 $\boldsymbol{Ax}=\boldsymbol{0}$ 的一个基础解系，则 $\boldsymbol{A}^*\boldsymbol{x}=\boldsymbol{0}$ 的基础解系为(　　).

A. $\boldsymbol{\alpha}_1,\boldsymbol{\alpha}_3$.

B. $\boldsymbol{\alpha}_1,\boldsymbol{\alpha}_2$.

C. $\boldsymbol{\alpha}_1,\boldsymbol{\alpha}_2,\boldsymbol{\alpha}_3$.

D. $\boldsymbol{\alpha}_2,\boldsymbol{\alpha}_3,\boldsymbol{\alpha}_4$.

29. 设$\boldsymbol{A}$是n阶矩阵,$\boldsymbol{\alpha}$是n维列向量,若$\mathrm{r}\begin{pmatrix}\boldsymbol{A} & \boldsymbol{\alpha}\\ \boldsymbol{\alpha}^T & 0\end{pmatrix}=\mathrm{r}(\boldsymbol{A})$,则线性方程组(　　).

A. $\boldsymbol{Ax}=\boldsymbol{\alpha}$必有无穷多解.

B. $\boldsymbol{Ax}=\boldsymbol{\alpha}$必有唯一解.

C. $\begin{pmatrix}\boldsymbol{A} & \boldsymbol{\alpha}\\ \boldsymbol{\alpha}^T & \boldsymbol{0}\end{pmatrix}\begin{pmatrix}\boldsymbol{x}\\ y\end{pmatrix}=\boldsymbol{0}$仅有零解.

D. $\begin{pmatrix}\boldsymbol{A} & \boldsymbol{\alpha}\\ \boldsymbol{\alpha}^T & \boldsymbol{0}\end{pmatrix}\begin{pmatrix}\boldsymbol{x}\\ y\end{pmatrix}=\boldsymbol{0}$必有非零解.

30. 已知$\boldsymbol{\alpha}_1,\boldsymbol{\alpha}_2,\boldsymbol{\alpha}_3,\boldsymbol{\alpha}_4$是$\boldsymbol{Ax}=\boldsymbol{0}$的基础解系,则此方程组的基础解系还可选为(　　).

A. $\boldsymbol{\alpha}_1+\boldsymbol{\alpha}_2,\boldsymbol{\alpha}_2+\boldsymbol{\alpha}_3,\boldsymbol{\alpha}_3+\boldsymbol{\alpha}_4,\boldsymbol{\alpha}_4+\boldsymbol{\alpha}_1$

B. 与$\boldsymbol{\alpha}_1,\boldsymbol{\alpha}_2,\boldsymbol{\alpha}_3,\boldsymbol{\alpha}_4$等价的向量组$\boldsymbol{\beta}_1,\boldsymbol{\beta}_2,\boldsymbol{\beta}_3,\boldsymbol{\beta}_4$

C. 与$\boldsymbol{\alpha}_1,\boldsymbol{\alpha}_2,\boldsymbol{\alpha}_3,\boldsymbol{\alpha}_4$等秩的向量组$\boldsymbol{\beta}_1,\boldsymbol{\beta}_2,\boldsymbol{\beta}_3,\boldsymbol{\beta}_4$

D. $\boldsymbol{\alpha}_1+\boldsymbol{\alpha}_2,\boldsymbol{\alpha}_2+\boldsymbol{\alpha}_3,\boldsymbol{\alpha}_3-\boldsymbol{\alpha}_4,\boldsymbol{\alpha}_4-\boldsymbol{\alpha}_1$

31. 设$\boldsymbol{A}$是3×4矩阵,秩$\mathrm{r}(\boldsymbol{A})=3$,$\boldsymbol{b}$是三维列向量,已知线性方程组$\boldsymbol{Ax}=\boldsymbol{b}$有两个不相等的特解$\boldsymbol{x}=\boldsymbol{\alpha}$与$\boldsymbol{x}=\boldsymbol{\beta}$,求其全部解.

32. 设三元非齐次线性方程组$\boldsymbol{Ax}=\boldsymbol{b}$有三个特解$\boldsymbol{\alpha}_1,\boldsymbol{\alpha}_2,\boldsymbol{\alpha}_3$,且满足

$$\boldsymbol{\alpha}_3-\boldsymbol{\alpha}_2=(1,0,0)^T,\boldsymbol{\alpha}_1+2\boldsymbol{\alpha}_2+3\boldsymbol{\alpha}_3=(1,1,1)^T.$$

若$\mathrm{r}(\boldsymbol{A})=2$,求$\boldsymbol{Ax}=\boldsymbol{b}$的通解.

33. 已知非齐次线性方程组$\begin{cases}x_1+x_2+x_3+x_4=-1,\\4x_1+3x_2+5x_3-x_4=-1,\\ax_1+x_2+3x_3+bx_4=1\end{cases}$有三个线性无关的解.

(1)证明方程组系数矩阵$\boldsymbol{A}$的秩$\mathrm{r}(\boldsymbol{A})=2$;

(2)求a,b的值及方程组的通解.

34. 设n元线性方程组$\boldsymbol{Ax}=\boldsymbol{b}$,其中矩阵$\boldsymbol{A}=\begin{pmatrix}2a & 1 & \cdots & 0 & 0\\ a^2 & 2a & \cdots & 0 & 0\\ \vdots & \vdots & \vdots & \vdots & \vdots\\ 0 & 0 & \cdots & 2a & 1\\ 0 & 0 & \cdots & a^2 & 2a\end{pmatrix}_{n\times n}$,

$\boldsymbol{x}=(x_1,x_2,\cdots,x_n)^T$,$\boldsymbol{b}=(1,0,\cdots,0)^T$.

(1)证明行列式$|\boldsymbol{A}|=(n+1)a^n$;

(2)当a为何值时,该方程组有唯一解,并求x_1;

(3)当a为何值时,该方程组有无穷多解,并求全部解.

35. 已知齐次线性方程组

$$\begin{cases}(a_1+b)x_1+a_2x_2+a_3x_3+\cdots+a_nx_n=0,\\ a_1x_1+(a_2+b)x_2+a_3x_3+\cdots+a_nx_n=0,\\ a_1x_1+a_2x_2+(a_3+b)x_3+\cdots+a_nx_n=0,\\ \qquad\cdots\cdots\\ a_1x_1+a_2x_2+a_3x_3+\cdots+(a_n+b)x_n=0,\end{cases}$$

其中$\sum\limits_{i=1}^{n}a_i\neq0$,试讨论$a_1,a_2,\cdots,a_n$和$b$满足何种关系时,

(1)方程组仅有零解;

(2)方程组有非零解,在有非零解时,求此方程组的一个基础解系.

36. 设$\boldsymbol{\alpha}_1,\boldsymbol{\alpha}_2,\cdots,\boldsymbol{\alpha}_s$为线性方程组$\boldsymbol{Ax}=\boldsymbol{0}$的一个基础解系,$\boldsymbol{\beta}_1=t_1\boldsymbol{\alpha}_1+t_2\boldsymbol{\alpha}_2$,$\boldsymbol{\beta}_2=t_1\boldsymbol{\alpha}_2+t_2\boldsymbol{\alpha}_3,\cdots,\boldsymbol{\beta}_s=t_1\boldsymbol{\alpha}_s+t_2\boldsymbol{\alpha}_1$,其中$t_1,t_2$为实常数.

试问:t_1,t_2满足什么条件时,$\boldsymbol{\beta}_1,\boldsymbol{\beta}_2,\cdots,\boldsymbol{\beta}_s$也为$\boldsymbol{Ax}=\boldsymbol{0}$的一个基础解系.

参考答案

【A组】

1. (1)$\begin{cases} x_1=\frac{1}{2}+C_1, \\ x_2=C_1, \\ x_3=\frac{1}{2}+C_2, \\ x_4=C_2; \end{cases}$ (C_1,C_2 为任意常数);(2)无解;(3)$\begin{cases} x_1=0, \\ x_2=0, \\ x_3=0, \\ x_4=0; \end{cases}$

(4)$\begin{cases} x_1=-C_1+\frac{7}{6}C_2, \\ x_2=C_1+\frac{5}{6}C_2, \\ x_3=C_1, \\ x_4=\frac{1}{3}C_2, \\ x_5=C_2; \end{cases}$ (5)$\begin{cases} x_1=\frac{13}{7}-\frac{3}{7}C_1-\frac{13}{7}C_2, \\ x_2=-\frac{4}{7}+\frac{2}{7}C_1+\frac{4}{7}C_2, \\ x_3=C_1, \\ x_4=C_2; \end{cases}$

(6)$\begin{cases} x_1=-\frac{3}{2}C_1-C_2, \\ x_2=\frac{7}{2}C_1-2C_2, \\ x_3=C_1, \\ x_4=C_2. \end{cases}$

2. $\lambda\neq2$ 且 $\lambda\neq1$.

3. (1)当 $\lambda=-2$ 时,方程组无解;

(2)当 $\lambda\neq2$ 且 $\lambda\neq1$ 时,方程组有唯一解;

(3)当 $\lambda=1$ 时,方程组有无穷多解. $\begin{cases} x_1=C_1, \\ x_2=C_2, \\ x_3=-2-C_1-C_2 \end{cases}$ (C_1,C_2 为任意常数).

4. (1)$\lambda=-1,a=-2$;

(2)$\boldsymbol{x}=\begin{pmatrix} \frac{3}{2} \\ -\frac{1}{2} \\ 0 \end{pmatrix}+C\begin{pmatrix} 1 \\ 0 \\ 1 \end{pmatrix}$,其中 C 为任意常数.

5. (23,18,17).

6. (−4,0,−5,−9).

7. (1)$\boldsymbol{\beta}=-11\boldsymbol{\alpha}_1+14\boldsymbol{\alpha}_2+9\boldsymbol{\alpha}_3$;(2)$\boldsymbol{\beta}=2\boldsymbol{\varepsilon}_1-\boldsymbol{\varepsilon}_2+5\boldsymbol{\varepsilon}_2+\boldsymbol{\varepsilon}_4$.

8. (1)a 为任意实数,$b\neq 2$;(2)a 为任意实数,$b=2$.

9. $t=-2$.

10. (1)线性相关;(2)线性相关.

11. (1)线性无关;(2)线性相关.

12. (1)线性相关;(2)线性无关;(3)线性无关.

13. $a=-1$.

14. $a=\dfrac{1}{2}$.

15. (1)$t\neq 5$;(2)$t=5$;(3)$\boldsymbol{\alpha}_3=2\boldsymbol{\alpha}_2-\boldsymbol{\alpha}_1$.

16. 线性无关,略.

17. $lm=1$.

18. 线性无关.

19. $\{\boldsymbol{\alpha}_1,\boldsymbol{\alpha}_3\}$;$\boldsymbol{\alpha}_2=\boldsymbol{\alpha}_1+3\boldsymbol{\alpha}_3$;或$\{\boldsymbol{\alpha}_1,\boldsymbol{\alpha}_2\}$,$\boldsymbol{\alpha}_3=-\dfrac{\boldsymbol{\alpha}_1}{3}+\dfrac{\boldsymbol{\alpha}_2}{3}$;或$\{\boldsymbol{\alpha}_2,\boldsymbol{\alpha}_3\}$,$\boldsymbol{\alpha}_1=\boldsymbol{\alpha}_2-3\boldsymbol{\alpha}_3$.

20. (1)$\{\boldsymbol{\alpha}_1,\boldsymbol{\alpha}_2,\boldsymbol{\alpha}_3\}$,$\boldsymbol{\alpha}_4=2\boldsymbol{\alpha}_1-\boldsymbol{\alpha}_2+3\boldsymbol{\alpha}_3$;

(2)$\{\boldsymbol{\beta}_1,\boldsymbol{\beta}_2,\boldsymbol{\beta}_3\}$,$\boldsymbol{\beta}_4=-\boldsymbol{\beta}_1-\boldsymbol{\beta}_2+\boldsymbol{\beta}_3$.

21. 2.

22. $a=15$,$b=5$.

23. (1)$\boldsymbol{\eta}_1=\begin{pmatrix}2\\1\\0\\0\end{pmatrix}$,$\boldsymbol{\eta}_2=\begin{pmatrix}2\\0\\-5\\7\end{pmatrix}$; (2)$\boldsymbol{\eta}_1=\begin{pmatrix}1\\-2\\-1\\0\\0\end{pmatrix}$,$\boldsymbol{\eta}_2=\begin{pmatrix}1\\-2\\0\\1\\0\end{pmatrix}$,$\boldsymbol{\eta}_3=\begin{pmatrix}5\\-6\\0\\0\\1\end{pmatrix}$;

(3)$\boldsymbol{\eta}_1=\begin{pmatrix}-1\\1\\1\\0\\0\end{pmatrix}$,$\boldsymbol{\eta}_2=\begin{pmatrix}7\\5\\0\\2\\6\end{pmatrix}$; (4)$\boldsymbol{\eta}=\begin{pmatrix}2\\4\\\dfrac{8}{3}\\\dfrac{13}{3}\\1\end{pmatrix}$.

24. (1) $\boldsymbol{x}=\begin{pmatrix}\frac{13}{7}\\-\frac{4}{7}\\0\\0\end{pmatrix}+C_1\begin{pmatrix}-\frac{3}{7}\\\frac{2}{7}\\1\\0\end{pmatrix}+C_2\begin{pmatrix}-\frac{13}{7}\\\frac{4}{7}\\0\\1\end{pmatrix}$($C_1,C_2$ 为任意常数);

(2) $\boldsymbol{x}=\begin{pmatrix}\frac{1}{3}\\\frac{4}{3}\\0\\0\\0\end{pmatrix}+C_1\begin{pmatrix}-1\\0\\1\\0\\0\end{pmatrix}+C_2\begin{pmatrix}-\frac{1}{3}\\\frac{5}{3}\\0\\1\\0\end{pmatrix}+C_3\begin{pmatrix}0\\-1\\0\\0\\1\end{pmatrix}$($C_1,C_2,C_3$ 为任意常数);

(3) $\boldsymbol{x}=\begin{pmatrix}\frac{3}{5}\\0\\\frac{4}{5}\\0\\0\end{pmatrix}+C_1\begin{pmatrix}-3\\1\\0\\0\\0\end{pmatrix}+C_2\begin{pmatrix}\frac{7}{5}\\0\\\frac{1}{5}\\1\\0\end{pmatrix}+C_3\begin{pmatrix}\frac{1}{5}\\0\\-\frac{2}{5}\\0\\1\end{pmatrix}$($C_1,C_2,C_3$ 为任意常数).

25. (1) $\lambda=-2$;(2) $\lambda\neq-2$ 且 $\lambda\neq1$;(3) $\lambda=1$.

26. (1)当 $a\neq2$ 时,有唯一解;(2)当 $a=2,b\neq1$ 时,无解;(3)当 $a=2,b=1$ 时,有无穷多解

$$\boldsymbol{x}=\begin{pmatrix}-8\\3\\0\\2\end{pmatrix}+C\begin{pmatrix}0\\-2\\1\\0\end{pmatrix},\text{其中 } C \text{ 为任意常数.}$$

27. (1) $a=1,b=3$;

(2) $\boldsymbol{\eta}_1=\begin{pmatrix}1\\-2\\1\\0\\0\end{pmatrix},\boldsymbol{\eta}_2=\begin{pmatrix}1\\-2\\0\\1\\0\end{pmatrix},\boldsymbol{\eta}_3=\begin{pmatrix}5\\-6\\0\\0\\1\end{pmatrix}$;

$$(3)\boldsymbol{x}=\begin{pmatrix}-2\\-3\\0\\0\\0\end{pmatrix}+C_1\begin{pmatrix}1\\-2\\1\\0\\0\end{pmatrix}+C_2\begin{pmatrix}1\\-2\\0\\1\\0\end{pmatrix}+C_3\begin{pmatrix}5\\-6\\0\\0\\1\end{pmatrix}$$，其中 C_1,C_2,C_3 为任意常数.

28. (1) $1-a^4$；

(2) $a=-1$，$$\boldsymbol{x}=\begin{pmatrix}0\\-1\\0\\0\end{pmatrix}+C\begin{pmatrix}1\\1\\1\\1\end{pmatrix}$$，其中 C 为任意常数.

29. $lm\neq 6$.

30. 略.

31. (1) $a=0$ 时，$$\boldsymbol{x}=C_1\begin{pmatrix}-1\\1\\0\\0\end{pmatrix}+C_2\begin{pmatrix}-1\\0\\1\\0\end{pmatrix}+C_3\begin{pmatrix}-1\\0\\0\\1\end{pmatrix}$$，其中 C_1,C_2,C_3 为任意常数；

(2) $a=-10$ 时　$$\boldsymbol{x}=C\begin{pmatrix}\frac{1}{4}\\\frac{1}{2}\\\frac{3}{4}\\1\end{pmatrix}$$，其中 C 为任意常数.

32. $$\boldsymbol{x}=\begin{pmatrix}-3\\-4\\0\\0\end{pmatrix}+C_1\begin{pmatrix}-1\\1\\0\\0\end{pmatrix}+C_2\begin{pmatrix}1\\1\\1\\1\end{pmatrix}$$，其中 C_1,C_2 为任意常数.

33. $$\boldsymbol{x}=\begin{pmatrix}1\\1\\1\\1\end{pmatrix}+C\begin{pmatrix}-1\\2\\-1\\0\end{pmatrix}$$，其中 C 为任意常数.

34. (1) $a+(n-1)b\neq 0$ 且 $a\neq b$；

(2)当 $a+(n-1)b=0$ 且 $a-b\neq 0$ 时. $\boldsymbol{x}=C\begin{pmatrix}1\\1\\\vdots\\1\end{pmatrix}$,其中 C 是任意常数.

当 $a=b$ 时. $\boldsymbol{x}=C_1\begin{pmatrix}-1\\1\\0\\\vdots\\0\\0\end{pmatrix}+C_2\begin{pmatrix}-1\\0\\1\\\vdots\\0\\0\end{pmatrix}+\cdots+C_{n-1}\begin{pmatrix}-1\\0\\0\\\vdots\\0\\1\end{pmatrix}$,其中 $C_1,C_2,\cdots,C_{n-1}$ 是任意常数.

35. (1)$\boldsymbol{\xi}_2=\begin{pmatrix}0\\0\\1\end{pmatrix}+C_1\begin{pmatrix}-1\\1\\-2\end{pmatrix}$,$\boldsymbol{\xi}_3=\begin{pmatrix}-\frac{1}{2}\\0\\0\end{pmatrix}+C_2\begin{pmatrix}-1\\1\\0\end{pmatrix}+C_3\begin{pmatrix}0\\0\\1\end{pmatrix}$. 其中 C_1,C_2,C_3 为任意常数;

(2)略.

36. (1)当 $\mathrm{r}(\boldsymbol{A})=2$ 时,$\boldsymbol{x}=C\begin{pmatrix}1\\2\\3\end{pmatrix}$($C$ 为任意常数);

(2)当 $\mathrm{r}(\boldsymbol{A})=1$ 时,$\boldsymbol{x}=C_1\begin{pmatrix}1\\2\\3\end{pmatrix}+C_2\begin{pmatrix}-\frac{b}{a}\\1\\0\end{pmatrix}$($C_1,C_2$ 为任意常数).

【B组】

1. 有唯一解 $\begin{cases}x_1=-1,\\x_2=-1,\\x_3=0,\\x_4=1.\end{cases}$

2. 通解 $\begin{cases}x_1=1-4x_3+x_4,\\x_2=1+3x_3+4x_4.\end{cases}$ 这里 x_3,x_4 为两个自由未知量.

3. $a=-2$.

4. (1)当 $a\neq1$ 时,有唯一解 $\begin{cases} x_1=\dfrac{b-a+2}{a-1}, \\ x_2=\dfrac{a-2b-3}{a-1}, \\ x_3=\dfrac{b+1}{a-1}, \\ x_4=0; \end{cases}$

(2)当 $a=1,b\neq-1$ 时,无解;

(3)当 $a=1,b=-1$ 时,有无穷多解,$\begin{cases} x_1=-1+C_1+C_2, \\ x_2=1-2C_1-2C_2, \\ x_3=C_1, \\ x_4=C_2 \end{cases}$ (C_1,C_2 为任意常数).

5. 可以,$\boldsymbol{\beta}=\boldsymbol{\alpha}_1-2\boldsymbol{\alpha}_2+\boldsymbol{\alpha}_3$.

6. $\boldsymbol{\gamma}_1=4\boldsymbol{\alpha}_1+4\boldsymbol{\alpha}_2-17\boldsymbol{\alpha}_3,\boldsymbol{\gamma}_2=23\boldsymbol{\alpha}_2-7\boldsymbol{\alpha}_3$.

7. $\boldsymbol{\alpha}_1=\frac{1}{2}\boldsymbol{\beta}_1+\frac{1}{2}\boldsymbol{\beta}_2,\boldsymbol{\alpha}_2=\frac{1}{2}\boldsymbol{\beta}_2+\frac{1}{2}\boldsymbol{\beta}_3,\boldsymbol{\alpha}_3=\frac{1}{2}\boldsymbol{\beta}_1+\frac{1}{2}\boldsymbol{\beta}_3$.

8. $a=1$.

9. B.

10. A.

11. C.

12. A.

13. D.

14. A.

15. $\{\boldsymbol{\alpha}_1,\boldsymbol{\alpha}_2,\boldsymbol{\alpha}_3\},\boldsymbol{\alpha}_4-\boldsymbol{\alpha}_1+2\boldsymbol{\alpha}_2,\boldsymbol{\alpha}_5=\boldsymbol{\alpha}_1+\boldsymbol{\alpha}_2+\boldsymbol{\alpha}_3$.

16. 当 $a=-10$ 时,$\{\boldsymbol{\alpha}_1,\boldsymbol{\alpha}_2,\boldsymbol{\alpha}_3\},\boldsymbol{\alpha}_4=-\boldsymbol{\alpha}_1-\boldsymbol{\alpha}_2-\boldsymbol{\alpha}_3$;
当 $a=0$ 时,$\{\boldsymbol{\alpha}_1\},\boldsymbol{\alpha}_2=2\boldsymbol{\alpha}_1,\boldsymbol{\alpha}_3=3\boldsymbol{\alpha}_1,\boldsymbol{\alpha}_4=4\boldsymbol{\alpha}_1$.

17. $x=2$.

18. D.

19. 略.

20. $\boldsymbol{\eta}_1=\begin{pmatrix}1\\2\\2\\1\\0\end{pmatrix},\boldsymbol{\eta}_2=\begin{pmatrix}\frac{1}{3}\\3\\\frac{14}{3}\\0\\1\end{pmatrix},\boldsymbol{x}=C_1\begin{pmatrix}1\\2\\2\\1\\0\end{pmatrix}+C_2\begin{pmatrix}\frac{1}{3}\\3\\\frac{14}{3}\\0\\1\end{pmatrix}$ (C_1,C_2 为任意常数).

21. $\boldsymbol{x}=\begin{pmatrix}\frac{71}{2}\\-11\\-\frac{9}{4}\\0\\0\end{pmatrix}+C_1\begin{pmatrix}\frac{19}{2}\\-4\\\frac{3}{4}\\1\\0\end{pmatrix}+C_2\begin{pmatrix}-4\\1\\0\\0\\1\end{pmatrix}$ (C_1,C_2 为任意常数).

22. (1)当 $p\neq-1$ 时,有唯一解.

(2)当 $p=-1,q\neq0$ 时,无解.

(3)当 $p=-1$ 且 $q=0$ 时,有无穷多解.

$$\boldsymbol{x}=\begin{pmatrix}0\\1\\0\\0\end{pmatrix}+C_1\begin{pmatrix}-2\\1\\1\\0\end{pmatrix}+C_2\begin{pmatrix}1\\-2\\0\\1\end{pmatrix}\ (C_1,C_2\text{ 为任意常数}).$$

23. (1)当 $a\neq-1$ 或 $b\neq1$ 时,无解;

(2)当 $a=-1.b=1$ 时,有解.

$$\boldsymbol{x}=\begin{pmatrix}-3\\4\\0\\0\\0\end{pmatrix}+C_1\begin{pmatrix}1\\-2\\1\\0\\0\end{pmatrix}+C_2\begin{pmatrix}1\\-2\\0\\1\\0\end{pmatrix}+C_3\begin{pmatrix}5\\-6\\0\\0\\1\end{pmatrix}\ (C_1,C_2,C_3\text{ 为任意常数}).$$

24. 当 $a=0$ 时,

$$\boldsymbol{x}=C_1\begin{pmatrix}-1\\1\\0\\\vdots\\0\end{pmatrix}+C_2\begin{pmatrix}-1\\0\\1\\\vdots\\0\end{pmatrix}+\cdots+C_{n-1}\begin{pmatrix}-1\\0\\0\\\vdots\\1\end{pmatrix}\ (C_1,C_2,\cdots,C_{n-1}\text{ 为任意常数}).$$

25. C.

26. B.

27. B

28. D

29. D.

30. B.

31. $C(\boldsymbol{\alpha}-\boldsymbol{\beta})+\boldsymbol{\alpha}$,或 $C(\boldsymbol{\alpha}-\boldsymbol{\beta})+\boldsymbol{\beta}$($C$ 为任意常数).

32. $\boldsymbol{x}=\frac{1}{6}\begin{pmatrix}1\\1\\1\end{pmatrix}+C\begin{pmatrix}1\\0\\0\end{pmatrix}$（$C$ 为任意常数）.

33. (1)略；(2)$a=2,b=-3,\boldsymbol{x}=\begin{pmatrix}2\\-3\\0\\0\end{pmatrix}+C_1\begin{pmatrix}-2\\1\\1\\0\end{pmatrix}+C_2\begin{pmatrix}4\\-5\\0\\1\end{pmatrix}$（$C_1,C_2$ 为任意常数）.

34. (1)略；

(2)$a\neq0,x_1=\frac{n}{(n+1)a}$；

(3)$a=0,\boldsymbol{x}=\begin{pmatrix}0\\1\\\vdots\\0\end{pmatrix}+C\begin{pmatrix}1\\0\\\vdots\\0\end{pmatrix}$（$C$ 为任意常数）.

35. (1)$b\neq0$ 且 $\sum\limits_{i=1}^{n}a_i+b\neq0$；

(2)当 $b=0$ 时，$\boldsymbol{\eta}_1=\begin{pmatrix}-\frac{a_2}{a_1}\\1\\0\\\vdots\\0\end{pmatrix},\boldsymbol{\eta}_2=\begin{pmatrix}-\frac{a_3}{a_1}\\0\\1\\\vdots\\0\end{pmatrix},\cdots,\boldsymbol{\eta}_{n-1}=\begin{pmatrix}-\frac{a_n}{a_1}\\0\\0\\\vdots\\1\end{pmatrix}$；

当 $\sum\limits_{i=1}^{n}a_i+b=0$ 时，$\boldsymbol{\eta}=\begin{pmatrix}1\\1\\1\\\vdots\\1\end{pmatrix}$.

36. $t_1^s+(-1)^{s+1}t_2^s\neq0$（即当 s 为偶数时，$t_1\neq\pm t_2$；当 s 为奇数时，$t_1\neq-t_2$）.

第4章　矩阵的特征值·二次型

引　言

在工程技术中,振动问题、稳定性问题、弹性力学等问题从数学上都可归结为求矩阵的特征值和特征向量.数理经济分析也与矩阵的对角化有关.在数学中,二次曲线和二次曲面的分类与化简,以及求解微分方程组都涉及到特征值理论.矩阵的相似对角阵和实对称矩阵对角化都有助于解决实际问题.先看下面一个实例:劳动力就业转移问题.

某中小城市共30万人从事农、工、商工作,假定这个总人数在若干年内保持不变,经社会调查表明:

(1)在这30万就业人员中,约有15万人从事农业工作,9万人从事工业工作,6万人经商;

(2)在务农人员中,每年约有20%转为务工,10%转为经商;

(3)在务工人员中,每年约有20%转为务农,10%转为经商;

(4)在经商人员中,每年约有10%转为务农,10%转为务工.

现要预测一年后从事各职业人员的人数,以及经过多年之后,从事各职业人员总数的发展趋势.

分析:用向量 $\boldsymbol{\alpha}_k=(x_k,y_k,z_k)^T$ 表示第 k 年后从事这三种职业的人员数,则 $\boldsymbol{\alpha}_0=(15,9,6)^T$ 为初始人数,于是一年后从事农、工、商三种职业的人数分别为

$$\begin{cases}x_1=0.7x_0+0.2y_0+0.1z_0,\\ y_1=0.2x_0+0.7y_0+0.1z_0,\\ z_0=0.1x_0+0.1y_0+0.8z_0,\end{cases}$$

即

$$\begin{pmatrix}x_1\\ y_1\\ z_1\end{pmatrix}=\begin{pmatrix}0.7&0.2&0.1\\0.2&0.7&0.1\\0.1&0.1&0.8\end{pmatrix}\begin{pmatrix}x_0\\ y_0\\ z_0\end{pmatrix},$$

亦即 $\boldsymbol{\alpha}_1=\boldsymbol{A}\boldsymbol{\alpha}_0$,其中 $\boldsymbol{A}=\begin{pmatrix}0.7&0.2&0.1\\0.2&0.7&0.1\\0.1&0.1&0.8\end{pmatrix}$.

又 $\boldsymbol{\alpha}_0=(15,9,6)^T$,代入得 $\boldsymbol{\alpha}_1=(x_1,y_1,z_1)^T=(12.9,9.9,7.2)^T$.

同理,由 $\boldsymbol{\alpha}_2=\boldsymbol{A}^2\boldsymbol{\alpha}_0$,可得 $\boldsymbol{\alpha}_2=(11.73,10.23,8.04)^T$,即两年后从事各职业的人数分别为11.73万人,10.23万人,8.04万人.

依此类推,$\boldsymbol{\alpha}_k=\boldsymbol{A}\boldsymbol{\alpha}_{k-1}=\cdots=\boldsymbol{A}^k\boldsymbol{\alpha}_0$,即

$$\begin{pmatrix} x_k \\ y_k \\ z_k \end{pmatrix} = \begin{pmatrix} 0.7 & 0.2 & 0.1 \\ 0.2 & 0.7 & 0.1 \\ 0.1 & 0.1 & 0.8 \end{pmatrix}^k \begin{pmatrix} x_0 \\ y_0 \\ z_0 \end{pmatrix},$$

因此,先要算得 $\boldsymbol{A}^k$. 本问题的解可见本章 4.3 节,例 8.

本章介绍矩阵的特征值与特征向量,借助矩阵的特征值理论引入相似矩阵和矩阵对角化的内容. 运用正交矩阵理论通过施密特正交化,将对称矩阵作相似对角化,根据实对称矩阵特征向量性质,讨论实二次型的线性替换和矩阵的合同概念,给出实二次型的标准形和规范形.

4.1 矩阵的特征值与特征向量

4.1.1 矩阵的特征值与特征向量

先看微积分中的一个例子.

设 $y=y(x)$,则微分方程 $y'=ay$ 的通解为 $y=Ce^{ax}$,其中 C 为任意常数. 现将此问题扩展一下,求微分方程组

$$\begin{cases} y'=y+2z, \\ z'=3y+4z \end{cases}$$

的形如 $y=C_1e^{\lambda x}$, $z=C_2e^{\lambda x}$ 的解. 将它们代入方程组,得

$$\begin{pmatrix} 1 & 2 \\ 3 & 4 \end{pmatrix} \begin{pmatrix} C_1 \\ C_2 \end{pmatrix} = \lambda \begin{pmatrix} C_1 \\ C_2 \end{pmatrix},$$

即

$$\boldsymbol{A\alpha}=\lambda\boldsymbol{\alpha}, \qquad ①$$

其中 $\boldsymbol{A}=\begin{pmatrix} 1 & 2 \\ 3 & 4 \end{pmatrix}$, $\boldsymbol{\alpha}=\begin{pmatrix} C_1 \\ C_2 \end{pmatrix}$.

为解决这个问题,需要求满足等式:$\boldsymbol{A\alpha}=\boldsymbol{\lambda\alpha}$ 的数 $\boldsymbol{\lambda}$ 及向量 $\boldsymbol{\alpha}$.

定义 1 设 $\boldsymbol{A}=(a_{ij})$ 为 n 阶方阵,如果存在常数 λ 和 n 维非零向量 $\boldsymbol{\alpha}$,使得

$$\boldsymbol{A\alpha}=\lambda\boldsymbol{\alpha},$$

则称 λ 为矩阵 $\boldsymbol{A}$ 的一个特征值,$\boldsymbol{\alpha}$ 称为矩阵 $\boldsymbol{A}$ 的属于特征值 λ 的特征向量,或称为对应于特征值 λ 的特征向量.

例如,设 $\boldsymbol{A}=\begin{pmatrix} 1 & 0 & 0 \\ 0 & 2 & 0 \\ 0 & 0 & 3 \end{pmatrix}$,

由于

$$\begin{pmatrix} 1 & 0 & 0 \\ 0 & 2 & 0 \\ 0 & 0 & 3 \end{pmatrix}\begin{pmatrix} 1 \\ 0 \\ 0 \end{pmatrix}=1\begin{pmatrix} 1 \\ 0 \\ 0 \end{pmatrix},\ \begin{pmatrix} 1 & 0 & 0 \\ 0 & 2 & 0 \\ 0 & 0 & 3 \end{pmatrix}\begin{pmatrix} 0 \\ 1 \\ 0 \end{pmatrix}=2\begin{pmatrix} 0 \\ 1 \\ 0 \end{pmatrix},\ \begin{pmatrix} 1 & 0 & 0 \\ 0 & 2 & 0 \\ 0 & 0 & 3 \end{pmatrix}\begin{pmatrix} 0 \\ 0 \\ 1 \end{pmatrix}=3\begin{pmatrix} 0 \\ 0 \\ 1 \end{pmatrix}.$$

所以 1,2,3 是矩阵 $\boldsymbol{A}$ 的三个特征值. $\boldsymbol{\alpha}_1=\begin{pmatrix}1\\0\\0\end{pmatrix}$, $\boldsymbol{\alpha}_2=\begin{pmatrix}0\\1\\0\end{pmatrix}$, $\boldsymbol{\alpha}_3=\begin{pmatrix}0\\0\\1\end{pmatrix}$ 是矩阵 A 的分别属于特征值 1,2,3 的特征向量.

由于①式可以写为 $(\lambda\boldsymbol{I}-\boldsymbol{A})\boldsymbol{\alpha}=\boldsymbol{0}$,因为 $\boldsymbol{\alpha}\neq\boldsymbol{0}$,所以齐次线性方程组

$$(\lambda\boldsymbol{I}-\boldsymbol{A})\boldsymbol{x}=\boldsymbol{0} \qquad ②$$

有非零解,从而其系数行列式

$$|\lambda\boldsymbol{I}-\boldsymbol{A}|=\begin{vmatrix}\lambda-a_{11} & -a_{12} & \cdots & -a_{1n}\\ -a_{21} & \lambda-a_{22} & \cdots & -a_{2n}\\ \vdots & \vdots & & \vdots\\ -a_{n1} & -a_{n2} & \cdots & \lambda-a_{nn}\end{vmatrix}=0. \qquad ③$$

定义 2　设 $\boldsymbol{A}$ 为 n 阶方阵,矩阵 $\lambda\boldsymbol{I}-\boldsymbol{A}$ 称为 $\boldsymbol{A}$ 的特征矩阵,其行列式 $|\lambda I-\boldsymbol{A}|$ 称为 $\boldsymbol{A}$ 的特征多项式,记为 $f_{\boldsymbol{A}}(\lambda)$ 或 $f(\lambda)$. $f_{\boldsymbol{A}}(\lambda)=|\lambda\boldsymbol{I}-\boldsymbol{A}|=0$ 称为特征方程,其在实数域 R 中的根,称为 $\boldsymbol{A}$ 的特征值(根). 设 λ_0 是 $\boldsymbol{A}$ 的一个特征值,则齐次线性方程组

$$(\lambda_0\boldsymbol{I}-\boldsymbol{A})\begin{pmatrix}x_1\\x_2\\\vdots\\x_n\end{pmatrix}=\boldsymbol{0} \qquad ④$$

的一个非零解,称为 $\boldsymbol{A}$ 的属于特征值 λ_0 的一个特征向量.

因　$|\lambda\boldsymbol{I}-\boldsymbol{A}|=(\lambda-a_{11})(\lambda-a_{22})\cdots(\lambda-a_{nn})+\cdots$

$$=\lambda^n-(a_{11}+a_{22}+\cdots+a_{nn})\lambda^{n-1}+\cdots+a_1\lambda+a_0.$$

从而 $f_{\boldsymbol{A}}(\lambda)$ 是一个关于 λ 的 n 次多项式,且 $f_{\boldsymbol{A}}(0)=a_0=|0\times\boldsymbol{I}-\boldsymbol{A}|=|-\boldsymbol{A}|=(-1)^n|\boldsymbol{A}|$.

定义 3　n 阶方阵 $\boldsymbol{A}=(a_{ij})$ 的主对角线上的元素之和称为矩阵 $\boldsymbol{A}$ 的迹,记为 $\mathrm{tr}(\boldsymbol{A})$,即

$$\mathrm{tr}(\boldsymbol{A})=a_{11}+a_{22}+\cdots+a_{nn}.$$

设 $\boldsymbol{A}$、$\boldsymbol{B}$ 均为 n 阶方阵,则迹具有下面的性质:

$\mathrm{tr}(\boldsymbol{A}+\boldsymbol{B})=\mathrm{tr}(\boldsymbol{A})+\mathrm{tr}(\boldsymbol{B})$,

$\mathrm{tr}(k\boldsymbol{A})=k(\mathrm{tr}\boldsymbol{A})$($k$ 为任意常数).

从而,

$$f_{\boldsymbol{A}}(\lambda)=\lambda^n-\mathrm{tr}(\boldsymbol{A})\lambda^{n-1}+\cdots+(-1)^n|\boldsymbol{A}|.$$

$f_{\boldsymbol{A}}(\lambda)$ 在复数域 $\boldsymbol{C}$ 中,共有 n 个根(重根按重数记),故 n 阶方阵 $\boldsymbol{A}$ 共有 n 个特征值,记为 $\lambda_1,\lambda_2,\cdots,\lambda_n$,于是

$$f_{\boldsymbol{A}}(\lambda)=(\lambda-\lambda_1)(\lambda-\lambda_2)\cdots(\lambda-\lambda_n).$$

由根与系数的关系，知

$$\lambda_1+\lambda_2+\cdots+\lambda_n=\mathrm{tr}(\boldsymbol{A}),$$

$$\lambda_1\lambda_2\cdots\lambda_n=(-1)^n(-1)^n|\boldsymbol{A}|=|\boldsymbol{A}|.$$

因方阵 $\boldsymbol{A}$ 可逆的充分必要条件是 $|\boldsymbol{A}|\neq 0$，故由上式，知

方阵可逆的充分必要条件是 $\boldsymbol{A}$ 无零特征值，即 $\boldsymbol{A}$ 的特征值全不为零.

对于特征值 λ_0，有 $|\lambda_0\boldsymbol{I}-\boldsymbol{A}|=0$，故齐次线性方程组④有非零解，所以，对于特征值 λ_0，方阵 $\boldsymbol{A}$ 必有特征向量. 今设 $\begin{pmatrix}x_1\\x_2\\\vdots\\x_n\end{pmatrix}\neq\boldsymbol{0}$ 是矩阵 $\boldsymbol{A}$ 属于特征值 λ_0 的特征向量，则有

$$(\lambda_0\boldsymbol{I}-\boldsymbol{A})\begin{pmatrix}x_1\\x_2\\\vdots\\x_n\end{pmatrix}=\boldsymbol{0},\text{或 }\boldsymbol{A}\begin{pmatrix}x_1\\x_2\\\vdots\\x_n\end{pmatrix}=\lambda_0\begin{pmatrix}x_1\\x_2\\\vdots\\x_n\end{pmatrix}.$$

【例 1】 设 $\boldsymbol{A}=\begin{pmatrix}a&b\\b&a\end{pmatrix}$，$b\neq 0$. 求矩阵 $\boldsymbol{A}$ 的特征值与特征向量.

解：由

$$|\lambda\boldsymbol{I}-\boldsymbol{A}|=\begin{vmatrix}\lambda-a&-b\\-b&\lambda-a\end{vmatrix}=(\lambda-a)^2-b^2=0,$$

得 $\boldsymbol{A}$ 的特征值为 $\lambda_1=a+b$，$\lambda_2=a-b$.

对特征值 $\lambda_1=a+b$，由

$$\lambda_1\boldsymbol{I}-\boldsymbol{A}=(a+b)\boldsymbol{I}-\begin{pmatrix}a&b\\b&a\end{pmatrix}=\begin{pmatrix}b&-b\\-b&b\end{pmatrix},$$

得齐次线性方程组

$$\begin{pmatrix}b&-b\\-b&b\end{pmatrix}\begin{pmatrix}x_1\\x_2\end{pmatrix}=\begin{pmatrix}0\\0\end{pmatrix},$$

求得对应于特征值 $\lambda_1=a+b$ 的特征向量为

$$k\begin{pmatrix}1\\1\end{pmatrix},k\neq 0.$$

对特征值 $\lambda_2=a-b$，由

$$\lambda_2\boldsymbol{I}-\boldsymbol{A}=(a-b)\boldsymbol{I}-\begin{pmatrix}a&b\\b&a\end{pmatrix}=\begin{pmatrix}-b&-b\\-b&-b\end{pmatrix},$$

得齐次线性方程组

$$\begin{pmatrix} -b & -b \\ -b & -b \end{pmatrix}\begin{pmatrix} x_1 \\ x_2 \end{pmatrix}=\begin{pmatrix} 0 \\ 0 \end{pmatrix},$$

求得对应于特征值 $\lambda_2=a-b$ 的特征向量为

$$k\begin{pmatrix} 1 \\ -1 \end{pmatrix}, k\neq 0.$$

由此可见，求 n 阶矩阵 $\boldsymbol{A}$ 的特征值、特征向量的步骤可归结如下：

步骤 1，计算 $\boldsymbol{A}$ 的特征多项式 $f_{\boldsymbol{A}}(\lambda)=|\lambda\boldsymbol{I}-\boldsymbol{A}|$；

步骤 2，求出 $\boldsymbol{A}$ 的特征方程 $|\lambda\boldsymbol{I}-\boldsymbol{A}|=0$ 的全部根，即 $\boldsymbol{A}$ 的全部特征值；

步骤 3，对于 $\boldsymbol{A}$ 的每一个特征值 λ_0，求出对应的齐次线性方程组 $(\lambda_0\boldsymbol{I}-\boldsymbol{A})\boldsymbol{x}=\boldsymbol{0}$ 的基础解系 $\boldsymbol{\xi}_1,\boldsymbol{\xi}_2,\cdots\boldsymbol{\xi}_k$，则 $\boldsymbol{A}$ 的对应于特征值 λ_0 的全部特征向量为

$$c_1\boldsymbol{\xi}_1+c_2\boldsymbol{\xi}_2+\cdots+c_k\boldsymbol{\xi}_k,$$

其中 $c_1,c_2,\cdots,c_k$ 为不全为零的任意常数.

【例 2】 设 $\boldsymbol{A}=\begin{pmatrix} 1 & 2 & 2 \\ 2 & 1 & 2 \\ 2 & 2 & 1 \end{pmatrix}$，求 $\boldsymbol{A}$ 的特征值与特征向量.

解：$\boldsymbol{A}$ 的特征多项式为

$$|\lambda\boldsymbol{I}-\boldsymbol{A}|=\begin{vmatrix} \lambda-1 & -2 & -2 \\ -2 & \lambda-1 & -2 \\ -2 & -2 & \lambda-1 \end{vmatrix}\overset{(1)-(2)}{\underset{(3)-(2)}{=}}\begin{vmatrix} \lambda+1 & -\lambda-1 & 0 \\ -2 & \lambda-1 & -2 \\ 0 & -\lambda-1 & \lambda+1 \end{vmatrix}$$

$$=(\lambda+1)^2\begin{vmatrix} 1 & -1 & 0 \\ -2 & \lambda-1 & -2 \\ 0 & -1 & 1 \end{vmatrix}=(\lambda+1)^2(\lambda-5),$$

故 $\boldsymbol{A}$ 的特征值为 $\lambda_1=\lambda_2=-1,\lambda_3=5$.

对于特征值 $\lambda_1=-1$，解方程组 $(-\boldsymbol{I}-\boldsymbol{A})\boldsymbol{x}=\boldsymbol{0}$，

即

$$\begin{pmatrix} -2 & -2 & -2 \\ -2 & -2 & -2 \\ -2 & -2 & -2 \end{pmatrix}\begin{pmatrix} x_1 \\ x_2 \\ x_3 \end{pmatrix}=\boldsymbol{0}.$$

由于

$$\begin{pmatrix} -2 & -2 & -2 \\ -2 & -2 & -2 \\ -2 & -2 & -2 \end{pmatrix}\xrightarrow[(3)-(1)]{(2)-(1)}\begin{pmatrix} -2 & -2 & -2 \\ 0 & 0 & 0 \\ 0 & 0 & 0 \end{pmatrix}\xrightarrow{-\frac{1}{2}\times(1)}\begin{pmatrix} 1 & 1 & 1 \\ 0 & 0 & 0 \\ 0 & 0 & 0 \end{pmatrix},$$

其对应的方程组为 $x_1+x_2+x_3=0$，故基础解系为

$$\boldsymbol{\xi}_1=\begin{pmatrix} -1 \\ 1 \\ 0 \end{pmatrix},\boldsymbol{\xi}_2=\begin{pmatrix} -1 \\ 0 \\ 1 \end{pmatrix}.$$

所以 $\boldsymbol{A}$ 的属于特征值 $\lambda_1=-1$ 的全部特征向量为

$$c_1\boldsymbol{\xi}_1+c_2\boldsymbol{\xi}_2=c_1\begin{pmatrix}-1\\1\\0\end{pmatrix}+c_2\begin{pmatrix}-1\\0\\1\end{pmatrix},$$

其中 c_1,c_2 为不全为零的任意常数.

对于特征值 $\lambda_3=5$，解方程组 $(5\boldsymbol{I}-\boldsymbol{A})\boldsymbol{x}=\boldsymbol{0}$，即

$$\begin{pmatrix}4&-2&-2\\-2&4&-2\\-2&-2&4\end{pmatrix}\begin{pmatrix}x_1\\x_2\\x_3\end{pmatrix}=\boldsymbol{0}.$$

由于

$$\begin{pmatrix}4&-2&-2\\-2&4&-2\\-2&-2&4\end{pmatrix}\xrightarrow[(3)-(2)]{(1)+2\times(2)}\begin{pmatrix}0&6&-6\\-2&4&-2\\0&-6&6\end{pmatrix}\xrightarrow{(1)\leftrightarrow(2)}\begin{pmatrix}-2&4&-2\\0&6&-6\\0&-6&6\end{pmatrix}$$

$$\xrightarrow[\substack{\frac{1}{6}\times(2)\\(-\frac{1}{2})\times(1)}]{(3)+(2)}\begin{pmatrix}1&-2&1\\0&1&-1\\0&0&0\end{pmatrix}\xrightarrow{(1)+2(2)}\begin{pmatrix}1&0&-1\\0&1&-1\\0&0&0\end{pmatrix},$$

由此得基础解系 $\boldsymbol{\xi}_3=\begin{pmatrix}1\\1\\1\end{pmatrix}$，所以 $\boldsymbol{A}$ 的属于特征值 $\lambda_3=5$ 的全部特征向量为

$$c_3\boldsymbol{\xi}_3=c_3\begin{pmatrix}1\\1\\1\end{pmatrix}，\text{其中 } c_3 \text{ 为非零任意常数.}$$

【例 3】　求 n 阶数量矩阵 $\boldsymbol{A}=\begin{pmatrix}a&&&\\&a&&\\&&\ddots&\\&&&a\end{pmatrix}$ 的特征值与特征向量.

解：因为

$$|\lambda\boldsymbol{I}-\boldsymbol{A}|=\begin{vmatrix}\lambda-a&&&\\&\lambda-a&&\\&&\ddots&\\&&&\lambda-a\end{vmatrix}=(\lambda-a)^n,$$

因此，$\boldsymbol{A}$ 的特征根为 n 重根，即 $\lambda_1=\lambda_2=\cdots=\lambda_n=a$.

当 $\lambda=a$ 时，齐次线性方程组 $(a\boldsymbol{I}-\boldsymbol{A})\boldsymbol{x}=\boldsymbol{0}$ 的系数矩阵是零矩阵，所以任意 n

个线性无关的向量都是它的基础解系，取单位向量组

$$\boldsymbol{\varepsilon}_1=\begin{pmatrix}1\\0\\0\\\vdots\\0\end{pmatrix},\boldsymbol{\varepsilon}_2=\begin{pmatrix}0\\1\\0\\\vdots\\0\end{pmatrix},\cdots,\boldsymbol{\varepsilon}_n=\begin{pmatrix}0\\0\\0\\\vdots\\1\end{pmatrix}$$

作为基础解系. 于是 $\boldsymbol{A}$ 的全部特征向量为

$$c_1\boldsymbol{\varepsilon}_1+c_2\boldsymbol{\varepsilon}_2+\cdots+c_n\boldsymbol{\varepsilon}_n,$$

其中 $c_1,c_2,\cdots,c_n$ 为不全为零的任意常数.

4.1.2 特征值与特征向量的基本性质

性质1 矩阵 $\boldsymbol{A}$ 的每一个特征向量只能属于一个特征值.

证明:假设 $\boldsymbol{\alpha}$ 是矩阵 $\boldsymbol{A}$ 的属于特征值 λ 的特征向量，同时也是属于特征值 μ 的特征向量，且 $\lambda\neq\mu$，则 $A\boldsymbol{\alpha}=\lambda\boldsymbol{\alpha}$，$A\boldsymbol{\alpha}=\mu\boldsymbol{\alpha}$，从而 $\lambda\boldsymbol{\alpha}=\mu\boldsymbol{\alpha}$，即 $(\lambda-\mu)\boldsymbol{\alpha}=\mathbf{0}$.

又因 $\boldsymbol{\alpha}\neq\mathbf{0}$，故 $\lambda-\mu=0$，即 $\lambda=\mu$，这与 $\lambda\neq\mu$ 的假设矛盾.

性质2 设 $\boldsymbol{\xi},\boldsymbol{\eta}$ 是矩阵 A 的属于特征值 λ_0 的特征向量，则

(1)若 $k\neq0$，则 $k\xi$ 也是属于 λ_0 的特征向量；

(2)若 $\boldsymbol{\xi}+\boldsymbol{\eta}\neq\mathbf{0}$，则 $\boldsymbol{\xi}+\boldsymbol{\eta}$ 也是属于 λ_0 的特征向量.

证明:(1)由题意，$\boldsymbol{A\xi}=\lambda_0\boldsymbol{\xi}$，$\boldsymbol{A\eta}=\lambda_0\boldsymbol{\eta}$，从而 $k\boldsymbol{A\xi}=k\lambda_0\boldsymbol{\xi}$，即 $\boldsymbol{A}(k\boldsymbol{\xi})=\lambda_0(k\boldsymbol{\xi})$，(1)得证.

(2)$\boldsymbol{A\xi}+\boldsymbol{A\eta}=\lambda_0\boldsymbol{\xi}+\lambda_0\boldsymbol{\eta}$，即 $\boldsymbol{A}(\boldsymbol{\xi}+\boldsymbol{\eta})=\lambda_0(\boldsymbol{\xi}+\boldsymbol{\eta})$，(2)得证.

推论 矩阵 A 的属于特征值 λ_0 的特征向量的非零线性组合也是属于 λ_0 的特征向量.

性质3 n 阶矩阵 $\boldsymbol{A}$ 的所有属于特征值 λ_0 的特征向量，再添上一个 n 维零向量所组成的集合 $\boldsymbol{V}_{\lambda_0}$ 是 $\boldsymbol{R}^n$ 的一个子空间，即

$$\begin{aligned}\boldsymbol{V}_{\lambda_0}&=\{\text{属于特征值 }\lambda_0\text{ 的所有特征向量}\}\cup\{\mathbf{0}\}\\&=\{\boldsymbol{\xi}\mid\mathbf{0}\neq\boldsymbol{\xi}\in\mathbf{R}^n,A\boldsymbol{\xi}=\lambda_0\boldsymbol{\xi}\}\cup\{\mathbf{0}\}\\&=\{\boldsymbol{\xi}\mid\boldsymbol{\xi}\in\mathbf{R}^n,A\boldsymbol{\xi}=\lambda_0\boldsymbol{\xi}\}\end{aligned}$$

是 $\boldsymbol{R}^n$ 的一个子空间.

定义4 子空间 $\boldsymbol{V}_{\lambda_0}$ 称为矩阵 $\boldsymbol{A}$ 的属于特征值 λ_0 的特征子空间.

【例4】 设 λ_0 是 n 阶矩阵 $\boldsymbol{A}$ 的特征值，证明：

(1)λ_0^2 是 $\boldsymbol{A}^2$ 的一个特征值；

(2)若 $\boldsymbol{A}$ 可逆，则 $\dfrac{1}{\lambda_0}$ 是 $\boldsymbol{A}^{-1}$ 的一个特征值，$\dfrac{|\boldsymbol{A}|}{\lambda_0}$ 是 $\boldsymbol{A}^*$ 的一个特征值($\boldsymbol{A}^*$ 为 $\boldsymbol{A}$ 的伴随矩阵)；

(3)$k-\lambda_0$ 是矩阵 $k\boldsymbol{I}-\boldsymbol{A}$ 的一个特征值，其中 k 为常数.

证明:由已知条件,知存在 n 维列向量 $\boldsymbol{\alpha}\neq\mathbf{0}$,

使得

$$\boldsymbol{A\alpha}=\lambda_0\boldsymbol{\alpha}.$$

(1)上式两边左乘 $\boldsymbol{A}$,得

$$\boldsymbol{A}^2\boldsymbol{\alpha}=\lambda_0\boldsymbol{A\alpha}=\lambda_0^2\boldsymbol{\alpha},$$

这表明 λ_0^2 是 $\boldsymbol{A}^2$ 的一个特征值;

(2)在 $\boldsymbol{A\alpha}=\lambda_0\boldsymbol{\alpha}$ 两边左乘 $\boldsymbol{A}^{-1}$,得 $\boldsymbol{\alpha}=\lambda_0\boldsymbol{A}^{-1}\boldsymbol{\alpha}$. 因为 $\boldsymbol{\alpha}\neq\mathbf{0}$,故 $\lambda_0\neq 0$,即 $\boldsymbol{A}^{-1}\boldsymbol{\alpha}=\frac{1}{\lambda_0}\boldsymbol{\alpha}$,这表明 $\frac{1}{\lambda_0}$ 是 $\boldsymbol{A}^{-1}$ 的一个特征值.

在 $\boldsymbol{A\alpha}=\lambda_0\boldsymbol{\alpha}$ 两边左乘 $\boldsymbol{A}^*$,有 $\boldsymbol{A}^*\boldsymbol{A\alpha}=\lambda_0\boldsymbol{A}^*\boldsymbol{\alpha}$,即 $|\boldsymbol{A}|\boldsymbol{\alpha}=\lambda_0\boldsymbol{A}^*\boldsymbol{\alpha}$,

因为 $|\boldsymbol{A}|\neq 0$,$\boldsymbol{\alpha}\neq\mathbf{0}$,从而 $\lambda_0\neq 0$,所以 $\boldsymbol{A}^*\boldsymbol{\alpha}=\frac{|\boldsymbol{A}|}{\lambda_0}\boldsymbol{\alpha}$,即 $\frac{|\boldsymbol{A}|}{\lambda_0}$ 是 $\boldsymbol{A}^*$ 的一个特征值;

(3)因 $\boldsymbol{A\alpha}=\lambda_0\boldsymbol{\alpha}$,故 $k\boldsymbol{\alpha}-\boldsymbol{A\alpha}=k\boldsymbol{\alpha}-\lambda_0\boldsymbol{\alpha}$,

即

$$(k\boldsymbol{I}-\boldsymbol{A})\boldsymbol{\alpha}=(k-\lambda_0)\boldsymbol{\alpha},$$

故 $k-\lambda_0$ 是矩阵 $k\boldsymbol{I}-\boldsymbol{A}$ 的一个特征值.

由本例的启迪,可以得到下面结论.

性质 4 设 λ_0 是矩阵 $\boldsymbol{A}$ 的特征值,$\boldsymbol{\alpha}$ 是属于特征值 λ_0 的特征向量,$\varphi(\lambda)$ 是多项式,则有

$$\varphi(\boldsymbol{A})\boldsymbol{\alpha}=\varphi(\lambda_0)\boldsymbol{\alpha}.$$

【例 5】 已知 3 阶矩阵 $\boldsymbol{A}$ 的特征值为 $-1,1,2$,求矩阵 $\boldsymbol{A}^2-2\boldsymbol{I}+\boldsymbol{A}^*$ 的特征值.

解:因为 $\boldsymbol{A}$ 的特征值为 $-1,1,2$,所以 $|\boldsymbol{A}|=(-1)\times1\times2=-2$,故 $\boldsymbol{A}$ 可逆. 于是 $\boldsymbol{A}^{-1}=\frac{1}{|\boldsymbol{A}|}\boldsymbol{A}^*$,即 $\boldsymbol{A}^*=|\boldsymbol{A}|\boldsymbol{A}^{-1}=-2\boldsymbol{A}^{-1}$,所以 $\boldsymbol{A}^2-2\boldsymbol{I}+\boldsymbol{A}^*=\boldsymbol{A}^2-2\boldsymbol{I}-2\boldsymbol{A}^{-1}$.

设矩阵 $\boldsymbol{A}$ 的特征为 λ,属于特征值 λ 的特征向量为 $\boldsymbol{\alpha}$,则 $\boldsymbol{A\alpha}=\lambda\boldsymbol{\alpha}$. 由性质 4,知 $\boldsymbol{A}^2\boldsymbol{\alpha}=\lambda^2\boldsymbol{\alpha}$,$-2\boldsymbol{I}\boldsymbol{x}=-2\boldsymbol{\alpha}$,$-2\boldsymbol{A}^{-1}\boldsymbol{\alpha}=-\frac{2}{\lambda}\boldsymbol{\alpha}$,从而 $(\boldsymbol{A}^2-2\boldsymbol{I}-2\boldsymbol{A}^{-1})\boldsymbol{\alpha}=\left(\lambda^2-2-\frac{2}{\lambda}\right)\boldsymbol{\alpha}$,因此,所求三个特征值为:

$$\left(\lambda^2-2-\frac{2}{\lambda}\right)\Big|_{\lambda=-1}=1,\left(\lambda^2-2-\frac{2}{\lambda}\right)\Big|_{\lambda=1}=-3,\left(\lambda^2-2-\frac{2}{\lambda}\right)\Big|_{\lambda=2}=1.$$

【例 6】 设 3 阶矩阵 $\boldsymbol{A}$ 的特征值为 $1,2,3$,求 $|4\boldsymbol{A}-\boldsymbol{I}|$,$|9\boldsymbol{A}^{-1}-2\boldsymbol{A}^*|$.

解:因 $|\boldsymbol{A}|=1\times2\times3=6$,因此,$4\boldsymbol{A}-\boldsymbol{I}$ 的 3 个特征值分别为

$$4\times1-1=3,4\times2-1=7,3\times4-1=11.$$

因此，

$$|4\boldsymbol{A}-\boldsymbol{I}|=3\times7\times11=231,$$

$$\begin{aligned}|9\boldsymbol{A}^{-1}-2\boldsymbol{A}^*|&=|9\boldsymbol{A}^{-1}-2|\boldsymbol{A}|\boldsymbol{A}^{-1}|\\&=|(9-12)\boldsymbol{A}^{-1}|\\&=(-3)^3|\boldsymbol{A}^{-1}|\\&=-27\times\frac{1}{6}=-\frac{9}{2}.\end{aligned}$$

定理1 矩阵 $\boldsymbol{A}$ 与 $\boldsymbol{A}^T$ 有相同的特征值.

证明:由于 $(\lambda\boldsymbol{I}-\boldsymbol{A})^T=\lambda\boldsymbol{I}-\boldsymbol{A}^T$,故 $|\lambda\boldsymbol{I}-\boldsymbol{A}^T|=|(\lambda\boldsymbol{I}-\boldsymbol{A})^T|=|\lambda\boldsymbol{I}-\boldsymbol{A}|$.

从而 $\boldsymbol{A}$ 与 $\boldsymbol{A}^T$ 有相同的特征多项式,所以有相同的特征值.

定理2 设 $\boldsymbol{\alpha}_1,\boldsymbol{\alpha}_2,\cdots,\boldsymbol{\alpha}_m$ 是 n 阶矩阵 $\boldsymbol{A}$ 的分别属于 m 个互不相同的特征值 $\lambda_1,\lambda_2,\cdots,\lambda_m$ 的特征向量,则 $\boldsymbol{\alpha}_1,\boldsymbol{\alpha}_2,\cdots,\boldsymbol{\alpha}_m$ 线性无关.

证明:用数学归纳法.

当 $m=1$ 时,有 $A\boldsymbol{\alpha}_1=\lambda_1\boldsymbol{\alpha}_1$,由于 $\boldsymbol{\alpha}_1\neq\boldsymbol{0}$,从而 $\boldsymbol{\alpha}_1$ 线性无关.

归纳假设定理对 $(m-1)$ 成立,下面证明对 m 也成立.

事实上,若

$$k_1\boldsymbol{\alpha}_1+k_2\boldsymbol{\alpha}_2+\cdots+k_m\boldsymbol{\alpha}_m=\boldsymbol{0}, \qquad ⑤$$

以矩阵 $\boldsymbol{A}$ 左乘⑤式两端,得

$$\boldsymbol{A}(k_1\boldsymbol{\alpha}_1+k_2\boldsymbol{\alpha}_2+\cdots+k_m\boldsymbol{\alpha}_m)=\boldsymbol{0},$$

即

$$k_1\boldsymbol{A}\boldsymbol{\alpha}_1+k_2\boldsymbol{A}\boldsymbol{\alpha}_2+\cdots+k_m\boldsymbol{A}\boldsymbol{\alpha}_m=\boldsymbol{0}.$$

因 $\boldsymbol{A}\boldsymbol{\alpha}_i=\lambda_i\boldsymbol{\alpha}_i,i=1,2,\cdots,m$,故

$$k_1\lambda_1\boldsymbol{\alpha}_1+k_2\lambda_2\boldsymbol{\alpha}_2+\cdots+k_m\lambda_m\boldsymbol{\alpha}_m=\boldsymbol{0}. \qquad ⑥$$

由⑤,得

$$k_1\lambda_m\boldsymbol{\alpha}_1+k_2\lambda_m\boldsymbol{\alpha}_2+\cdots+k_m\lambda_m\boldsymbol{\alpha}_m=\boldsymbol{0} \qquad ⑦$$

再由⑥－⑦,得

$$k_1(\lambda_1-\lambda_m)\boldsymbol{\alpha}_1+k_2(\lambda_2-\lambda_m)\boldsymbol{\alpha}_2+\cdots+k_{m-1}(\lambda_{m-1}-\lambda_m)\boldsymbol{\alpha}_{m-1}=\boldsymbol{0}.$$

由归纳假设,因为 $\boldsymbol{\alpha}_1,\boldsymbol{\alpha}_2,\cdots,\boldsymbol{\alpha}_{m-1}$ 线性无关,故 $k_i(\lambda_i-\lambda_m)=0,i=1,2,\cdots,m-1$.

因 $\lambda_i\neq\lambda_m$,故 $k_i=0,i=1,2,\cdots,m-1$. 代入⑤,得 $k_m\boldsymbol{\alpha}_m=\boldsymbol{0}$,又 $\boldsymbol{\alpha}_m\neq\boldsymbol{0}$,故 $k_m=0$.

所以 $\boldsymbol{\alpha}_1,\boldsymbol{\alpha}_2,\cdots,\boldsymbol{\alpha}_m$ 线性无关.

注 该定理的逆命题不成立,即线性无关的特征向量未必属于不同的特征值,参见本节例2.

定理3 (Hamilton-Caylay **定理**).

设 $\boldsymbol{A}$ 为 n 阶矩阵，$f_{\boldsymbol{A}}(\lambda)=|\lambda\boldsymbol{I}-\boldsymbol{A}|=\lambda^n+a_{n-1}\lambda^{n-1}+\cdots+a_1\lambda+a_0$，则有 $f_{\boldsymbol{A}}(\boldsymbol{A})=\boldsymbol{A}^n+a_{n-1}\boldsymbol{A}^{n-1}+\cdots+a_1\boldsymbol{A}+a_0\boldsymbol{I}=\boldsymbol{O}$.

注 定理也可以叙述为：矩阵 $\boldsymbol{A}$ 是其特征多项式 $f_{\boldsymbol{A}}(\lambda)$ 的根.

【例 7】 若 n 阶矩阵 $\boldsymbol{A}$ 的特征值全为零，证明：$\boldsymbol{A}^n=\boldsymbol{O}$.

证明：由于 $\boldsymbol{A}$ 的 n 个特征值全为零，

从而

$$f_A(\lambda)=(\lambda-\lambda_1)(\lambda-\lambda_2)\cdots(\lambda-\lambda_n)=\lambda^n,$$

由定理 3，得 $\boldsymbol{A}^n=\boldsymbol{O}$.

【例 8】 设矩阵 $\boldsymbol{A}=\begin{pmatrix}1 & a & b\\ 0 & \omega & c\\ 0 & 0 & \omega^2\end{pmatrix}$，其中 a,b,c 是任意常数，ω 是三次本原单位根，即 $\omega^3=1$ 且 $\omega\neq1$，求 A^{100}，A^{-1}.

解：由于

$f_{\boldsymbol{A}}(\lambda)=|\lambda\boldsymbol{I}-\boldsymbol{A}|=(\lambda-1)(\lambda-\boldsymbol{\omega})(\lambda-\boldsymbol{\omega}^2)=\lambda^3-1$，

根据定理 3，得 $\boldsymbol{A}^3-I=\boldsymbol{O}$，即 $\boldsymbol{A}^3=I$.

从而

$$\boldsymbol{A}^{100}=\boldsymbol{A}^{99+1}=(\boldsymbol{A}^3)^{33}\cdot\boldsymbol{A}=\boldsymbol{A}=\begin{pmatrix}1 & a & b\\ 0 & \omega & c\\ 0 & 0 & \omega^2\end{pmatrix},$$

$$\boldsymbol{A}^{-1}=\boldsymbol{A}^{-1}\boldsymbol{A}^3=\boldsymbol{A}^2=\begin{pmatrix}1 & a+a\omega & b+ac+b\omega^2\\ 0 & \omega^2 & c\omega+c\omega^2\\ 0 & 0 & \omega\end{pmatrix}.$$

4.2 矩阵的相似与矩阵的对角化

4.2.1 矩阵相似的概念

定义 5 设 $\boldsymbol{A}$ 与 $\boldsymbol{B}$ 都是 n 阶矩阵，若存在 n 阶可逆矩阵 $\boldsymbol{P}$，使得 $\boldsymbol{P}^{-1}\boldsymbol{AP}=\boldsymbol{B}$，则称矩阵 $\boldsymbol{A}$ 与 $\boldsymbol{B}$ 相似，记作 $\boldsymbol{A}\sim\boldsymbol{B}$.

例如，设 $\boldsymbol{A}=\begin{pmatrix}3 & 1\\ 5 & -1\end{pmatrix}$，$\boldsymbol{B}=\begin{pmatrix}4 & 0\\ 0 & -2\end{pmatrix}$.

令 $\boldsymbol{P}=\begin{pmatrix}1 & 1\\ 1 & -5\end{pmatrix}$，则

$$\boldsymbol{P}^{-1}\boldsymbol{AP}=\begin{pmatrix}1 & 1\\ 1 & -5\end{pmatrix}^{-1}\begin{pmatrix}3 & 1\\ 5 & -1\end{pmatrix}\begin{pmatrix}1 & 1\\ 1 & -5\end{pmatrix}=\begin{pmatrix}\frac{5}{6} & \frac{1}{6}\\ \frac{1}{6} & -\frac{1}{6}\end{pmatrix}\begin{pmatrix}3 & 1\\ 5 & -1\end{pmatrix}\begin{pmatrix}1 & 1\\ 1 & -5\end{pmatrix}$$

$$=\begin{pmatrix}4 & 0\\0 & -2\end{pmatrix}=\boldsymbol{B},$$

因此$\boldsymbol{A}\sim\boldsymbol{B}$,即$\begin{pmatrix}3 & 1\\5 & -1\end{pmatrix}\sim\begin{pmatrix}4 & 0\\0 & -2\end{pmatrix}$.

注 矩阵的等价是指矩阵$\boldsymbol{A}$经过有限次的初等变换可以化为矩阵$\boldsymbol{B}$,或者存在可逆矩阵$\boldsymbol{P},\boldsymbol{Q}$,使得$\boldsymbol{PAQ}=\boldsymbol{B}$,故若$\boldsymbol{A}$与$\boldsymbol{B}$相似,必有$\boldsymbol{A}$与$\boldsymbol{B}$等价.

定理4 矩阵的相似是一种等价关系,即满足

(1)自反性:对任意矩阵$\boldsymbol{A}$,$\boldsymbol{A}\sim\boldsymbol{A}$;

(2)对称性:若$\boldsymbol{A}\sim\boldsymbol{B}$,则$\boldsymbol{B}\sim\boldsymbol{A}$;

(3)传递性:若$\boldsymbol{A}\sim\boldsymbol{B}$,$\boldsymbol{B}\sim\boldsymbol{C}$,则$\boldsymbol{A}\sim\boldsymbol{C}$.

证明:(1)因$\boldsymbol{I}^{-1}\boldsymbol{AI}=\boldsymbol{A}$,故$\boldsymbol{A}\sim\boldsymbol{A}$.

(2)设$\boldsymbol{A}\sim\boldsymbol{B}$,则存在$n$阶可逆矩阵$\boldsymbol{P}$,使得$\boldsymbol{P}^{-1}\boldsymbol{AP}=\boldsymbol{B}$,
即$\boldsymbol{A}=\boldsymbol{PBP}^{-1}=(\boldsymbol{P}^{-1})^{-1}\boldsymbol{BP}^{-1}$,故$\boldsymbol{B}\sim\boldsymbol{A}$.

(3)设$\boldsymbol{A}\sim\boldsymbol{B}$,$\boldsymbol{B}\sim\boldsymbol{C}$,则存在$n$阶可逆矩阵$\boldsymbol{PQ}$,使得$\boldsymbol{B}=\boldsymbol{P}^{-1}\boldsymbol{AP}$,$\boldsymbol{C}=\boldsymbol{Q}^{-1}\boldsymbol{BQ}$,
于是,$\boldsymbol{C}=\boldsymbol{Q}^{-1}\boldsymbol{P}^{-1}\boldsymbol{APQ}=(\boldsymbol{PQ})^{-1}\boldsymbol{APQ}$,

从而$\boldsymbol{A}\sim\boldsymbol{C}$.

4.2.2 相似矩阵的性质

定理5 如果n阶矩阵$\boldsymbol{A}$与$\boldsymbol{B}$相似,则

(1)$\boldsymbol{A}$与$\boldsymbol{B}$有相同的特征值、特征多项式;

(2)$\boldsymbol{A}$与$\boldsymbol{B}$有相同的秩,相同的行列式;

(3)$\boldsymbol{A}$与$\boldsymbol{B}$有相同的迹;

(4)$\boldsymbol{A}^T\sim\boldsymbol{B}^T$;

(5)当$\boldsymbol{A}$可逆时,$\boldsymbol{A}^{-1}\sim\boldsymbol{B}^{-1}$,$\boldsymbol{A}^*\sim\boldsymbol{B}^*$;

(6)设$f(x)$为多项式,则$f(\boldsymbol{A})\sim f(\boldsymbol{B})$.

证明:(1)因为$\boldsymbol{A}\sim\boldsymbol{B}$,故存在可逆矩阵$\boldsymbol{P}$,使$\boldsymbol{P}^{-1}\boldsymbol{AP}=\boldsymbol{B}$.

$$\begin{aligned}|\lambda\boldsymbol{I}-\boldsymbol{B}|&=|\lambda\boldsymbol{I}-\boldsymbol{P}^{-1}\boldsymbol{AP}|=|\lambda\boldsymbol{P}^{-1}\boldsymbol{IP}-\boldsymbol{P}^{-1}\boldsymbol{AP}|\\&=|\boldsymbol{P}^{-1}(\lambda\boldsymbol{I}-\boldsymbol{A})\boldsymbol{P}|\\&=|\boldsymbol{P}^{-1}|\cdot|\lambda\boldsymbol{I}-\boldsymbol{A}|\cdot|\boldsymbol{P}|=|\lambda I-\boldsymbol{A}|,\end{aligned}$$

故$\boldsymbol{A}$与$\boldsymbol{B}$有相同的特征多项式,从而有相同的特征值.

(2)由于$\boldsymbol{A}\sim\boldsymbol{B}$,从而$\boldsymbol{A}$与$\boldsymbol{B}$等价,所以$\mathrm{r}(\boldsymbol{A})=\mathrm{r}(\boldsymbol{B})$.

又由于$\boldsymbol{P}^{-1}\boldsymbol{AP}=\boldsymbol{B}$,两边取行列式,得

$$|\boldsymbol{P}^{-1}\boldsymbol{AP}|=|\boldsymbol{B}|,\text{从而}|\boldsymbol{P}^{-1}|\cdot|\boldsymbol{A}|\cdot|\boldsymbol{P}|=|\boldsymbol{B}|,$$

故$|\boldsymbol{A}|=|\boldsymbol{B}|$.

(3)设$\boldsymbol{A}$与$\boldsymbol{B}$的相同特征值为$\lambda_1,\lambda_2,\cdots,\lambda_n$,则

$$\mathrm{tr}(\boldsymbol{A})=\lambda_1+\lambda_2+\cdots+\lambda_n=\mathrm{tr}(\boldsymbol{B}).$$

(4)由 $\boldsymbol{P}^{-1}\boldsymbol{A}\boldsymbol{P}=\boldsymbol{B}$,两边同时取转置,得$(\boldsymbol{P}^{-1}\boldsymbol{A}\boldsymbol{P})^T=\boldsymbol{B}^T$,即

$$\boldsymbol{P}^T\boldsymbol{A}^T(\boldsymbol{P}^{-1})^T=\boldsymbol{B}^T.$$

令 $\boldsymbol{Q}=(\boldsymbol{P}^{-1})^T$,则 $\boldsymbol{Q}^{-1}\boldsymbol{A}^T\boldsymbol{Q}=\boldsymbol{B}^T$,从而 $\boldsymbol{A}^T\sim\boldsymbol{B}^T$.

(5)由 $\boldsymbol{P}^{-1}\boldsymbol{A}\boldsymbol{P}=\boldsymbol{B}$,两边同时取逆,得$(\boldsymbol{P}^{-1}\boldsymbol{A}\boldsymbol{P})^{-1}=\boldsymbol{B}^{-1}$,故 $\boldsymbol{P}^{-1}\boldsymbol{A}^{-1}\boldsymbol{P}=\boldsymbol{B}^{-1}$,从而 $\boldsymbol{A}^{-1}\sim\boldsymbol{B}^{-1}$.

又因 $\boldsymbol{A}^*=|\boldsymbol{A}|\boldsymbol{A}^{-1},\boldsymbol{B}^*=|\boldsymbol{B}|\boldsymbol{B}^{-1},|\boldsymbol{A}|=|\boldsymbol{B}|$,故

$\boldsymbol{P}^{-1}\boldsymbol{A}^*\boldsymbol{P}=\boldsymbol{P}^{-1}(|\boldsymbol{A}|\boldsymbol{A}^{-1})\boldsymbol{P}=|\boldsymbol{A}|(\boldsymbol{P}^{-1}\boldsymbol{A}^{-1}\boldsymbol{P})=|\boldsymbol{A}|\boldsymbol{B}^{-1}=|\boldsymbol{B}|\boldsymbol{B}^{-1}=\boldsymbol{B}^*$,

从而 $\boldsymbol{A}^*\sim\boldsymbol{B}^*$.

(6)设 $f(x)=a_0+a_1x+a_2x^2+\cdots+a_sx^s=\sum\limits_{i=0}^{s}a_ix^i$. 由于 $\boldsymbol{P}^{-1}\boldsymbol{A}\boldsymbol{P}=\boldsymbol{B}$,于是

$$\begin{aligned}P^{-1}f(\boldsymbol{A})\boldsymbol{P}&=\boldsymbol{P}^{-1}(\sum_{i=0}^{s}a_i\boldsymbol{A}^i)P=\sum_{i=0}^{s}a_i\boldsymbol{P}^{-1}\boldsymbol{A}^i\boldsymbol{P}=\sum_{i=0}^{s}a_i(\boldsymbol{P}^{-1}\boldsymbol{A}\boldsymbol{P})^i\\&=\sum_{i=0}^{s}a_i\boldsymbol{B}^i=f(\boldsymbol{B}),\end{aligned}$$

从而 $f(\boldsymbol{A})\sim f(\boldsymbol{B})$.

【例 1】 已知矩阵 $\boldsymbol{A}=\begin{pmatrix}2&-1&4\\0&a&7\\0&0&3\end{pmatrix}$ 与 $\boldsymbol{B}=\begin{pmatrix}1&0&0\\0&2&0\\0&0&b\end{pmatrix}$ 相似,求 a,b.

解:由 $\boldsymbol{A}\sim\boldsymbol{B}$,可得

$\begin{cases}\mathrm{tr}(\boldsymbol{A})=\mathrm{tr}(\boldsymbol{B}),\\|\boldsymbol{A}|=|\boldsymbol{B}|,\end{cases}$ 即 $\begin{cases}2+a+3=1+2+b,\\6a=2b,\end{cases}$ 求得$\begin{cases}a=1,\\b=3.\end{cases}$

注 定理 5 的逆命题不成立.

例如,设 $\boldsymbol{A}=\boldsymbol{I}_2=\begin{pmatrix}1&0\\0&1\end{pmatrix},\boldsymbol{B}=\begin{pmatrix}1&1\\0&1\end{pmatrix}$,则

$|\lambda\boldsymbol{I}-\boldsymbol{A}|=(\lambda-1)^2,|\lambda\boldsymbol{I}-\boldsymbol{B}|=(\lambda-1)^2$,

$\mathrm{r}(\boldsymbol{A})=\mathrm{r}(\boldsymbol{B})=2,|\boldsymbol{A}|=|\boldsymbol{B}|=1,\mathrm{tr}(\boldsymbol{A})=\mathrm{tr}(\boldsymbol{B})=2$,

但与单位矩阵 $\boldsymbol{A}$ 相似的矩阵 $\boldsymbol{P}^{-1}\boldsymbol{A}\boldsymbol{P}$ 只能是 $\boldsymbol{A}$ 自身,故 $\boldsymbol{A}$ 与 $\boldsymbol{B}$ 不相似.

4.2.3 n 阶矩阵相似于对角矩阵的条件

定义 6 设 $\boldsymbol{A}$ 为 n 阶矩阵,若存在可逆矩阵 $\boldsymbol{P}$,使得 $\boldsymbol{P}^{-1}\boldsymbol{A}\boldsymbol{P}=\boldsymbol{\Lambda}$, 其中

$$\boldsymbol{\Lambda}=\begin{pmatrix}\lambda_1&&&\\&\lambda_2&&\\&&\ddots&\\&&&\lambda_n\end{pmatrix},$$

则称矩阵 $\boldsymbol{A}$ 可相似对角化(简称 $\boldsymbol{A}$ 可对角化),矩阵 $\boldsymbol{\Lambda}$ 称为 $\boldsymbol{A}$ 的相似对角矩阵,$\boldsymbol{P}$ 称为 $\boldsymbol{A}$ 的相似变换矩阵. 换言之,矩阵 $\boldsymbol{A}$ 可相似对角化意即矩阵 $\boldsymbol{A}$ 可与一个对角矩阵相似.

定理 6 n 阶矩阵 $\boldsymbol{A}$ 可对角化的充分必要条件是 $\boldsymbol{A}$ 有 n 个线性无关的特征向量.

证明:必要性. 设 n 阶矩阵 A 可对角化,即存在可逆矩阵 $\boldsymbol{P}$,使得

$$\boldsymbol{P}^{-1}\boldsymbol{A}\boldsymbol{P}=\boldsymbol{\Lambda}=\begin{pmatrix}\lambda_1 & & & \\ & \lambda_2 & & \\ & & \ddots & \\ & & & \lambda_n\end{pmatrix},$$

设 $\boldsymbol{P}=(\boldsymbol{\alpha}_1,\boldsymbol{\alpha}_2,\cdots,\boldsymbol{\alpha}_n)$,因 $\boldsymbol{P}$ 可逆,故 $\boldsymbol{P}$ 的列向量组 $\{\boldsymbol{\alpha}_1,\boldsymbol{\alpha}_2,\cdots,\boldsymbol{\alpha}_n\}$ 线性无关,

$$\boldsymbol{A}\boldsymbol{P}=\boldsymbol{A}(\boldsymbol{\alpha}_1,\boldsymbol{\alpha}_2,\cdots,\boldsymbol{\alpha}_n)=\boldsymbol{P}\boldsymbol{\Lambda}=(\boldsymbol{\alpha}_1,\boldsymbol{\alpha}_2,\cdots,\boldsymbol{\alpha}_n)\begin{pmatrix}\lambda_1 & & & \\ & \lambda_2 & & \\ & & \ddots & \\ & & & \lambda_n\end{pmatrix},$$

即

$$(\boldsymbol{A}\boldsymbol{\alpha}_1,\boldsymbol{A}\boldsymbol{\alpha}_2,\cdots,\boldsymbol{A}\boldsymbol{\alpha}_n)=(\lambda_1\boldsymbol{\alpha}_1,\lambda_2\boldsymbol{\alpha}_2,\cdots,\lambda_n\boldsymbol{\alpha}_n),$$

从而 $\boldsymbol{A}\boldsymbol{\alpha}_i=\lambda_i\boldsymbol{\alpha}_i(i=1,2,\cdots,n)$,因此,$\boldsymbol{A}$ 有 n 个线性无关的特征向量.

充分性. 设 $\boldsymbol{A}$ 有 n 个线性无关的特征向量 $\boldsymbol{\alpha}_1,\boldsymbol{\alpha}_2,\cdots,\boldsymbol{\alpha}_n$,它们对应的特征值为 $\lambda_1,\lambda_2,\cdots,\lambda_n$,即

$$\boldsymbol{A}\boldsymbol{\alpha}_i=\lambda_i\boldsymbol{\alpha}_i(i=1,2,\cdots,n).$$

作矩阵 $\boldsymbol{P}=(\boldsymbol{\alpha}_1,\boldsymbol{\alpha}_2,\cdots,\boldsymbol{\alpha}_n)$,则 $\boldsymbol{P}$ 可逆,且

$$\begin{aligned}\boldsymbol{A}\boldsymbol{P}&=\boldsymbol{A}(\boldsymbol{\alpha}_1,\boldsymbol{\alpha}_2,\cdots,\boldsymbol{\alpha}_n)=(\boldsymbol{A}\boldsymbol{\alpha}_1,\boldsymbol{A}\boldsymbol{\alpha}_2,\cdots,\boldsymbol{A}\boldsymbol{\alpha}_n)\\&=(\lambda_1\boldsymbol{\alpha}_1,\lambda_2\boldsymbol{\alpha}_2,\cdots,\lambda_n\boldsymbol{\alpha}_n)\\&=(\boldsymbol{\alpha}_1,\boldsymbol{\alpha}_2,\cdots,\boldsymbol{\alpha}_n)\begin{pmatrix}\lambda_1 & & & \\ & \lambda_2 & & \\ & & \ddots & \\ & & & \lambda_n\end{pmatrix}=\boldsymbol{P}\boldsymbol{\Lambda},\end{aligned}$$

即

$$\boldsymbol{P}^{-1}\boldsymbol{A}\boldsymbol{P}=\boldsymbol{\Lambda}=\begin{pmatrix}\lambda_1 & & & \\ & \lambda_2 & & \\ & & \ddots & \\ & & & \lambda_n\end{pmatrix},$$

从而 $\boldsymbol{A}$ 可对角化.

注 从证明的过程可以发现相似对角阵的主对角元即为 $\boldsymbol{A}$ 的特征值.

推论 若 n 阶矩阵 $\boldsymbol{A}$ 有 n 个不同的特征值，则 $\boldsymbol{A}$ 可对角化.

证明：由定理 2，知若 $\boldsymbol{A}$ 有 n 个不同的特征值，则这 n 个特征值所对应的特征向量必定线性无关. 利用定理 6，得证.

【例 2】 判断下列矩阵是否可以相似对角化，

$$\boldsymbol{A}=\begin{pmatrix}5 & 7 & -5\\0 & 4 & -1\\2 & 8 & -3\end{pmatrix},\quad \boldsymbol{B}=\begin{pmatrix}1 & 2 & 1\\2 & 1 & 1\\1 & 1 & 2\end{pmatrix}.$$

解：由于

$$|\lambda\boldsymbol{I}-\boldsymbol{A}|=\begin{vmatrix}\lambda-5 & -7 & 5\\0 & \lambda-4 & 1\\-2 & -8 & \lambda+3\end{vmatrix}=(\lambda-5)\begin{vmatrix}\lambda-4 & 1\\-8 & \lambda+3\end{vmatrix}-2\begin{vmatrix}-7 & 5\\\lambda-4 & 1\end{vmatrix}$$

$$=\lambda^3-6\lambda^2+11\lambda-6=(\lambda-1)(\lambda-2)(\lambda-3).$$

因此 $\boldsymbol{A}$ 的特征值为 $\lambda_1=1,\lambda_2=2,\lambda_3=3$，由定理 6 的推论，知 $\boldsymbol{A}$ 相似于对角矩阵.

同理，由

$$|\lambda\boldsymbol{I}-\boldsymbol{B}|=\begin{vmatrix}\lambda-1 & -2 & -1\\-2 & \lambda-1 & -1\\-1 & -1 & \lambda-2\end{vmatrix}=(\lambda+1)(\lambda-1)(\lambda-4),$$

得 $\boldsymbol{B}$ 的特征值为 $\lambda_1=-1,\lambda_2=1,\lambda_3=4$，因此 $\boldsymbol{B}$ 也可相似对角化.

注 有 n 个不同的特征值仅仅是 n 阶矩阵 $\boldsymbol{A}$ 可对角化的充分条件，而非必要条件.

例如：单位矩阵 $\boldsymbol{I}_n=\begin{pmatrix}1 & & & \\ & 1 & & \\ & & \ddots & \\ & & & 1\end{pmatrix}$，显然可以对角化，但 $\boldsymbol{I}_n$ 仅有 1 个 n 重特征值.

定理 7 n 阶矩阵 $\boldsymbol{A}$ 可对角化的充分必要条件是对于 $\boldsymbol{A}$ 的每一个 n_i 重特征根 λ_i，都有 $\mathrm{r}(\lambda_i\boldsymbol{I}-\boldsymbol{A})=n-n_i$. 换言之，矩阵 $\boldsymbol{A}$ 属于特征值 λ_i 有 n_i 个线性无关的特征向量.

例如：$\boldsymbol{A}=\begin{pmatrix}2 & -1\\0 & 2\end{pmatrix}$，因 $\boldsymbol{A}$ 的特征值为 2(二重)，但 $\mathrm{r}(2\boldsymbol{I}-\boldsymbol{A})=1\neq0$，故 $\boldsymbol{A}$ 不能对角化.

对于给定的 n 阶矩阵 $\boldsymbol{A}$，要求可逆矩阵 $\boldsymbol{P}$，使得 $\boldsymbol{P}^{-1}\boldsymbol{A}\boldsymbol{P}$ 为对角矩阵，可按如下的步骤进行：

步 1,求出 $\boldsymbol{A}$ 的全部特征值,设不同的特征值为 $\lambda_1,\lambda_2,\cdots,\lambda_k$,相应的重数为 $n_1,n_2,\cdots,n_k$;

步 2,对每一个特征值 λ_i,如果 $\mathrm{r}(\lambda_i\boldsymbol{I}-\boldsymbol{A})=n-n_i$,则 $\boldsymbol{A}$ 可对角化;

步 3,求出每一个特征值 λ_i 对应的齐次线性方程组 $(\lambda_i\boldsymbol{I}-\boldsymbol{A})\boldsymbol{x}=\boldsymbol{0}$ 的基础解系 $\boldsymbol{\alpha}_{i1},\boldsymbol{\alpha}_{i2},\cdots,\boldsymbol{\alpha}_{in_i}$,其为 $\boldsymbol{A}$ 的属于 λ_i 的 n_i 个线性无关的特征向量,$i=1,2,\cdots,k$. 这些特征向量合起来 $\boldsymbol{\alpha}_{11},\cdots,\boldsymbol{\alpha}_{1n_1},\boldsymbol{\alpha}_{21},\cdots,\boldsymbol{\alpha}_{2n_2},\cdots,\boldsymbol{\alpha}_{k1},\cdots,\boldsymbol{\alpha}_{kn_k}$,构成 $\boldsymbol{A}$ 的 n 个线性无关的特征向量,取 $\boldsymbol{P}=(\boldsymbol{\alpha}_{11},\cdots,\boldsymbol{\alpha}_{1n_1},\boldsymbol{\alpha}_{21},\cdots,\boldsymbol{\alpha}_{2n_2},\cdots,\boldsymbol{\alpha}_{k1},\cdots,\boldsymbol{\alpha}_{kn_k})$,则 $\boldsymbol{P}$ 可逆,且 $\boldsymbol{P}^{-1}\boldsymbol{A}\boldsymbol{P}=\boldsymbol{\Lambda}$,其中

$$\boldsymbol{\Lambda}=\begin{pmatrix}\lambda_1 &&&&&&&&\\ &\ddots&&&&&&&\\ &&\lambda_1&&&&&&\\ &&&\lambda_2&&&&&\\ &&&&\ddots&&&&\\ &&&&&\lambda_2&&&\\ &&&&&&\ddots&&\\ &&&&&&&\lambda_k&\\ &&&&&&&&\ddots&\\ &&&&&&&&&\lambda_k\end{pmatrix}.$$

注 将上述特征向量按不同次序排列,可得多个可逆矩阵 $\boldsymbol{P}$,其所对应的对角矩阵中对角元的排列次序应与 $\boldsymbol{P}$ 的列向量的排列次序相对应.

【例 3】 设 $\boldsymbol{A}=\begin{pmatrix}3&2&2\\2&3&2\\2&2&3\end{pmatrix}$,$\boldsymbol{Q}=\begin{pmatrix}0&1&0\\1&0&1\\0&0&1\end{pmatrix}$,$\boldsymbol{B}=\boldsymbol{Q}^{-1}\boldsymbol{A}^*\boldsymbol{Q}$.

求:(1)$\boldsymbol{A}$ 的相似对角矩阵和相似变换矩阵;

(2)$\boldsymbol{A}^*$ 的相似对角矩阵和相似变换矩阵;

(3)$\boldsymbol{B}$ 的相似对角矩阵和相似变换矩阵.

解:(1)$\boldsymbol{A}$ 的特征多项式为

$$|\lambda\boldsymbol{I}-\boldsymbol{A}|=\begin{vmatrix}\lambda-3&-2&-2\\-2&\lambda-3&-2\\-2&-2&\lambda-3\end{vmatrix}=(\lambda-1)^2(\lambda-7),$$

从而,知 $\boldsymbol{A}$ 的特征值为 $\lambda_1=1$(二重),$\lambda_2=7$.

对于 $\lambda_1=1$,解齐次线性方程组 $(\boldsymbol{I}-\boldsymbol{A})\boldsymbol{x}=\boldsymbol{0}$.

由于

$$I-A=\begin{pmatrix}-2&-2&-2\\-2&-2&-2\\-2&-2&-2\end{pmatrix}\xrightarrow[\left(-\frac{1}{2}\right)\times(1)]{\substack{(2)-(1)\\(3)-(1)}}\begin{pmatrix}1&1&1\\0&0&0\\0&0&0\end{pmatrix}.$$

可得基础解系 $\boldsymbol{\alpha}_1=\begin{pmatrix}-1\\1\\0\end{pmatrix},\boldsymbol{\alpha}_2=\begin{pmatrix}-1\\0\\1\end{pmatrix}$.

对于 $\lambda_2=7$,解齐次线性方程组$(7\boldsymbol{I}-\boldsymbol{A})\boldsymbol{x}=\boldsymbol{0}$.

由于

$$7I-A=\begin{pmatrix}4&-2&-2\\-2&4&-2\\-2&-2&4\end{pmatrix}\xrightarrow{\frac{1}{2}\times(1)}\begin{bmatrix}-2&-1&-1\\-3&4&-2\\-2&-2&4\end{bmatrix}\xrightarrow[(2)+(1)]{(3)+(1)}\begin{bmatrix}2&-1&-1\\0&3&-3\\0&-3&3\end{bmatrix}$$

$$\xrightarrow[\frac{1}{3}\times(2)]{(3)+(2)}\begin{bmatrix}-2&-1&-1\\0&1&-1\\0&0&0\end{bmatrix}\xrightarrow{(1)+(2)}\begin{bmatrix}-2&0&-2\\0&1&-1\\0&0&0\end{bmatrix}\xrightarrow{\frac{1}{2}\times(1)}\begin{pmatrix}1&0&-1\\0&1&-1\\0&0&0\end{pmatrix}.$$

可得基础解系 $\boldsymbol{\alpha}_3=\begin{pmatrix}1\\1\\1\end{pmatrix}$.

因为 $r(\boldsymbol{I}-\boldsymbol{A})=3-2=1$,$r(7\boldsymbol{I}-\boldsymbol{A})=3-1=2$. 故 $\boldsymbol{A}$ 可以对角化.

令

$$\boldsymbol{P}_1=(\boldsymbol{\alpha}_1,\boldsymbol{\alpha}_2,\boldsymbol{\alpha}_3)=\begin{pmatrix}-1&-1&1\\1&0&1\\0&1&1\end{pmatrix},$$

则 $\boldsymbol{P}_1$ 即为 $\boldsymbol{A}$ 的相似变换矩阵,相似对角矩阵为

$$\boldsymbol{P}_1^{-1}\boldsymbol{A}\boldsymbol{P}_1=\begin{pmatrix}1&&\\&1&\\&&7\end{pmatrix}.$$

(2) 由于 $|\boldsymbol{A}|=\begin{vmatrix}3&2&2\\2&3&2\\2&2&3\end{vmatrix}=7$, 由 $\boldsymbol{A}\boldsymbol{\alpha}=\lambda\boldsymbol{\alpha}$, 得 $\boldsymbol{A}^{-1}\boldsymbol{\alpha}=\frac{1}{\lambda}\boldsymbol{\alpha}$, $|\boldsymbol{A}|\boldsymbol{A}^{-1}\boldsymbol{\alpha}=\frac{|\boldsymbol{A}|}{\lambda}\boldsymbol{\alpha}$,

故 $\boldsymbol{A}^*\boldsymbol{\alpha}=\frac{|\boldsymbol{A}|}{\lambda}\boldsymbol{\alpha}=\frac{7}{\lambda}\boldsymbol{\alpha}$.

从而 $\boldsymbol{A}^*$ 的特征值和特征向量为 $\lambda_1=\frac{7}{1}=7$(二重)，$\boldsymbol{\alpha}_1=\begin{pmatrix}-1\\1\\0\end{pmatrix}$，$\boldsymbol{\alpha}_2=\begin{pmatrix}-1\\0\\1\end{pmatrix}$，

$\lambda_2=\frac{7}{7}=1$，$\boldsymbol{\alpha}_3=\begin{pmatrix}1\\1\\1\end{pmatrix}$，

故 $\boldsymbol{A}^*$ 的相似变换矩阵

$$\boldsymbol{P}_2=\begin{pmatrix}-1&-1&1\\1&0&1\\0&1&1\end{pmatrix},$$

相似对角矩阵为 $\boldsymbol{P}_2^{-1}\boldsymbol{A}^*\boldsymbol{P}_2=\begin{pmatrix}7&&\\&7&\\&&1\end{pmatrix}$.

(3)由 $\boldsymbol{B}=\boldsymbol{Q}^{-1}\boldsymbol{A}^*\boldsymbol{Q}$，得 $\boldsymbol{B}\boldsymbol{Q}^{-1}=\boldsymbol{Q}^{-1}\boldsymbol{A}^*$. 设 $\boldsymbol{A}^*\boldsymbol{\alpha}=\lambda\boldsymbol{\alpha}$，则

$$\boldsymbol{B}\boldsymbol{Q}^{-1}\boldsymbol{\alpha}=\boldsymbol{Q}^{-1}\boldsymbol{A}^*\boldsymbol{\alpha}=\boldsymbol{Q}^{-1}\lambda\boldsymbol{\alpha}=\lambda\boldsymbol{Q}^{-1}\boldsymbol{\alpha},$$

这表明 $\boldsymbol{B}$ 与 $\boldsymbol{A}^*$ 有相同的特征值 λ，其对应的特征向量为 $\boldsymbol{Q}^{-1}\boldsymbol{\alpha}$.

因此 $\boldsymbol{B}$ 的特征值和特征向量为

$$\lambda_1=7(\text{二重}),\boldsymbol{\beta}_1=\boldsymbol{Q}^{-1}\boldsymbol{\alpha}_1,\boldsymbol{\beta}_2=\boldsymbol{Q}^{-1}\boldsymbol{\alpha}_2;\lambda_2=1,\boldsymbol{\beta}_3=\boldsymbol{Q}^{-1}\boldsymbol{\alpha}_3.$$

又 $\begin{pmatrix}0&1&0&1&0&0\\1&0&1&0&1&0\\0&0&1&0&0&1\end{pmatrix}\xrightarrow{(1)\leftrightarrow(2)}\begin{pmatrix}1&0&1&0&1&0\\0&1&0&1&0&0\\0&0&1&0&0&1\end{pmatrix}\xrightarrow{(1)-(3)}\begin{pmatrix}1&0&0&0&1&-1\\0&1&0&1&0&0\\0&0&1&0&0&1\end{pmatrix}$，

故

$$\boldsymbol{Q}^{-1}=\begin{pmatrix}0&1&-1\\1&0&0\\0&0&1\end{pmatrix},$$

于是

$$\boldsymbol{Q}^{-1}\boldsymbol{\alpha}_1=\begin{pmatrix}0&1&-1\\1&0&0\\0&0&1\end{pmatrix}\begin{pmatrix}-1\\1\\0\end{pmatrix}=\begin{pmatrix}1\\-1\\0\end{pmatrix},$$

$$\boldsymbol{Q}^{-1}\boldsymbol{\alpha}_2=\begin{pmatrix}0&1&-1\\1&0&0\\0&0&1\end{pmatrix}\begin{pmatrix}-1\\0\\1\end{pmatrix}=\begin{pmatrix}-1\\-1\\1\end{pmatrix},$$

$$\boldsymbol{Q}^{-1}\boldsymbol{\alpha}_3=\begin{pmatrix}0&1&-1\\1&0&0\\0&0&1\end{pmatrix}\begin{pmatrix}1\\1\\1\end{pmatrix}=\begin{pmatrix}0\\1\\1\end{pmatrix},$$

所以，$\boldsymbol{B}$ 的相似变换矩阵为

$$\boldsymbol{P}_3=\begin{pmatrix}1&-1&0\\-1&-1&1\\0&1&1\end{pmatrix},$$

相似对角矩阵为

$$P_3^{-1}BP_3=\begin{pmatrix}7&&\\&7&\\&&1\end{pmatrix}.$$

【例 4】 已知 3 阶矩阵 A 的 3 个特征值为 $-1,-1,2$,对应的特征向量为 $\alpha_1=(1,-2,1)^T,\alpha_2=(-1,3,-1)^T,\alpha_3=(2,-4,1)^T$,求矩阵 A.

解:令 $P=(\alpha_1,\alpha_2,\alpha_3)=\begin{pmatrix}1&-1&2\\-2&3&-4\\1&-1&1\end{pmatrix},\Lambda=\begin{pmatrix}-1&&\\&-1&\\&&2\end{pmatrix}$.

由 $|P|=-1\neq0$,知 $\alpha_1,\alpha_2,\alpha_3$ 线性无关,即 A 有 3 个线性无关的特征向量,从而 A 可以相似对角化,且 $P^{-1}AP=\Lambda$,于是 $A=P\Lambda P^{-1}$.

可以算出 $P^{-1}=\begin{pmatrix}1&1&2\\2&1&0\\1&0&-1\end{pmatrix}$,

故

$$A=\begin{pmatrix}1&-1&2\\-2&3&-4\\1&-1&1\end{pmatrix}\begin{pmatrix}-1&&\\&-1&\\&&2\end{pmatrix}\begin{pmatrix}1&1&2\\2&1&0\\1&0&-1\end{pmatrix}=\begin{pmatrix}5&0&-6\\-12&-1&12\\3&0&-4\end{pmatrix}.$$

【例 5】 设 $A=\begin{pmatrix}1&1&-1\\-2&4&-2\\-2&2&0\end{pmatrix}$,求 A^n(n 是正整数).

解:A 的特征多项式

$$|\lambda I-A|=\begin{vmatrix}\lambda-1&-1&1\\2&\lambda-4&2\\2&-2&\lambda\end{vmatrix}=(\lambda-1)(\lambda-2)^2,$$

所以 A 的特征值为 $\lambda_1=1,\lambda_2=\lambda_3=2$.

对于 $\lambda_1=1$,解齐次线性方程组 $(I-A)x=0$,

由于

$$I-A=\begin{pmatrix}0&-1&1\\2&-3&2\\2&-2&1\end{pmatrix}\xrightarrow{(3)-(2)}\begin{pmatrix}0&-1&1\\2&-3&2\\0&1&-1\end{pmatrix}\xrightarrow[(2)-3\times(1)]{(3)+(1)}\begin{pmatrix}0&-1&1\\2&0&-1\\0&0&0\end{pmatrix}$$

$$\xrightarrow[-1\times(2)]{(1)\leftrightarrow(2),\ \frac{1}{2}\times(1)}\begin{pmatrix}1&0&-\frac{1}{2}\\0&1&-1\\0&0&0\end{pmatrix},$$

可得基础解系 $\boldsymbol{\alpha}_1=\begin{pmatrix}1\\2\\2\end{pmatrix}$.

对于 $\lambda_2=\lambda_3=2$,解齐次线性方程组 $(2\boldsymbol{I}-\boldsymbol{A})\boldsymbol{x}=\boldsymbol{0}$,

由于

$$2\boldsymbol{I}-\boldsymbol{A}=\begin{pmatrix}1&-1&1\\2&-2&2\\2&-2&2\end{pmatrix}\xrightarrow[(2)-2\times(1)]{(3)-(2)}\begin{pmatrix}1&-1&1\\0&0&0\\0&0&0\end{pmatrix},$$

可得基础解系 $\boldsymbol{\alpha}_2=\begin{pmatrix}1\\1\\0\end{pmatrix},\boldsymbol{\alpha}_3=\begin{pmatrix}-1\\0\\1\end{pmatrix}$.

因 $\boldsymbol{\alpha}_1,\boldsymbol{\alpha}_2,\boldsymbol{\alpha}_3$ 线性无关,所以 $\boldsymbol{A}$ 可与对角矩阵相似.

令 $\boldsymbol{P}=(\boldsymbol{\alpha}_1,\boldsymbol{\alpha}_2,\boldsymbol{\alpha}_3)=\begin{pmatrix}1&1&-1\\2&1&0\\2&0&1\end{pmatrix},\boldsymbol{\Lambda}=\begin{pmatrix}1&&\\&2&\\&&2\end{pmatrix}$,

则 $\boldsymbol{P}^{-1}\boldsymbol{A}\boldsymbol{P}=\boldsymbol{\Lambda}$,于是 $\boldsymbol{A}=\boldsymbol{P}\boldsymbol{\Lambda}\boldsymbol{P}^{-1}$.

从而

$$\boldsymbol{A}^n=(\boldsymbol{P}\boldsymbol{\Lambda}\boldsymbol{P}^{-1})(\boldsymbol{P}\boldsymbol{\Lambda}\boldsymbol{P}^{-1})\cdots(\boldsymbol{P}\boldsymbol{\Lambda}\boldsymbol{P}^{-1})=\boldsymbol{P}\boldsymbol{\Lambda}^n\boldsymbol{P}^{-1}.$$

可算出 $\boldsymbol{P}^{-1}=\begin{pmatrix}1&-1&1\\-2&3&-2\\-2&2&1\end{pmatrix}$,

故

$$\boldsymbol{A}^n=\begin{pmatrix}1&1&-1\\2&1&0\\2&0&1\end{pmatrix}\begin{pmatrix}1&&\\&2^n&\\&&2^n\end{pmatrix}\begin{pmatrix}1&-1&1\\-2&3&-2\\-2&2&1\end{pmatrix}$$
$$=\begin{pmatrix}1&-1+2^n&1-3\cdot 2^n\\2-2\cdot 2^n&-2+3\cdot 2^n&2-2\cdot 2^n\\2-2\cdot 2^n&-2+2\cdot 2^n&2+2^n\end{pmatrix}.$$

4.3 实对称矩阵的相似对角化

在计量经济学、工程技术领域的实际问题中,经常会遇到实对称矩阵,本节专门对实对称矩阵进行讨论.

如果将线性空间与几何空间作比较,就会发现它们的相同之处是:对于加法、减法和数乘的运算及基本性质都相同,而不同之处是几何空间中的向量对长度、夹角能进行度量.因此很自然的想法是在线性空间中引入度量的概念.

4.3.1 向量内积

定义 7 设 $\boldsymbol{\alpha}=\begin{pmatrix}a_1\\a_2\\\vdots\\a_n\end{pmatrix}$，$\boldsymbol{\beta}=\begin{pmatrix}b_1\\b_2\\\vdots\\b_n\end{pmatrix}$ 是 $\boldsymbol{R}^n$ 中的两个向量，称

$$\boldsymbol{\alpha}^T\boldsymbol{\beta}=(a_1,a_2,\cdots,a_n)\begin{pmatrix}b_1\\b_2\\\vdots\\b_n\end{pmatrix}=a_1b_1+a_2b_2+\cdots+a_nb_n=\sum_{i=1}^{n}a_ib_i$$

为向量 $\boldsymbol{\alpha}$ 与 $\boldsymbol{\beta}$ 的内积，记作 $(\boldsymbol{\alpha},\boldsymbol{\beta})$.

易见，向量的内积具有下述性质：

(1)对称性：$(\boldsymbol{\alpha},\boldsymbol{\beta})=(\boldsymbol{\beta},\boldsymbol{\alpha})$；

(2)线性性：$(k\boldsymbol{\alpha},\boldsymbol{\beta})=k(\boldsymbol{\alpha},\boldsymbol{\beta})$；$(\boldsymbol{\alpha}+\boldsymbol{\beta},\boldsymbol{\gamma})=(\boldsymbol{\alpha},\boldsymbol{\gamma})+(\boldsymbol{\beta},\boldsymbol{\gamma})$；

(3)正定性：$(\boldsymbol{\alpha},\boldsymbol{\alpha})\geqslant 0$，当且仅当 $\boldsymbol{\alpha}=\boldsymbol{0}$ 时等号成立.

其中 $\boldsymbol{\alpha},\boldsymbol{\beta},\boldsymbol{\gamma}$ 是 $\boldsymbol{R}^n$ 中的向量，k 为实数.

由上述性质可得：设 $\boldsymbol{\alpha}_1,\boldsymbol{\alpha}_2,\cdots,\boldsymbol{\alpha}_s$ 与 $\boldsymbol{\beta}_1,\boldsymbol{\beta}_2,\cdots,\boldsymbol{\beta}_t$ 为 R^n 中的向量，$k_1,k_2,\cdots,k_s$ 与 $l_1,l_2,\cdots,l_t$ 为实数，则

$$\left(\sum_{i=1}^{s}k_i\boldsymbol{\alpha}_i,\boldsymbol{\beta}\right)=\sum_{i=1}^{s}k_i(\boldsymbol{\alpha}_i,\boldsymbol{\beta}),$$

$$\left(\sum_{i=1}^{s}k_i\boldsymbol{\alpha}_i,\sum_{j=1}^{t}l_j\boldsymbol{\beta}_j\right)=\sum_{i=1}^{s}\sum_{j=1}^{t}k_il_j(\boldsymbol{\alpha}_i,\boldsymbol{\beta}_j).$$

定义 8 对于 $\boldsymbol{R}^n$ 中的向量 $\boldsymbol{\alpha}=\begin{pmatrix}a_1\\a_2\\\vdots\\a_n\end{pmatrix}$，称 $\sqrt{(\boldsymbol{\alpha},\boldsymbol{\alpha})}=\sqrt{a_1^2+a_2^2+\cdots+a_n^2}$ 为向量 $\boldsymbol{\alpha}$ 的模或长度（范数），记作 $\|\boldsymbol{\alpha}\|$.

注 由于 $(\boldsymbol{\alpha},\boldsymbol{\alpha})\geqslant 0$，故 $\sqrt{(\boldsymbol{\alpha},\boldsymbol{\alpha})}$ 有意义，且每一个 $\boldsymbol{\alpha}$，都有唯一的长度.

例如，设 $\boldsymbol{\alpha}=\begin{pmatrix}3\\0\\4\end{pmatrix}$，则 $\|\boldsymbol{\alpha}\|=\sqrt{3^2+0^2+4^2}=5$.

定义 9 若 $\|\boldsymbol{\alpha}\|=1$，则称向量 $\boldsymbol{\alpha}$ 为单位向量.

事实上，若 $\forall\boldsymbol{\alpha}\neq\boldsymbol{0}$，则 $\dfrac{\boldsymbol{\alpha}}{\|\boldsymbol{\alpha}\|}$ 是单位向量，这是因为 $\left\|\dfrac{\boldsymbol{\alpha}}{\|\boldsymbol{\alpha}\|}\right\|=\dfrac{\|\boldsymbol{\alpha}\|}{\|\boldsymbol{\alpha}\|}=1$.

注 用 $\dfrac{1}{\|\boldsymbol{\alpha}\|}$ 去乘以 $\boldsymbol{\alpha}$，称为将 $\boldsymbol{\alpha}$ 单位化（单位标准化）.

例如，$\boldsymbol{\alpha}=(2,2,-1)^T$ 不是单位向量，将 $\boldsymbol{\alpha}$ 单位化，得 $\dfrac{1}{\|\boldsymbol{\alpha}\|}\boldsymbol{\alpha}=\dfrac{1}{3}(2,2,-1)^T$.

向量的模的性质：

(1)非负性：$\|\boldsymbol{\alpha}\|\geqslant 0$，当且仅当 $\boldsymbol{\alpha}=\mathbf{0}$ 时等号成立；

(2)齐次性：$\|k\boldsymbol{\alpha}\|=|k|\cdot\|\boldsymbol{\alpha}\|$（$k$ 为实数）；

(3)Cauchy－Schwarz 不等式：

$$|(\boldsymbol{\alpha},\boldsymbol{\beta})|\leqslant\|\boldsymbol{\alpha}\|\cdot\|\boldsymbol{\beta}\|,$$

当且仅当 $\boldsymbol{\alpha},\boldsymbol{\beta}$ 线性相关时等号成立.

若设 $\boldsymbol{\alpha}=(a_1,a_2,\cdots,a_n)^T,\boldsymbol{\beta}=(b_1,b_2,\cdots,b_n)^T$，

则

$$\left|\sum_{i=1}^{n}a_ib_i\right|\leqslant\sqrt{\sum_{i=1}^{n}a_i^2}\cdot\sqrt{\sum_{i=1}^{n}b_i^2};$$

(4)三角不等式：$\|\boldsymbol{\alpha}+\boldsymbol{\beta}\|\leqslant\|\boldsymbol{\alpha}\|+\|\boldsymbol{\beta}\|$.

证明：(1)由定义 8 立得；

(2)$\|k\boldsymbol{\alpha}\|=\sqrt{(k\boldsymbol{\alpha},k\boldsymbol{\alpha})}=\sqrt{k^2(\boldsymbol{\alpha},\boldsymbol{\alpha})}=|k|\cdot\|\boldsymbol{\alpha}\|$；

(3)若 $\boldsymbol{\beta}=\mathbf{0}$，$(\boldsymbol{\alpha},\boldsymbol{\beta})=0=\|\boldsymbol{\alpha}\|\cdot\|\boldsymbol{\beta}\|$；

若 $\boldsymbol{\beta}\neq\mathbf{0}$，则 $\forall t\in\mathbf{R}$，令 $\boldsymbol{\gamma}=\boldsymbol{\alpha}+t\boldsymbol{\beta}$，由于 $(\boldsymbol{\gamma},\boldsymbol{\gamma})=(\boldsymbol{\alpha}+t\boldsymbol{\beta},\boldsymbol{\alpha}+t\boldsymbol{\beta})\geqslant 0$，

即

$(\boldsymbol{\alpha},\boldsymbol{\alpha})+2t(\boldsymbol{\alpha},\boldsymbol{\beta})+t^2(\boldsymbol{\beta},\boldsymbol{\beta})\geqslant 0$.

由 t 的任意性，关于 t 的一元二次方程的判别式

$\Delta=4(\boldsymbol{\alpha},\boldsymbol{\beta})^2-4(\boldsymbol{\alpha},\boldsymbol{\alpha})(\boldsymbol{\beta},\boldsymbol{\beta})\leqslant 0$，

故 $(\boldsymbol{\alpha},\boldsymbol{\beta})^2\leqslant(\boldsymbol{\alpha},\boldsymbol{\alpha})(\boldsymbol{\beta},\boldsymbol{\beta})$，即

$$|(\boldsymbol{\alpha},\boldsymbol{\beta})|\leqslant\|\boldsymbol{\alpha}\|\cdot\|\boldsymbol{\beta}\|.$$

下证等号成立的条件.

若 $\boldsymbol{\beta}=\mathbf{0}$，则 $\boldsymbol{\alpha},\boldsymbol{\beta}$ 线性相关，故等号显然成立；

若 $\boldsymbol{\beta}\neq\mathbf{0}$，且 $\boldsymbol{\alpha},\boldsymbol{\beta}$ 线性相关，可设 $\boldsymbol{\alpha}=k\boldsymbol{\beta}$，则

$|(\boldsymbol{\alpha},\boldsymbol{\beta})|=|(k\boldsymbol{\beta},\boldsymbol{\beta})|=|k|\cdot(\boldsymbol{\beta},\boldsymbol{\beta})=|k|\cdot\|\boldsymbol{\beta}\|^2$，

$\|\boldsymbol{\alpha}\|\cdot\|\boldsymbol{\beta}\|=\|k\boldsymbol{\beta}\|\cdot\|\boldsymbol{\beta}\|=|k|\cdot\|\boldsymbol{\beta}\|^2$.

故等号成立.

反之，若等号成立，下证 $\boldsymbol{\alpha},\boldsymbol{\beta}$ 线性相关.

若 $\boldsymbol{\beta}=\mathbf{0}$，则 $\boldsymbol{\alpha},\boldsymbol{\beta}$ 显然线性相关；

若 $\boldsymbol{\beta}\neq\mathbf{0}$，由 $(\boldsymbol{\alpha},\boldsymbol{\beta})=\|\boldsymbol{\alpha}\|\cdot\|\boldsymbol{\beta}\|$，于是 $4(\boldsymbol{\alpha},\boldsymbol{\beta})^2-4(\boldsymbol{\alpha},\boldsymbol{\alpha})(\boldsymbol{\beta},\boldsymbol{\beta})=0$，从而 $\exists t_0$，使 $(\boldsymbol{\alpha},\boldsymbol{\alpha})+2t_0(\boldsymbol{\alpha},\boldsymbol{\beta})+t_0^2(\boldsymbol{\beta},\boldsymbol{\beta})=0$，

即

$$(\boldsymbol{\alpha}+t_0\boldsymbol{\beta},\boldsymbol{\alpha}+t_0\boldsymbol{\beta})=\mathbf{0},$$

得 $\boldsymbol{\alpha}+t_0\boldsymbol{\beta}=\mathbf{0}$.

所以，$\boldsymbol{\alpha},\boldsymbol{\beta}$ 线性相关.

$$
\begin{aligned}
(4)\ \|\boldsymbol{\alpha}+\boldsymbol{\beta}\|^2 &= (\boldsymbol{\alpha}+\boldsymbol{\beta},\boldsymbol{\alpha}+\boldsymbol{\beta})=(\boldsymbol{\alpha},\boldsymbol{\alpha})+2(\boldsymbol{\alpha},\boldsymbol{\beta})+(\boldsymbol{\beta},\boldsymbol{\beta})\\
&\leqslant(\boldsymbol{\alpha},\boldsymbol{\alpha})+2\|\boldsymbol{\alpha}\|\cdot\|\boldsymbol{\beta}\|+(\boldsymbol{\beta},\boldsymbol{\beta})\\
&=\|\boldsymbol{\alpha}\|^2+2\|\boldsymbol{\alpha}\|\cdot\|\boldsymbol{\beta}\|+\|\boldsymbol{\beta}\|^2\\
&=(\|\boldsymbol{\alpha}\|+\|\boldsymbol{\beta}\|)^2,
\end{aligned}
$$

故 $\|\boldsymbol{\alpha}+\boldsymbol{\beta}\|\leqslant\|\boldsymbol{\alpha}\|+\|\boldsymbol{\beta}\|$.

注 (4)的推广式为

$\|\boldsymbol{\alpha}_1+\boldsymbol{\alpha}_2+\cdots+\boldsymbol{\alpha}_s\|\leqslant\|\boldsymbol{\alpha}_1\|+\|\boldsymbol{\alpha}_2\|+\cdots+\|\boldsymbol{\alpha}_s\|$,其中 $\boldsymbol{\alpha}_1,\boldsymbol{\alpha}_2,\cdots,\boldsymbol{\alpha}_s$ 为 $\boldsymbol{R}^n$ 中的向量.

4.3.2 正交向量组

定义 10 如果两个向量 $\boldsymbol{\alpha}$ 与 $\boldsymbol{\beta}$ 的内积为零,即 $(\boldsymbol{\alpha},\boldsymbol{\beta})=0$,则称 $\boldsymbol{\alpha}$ 与 $\boldsymbol{\beta}$ 互相正交(垂直),记为 $\boldsymbol{\alpha}\perp\boldsymbol{\beta}$.

正交向量的性质:

(1)零向量与任意向量 $\boldsymbol{\alpha}$ 正交,即 $\forall\boldsymbol{\alpha},(\boldsymbol{\alpha},\boldsymbol{0})=0$;

(2)只有零向量与自身正交,即若 $(\boldsymbol{\alpha},\boldsymbol{\alpha})=0$,则 $\boldsymbol{\alpha}=\boldsymbol{0}$;

(3)$\boldsymbol{\alpha}\perp\boldsymbol{\beta}$ 当且仅当 $\boldsymbol{\beta}\perp\boldsymbol{\alpha}$;

(4)$\boldsymbol{\alpha}\perp\boldsymbol{\beta}$ 当且仅当 $k\boldsymbol{\alpha}\perp\boldsymbol{\beta}$($k$ 为非零常数).

【例 1】 设 $\boldsymbol{\alpha}_1,\boldsymbol{\alpha}_2$ 是 $\boldsymbol{R}^n$ 中两个非零向量,$\boldsymbol{\beta}=\boldsymbol{\alpha}_2-\dfrac{(\boldsymbol{\alpha}_2,\boldsymbol{\alpha}_1)}{(\boldsymbol{\alpha}_1,\boldsymbol{\alpha}_1)}\boldsymbol{\alpha}_1$,证明:向量 $\boldsymbol{\alpha}_1$ 和 $\boldsymbol{\beta}$ 正交.

证明:因为

$$
\begin{aligned}
(\boldsymbol{\beta},\boldsymbol{\alpha}_1)&=\left(\boldsymbol{\alpha}_2-\frac{(\boldsymbol{\alpha}_2,\boldsymbol{\alpha}_1)}{(\boldsymbol{\alpha}_1,\boldsymbol{\alpha}_1)}\boldsymbol{\alpha}_1,\boldsymbol{\alpha}_1\right)\\
&=(\boldsymbol{\alpha}_2,\boldsymbol{\alpha}_1)-\frac{(\boldsymbol{\alpha}_2,\boldsymbol{\alpha}_1)}{(\boldsymbol{\alpha}_1,\boldsymbol{\alpha}_1)}(\boldsymbol{\alpha}_1,\boldsymbol{\alpha}_1)\\
&=0.
\end{aligned}
$$

所以,$\boldsymbol{\alpha}_1$ 和 $\boldsymbol{\beta}$ 正交.

定理 8(勾股定理).

向量 $\boldsymbol{\alpha}$ 与 $\boldsymbol{\beta}$ 正交当且仅当 $\|\boldsymbol{\alpha}+\boldsymbol{\beta}\|^2=\|\boldsymbol{\alpha}\|^2+\|\boldsymbol{\beta}\|^2$.

证明:
$$
\begin{aligned}
\|\boldsymbol{\alpha}+\boldsymbol{\beta}\|^2&=(\boldsymbol{\alpha}+\boldsymbol{\beta},\boldsymbol{\alpha}+\boldsymbol{\beta})=(\boldsymbol{\alpha},\boldsymbol{\alpha})+2(\boldsymbol{\alpha},\boldsymbol{\beta})+(\boldsymbol{\beta},\boldsymbol{\beta})\\
&=\|\boldsymbol{\alpha}\|^2+\|\boldsymbol{\beta}\|^2+2(\boldsymbol{\alpha},\boldsymbol{\beta}).
\end{aligned}
$$

故 $(\boldsymbol{\alpha},\boldsymbol{\beta})=0$ 当且仅当 $\|\boldsymbol{\alpha}+\boldsymbol{\beta}\|^2=\|\boldsymbol{\alpha}\|^2+\|\boldsymbol{\beta}\|^2$,即勾股定理成立.

推论 若向量 $\boldsymbol{\alpha}_1,\boldsymbol{\alpha}_2,\cdots,\boldsymbol{\alpha}_s$ 两两正交,则

$$
\|\boldsymbol{\alpha}_1+\boldsymbol{\alpha}_2+\cdots+\boldsymbol{\alpha}_s\|^2=\|\boldsymbol{\alpha}_1\|^2+\|\boldsymbol{\alpha}_2\|^2+\cdots+\|\boldsymbol{\alpha}_s\|^2.
$$

在几何空间中,有直角坐标系,其中 $\boldsymbol{i},\boldsymbol{j},\boldsymbol{k}$ 为两两正交的单位向量,在 n 维

欧氏空间中,是否也有 n 个两两正交的单位向量呢?

定义 11 如果 $\boldsymbol{R}^n$ 中的一组非零向量组 $\boldsymbol{\alpha}_1,\boldsymbol{\alpha}_2,\cdots,\boldsymbol{\alpha}_s$ 两两正交,则称该向量组为 $\boldsymbol{R}^n$ 中的一个正交向量组. 若它们又都是单位向量,则称 $\boldsymbol{\alpha}_1,\boldsymbol{\alpha}_2,\cdots,\boldsymbol{\alpha}_s$ 为标准正交向量组.

由定义可知:

(1)含有零向量的向量组一定不是正交向量组. 当然,更不可能是标准正交向量组.

(2)向量组 $\boldsymbol{\alpha}_1,\boldsymbol{\alpha}_2,\cdots,\boldsymbol{\alpha}_s(s>1)$是一个正交向量组,即

$$(\boldsymbol{\alpha}_i,\boldsymbol{\alpha}_j)=\begin{cases}0, & i\neq j,\\ \|\boldsymbol{\alpha}_i\|^2>0, & i=j,\end{cases}$$

$$i,j=1,2,\cdots,s.$$

对于标准正交向量组 $\boldsymbol{\alpha}_1,\boldsymbol{\alpha}_2,\cdots,\boldsymbol{\alpha}_s(s>1)$,则有

$$(\boldsymbol{\alpha}_i,\boldsymbol{\alpha}_j)=\begin{cases}0, & i\neq j,\\ 1, & i=j,\end{cases}$$

$$i,j=1,2,\cdots,s.$$

(3)单个非零向量是一个正交向量组,单个单位向量是一个标准正交向量组.

定理 9 $\boldsymbol{R}^n$ 中任一个正交向量组都线性无关.

证明:若正交向量组为 $\boldsymbol{\alpha}_1$,因 $\boldsymbol{\alpha}_1\neq\boldsymbol{0}$,故 $\boldsymbol{\alpha}_1$ 线性无关;

设 $\boldsymbol{\alpha}_1,\boldsymbol{\alpha}_2,\cdots,\boldsymbol{\alpha}_s(s>1)$是一个正交向量组,若 $k_1\boldsymbol{\alpha}_1+k_2\boldsymbol{\alpha}_2+\cdots+k_s\boldsymbol{\alpha}_s=0$,

等式两边同时用 $\boldsymbol{\alpha}_i$ 作内积,得

$$(\boldsymbol{\alpha}_i,k_1\boldsymbol{\alpha}_1+k_2\boldsymbol{\alpha}_2+\cdots+k_s\boldsymbol{\alpha}_s)=0,$$

即

$$k_1(\boldsymbol{\alpha}_i,\boldsymbol{\alpha}_1)+k_2(\boldsymbol{\alpha}_i,\boldsymbol{\alpha}_2)+\cdots+k_s(\boldsymbol{\alpha}_i,\boldsymbol{\alpha}_s)=0,$$

由于$(\boldsymbol{\alpha}_i,\boldsymbol{\alpha}_j)=0,i\neq j$,所以 $k_i(\boldsymbol{\alpha}_i,\boldsymbol{\alpha}_i)=0$,而$(\boldsymbol{\alpha}_i,\boldsymbol{\alpha}_i)\neq0$,故 $k_i=0(i=1,2,\cdots,s)$,

所以,$\boldsymbol{\alpha}_1,\boldsymbol{\alpha}_2,\cdots,\boldsymbol{\alpha}_s$ 线性无关.

注 本定理的逆命题未必成立,即线性无关的向量组未必是正交向量组.

例如,$\boldsymbol{\alpha}_1=(1,0,0)^T,\boldsymbol{\alpha}_2=(1,1,0)^T$ 线性无关,但不正交.

推论 在 n 维欧氏空间中,正交向量组所含的向量个数不超过 n.

例如,平面中找不到三个两两垂直的非零向量;空间中找不到四个两两垂直的非零向量.

【例 2】 已知 $\boldsymbol{\alpha}_1=(1,0,1)^T,\boldsymbol{\alpha}_2=(1,2,-1)^T$,求一个非零向量 $\boldsymbol{\alpha}$,使得 $\boldsymbol{\alpha}$ 与 $\boldsymbol{\alpha}_1,\boldsymbol{\alpha}_2$ 均正交.

解:方法一 设 $\boldsymbol{\alpha}=(x_1,x_2,x_3)^T$,则由 $\boldsymbol{\alpha}$ 与 $\boldsymbol{\alpha}_1,\boldsymbol{\alpha}_2$ 均正交,得

$$(\boldsymbol{\alpha}_1,\boldsymbol{\alpha})=x_1+x_3=0,(\boldsymbol{\alpha}_2,\boldsymbol{\alpha})=x_1+2x_2-x_3=0.$$

记 $\boldsymbol{A}=\begin{pmatrix}1&0&1\\1&2&-1\end{pmatrix}$，

则 $\boldsymbol{\alpha}$ 为齐次线性方程组 $\boldsymbol{A}x=\boldsymbol{0}$ 的非零解.

由 $\boldsymbol{A}=\begin{pmatrix}1&0&1\\1&2&-1\end{pmatrix}\xrightarrow[\frac{1}{2}\times(2)]{(2)-(1)}\begin{pmatrix}1&0&1\\0&1&-1\end{pmatrix}$，得$\begin{cases}x_1+x_3=0,\\x_2-x_3=0.\end{cases}$

其基础解系为$\begin{pmatrix}-1\\1\\1\end{pmatrix}$，故取 $\boldsymbol{\alpha}=\begin{pmatrix}-1\\1\\1\end{pmatrix}$，则非零向量 $\boldsymbol{\alpha}$ 与 $\boldsymbol{\alpha}_1,\boldsymbol{\alpha}_2$ 均正交.

方法二 本例中 $\boldsymbol{\alpha}_1^T=(1,0,1)$，$\boldsymbol{\alpha}_2^T=(1,1,0)$ 均是三维向量，这两个向量的外积为

$$\boldsymbol{\alpha}_1^T\times\boldsymbol{\alpha}_2^T=(1,0,1)\times(1,1,0)=\left(\begin{vmatrix}0&1\\1&0\end{vmatrix},-\begin{vmatrix}1&1\\1&0\end{vmatrix},\begin{vmatrix}1&0\\1&1\end{vmatrix}\right)=(-1,1,1),$$

此向量的转置就是 $\boldsymbol{\alpha}$.

虽然线性无关的向量组未必正交，但由一组线性无关的向量组可以改造成一个正交向量组，这个过程称为正交化.

设 $\boldsymbol{\alpha}_1,\boldsymbol{\alpha}_2,\cdots,\boldsymbol{\alpha}_s$ 是一组线性无关的向量组.

(1)令 $\boldsymbol{\beta}_1=\boldsymbol{\alpha}_1$；

$$\boldsymbol{\beta}_2=\boldsymbol{\alpha}_2-\frac{(\boldsymbol{\alpha}_2,\boldsymbol{\beta}_1)}{(\boldsymbol{\beta}_1,\boldsymbol{\beta}_1)}\boldsymbol{\beta}_1;$$

$$\boldsymbol{\beta}_3=\boldsymbol{\alpha}_3-\frac{(\boldsymbol{\alpha}_3,\boldsymbol{\beta}_1)}{(\boldsymbol{\beta}_1,\boldsymbol{\beta}_1)}\boldsymbol{\beta}_1-\frac{(\boldsymbol{\alpha}_3,\boldsymbol{\beta}_2)}{(\boldsymbol{\beta}_2,\boldsymbol{\beta}_2)}\boldsymbol{\beta}_2;$$

……

$$\boldsymbol{\beta}_s=\boldsymbol{\alpha}_s-\frac{(\boldsymbol{\alpha}_s,\boldsymbol{\beta}_1)}{(\boldsymbol{\beta}_1,\boldsymbol{\beta}_1)}\boldsymbol{\beta}_1-\frac{(\boldsymbol{\alpha}_s,\boldsymbol{\beta}_2)}{(\boldsymbol{\beta}_2,\boldsymbol{\beta}_2)}\boldsymbol{\beta}_2-\cdots-\frac{(\boldsymbol{\alpha}_s,\boldsymbol{\beta}_{s-1})}{(\boldsymbol{\beta}_{s-1},\boldsymbol{\beta}_{s-1})}\boldsymbol{\beta}_{s-1}.$$

可以验证，$\boldsymbol{\beta}_1,\boldsymbol{\beta}_2,\cdots,\boldsymbol{\beta}_s$ 是正交向量组，且 $\boldsymbol{\beta}_1,\boldsymbol{\beta}_2,\cdots,\boldsymbol{\beta}_s$ 与 $\boldsymbol{\alpha}_1,\boldsymbol{\alpha}_2,\cdots,\boldsymbol{\alpha}_s$ 等价.

上述正交化的过程称为施密特(Schmidt)正交化.

(2)再将 $\boldsymbol{\beta}_1,\boldsymbol{\beta}_2,\cdots,\boldsymbol{\beta}_s$ 单位化，即取

$$\boldsymbol{\gamma}_1=\frac{1}{\|\boldsymbol{\beta}_1\|}\boldsymbol{\beta}_1,\boldsymbol{\gamma}_2=\frac{1}{\|\boldsymbol{\beta}_2\|}\boldsymbol{\beta}_2,\cdots,\boldsymbol{\gamma}_s=\frac{1}{\|\boldsymbol{\beta}_s\|}\boldsymbol{\beta}_s,$$

则 $\boldsymbol{\gamma}_1,\boldsymbol{\gamma}_2,\cdots,\boldsymbol{\gamma}_s$ 是两两正交的，每个长度都为 1，是与 $\boldsymbol{\alpha}_1,\boldsymbol{\alpha}_2,\cdots,\boldsymbol{\alpha}_s$ 等价的标准正交向量组(或单位正交向量组).

(1)与(2)的过程又称为施密特(Schmidt)标准正交化方法.

【例 3】 设 $\boldsymbol{R}^4$ 中线性无关的向量组 $\boldsymbol{\alpha}_1=(1,1,1,1)^T$，$\boldsymbol{\alpha}_2=(3,3,-1,-1)^T$，$\boldsymbol{\alpha}_3=(-2,0,6,8)^T$，试将 $\boldsymbol{\alpha}_1,\boldsymbol{\alpha}_2,\boldsymbol{\alpha}_3$ 标准正交化.

解:先正交化.

令 $\boldsymbol{\beta}_1=\boldsymbol{\alpha}_1=(1,1,1,1)^T$,

$$\boldsymbol{\beta}_2=\boldsymbol{\alpha}_2-\frac{(\boldsymbol{\alpha}_2,\boldsymbol{\beta}_1)}{(\boldsymbol{\beta}_1,\boldsymbol{\beta}_1)}\boldsymbol{\beta}_1=(3,3,-1,-1)^T-\frac{4}{4}(1,1,1,1)^T=(2,2,-2,-2)^T,$$

$$\boldsymbol{\beta}_3=\boldsymbol{\alpha}_3-\frac{(\boldsymbol{\alpha}_3,\boldsymbol{\beta}_1)}{(\boldsymbol{\beta}_1,\boldsymbol{\beta}_1)}\boldsymbol{\beta}_1-\frac{(\boldsymbol{\alpha}_3,\boldsymbol{\beta}_2)}{(\boldsymbol{\beta}_2,\boldsymbol{\beta}_2)}\boldsymbol{\beta}_2=(-2,0,6,8)^T-\frac{12}{4}(1,1,1,1)^T$$

$$-\frac{-32}{16}(2,2,-2,-2)^T=(-1,1,-1,1)^T.$$

再单位化.

令 $\boldsymbol{\gamma}_1=\frac{1}{\|\boldsymbol{\beta}_1\|}\boldsymbol{\beta}_1=\frac{1}{2}(1,1,1,1)^T$,

$$\boldsymbol{\gamma}_2=\frac{1}{\|\boldsymbol{\beta}_2\|}\boldsymbol{\beta}_2=\frac{1}{4}(2,2,-2,-2)^T=\frac{1}{2}(1,1,-1,-1)^T,$$

$$\boldsymbol{\gamma}_3=\frac{1}{\|\boldsymbol{\beta}_3\|}\boldsymbol{\beta}_3=\frac{1}{2}(-1,1,-1,1)^T.$$

则 $\boldsymbol{\gamma}_1,\boldsymbol{\gamma}_2,\boldsymbol{\gamma}_3$ 是与 $\boldsymbol{\alpha}_1,\boldsymbol{\alpha}_2,\boldsymbol{\alpha}_3$ 等价的标准正交向量组.

4.3.3 正交矩阵

定义 12 设 n 阶实矩阵 $\boldsymbol{Q}$ 满足 $\boldsymbol{Q}^T\boldsymbol{Q}=\boldsymbol{I}$,则称 $\boldsymbol{Q}$ 为正交矩阵.

例如,(1)单位矩阵 $\boldsymbol{I}$ 是正交矩阵;

(2)$\boldsymbol{R}^2$ 中两直角坐标系之间的坐标变换矩阵 $\boldsymbol{A}=\begin{pmatrix}\cos\theta & -\sin\theta\\ \sin\theta & \cos\theta\end{pmatrix}$,满足 $\boldsymbol{A}^T\boldsymbol{A}=\boldsymbol{I}$,故 $\boldsymbol{A}$ 是一个正交矩阵.

正交矩阵具有下列性质:

(1)矩阵 $\boldsymbol{Q}$ 为正交矩阵的充分必要条件是 $\boldsymbol{Q}$ 可逆,且 $\boldsymbol{Q}^{-1}=\boldsymbol{Q}^T$;

(2)若 $\boldsymbol{Q}$ 为正交矩阵,则 $\boldsymbol{Q}\boldsymbol{Q}^T=\boldsymbol{I}$;

(3)若 $\boldsymbol{Q}$ 为正交矩阵,则 $|\boldsymbol{Q}|=\pm1$;

(4)若 $\boldsymbol{Q}$ 为正交矩阵,则 $\boldsymbol{Q}^{-1}$ 和 $\boldsymbol{Q}^*$ 也是正交矩阵.

证明:由于 $\boldsymbol{Q}$ 为正交矩阵,所以 $\boldsymbol{Q}$ 是实矩阵,于是 $\boldsymbol{Q}^{-1}$ 是实矩阵.且由(2),$\boldsymbol{Q}\boldsymbol{Q}^T=\boldsymbol{I}$,两端取逆,得 $(\boldsymbol{Q}^T)^{-1}\boldsymbol{Q}^{-1}=\boldsymbol{I}$,即 $(\boldsymbol{Q}^{-1})^T\boldsymbol{Q}^{-1}=\boldsymbol{I}$,所以 $\boldsymbol{Q}^{-1}$ 是正交矩阵.

(5)若 n 阶实矩阵 $\boldsymbol{P},\boldsymbol{Q}$ 都是正交矩阵,则 $\boldsymbol{PQ}$ 也是正交矩阵.

证明:显然,$\boldsymbol{PQ}$ 为实矩阵,又因 $\boldsymbol{P},\boldsymbol{Q}$ 都是正交矩阵,所以 $\boldsymbol{P}^T\boldsymbol{P}=\boldsymbol{I},\boldsymbol{Q}^T\boldsymbol{Q}=\boldsymbol{I}$,于是

$$(\boldsymbol{PQ})^T(\boldsymbol{PQ})=(\boldsymbol{Q}^T\boldsymbol{P}^T)(\boldsymbol{PQ})=\boldsymbol{Q}^T(\boldsymbol{P}^T\boldsymbol{P})\boldsymbol{Q}=\boldsymbol{Q}^T\boldsymbol{Q}=\boldsymbol{I},$$

从而 $\boldsymbol{PQ}$ 为正交矩阵.

定理 10 n 阶实矩阵 $\boldsymbol{Q}$ 为正交矩阵当且仅当其列(行)向量组是单位正交向量组.

证明:设 $Q=(\boldsymbol{\alpha}_1,\boldsymbol{\alpha}_2,\cdots,\boldsymbol{\alpha}_n)$,其中 $\boldsymbol{\alpha}_1,\boldsymbol{\alpha}_2,\cdots,\boldsymbol{\alpha}_n$ 为矩阵 Q 的列向量组.

由于 Q 为正交矩阵当且仅当 $Q^TQ=\boldsymbol{I}$,而

$$Q^TQ=\begin{pmatrix}\boldsymbol{\alpha}_1^T\\ \boldsymbol{\alpha}_2^T\\ \vdots\\ \boldsymbol{\alpha}_n^T\end{pmatrix}(\boldsymbol{\alpha}_1,\boldsymbol{\alpha}_2,\cdots,\boldsymbol{\alpha}_n)=\begin{pmatrix}\boldsymbol{\alpha}_1^T\boldsymbol{\alpha}_1 & \boldsymbol{\alpha}_1^T\boldsymbol{\alpha}_2 & \cdots & \boldsymbol{\alpha}_1^T\boldsymbol{\alpha}_n\\ \boldsymbol{\alpha}_2^T\boldsymbol{\alpha}_1 & \boldsymbol{\alpha}_2^T\boldsymbol{\alpha}_2 & \cdots & \boldsymbol{\alpha}_2^T\boldsymbol{\alpha}_n\\ \vdots & \vdots & & \vdots\\ \boldsymbol{\alpha}_n^T\boldsymbol{\alpha}_1 & \boldsymbol{\alpha}_n^T\boldsymbol{\alpha}_2 & \cdots & \boldsymbol{\alpha}_n^T\boldsymbol{\alpha}_n\end{pmatrix}.$$

于是 $Q^TQ=\boldsymbol{I}$ 当且仅当 $\boldsymbol{\alpha}_i^T\boldsymbol{\alpha}_i=1,\boldsymbol{\alpha}_i^T\boldsymbol{\alpha}_j=0(i\neq j)$,此即列向量组是单位正交向量组.

同理可证,Q 为正交矩阵当且仅当其行向量组是单位正交向量组.

【例 4】 设 $\boldsymbol{A}=(a_{ij})_{3\times 3}$ 为非零实矩阵,且 $a_{ij}=A_{ij}$,其中 A_{ij} 是矩阵 $\boldsymbol{A}$ 中元素 a_{ij} 的代数余子式. 证明:$\boldsymbol{A}$ 为正交矩阵.

证明:由 $\boldsymbol{A}=(a_{ij})_{3\times 3}=(A_{ij})_{3\times 3}$,知 $\boldsymbol{A}^T=\boldsymbol{A}^*$,

因此,$|\boldsymbol{A}|=|\boldsymbol{A}^T|=|\boldsymbol{A}^*|=|\boldsymbol{A}|^2$,

故 $|\boldsymbol{A}|=0$ 或 1.

又 $\boldsymbol{A}\neq\boldsymbol{O}$,故必存在 $a_{ij}\neq 0$,则

$|\boldsymbol{A}|=a_{i1}A_{i1}+a_{i2}A_{i2}+a_{i3}A_{i3}=a_{i1}^2+a_{i2}^2+a_{i3}^2>0$,

故 $|\boldsymbol{A}|=1$,而 $\boldsymbol{A}^{-1}=\dfrac{1}{|\boldsymbol{A}|}\boldsymbol{A}^*=\boldsymbol{A}^*=\boldsymbol{A}^T$,于是 A 为正交矩阵.

4.3.4 实对称矩阵的特征值与特征向量

上一节知道任意的一个 n 阶矩阵未必可以对角化,然而,实对称矩阵一定能与对角矩阵相似.

定理 11 实对称矩阵的特征值全是实数.

定理 12 实对称矩阵的对应于不同特征值的特征向量相互正交.

证明:设 $\boldsymbol{A}$ 为 n 阶实对称矩阵,λ_1,λ_2 为 $\boldsymbol{A}$ 的两个不同的特征值,$\boldsymbol{\alpha}_1,\boldsymbol{\alpha}_2$ 分别为对应于特征值 λ_1,λ_2 的特征向量,

即

$$\boldsymbol{A}\boldsymbol{\alpha}_1=\lambda_1\boldsymbol{\alpha}_1,\boldsymbol{A}\boldsymbol{\alpha}_2=\lambda_2\boldsymbol{\alpha}_2(\boldsymbol{\alpha}_1,\boldsymbol{\alpha}_2\neq 0),$$

从而

$$\boldsymbol{\alpha}_2^T\boldsymbol{A}\boldsymbol{\alpha}_1=\lambda_1\boldsymbol{\alpha}_2^T\boldsymbol{\alpha}_1,\boldsymbol{\alpha}_1^T\boldsymbol{A}\boldsymbol{\alpha}_2=\lambda_2\boldsymbol{\alpha}_1^T\boldsymbol{\alpha}_2.$$

又

$$\boldsymbol{\alpha}_2^T\boldsymbol{A}\boldsymbol{\alpha}_1=(\boldsymbol{\alpha}_2^T\boldsymbol{A}\boldsymbol{\alpha}_1)^T=\boldsymbol{\alpha}_1^T\boldsymbol{A}^T\boldsymbol{\alpha}_2=\boldsymbol{\alpha}_1^T\boldsymbol{A}\boldsymbol{\alpha}_2,$$

故

$$\lambda_1\boldsymbol{\alpha}_2^T\boldsymbol{\alpha}_1=\lambda_2\boldsymbol{\alpha}_1^T\boldsymbol{\alpha}_2,$$

又因 $\lambda_1\neq\lambda_2$,故 $\boldsymbol{\alpha}_2^T\boldsymbol{\alpha}_1=\boldsymbol{\alpha}_1^T\boldsymbol{\alpha}_2=0$,所以 $\boldsymbol{\alpha}_1$ 与 $\boldsymbol{\alpha}_2$ 正交.

注 由此定理可得,实对称矩阵 $\boldsymbol{A}$ 有不同特征值 λ_1 和 λ_2 时,$\boldsymbol{A}$ 对应 λ_1 的任

一特征向量 $\boldsymbol{\alpha}$，与 $\boldsymbol{A}$ 对应 λ_2 的所有特征向量都正交. 因此，$\boldsymbol{\alpha}$ 与 $\boldsymbol{A}$ 对应 λ_2 的特征向量的线性组合也正交.

实对称矩阵的特征值全是实数，因此属于特征值 λ 的特征向量全是实向量，且属于不同特征值的特征向量正交. 属于同一个特征值的线性无关的特征向量，应用施密特标准正交化方法可化为与之等价的标准正交特征向量组. 故有下面的定理：

定理 13（实对称矩阵的相似标准形）.

设 $\boldsymbol{A}$ 为 n 阶实对称矩阵，则存在 n 阶正交矩阵 $\boldsymbol{Q}$，使得 $\boldsymbol{Q}^{-1}\boldsymbol{A}\boldsymbol{Q}$ 为对角矩阵. 此时，称 $\boldsymbol{Q}$ 为正交变换矩阵.

注 1 由于 $\boldsymbol{Q}$ 是正交矩阵，故 $\boldsymbol{Q}^{-1}=\boldsymbol{Q}^T$，从而 $\boldsymbol{Q}^{-1}\boldsymbol{A}\boldsymbol{Q}=\boldsymbol{Q}^T\boldsymbol{A}\boldsymbol{Q}$ 为对角矩阵.

注 2 对角矩阵 $\boldsymbol{\Lambda}=\begin{pmatrix}\lambda_1 & & & \\ & \lambda_2 & & \\ & & \ddots & \\ & & & \lambda_n\end{pmatrix}$，其中 $\lambda_1,\lambda_2,\cdots,\lambda_n$ 是 $\boldsymbol{A}$ 的全部特征值.

【例 5】 设 $\boldsymbol{A}=\begin{pmatrix}2 & 1 & 1\\ 1 & 2 & 1\\ 1 & 1 & 2\end{pmatrix}$，求正交矩阵 $\boldsymbol{P}$，使 $\boldsymbol{P}^T\boldsymbol{A}\boldsymbol{P}$ 为对角矩阵.

解：$\boldsymbol{A}$ 的特征多项式为

$$|\lambda \boldsymbol{I}-\boldsymbol{A}|=\begin{vmatrix}\lambda-2 & -1 & -1\\ -1 & \lambda-2 & -1\\ -1 & -1 & \lambda-2\end{vmatrix}=(\lambda-1)^2(\lambda-4),$$

$\boldsymbol{A}$ 的特征值为 $\lambda_1=1$（二重），$\lambda_2=4$.

对于 $\lambda_1=1$，解齐次线性方程组 $(\boldsymbol{I}-\boldsymbol{A})\boldsymbol{x}=\boldsymbol{0}$.

由于

$$\boldsymbol{I}-\boldsymbol{A}=\begin{pmatrix}-1 & -1 & -1\\ -1 & -1 & -1\\ -1 & -1 & -1\end{pmatrix}\xrightarrow[(-1)\times(1)]{\substack{(2)-(1)\\(3)-(1)}}\begin{pmatrix}1 & 1 & 1\\ 0 & 0 & 0\\ 0 & 0 & 0\end{pmatrix},$$

可得 $\boldsymbol{A}$ 的属于 $\lambda_1=1$ 的特征向量 $\boldsymbol{\alpha}_1=(-1,1,0)^T$，$\boldsymbol{\alpha}_2=(-1,0,1)^T$.

利用施密特标准正交化方法，得

$\boldsymbol{\beta}_1=(-1,1,0)^T$，

$\boldsymbol{\beta}_2=\boldsymbol{\alpha}_2-\dfrac{(\boldsymbol{\alpha}_2,\boldsymbol{\beta}_1)}{(\boldsymbol{\beta}_1,\boldsymbol{\beta}_1)}\boldsymbol{\beta}_1=(-1,0,1)^T-\dfrac{1}{2}(-1,1,0)^T=\left(-\dfrac{1}{2},-\dfrac{1}{2},1\right)^T$.

再单位化，得

$$\boldsymbol{\gamma}_1=\left(-\frac{1}{\sqrt{2}},\frac{1}{\sqrt{2}},0\right)^T,\boldsymbol{\gamma}_2=\left(-\frac{1}{\sqrt{6}},-\frac{1}{\sqrt{6}},\frac{2}{\sqrt{6}}\right)^T.$$

对于 $\lambda_2=4$，解齐次线性方程组 $(4\boldsymbol{I}-\boldsymbol{A})\boldsymbol{x}=\boldsymbol{0}$.

由于

$$4\boldsymbol{I}-\boldsymbol{A}=\begin{pmatrix}2&-1&-1\\-1&2&-1\\-1&-1&2\end{pmatrix}\xrightarrow[(2)-(3)]{(1)+2(3)}\begin{pmatrix}0&-3&3\\0&3&-3\\-1&-1&2\end{pmatrix}$$

$$\xrightarrow[\frac{1}{3}\times(2)]{(1)+(2)}\begin{pmatrix}0&0&0\\0&1&-1\\-1&-1&2\end{pmatrix}\xrightarrow[\substack{-1\times(1)\\(1)-(2)}]{(1)\leftrightarrow(3)}\begin{pmatrix}1&0&-1\\0&1&-1\\0&0&0\end{pmatrix},$$

可得 $\boldsymbol{A}$ 的属于 $\lambda_2=4$ 的特征向量 $\boldsymbol{\alpha}_3=(1,1,1)^T$.

单位化，得

$$\boldsymbol{\gamma}_3=\left(\frac{1}{\sqrt{3}},\frac{1}{\sqrt{3}},\frac{1}{\sqrt{3}}\right)^T.$$

以 $\boldsymbol{\gamma}_1,\boldsymbol{\gamma}_2,\boldsymbol{\gamma}_3$ 为列向量作矩阵

$$\boldsymbol{P}=\begin{pmatrix}-\frac{1}{\sqrt{2}}&-\frac{1}{\sqrt{6}}&\frac{1}{\sqrt{3}}\\\frac{1}{\sqrt{2}}&-\frac{1}{\sqrt{6}}&\frac{1}{\sqrt{3}}\\0&\frac{2}{\sqrt{6}}&\frac{1}{\sqrt{3}}\end{pmatrix},$$

则 $\boldsymbol{P}$ 为所求的正交变换矩阵，使得

$$\boldsymbol{P}^T\boldsymbol{A}\boldsymbol{P}=\boldsymbol{P}^{-1}\boldsymbol{A}\boldsymbol{P}=\begin{pmatrix}1&&\\&1&\\&&4\end{pmatrix}.$$

【例 6】 设 $\boldsymbol{A}=\begin{pmatrix}1&-2&0\\-2&2&-2\\0&-2&3\end{pmatrix}$，求正交矩阵 $\boldsymbol{Q}$，使 $\boldsymbol{Q}^T\boldsymbol{A}\boldsymbol{Q}$ 为对角矩阵.

解：矩阵 $\boldsymbol{A}$ 的特征方程为

$$|\lambda\boldsymbol{I}-\boldsymbol{A}|=\begin{vmatrix}\lambda-1&2&0\\2&\lambda-2&2\\0&2&\lambda-3\end{vmatrix}=0.$$

由此，得 $(\lambda+1)(\lambda-2)(\lambda-5)=0$，所以 $\boldsymbol{A}$ 的特征值为

$$\lambda_1=-1,\lambda_2=2,\lambda_3=5.$$

当 $\lambda_1=-1$ 时，解齐次线性方程组 $(-\boldsymbol{I}-\boldsymbol{A})\boldsymbol{x}=\boldsymbol{0}$，得特征向量 $\boldsymbol{\alpha}_1=(2,2,1)^T$.
当 $\lambda_2=2$ 时，解齐次线性方程组 $(2\boldsymbol{I}-\boldsymbol{A})\boldsymbol{x}=\boldsymbol{0}$，得特征向量 $\boldsymbol{\alpha}_2=(2,-1,-2)^T$.

当 $\lambda_3=5$ 时，解齐次线性方程组 $(5\boldsymbol{I}-\boldsymbol{A})\boldsymbol{x}=\boldsymbol{0}$，得特征向量 $\boldsymbol{\alpha}_3=(1,-2,2)^T$.

将 $\boldsymbol{\alpha}_1, \boldsymbol{\alpha}_2, \boldsymbol{\alpha}_3$ 单位化，得

$$\boldsymbol{\beta}_1 = \frac{1}{\|\boldsymbol{\alpha}_1\|}\boldsymbol{\alpha}_1 = \left(\frac{2}{3}, \frac{2}{3}, \frac{1}{3}\right)^T,$$

$$\boldsymbol{\beta}_2 = \frac{1}{\|\boldsymbol{\alpha}_2\|}\boldsymbol{\alpha}_2 = \left(\frac{2}{3}, -\frac{1}{3}, -\frac{2}{3}\right)^T,$$

$$\boldsymbol{\beta}_3 = \frac{1}{\|\boldsymbol{\alpha}_3\|}\boldsymbol{\alpha}_3 = \left(\frac{1}{3}, -\frac{2}{3}, \frac{2}{3}\right)^T.$$

令 $\boldsymbol{Q} = (\boldsymbol{\beta}_1, \boldsymbol{\beta}_2, \boldsymbol{\beta}_3) = \begin{pmatrix} \frac{2}{3} & \frac{2}{3} & \frac{1}{3} \\ \frac{2}{3} & -\frac{1}{3} & -\frac{2}{3} \\ \frac{1}{3} & -\frac{2}{3} & \frac{2}{3} \end{pmatrix}$,

则

$$\boldsymbol{Q}^T\boldsymbol{A}\boldsymbol{Q} = \boldsymbol{Q}^{-1}\boldsymbol{A}\boldsymbol{Q} = \begin{pmatrix} -1 & 0 & 0 \\ 0 & 2 & 0 \\ 0 & 0 & 5 \end{pmatrix}.$$

【例 7】 设 $\boldsymbol{A}$ 为 3 阶实对称矩阵，满足条件 $\boldsymbol{A}^2 - 2\boldsymbol{A} = \boldsymbol{O}$，且 $r(\boldsymbol{A}) = 2$，求 $\boldsymbol{A}$ 的全部特征值.

解：设 λ 是 $\boldsymbol{A}$ 的特征值，对应的特征向量为 $\boldsymbol{\alpha}$，则 $\boldsymbol{A\alpha} = \lambda\boldsymbol{\alpha}$ $(\boldsymbol{\alpha} \neq 0)$，$\boldsymbol{A}^2\boldsymbol{\alpha} = \lambda^2\boldsymbol{\alpha}$，从而

$$(\boldsymbol{A}^2 - 2\boldsymbol{A})\boldsymbol{\alpha} = (\lambda^2 - 2\lambda)\boldsymbol{\alpha} = 0,$$

因为 $\boldsymbol{\alpha} \neq \boldsymbol{0}$，所以 $\lambda^2 - 2\lambda = 0$，于是，$\lambda \in \{0, 2\}$.

又因为 $\boldsymbol{A}$ 为实对称矩阵，必可对角化，即存在可逆矩阵 $\boldsymbol{P}$，使得

$$\boldsymbol{P}^{-1}\boldsymbol{A}\boldsymbol{P} = \begin{pmatrix} \lambda_1 & & \\ & \lambda_2 & \\ & & \lambda_3 \end{pmatrix},$$

而 $r(\boldsymbol{A}) = 2$，所以 $\boldsymbol{A}$ 一定有特征值 $\lambda_1 = 0$，且为单根，其余两个非零特征值为 $\lambda_2 = \lambda_3 = 2$，即 $\boldsymbol{A}$ 的三个特征值为 $\lambda_1 = 0, \lambda_2 = \lambda_3 = 2$.

【例 8】 劳动力就业转移问题的解.

在本章开头已得到

$$\begin{pmatrix} x_k \\ y_k \\ z_k \end{pmatrix} = \begin{pmatrix} 0.7 & 0.2 & 0.1 \\ 0.2 & 0.7 & 0.1 \\ 0.1 & 0.1 & 0.8 \end{pmatrix}^k \begin{pmatrix} x_0 \\ y_0 \\ z_0 \end{pmatrix}, \qquad ①$$

令 $\boldsymbol{\alpha}_0=(x_0,y_0,z_0)^T=(15,9,6)^T$，$\boldsymbol{\alpha}_k=(x_k,y_k,z_k)^T$，

$$\boldsymbol{A}=\begin{pmatrix}0.7 & 0.2 & 0.1\\ 0.2 & 0.7 & 0.1\\ 0.1 & 0.1 & 0.8\end{pmatrix},$$

$\boldsymbol{A}$ 为实对称矩阵，①式即为

$$\boldsymbol{\alpha}_k=\boldsymbol{A}^k\boldsymbol{\alpha}_0. \qquad ②$$

矩阵 $\boldsymbol{A}$ 的特征方程为 $|\lambda\boldsymbol{I}-\boldsymbol{A}|=0$，即

$$\begin{vmatrix}\lambda-0.7 & -0.2 & -0.1\\ -0.2 & \lambda-0.7 & -0.1\\ -0.1 & -0.1 & \lambda-0.8\end{vmatrix}=0,$$

而

$$\begin{vmatrix}\lambda-0.7 & -0.2 & -0.1\\ -0.2 & \lambda-0.7 & -0.1\\ -0.1 & -0.1 & \lambda-0.8\end{vmatrix}\xlongequal{(2)-2(3)}\begin{vmatrix}\lambda-0.7 & -0.2 & -0.1\\ 0 & \lambda-0.5 & -2\lambda+1.5\\ -0.1 & -0.1 & \lambda-0.8\end{vmatrix}$$

$$\xlongequal[\breve{2}-2\breve{3}]{}\begin{vmatrix}\lambda-0.7 & 0 & -0.1\\ 0 & 5\lambda-3.5 & -2\lambda+1.5\\ -0.1 & -2\lambda+1.5 & \lambda-0.8\end{vmatrix}$$

$=(\lambda-0.7)[5(\lambda-0.7)(\lambda-0.8)-(2\lambda-1.5)^2]-0.1\times0.5(\lambda-0.7)$

$=(\lambda-0.7)(\lambda^2-1.5\lambda+0.5)$

$=(\lambda-0.7)(\lambda-1)(\lambda-0.5)$.

因此，矩阵 $\boldsymbol{A}$ 的三个特征值为 $\lambda_1=1$，$\lambda_2=0.7$，$\lambda_3=0.5$.

对于 $\lambda_1=1$，解齐次线性方程组 $(\lambda_1\boldsymbol{I}-\boldsymbol{A})\boldsymbol{x}=\boldsymbol{0}$，即

$$\begin{pmatrix}0.3 & -0.2 & -0.1\\ -0.2 & 0.3 & 0.1\\ -0.1 & -0.1 & 0.2\end{pmatrix}\begin{pmatrix}x_1\\ x_2\\ x_3\end{pmatrix}=\begin{pmatrix}0\\ 0\\ 0\end{pmatrix},$$

得特征向量 $\boldsymbol{\alpha}_1=(1,1,1)^T$.

对于 $\lambda_2=0.7$，解齐次线性方程组 $(\lambda_2\boldsymbol{I}-\boldsymbol{A})\boldsymbol{x}=\boldsymbol{0}$，即

$$\begin{pmatrix}0 & -0.2 & -0.1\\ -0.2 & 0 & -0.1\\ -0.1 & -0.1 & -0.1\end{pmatrix}\begin{pmatrix}x_1\\ x_2\\ x_3\end{pmatrix}=\begin{pmatrix}0\\ 0\\ 0\end{pmatrix},$$

得特征向量 $\boldsymbol{\alpha}_2=(1,1,-2)^T$.

对于 $\lambda_3=0.5$，解齐次线性方程组 $(\lambda_3\boldsymbol{I}-A)\boldsymbol{x}=\boldsymbol{0}$，即

$$\begin{pmatrix}-0.2 & -0.2 & -0.1\\ -0.2 & -0.2 & -0.1\\ -0.1 & -0.1 & -0.3\end{pmatrix}\begin{pmatrix}x_1\\ x_2\\ x_3\end{pmatrix}=\begin{pmatrix}0\\ 0\\ 0\end{pmatrix},$$

得特征向量 $\boldsymbol{\alpha}_3=(-1,1,0)^T$.

因 $\boldsymbol{\alpha}_1,\boldsymbol{\alpha}_2,\boldsymbol{\alpha}_3$ 为互不相等的特征值，由 4.3 节定理 12，知 $\boldsymbol{\alpha}_1,\boldsymbol{\alpha}_2,\boldsymbol{\alpha}_3$ 两两正交，将 $\boldsymbol{\alpha}_1,\boldsymbol{\alpha}_2,\boldsymbol{\alpha}_3$ 单位化，得

$$\boldsymbol{\beta}_1=\left(\frac{1}{\sqrt{3}},\frac{1}{\sqrt{3}},\frac{1}{\sqrt{3}}\right)^T,\boldsymbol{\beta}_2=\left(\frac{1}{\sqrt{6}},\frac{1}{\sqrt{6}},-\frac{2}{\sqrt{6}}\right)^T,\boldsymbol{\beta}_3=\left(-\frac{1}{\sqrt{2}},\frac{1}{\sqrt{2}},0\right)^T.$$

令 $\boldsymbol{Q}=(\boldsymbol{\beta}_1,\boldsymbol{\beta}_2,\boldsymbol{\beta}_3)=\begin{pmatrix}\frac{1}{\sqrt{3}} & \frac{1}{\sqrt{6}} & -\frac{1}{\sqrt{2}}\\ \frac{1}{\sqrt{3}} & \frac{1}{\sqrt{6}} & \frac{1}{\sqrt{2}}\\ \frac{1}{\sqrt{3}} & -\frac{2}{\sqrt{6}} & 0\end{pmatrix}$,

记 $\boldsymbol{\Lambda}=\begin{pmatrix}1 & & \\ & 0.7 & \\ & & 0.5\end{pmatrix}$,

于是 $\boldsymbol{Q}^{-1}\boldsymbol{A}\boldsymbol{Q}=\boldsymbol{\Lambda}$，即 $\boldsymbol{A}=\boldsymbol{Q}\boldsymbol{\Lambda}\boldsymbol{Q}^{-1}$.

因 $\boldsymbol{Q}$ 为正交矩阵，有 $\boldsymbol{Q}^{-1}=\boldsymbol{Q}^T$，所以

$$\boldsymbol{A}^k=\boldsymbol{Q}\boldsymbol{\Lambda}^k\boldsymbol{Q}^{-1}=\begin{pmatrix}\frac{1}{\sqrt{3}} & \frac{1}{\sqrt{6}} & -\frac{1}{\sqrt{2}}\\ \frac{1}{\sqrt{3}} & \frac{1}{\sqrt{6}} & \frac{1}{\sqrt{2}}\\ \frac{1}{\sqrt{3}} & -\frac{2}{\sqrt{6}} & 0\end{pmatrix}\begin{pmatrix}1^k & & \\ & 0.7^k & \\ & & 0.5^k\end{pmatrix}\begin{pmatrix}\frac{1}{\sqrt{3}} & \frac{1}{\sqrt{3}} & \frac{1}{\sqrt{3}}\\ \frac{1}{\sqrt{6}} & \frac{1}{\sqrt{6}} & -\frac{2}{\sqrt{6}}\\ -\frac{1}{\sqrt{2}} & \frac{1}{\sqrt{2}} & 0\end{pmatrix}.$$

当 $k\to+\infty$ 时，有 $\lim\limits_{k\to+\infty}0.7^k=0$，$\lim\limits_{k\to+\infty}0.5^k=0$，

故当 $k\to+\infty$ 时，

$$\boldsymbol{A}^k\to\begin{pmatrix}\frac{1}{\sqrt{3}} & \frac{1}{\sqrt{6}} & -\frac{1}{\sqrt{2}}\\ \frac{1}{\sqrt{3}} & \frac{1}{\sqrt{6}} & \frac{1}{\sqrt{2}}\\ \frac{1}{\sqrt{3}} & -\frac{2}{\sqrt{6}} & 0\end{pmatrix}\begin{pmatrix}1 & & \\ & 0 & \\ & & 0\end{pmatrix}\begin{pmatrix}\frac{1}{\sqrt{3}} & \frac{1}{\sqrt{3}} & \frac{1}{\sqrt{3}}\\ \frac{1}{\sqrt{6}} & \frac{1}{\sqrt{6}} & -\frac{2}{\sqrt{6}}\\ -\frac{1}{\sqrt{2}} & \frac{1}{\sqrt{2}} & 0\end{pmatrix}$$

$$=\begin{pmatrix}\frac{1}{\sqrt{3}} & 0 & 0\\ \frac{1}{\sqrt{3}} & 0 & 0\\ \frac{1}{\sqrt{3}} & 0 & 0\end{pmatrix}\begin{pmatrix}\frac{1}{\sqrt{3}} & \frac{1}{\sqrt{3}} & \frac{1}{\sqrt{3}}\\ \frac{1}{\sqrt{6}} & \frac{1}{\sqrt{6}} & -\frac{2}{\sqrt{6}}\\ -\frac{1}{\sqrt{2}} & \frac{1}{\sqrt{2}} & 0\end{pmatrix}=\frac{1}{3}\begin{pmatrix}1 & 1 & 1\\ 1 & 1 & 1\\ 1 & 1 & 1\end{pmatrix}.$$

于是，当 $k\to+\infty$ 时，

$$\alpha^k\to\frac{1}{3}\begin{pmatrix}1&1&1\\1&1&1\\1&1&1\end{pmatrix}\begin{pmatrix}15\\9\\6\end{pmatrix}=\begin{pmatrix}10\\10\\10\end{pmatrix},$$

这表明：多年之后，从事各职业的人数趋于相等，均为 10 万人.

4.4 二次型及其基本问题

4.4.1 引述

二次型源于解析几何中二次曲线（曲面）的讨论，设中心在原点的有心二次曲线的一般方程为

$$ax^2+2bxy+cy^2=f$$

此二次曲线表示的是椭圆还是双曲线？

作旋转变换

$$\begin{cases}x=x'\cos\theta-y'\sin\theta,\\ y=x'\sin\theta-y'\cos\theta.\end{cases}$$

选取适当的 θ，可将原方程中乘积项消去，得到标准方程

$$a'x'^2+b'y'^2=f,$$

即用变量的线性替换将二次齐次多项式化简为仅有平方项. 将这类问题一般化，即研究含有 n 个变量的二次齐次多项式的化简问题，这就是二次型讨论的一般问题.

4.4.2 二次型的概念与基本问题

定义 13 系数在数域 P 中的关于 n 个变量 $x_1,x_2,\cdots,x_n$ 的二次齐次多项式

$$\begin{aligned}f(x_1,x_2,\cdots,x_n)=&a_{11}x_1^2+2a_{12}x_1x_2+2a_{13}x_1x_3+\cdots+2a_{1n}x_1x_n\\&+a_{22}x_2^2\qquad+2a_{23}x_2x_3+\cdots+2a_{2n}x_2x_n\\&\qquad\qquad\qquad+\cdots\\&\qquad\qquad\qquad+a_{nn}x_n^2\\=&\sum_{i=1}^{n}a_{ii}x_i^2+2\sum_{1\leqslant i<j\leqslant n}a_{ij}x_ix_j,\end{aligned}\qquad①$$

称为数域 P 上的 n 个变量 $x_1,x_2,\cdots,x_n$ 的二次型.

注 1 若取 P 为实数域 $\mathbf{R}$，则①为实数域上的二次型，简称实二次型. 若不作特殊说明，下面讨论的都是实二次型.

注 2 二次型 $f(x_1,x_2,\cdots,x_n)$ 也可以看成数域 P 上的 $x_1,x_2,\cdots,x_n$ 的函数.

令 $x_1=c_1,x_2=c_2,\cdots,x_n=c_n$ 代入①中，相应的函数值 $f(c_1,c_2,\cdots,c_n)$ 称为

该二次型的值.

4.4.3 二次型的矩阵表示

(1)对于二次型 $f(x_1,x_2,\cdots,x_n)$,令 $a_{ij}=a_{ji},i<j$,则

$$2a_{ij}x_ix_j=a_{ij}x_ix_j+a_{ji}x_jx_i,$$

于是

$$\begin{aligned}f(x_1,x_2,\cdots,x_n)&=a_{11}x_1^2+a_{12}x_1x_2+\cdots+a_{1n}x_1x_n\\&\quad+a_{21}x_2x_1+a_{22}x_2^2+\cdots+a_{2n}x_2x_n\\&\quad+\cdots\\&\quad+a_{n1}x_nx_1+a_{n2}x_nx_2+\cdots+a_{nn}x_n^2\\&=\sum_{i=1}^{n}\sum_{j=1}^{n}a_{ij}x_ix_j,\end{aligned} \qquad ②$$

称矩阵 $A=\begin{pmatrix}a_{11}&a_{12}&\cdots&a_{1n}\\a_{21}&a_{22}&\cdots&a_{2n}\\\vdots&\vdots&&\vdots\\a_{n1}&a_{n2}&\cdots&a_{nn}\end{pmatrix}$ 为二次型 $f(x_1,x_2,\cdots,x_n)$ 的矩阵.易见,A 是一个实对称矩阵,对称矩阵 A 的秩称为该二次型的秩.

(2)二次型的矩阵乘积表示.

$$\begin{aligned}f(x_1,x_2,\cdots,x_n)&=x_1(a_{11}x_1+a_{12}x_2+\cdots+a_{1n}x_n)\\&\quad+x_2(a_{21}x_1+a_{22}x_2+\cdots+a_{2n}x_n)\\&\quad+\cdots\\&\quad+x_n(a_{n1}x_1+a_{n2}x_2+\cdots+a_{nn}x_n)\\&=(x_1,x_2,\cdots,x_n)\begin{pmatrix}a_{11}x_1+a_{12}x_2+\cdots+a_{1n}x_n\\a_{21}x_1+a_{22}x_2+\cdots+a_{2n}x_n\\\vdots\\a_{n1}x_1+a_{n2}x_2+\cdots+a_{nn}x_n\end{pmatrix}\\&=(x_1,x_2,\cdots,x_n)\begin{pmatrix}a_{11}&a_{12}&\cdots&a_{1n}\\a_{21}&a_{22}&\cdots&a_{2n}\\\vdots&\vdots&&\vdots\\a_{n1}&a_{n2}&\cdots&a_{nn}\end{pmatrix}\begin{pmatrix}x_1\\x_2\\\vdots\\x_n\end{pmatrix}.\end{aligned} \qquad ③$$

令 $X=(x_1,x_2,\cdots,x_n)^T$,

则

$$f(x_1,x_2,\cdots,x_n)=f(X)=X^TAX, \qquad ④$$

称③或④为二次型 $f(x_1,x_2,\cdots,x_n)$ 的矩阵乘积表示式.

每个二次型 $f(x_1,x_2,\cdots,x_n)$ 必对应于一个对称矩阵 A;反之,对于任何一个对称矩阵 A,可由 $f(X)=X^TAX$ 确定一个二次型.

4.4.4　线性变换

定义 14　令 $x_i=\sum_{j=1}^{n}c_{ij}y_j,i=1,2,\cdots,n.$　⑤

称它为从 $\boldsymbol{X}$ 到 $\boldsymbol{Y}$ 的线性变换,其矩阵形式为 $\boldsymbol{X}=\boldsymbol{CY}$,其中

$$\boldsymbol{X}=(x_1,x_2,\cdots,x_n)^T,\boldsymbol{Y}=(y_1,y_2,\cdots,y_n)^T,$$

矩阵 $\boldsymbol{C}=(c_{ij})_n$ 称为线性变换的矩阵.若 $\boldsymbol{C}$ 为非退化的矩阵,则称 $\boldsymbol{X}=\boldsymbol{CY}$ 为非退化的线性变换.

注 1　线性变换可以将一个二次型变成另一个二次型,意即

$$f(x_1,x_2,\cdots,x_n)\underset{\boldsymbol{Y}=\boldsymbol{C}^{-1}\boldsymbol{X}}{\overset{\boldsymbol{X}=\boldsymbol{CY},|\boldsymbol{C}|\neq 0}{\rightleftarrows}}g(y_1,y_2,\cdots,y_n),$$

这里 $\boldsymbol{Y}=\boldsymbol{C}^{-1}\boldsymbol{X}$ 称为 $\boldsymbol{X}=\boldsymbol{CY}$ 的逆变换.

注 2　对二次型先作线性变换 $\boldsymbol{X}=\boldsymbol{C}_1\boldsymbol{Y}$,再作 $\boldsymbol{Y}=\boldsymbol{C}_2\boldsymbol{Z}$,则相当于作线性变换 $\boldsymbol{X}=(\boldsymbol{C}_1\boldsymbol{C}_2)\boldsymbol{Z}$.

定义 15　若二次型 $f(x_1,x_2,\cdots,x_n)$ 经过 $\boldsymbol{X}=\boldsymbol{CY}(|\boldsymbol{C}|\neq 0)$ 变成二次型 $g(y_1,y_2,\cdots,y_n)$,则称 $f(x_1,x_2,\cdots,x_n)$ 与 $g(y_1,y_2,\cdots,y_n)$ 是合同的或相合的.

4.4.5　矩阵的合同

定义 16　数域 P 上的两个 n 阶矩阵 $\boldsymbol{A}$ 与 $\boldsymbol{B}$ 称为合同(相合)的,意即存在可逆的 n 阶矩阵 $\boldsymbol{C}$,使得 $\boldsymbol{B}=\boldsymbol{C}^T\boldsymbol{AC}$.

合同关系具有以下性质:

(1)若矩阵 $\boldsymbol{A}$ 与 $\boldsymbol{B}$ 合同,则 $\boldsymbol{A}$ 与 $\boldsymbol{B}$ 等价,从而秩相等;

(2)若矩阵 $\boldsymbol{A}$ 与 $\boldsymbol{B}$ 合同,且 $\boldsymbol{A}$ 对称,则 $\boldsymbol{B}$ 也对称;

(3)合同关系是一个等价关系,即满足:

　(ⅰ)自反性:对任一个方阵 $\boldsymbol{A}$,$\boldsymbol{A}$ 与 $\boldsymbol{A}$ 合同;

　(ⅱ)对称性:如果 $\boldsymbol{A}$ 与 $\boldsymbol{B}$ 合同,则 $\boldsymbol{B}$ 与 $\boldsymbol{A}$ 合同;

　(ⅲ)传递性:如果 $\boldsymbol{A}$ 与 $\boldsymbol{B}$ 合同,$\boldsymbol{B}$ 与 $\boldsymbol{C}$ 合同,则 $\boldsymbol{A}$ 与 $\boldsymbol{C}$ 合同.

定理 14　二次型 $f(\boldsymbol{X})=\boldsymbol{X}^T\boldsymbol{AX}(\boldsymbol{A}^T=\boldsymbol{A})$ 与 $g(\boldsymbol{Y})=\boldsymbol{Y}^T\boldsymbol{BY}(\boldsymbol{B}^T=\boldsymbol{B})$ 合同的充分必要条件是 $\boldsymbol{A}$ 与 $\boldsymbol{B}$ 合同.

4.4.6　二次型的标准形

定义 17　数域 P 上的二次型 $f(x_1,x_2,\cdots,x_n)$,若经过非退化线性变换变成如下形式

$$d_1y_1^2+d_2y_2^2+\cdots+d_ny_n^2,$$

这样的二次型称为 $f(x_1,x_2,\cdots,x_n)$ 的一个标准形,标准形的矩阵为

$$\begin{pmatrix} d_1 & & & \\ & d_2 & & \\ & & \ddots & \\ & & & d_n \end{pmatrix}.$$

定理 15 数域 P 上的任一个二次型必可经过非退化线性变换变成标准形.

【例 1】 用非退化线性变换将二次型

$$f(x_1,x_2,x_3)=x_1^2+2x_2^2-x_3^2+4x_1x_2-4x_1x_3-4x_2x_3$$

化为标准形,并求出所作的线性变换.

解:
$$\begin{aligned}
&f(x_1,x_2,x_3)\\
&=(x_1^2+4x_1x_2-4x_1x_3)+2x_2^2-x_3^2-4x_2x_3\\
&=(x_1+2x_2-2x_3)^2-4x_2^2-4x_3^2+8x_2x_3+2x_2^2-x_3^2-4x_2x_3\\
&=(x_1+2x_2-2x_3)^2-2x_2^2-5x_3^2+4x_2x_3,
\end{aligned}$$

令

$$\begin{cases}y_1=x_1+2x_2-2x_3,\\ y_2=x_2,\\ y_3=x_3,\end{cases}\quad 或\begin{cases}x_1=y_1-2y_2+2y_3,\\ x_2=y_2,\\ x_3=y_3.\end{cases}$$

$$\boldsymbol{C}_1=\begin{pmatrix}1&-2&2\\0&1&0\\0&0&1\end{pmatrix},$$

则在 $\boldsymbol{X}=\boldsymbol{C}_1\boldsymbol{Y}(|\boldsymbol{C}_1|\neq 0)$ 之下,

$$\begin{aligned}
f(x_1,x_2,x_3)&=y_1^2-2y_2^2-5y_3^2+4y_2y_3\\
&=y_1^2-2(y_2^2-2y_2y_3)-5y_3^2\\
&=y_1^2-2[(y_2-y_3)^2-y_3^2]-5y_3^2\\
&=y_1^2-2(y_2-y_3)^2-3y_3^2.
\end{aligned}$$

再令

$$\begin{cases}z_1=y_1,\\ z_2=y_2-y_3,\\ z_3=y_3,\end{cases}\quad 或\begin{cases}y_1=z_1,\\ y_2=z_2+z_3,\\ y_3=z_3.\end{cases}$$

$$\boldsymbol{C}_2=\begin{pmatrix}1&0&0\\0&1&1\\0&0&1\end{pmatrix},$$

则在 $\boldsymbol{Y}=\boldsymbol{C}_2\boldsymbol{Z}(|\boldsymbol{C}_2|\neq 0)$ 之下,

$$f(x_1,x_2,x_3)=z_1^2-2z_2^2-3z_3^2,$$

故经非退化线性变换 $\boldsymbol{X}=(\boldsymbol{C}_1\boldsymbol{C}_2)\boldsymbol{Z}$,即

$$\begin{pmatrix}x_1\\x_2\\x_3\end{pmatrix}=\begin{pmatrix}1&-2&2\\0&1&0\\0&0&1\end{pmatrix}\begin{pmatrix}1&0&0\\0&1&1\\0&0&1\end{pmatrix}\begin{pmatrix}z_1\\z_2\\z_3\end{pmatrix}=\begin{pmatrix}1&-2&0\\0&1&1\\0&0&1\end{pmatrix}\begin{pmatrix}z_1\\z_2\\z_3\end{pmatrix},$$

故 $f(x_1,x_2,x_3)$ 的标准形为 $z_1^2-2z_2^2-3z_3^2$.

注 1　由本例可见，求二次型的标准形的方法为依次运用配方法，先选一个变量，如先选 x_1 进行配方，然后再选变量 x_2 进行配方，依次类推.

注 2　配方过程可用矩阵来验证：

因

$$\boldsymbol{A}=\begin{pmatrix}1&2&-2\\2&2&-2\\-2&-2&-1\end{pmatrix},$$

$$\boldsymbol{C}_1^T\boldsymbol{A}\boldsymbol{C}_1=\begin{pmatrix}1&0&0\\-2&1&0\\2&0&1\end{pmatrix}\begin{pmatrix}1&2&-2\\2&2&-2\\-2&-2&-1\end{pmatrix}\begin{pmatrix}1&-2&2\\0&1&0\\0&0&1\end{pmatrix}=\begin{pmatrix}1&0&0\\0&-2&2\\0&2&-5\end{pmatrix}=\boldsymbol{A}_1,$$

$$\boldsymbol{C}_2^T\boldsymbol{A}_1\boldsymbol{C}_2=\begin{pmatrix}1&0&0\\0&1&0\\0&1&1\end{pmatrix}\begin{pmatrix}1&0&0\\0&-2&2\\0&2&-5\end{pmatrix}\begin{pmatrix}1&0&0\\0&1&1\\0&0&1\end{pmatrix}=\begin{pmatrix}1&0&0\\0&-2&0\\0&0&-3\end{pmatrix}.$$

注 3　配方过程可一次完成.

如上例中，

$$\begin{aligned}f(x_1,x_2,x_3)&=(x_1^2+4x_1x_2-4x_1x_3)+2x_2^2-x_3^2-4x_2x_3\\&=(x_1+2x_2-2x_3)^2-2x_2^2+4x_2x_3-5x_3^2\\&=(x_1+2x_2-2x_3)^2-2(x_2^2-2x_2x_3)-5x_3^2\\&=(x_1+2x_2-2x_3)^2-2[(x_2-x_3)^2-x_3^2]-5x_3^2\\&=(x_1+2x_2-2x_3)^2-2(x_2-x_3)^2-3x_3^2.\end{aligned}$$

令

$$\begin{cases}\tilde{y}_1=x_1+2x_2-2x_3,\\\tilde{y}_2=x_2-x_3,\\\tilde{y}_3=x_3,\end{cases}\quad 或\begin{cases}x_1=\tilde{y}_1-2\tilde{y}_2,\\x_2=\tilde{y}_2+\tilde{y}_3,\\x_3=\tilde{y}_3.\end{cases}$$

$$\boldsymbol{C}=\begin{pmatrix}1&-2&0\\0&1&1\\0&0&1\end{pmatrix},$$

在 $\boldsymbol{X}=\boldsymbol{C}\boldsymbol{Y}(|\boldsymbol{C}|\neq0)$ 之下，$f(x_1,x_2,x_3)$ 可化为 $\tilde{y}_1^2-2\tilde{y}_2^2-3\tilde{y}_3^2$.

定义 18　如果线性变换的系数矩阵是正交矩阵，则称它为正交变换.

定理 16　对于二次型 $f(x_1,x_2,\cdots,x_n)=\boldsymbol{X}^T\boldsymbol{A}\boldsymbol{X}$，一定存在正交矩阵 $\boldsymbol{Q}$，使得经过正交变换 $\boldsymbol{X}=\boldsymbol{Q}\boldsymbol{Y}$ 后能把它化为标准形

$$f=\lambda_1y_1^2+\lambda_2y_2^2+\cdots+\lambda_ny_n^2,$$

其中 $\lambda_1,\lambda_2,\cdots,\lambda_n$ 是二次型 $f(x_1,x_2,\cdots,x_n)$ 的矩阵 $\boldsymbol{A}$ 的全部特征值.

【例 2】　用正交变换把下面的二次型化为标准形，并写出所作的正交变换，

$$f(x_1,x_2,x_3)=2x_1^2+2x_1x_2+2x_1x_3+2x_2^2+2x_2x_3+2x_3^2.$$

解:二次型的矩阵为

$$A=\begin{pmatrix}2&1&1\\1&2&1\\1&1&2\end{pmatrix},$$

A 的特征方程为 $|\lambda I-A|=(\lambda-1)^2(\lambda-4)=0$,特征值为 $\lambda_1=\lambda_2=1,\lambda_3=4$.

由上一节例 5,知使得 A 相似于对角矩阵的正交矩阵为

$$P=\begin{pmatrix}-\frac{1}{\sqrt{2}}&-\frac{1}{\sqrt{6}}&\frac{1}{\sqrt{3}}\\\frac{1}{\sqrt{2}}&-\frac{1}{\sqrt{6}}&\frac{1}{\sqrt{3}}\\0&\frac{2}{\sqrt{6}}&\frac{1}{\sqrt{3}}\end{pmatrix}.$$

因此,作正交变换 $X=PY$,就可将二次型化为标准形

$$f=y_1^2+y_2^2+4y_3^2.$$

4.4.7 二次型的规范形

将二次型化为平方项的代数和的形式后,如有必要,可重新安排变量的次序,使标准形化为以下形状:

$$d_1x_1^2+d_2x_2^2+\cdots+d_px_p^2-d_{p+1}x_{p+1}^2-\cdots-d_rx_r^2,$$

其中 $d_i>0(i=1,2,\cdots,r)$.

再通过非退化线性变换

$$\begin{cases}x_i=\dfrac{1}{\sqrt{d_i}}y_i(i=1,2,\cdots,r),\\x_j=y_j(j=r+1,\cdots,n).\end{cases}$$

化二次型为

$$y_1^2+\cdots+y_p^2-y_{p+1}^2-\cdots-y_r^2,$$

这种形式的二次型称为二次型的规范形.

定理 17 凡二次型都可通过非退化线性变换化为规范形,规范形是由二次型本身唯一决定,与所作的非退化线性变换无关.

规范形中正项的个数 p 称为二次型或二次型矩阵的正惯性指数,负项个数 $q=r-p$ 称为二次型或二次型矩阵的负惯性指数,r 是二次型的秩.

定理 18 合同的对称矩阵具有相同的正惯性指数和秩.

4.4.8 正定二次型

定义 19 设二次型 $f(x_1,x_2,\cdots,x_n)=X^TAX$,若 $\forall X^T=(x_1,x_2,\cdots,x_n)^T\neq\mathbf{0}$,都有

$f(x_1,x_2,\cdots,x_n)=X^TAX>0$,则称 $f(x_1,x_2,\cdots,x_n)$为正定二次型;

$f(x_1,x_2,\cdots,x_n)=\boldsymbol{X}^T\boldsymbol{AX}<0$，则称 $f(x_1,x_2,\cdots,x_n)$ 为负定二次型；

$f(x_1,x_2,\cdots,x_n)=\boldsymbol{X}^T\boldsymbol{AX}\geqslant 0$，则称 $f(x_1,x_2,\cdots,x_n)$ 为半正定二次型；

$f(x_1,x_2,\cdots,x_n)=\boldsymbol{X}^T\boldsymbol{AX}\leqslant 0$，则称 $f(x_1,x_2,\cdots,x_n)$ 为半负定二次型.

不具有上述特性的二次型称为不定二次型.

这些二次型所对应的矩阵 $\boldsymbol{A}$ 分别称为正定、负定、半正定、半负定、不定矩阵.

正定矩阵具有下述性质：

(1)正定矩阵的前提是实对称矩阵；

(2)若 $\boldsymbol{A}$ 是正定矩阵，则 $|\boldsymbol{A}|>0$；

(3)若 $\boldsymbol{A}$ 是正定矩阵，则 $k\boldsymbol{A}(k>0)$，$\boldsymbol{A}^{-1}$，$\boldsymbol{A}^*$，$\boldsymbol{A}^T$ 均为正定矩阵；

(4)若 $\boldsymbol{A},\boldsymbol{B}$ 是正定矩阵，则 $\boldsymbol{A}+\boldsymbol{B}$ 也是正定矩阵.

定理 19　设 $\boldsymbol{A}=(a_{ij})$ 是 n 阶实对称矩阵，则下列命题等价.

(1)$f(\boldsymbol{X})=\boldsymbol{X}^T\boldsymbol{AX}$ 是正定二次型（或 A 是正定矩阵）；

(2)$\boldsymbol{A}$ 的正惯性指数为 n；

(3)$\boldsymbol{A}$ 与单位矩阵 $\boldsymbol{I}$ 合同；

(4)存在可逆矩阵 $\boldsymbol{P}$，使得 $\boldsymbol{A}=\boldsymbol{P}^T\boldsymbol{P}$；

(5)$\boldsymbol{A}$ 的 n 个特征值 $\lambda_1,\lambda_2,\cdots,\lambda_n$ 全大于零；

(6)$f(\boldsymbol{X})$ 的规范形为 $y_1^2+y_2^2+\cdots+y_n^2$；

(7)$\boldsymbol{A}$ 的一切顺序主子式均大于零，即

$$|a_{11}|>0,\begin{vmatrix}a_{11}&a_{12}\\a_{21}&a_{21}\end{vmatrix}>0,\begin{vmatrix}a_{11}&a_{12}&a_{13}\\a_{21}&a_{22}&a_{23}\\a_{31}&a_{32}&a_{33}\end{vmatrix}>0,\cdots,\begin{vmatrix}a_{11}&a_{12}&\cdots&a_{1n}\\a_{21}&a_{22}&\cdots&a_{2n}\\\vdots&\vdots&&\vdots\\a_{n1}&a_{n2}&\cdots&a_{nn}\end{vmatrix}>0.$$

【例 3】　求二次型 $f(x_1,x_2,x_3)=5x_1^2+4x_1x_2-2x_1x_3+x_2^2-2x_2x_3+tx_3^2$ 中的参数 t，使得二次型正定.

解：因 $f(x_1,x_2,x_3)=(x_1,x_2,x_3)\begin{pmatrix}5&2&-1\\2&1&-1\\-1&-1&t\end{pmatrix}\begin{pmatrix}x_1\\x_2\\x_3\end{pmatrix}$，

矩阵 $\boldsymbol{A}=\begin{pmatrix}5&2&-1\\2&1&-1\\-1&-1&t\end{pmatrix}$ 的三个顺序主子式为

$$|5|=5,\begin{vmatrix}5&2\\2&1\end{vmatrix}=1,|\boldsymbol{A}|=\begin{vmatrix}5&2&-1\\2&1&-1\\-1&-1&t\end{vmatrix}=t-2,$$

要使 $f(x_1,x_2,x_3)$ 为正定，必须 $|\boldsymbol{A}|>0$，故 $t>2$.

【例 4】 讨论形如

$$ax^2+2bxy+cy^2=1(ac-b^2\neq 0)$$

的方程所表示的二次曲线问题.

解:令

$$\boldsymbol{A}=\begin{pmatrix} a & b \\ b & c \end{pmatrix},\boldsymbol{X}=\begin{pmatrix} x \\ y \end{pmatrix},$$

则二次曲线的方程可表示为

$$\boldsymbol{X}^T\boldsymbol{A}\boldsymbol{X}=1.$$

设矩阵 $\boldsymbol{A}$ 的特征值分别为 λ_1,λ_2,因 $ac-b^2\neq 0$,故 λ_1,λ_2 都不为零,设对应的单位特征向量为 $\boldsymbol{\alpha}_1,\boldsymbol{\alpha}_2$,则正交变换 $\boldsymbol{X}=\boldsymbol{P}\boldsymbol{Y}$,其中 $\boldsymbol{P}=(\boldsymbol{\alpha}_1,\boldsymbol{\alpha}_2)$,$\boldsymbol{Y}=\begin{pmatrix} x' \\ y' \end{pmatrix}$把二次型 $\boldsymbol{X}^T\boldsymbol{A}\boldsymbol{X}$ 化为标准形

$$\lambda_1 x'^2+\lambda_2 y'^2,$$

于是曲线方程可化为 $\lambda_1 x'^2+\lambda_2 y'^2=1$.

由此可得:

(1)当 $\lambda_1>0,\lambda_2>0$,即二次型 $\boldsymbol{X}^T\boldsymbol{A}\boldsymbol{X}$ 为正定时,方程表示椭圆;

(2)当 $\lambda_1\lambda_2<0$,即二次型 $\boldsymbol{X}^T\boldsymbol{A}\boldsymbol{X}$ 为不定时,方程表示双曲线;

(3)当 $\lambda_1<0,\lambda_2<0$,即二次型 $\boldsymbol{X}^T\boldsymbol{A}\boldsymbol{X}$ 为负定时,方程不表示任何曲线.

当方程表示椭圆或双曲线时,其两条半轴长分别为$\dfrac{1}{\sqrt{|\lambda_1|}},\dfrac{1}{\sqrt{|\lambda_2|}}$.

在标准位置上的椭圆或双曲线以两条坐标轴为对称轴(主轴),在两坐标轴上分别取单位向量

$$\boldsymbol{e}_1=\begin{pmatrix} 1 \\ 0 \end{pmatrix},\boldsymbol{e}_2=\begin{pmatrix} 0 \\ 1 \end{pmatrix},$$

设 $\boldsymbol{\alpha}_1=\begin{pmatrix} a_{11} \\ a_{21} \end{pmatrix},\boldsymbol{\alpha}_2=\begin{pmatrix} a_{12} \\ a_{22} \end{pmatrix},\boldsymbol{P}=\begin{bmatrix} a_{11} & a_{12} \\ a_{21} & a_{22} \end{bmatrix}$,

于是

$$\boldsymbol{e}'_1=\boldsymbol{P}^T\boldsymbol{e}_1=\begin{bmatrix} a_{11} & a_{21} \\ a_{12} & a_{22} \end{bmatrix}\begin{pmatrix} 1 \\ 0 \end{pmatrix}=\begin{pmatrix} a_{11} \\ a_{12} \end{pmatrix},$$

$$\boldsymbol{e}'_2=\boldsymbol{P}^T\boldsymbol{e}_2=\begin{bmatrix} a_{11} & a_{21} \\ a_{12} & a_{22} \end{bmatrix}\begin{pmatrix} 0 \\ 1 \end{pmatrix}=\begin{pmatrix} a_{21} \\ a_{22} \end{pmatrix}.$$

因 $\boldsymbol{e}'_1,\boldsymbol{e}'_2$ 为二次曲线在新坐标系中的对称轴,故 $\boldsymbol{\alpha}_1,\boldsymbol{\alpha}_2$ 为二次曲线在新坐标系中的对称轴.

【例 5】 判别二次方程 $x^2-8xy-5y^2=21$ 表示何种曲线，并画出其图形．

解：方程左端的二次型对应的矩阵为 $\boldsymbol{A}=\begin{pmatrix}1&-4\\-4&-5\end{pmatrix}$，$\boldsymbol{A}$ 的特征值是 3，−7，对应的特征向量为

$$\boldsymbol{\alpha}_1=\begin{pmatrix}\frac{2}{\sqrt{5}}\\-\frac{1}{\sqrt{5}}\end{pmatrix},\boldsymbol{\alpha}_2=\begin{pmatrix}\frac{1}{\sqrt{5}}\\\frac{2}{\sqrt{5}}\end{pmatrix},$$

所以该二次方程所表示的二次曲线为双曲线，主轴为 $\boldsymbol{\alpha}_1,\boldsymbol{\alpha}_2$. 在新坐标系中的方程为

$$\frac{x'^2}{(\sqrt{7})^2}-\frac{y'^2}{(\sqrt{3})^2}=1.$$

如右图所示.

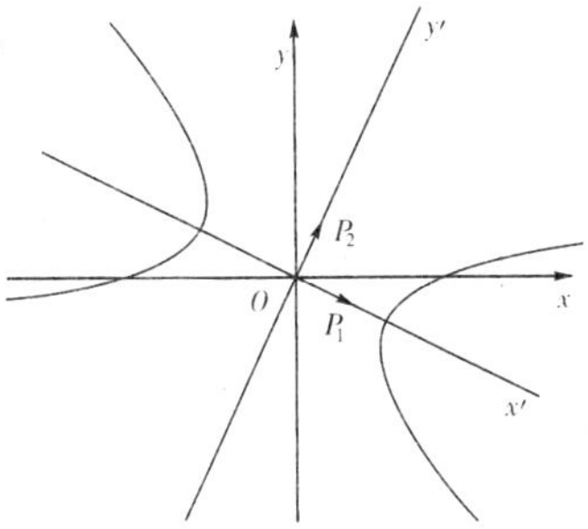

【例 6】 试用正交变换化简二次曲面方程

$$6x_1^2+5x_2^2+7x_3^2-4x_1x_2+4x_1x_3+12x_1+6x_2+18x_3=0,$$

并判断它是何种曲面．

解：方程左端对应的矩阵为

$$\boldsymbol{A}=\begin{pmatrix}6&-2&2\\-2&5&0\\2&0&7\end{pmatrix},$$

可求得特征多项式为 $|\lambda\boldsymbol{I}-\boldsymbol{A}|=(\lambda-3)(\lambda-6)(\lambda-9)$.

矩阵 $\boldsymbol{A}$ 的特征值为 $\lambda_1=3,\lambda_2=6,\lambda_3=9$.

对应的特征向量分别为

$$\boldsymbol{\alpha}_1=\begin{pmatrix}2\\2\\-1\end{pmatrix},\boldsymbol{\alpha}_2=\begin{pmatrix}-1\\2\\2\end{pmatrix},\boldsymbol{\alpha}_3=\begin{pmatrix}2\\-1\\2\end{pmatrix},$$

将它们分别单位化，得

$$\boldsymbol{\beta}_1=\frac{1}{3}\begin{pmatrix}2\\2\\-1\end{pmatrix},\boldsymbol{\beta}_2=\frac{1}{3}\begin{pmatrix}-1\\2\\2\end{pmatrix},\boldsymbol{\beta}_3=\frac{1}{3}\begin{pmatrix}2\\-1\\2\end{pmatrix}.$$

设 $Q=\frac{1}{3}\begin{pmatrix} 2 & -1 & 2 \\ 2 & 2 & -1 \\ -1 & 2 & 2 \end{pmatrix}$,

令 $X=QY$,代入原曲面方程,得

$$3y_1^2+6y_2^2+9y_3^2+6y_1+12y_2+18y_3=0,$$

再令

$$\begin{cases} z_1=y_1+1, \\ z_2=y_2+1, \\ z_3=y_3+1, \end{cases}$$

得曲面标准方程:

$$3z_1^2+6z_2^2+9z_3^2=18.$$

这是一个椭球面,所用的正交变换为

$$\begin{cases} x_1=\frac{1}{3}(2z_1-z_2+2z_3)-1, \\ x_2=\frac{1}{3}(2z_1+2z_2-z_3)-1, \\ x_3=\frac{1}{3}(-z_1+2z_2+2z_3)-1. \end{cases}$$

注 当二次曲线(或二次曲面)方程中的二次型是正定或负定时,相应的二次曲线或二次曲面即为椭圆(椭球面)或双曲线(双曲面).

如上例中,

$$A=\begin{pmatrix} 6 & -2 & 2 \\ -2 & 5 & 0 \\ 2 & 0 & 7 \end{pmatrix},$$

因为 A 的顺序主子式 $\Delta_1=6>0,\Delta_2=26>0,\Delta_3=162>0$,
故 A 为正定矩阵,从而对应的二次型表示的曲面为椭球面.

【例7】 求 $f(X)=X^TAX=5x^2+6y^2+7z^2+4xy-4yz$ 在限制条件 $X^TX=1$ 下的最大值,并求出一个达到最大值的单位向量.

解:本例是条件优化问题.

设 A 是对称矩阵,m 和 M 分别是二次型 X^TAX 在限制条件 $X^TX=1$ 下的最小值和最大值,那么 m 是 A 的最小特征值,M 是 A 的最大特征值,且 m 和 M 分别在 A 的最小和最大特征值对应的单位特征向量处取得.

二次型的矩阵为

$$A=\begin{pmatrix} 5 & 2 & 0 \\ 2 & 6 & -2 \\ 0 & -2 & 7 \end{pmatrix},$$

A 的特征多项式为 $|\lambda I-A|=(\lambda-3)(\lambda-6)(\lambda-9)$，

其特征值为 $\lambda_1=3,\lambda_2=6,\lambda_3=9$. 其最大的特征值为 $\lambda_3=9$.

解 $\lambda_3=9$ 对应的齐次线性方程组 $(9I-A)X=0$，得对应的单位特征向量为

$\alpha_1=\begin{pmatrix}\frac{1}{3}\\ \frac{2}{3}\\ -\frac{2}{3}\end{pmatrix}$. 于是二次型在 α_1 处取得最大值 9.

【例 8】 某县政府计划在下一年度用一笔资金修 x 公里的公路，修整 y 平方公里的公园，政府部门必须确定在两个项目上如何分配资金，如果可能的话，可以同时开始两个项目，而不是仅仅开始一个项目．假设 x 和 y 必须满足下面的限制条件

$$16x^2+25y^2\leqslant 400,$$

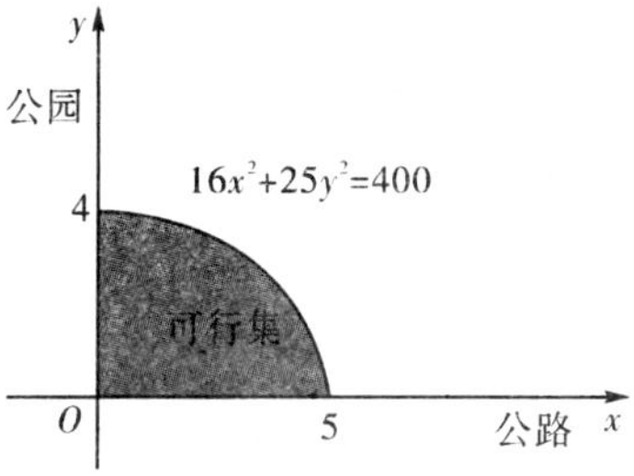

见右图，每个阴影可行集中的点 (x,y) 表示一个可能的该年度工作计划．在限制曲线 $16x^2+25y^2\leqslant 400$ 上的点，使资金利用达到最大．

为了选择它的工作计划，县政府需要考虑居民的意见，为度量居民分配各类工作计划 (x,y) 的值或效用，经济学家有时利用下面的函数

$$q(x,y)=xy,$$

称之为效用函数，曲线 $xy=c$（c 为常数）称之为无差异曲线，因为在该曲线上的任意点的效用值相等．求工作计划，使得效用函数达到最大．

解：限制条件的方程 $16x^2+25y^2=400$ 并没有描述一个单位向量集，但可进行变量代换修正这个问题，把限制条件的方程变形

$$\left(\frac{x}{5}\right)^2+\left(\frac{y}{4}\right)^2=1,$$

令 $u=\frac{x}{5},v=\frac{y}{4}$，则限制条件变成

$$u^2+v^2=1,$$

效用函数变成

$$q(x,y)=q(5u,4v)=(5u)(4v)=20uv.$$

令 $X=\begin{pmatrix}u\\v\end{pmatrix}$，则原问题变为，在限制条件 $X^TX=1$ 下 $f(X)=20uv$ 的最大值．

二次型 $f(X)=20uv$ 的矩阵为

$$\begin{pmatrix}0&10\\10&0\end{pmatrix},$$

$\boldsymbol{A}$ 的特征值为±10，对应特征值10的单位特征向量为$\begin{pmatrix}\frac{1}{\sqrt{2}}\\\frac{1}{\sqrt{2}}\end{pmatrix}$. 所以 $f(\boldsymbol{X})=20uv$ 的最大值为10，且在 $u=v=\frac{1}{\sqrt{2}}$ 处取得.

于是，最优的工作计划是修建 $x=5u=\frac{5}{\sqrt{2}}\approx3.5$ 公里的公路，修整 $y=4v=\frac{4}{\sqrt{2}}\approx2.8$ 平方公里的公园. 最优工作计划是限制曲线和无差异曲线的切点，具有更大效用的点 (x,y) 位于和限制曲线不相交的无差异曲线上，见下图.

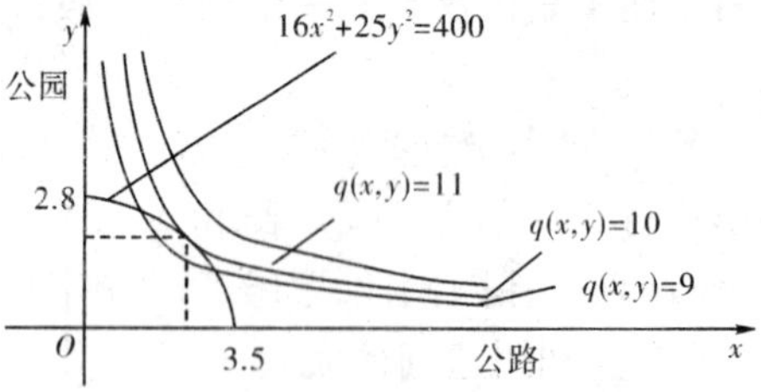

小　结

1. 设 $\boldsymbol{A}$ 为 n 阶方阵，矩阵 $\boldsymbol{A}$ 的特征值与特征向量.

如果存在常数 λ 和 n 维非零向量 $\boldsymbol{\alpha}$，使得 $\boldsymbol{A\alpha}=\lambda\boldsymbol{\alpha}$，则称 λ 是矩阵 $\boldsymbol{A}$ 的一个特征值，非零向量 $\boldsymbol{\alpha}$ 是 $\boldsymbol{A}$ 的属于特征值 λ 的特征向量.

特征值与特征向量有下述性质.

(1) $\boldsymbol{A}$ 与 $\boldsymbol{A}^T$ 有相同的特征值.

(2) $\frac{1}{\lambda}$ 为 $\boldsymbol{A}^{-1}$ 的特征值，$\frac{|\boldsymbol{A}|}{\lambda}$ 是 $\boldsymbol{A}^*$ 的特征值.

(3) 若 $\varphi(\boldsymbol{A})$ 是 $\boldsymbol{A}$ 的矩阵多项式，则 $\varphi(\lambda)$ 是 $\varphi(\boldsymbol{A})$ 的特征值.

(4) 若 $\lambda_1,\lambda_2,\cdots,\lambda_n$ 是 $\boldsymbol{A}$ 的全部特征值，则

$$\lambda_1+\lambda_2+\cdots+\lambda_n=\mathrm{tr}(\boldsymbol{A}),$$

$$\lambda_1\lambda_2\cdots\lambda_n=|\boldsymbol{A}|.$$

(5) 属于一个特征值的特征向量不是唯一的，但一个特征向量只能属于一个特征值.

(6) 属于同一特征值的特征向量的非零线性组合仍属于这个特征值的特征向量.

(7) 属于不同特征值的特征向量线性无关.

2. 相似矩阵

(1)设 $\boldsymbol{A}$ 与 $\boldsymbol{B}$ 都是 n 阶矩阵,若存在 n 阶可逆矩阵 $\boldsymbol{P}$,使得 $\boldsymbol{P}^{-1}\boldsymbol{AP}=\boldsymbol{B}$,则称矩阵 $\boldsymbol{A}$ 与 $\boldsymbol{B}$ 相似,记作 $\boldsymbol{A}\sim\boldsymbol{B}$.

(2)矩阵的相似是一种等价关系,具有自反性、对称性和传递性.

(3)若 $\boldsymbol{A}\sim\boldsymbol{B}$,则

(ⅰ)$\boldsymbol{A},\boldsymbol{B}$ 具有相同的特征值;

(ⅱ)$\mathrm{r}(\boldsymbol{A})=\mathrm{r}(\boldsymbol{B})$,$|\boldsymbol{A}|=|\boldsymbol{B}|$;

(ⅲ)$\mathrm{tr}(\boldsymbol{A})=\mathrm{tr}(\boldsymbol{B})$;

(ⅳ)$\boldsymbol{A}^{-1}\sim\boldsymbol{B}^{-1}$,$\boldsymbol{A}^{*}\sim\boldsymbol{B}^{*}$,矩阵多项式 $f(\boldsymbol{A})\sim f(\boldsymbol{B})$.

3. 矩阵 $\boldsymbol{A}$ 可(相似)对角化

(1)设 $\boldsymbol{A}$ 为 n 阶矩阵,若存在可逆矩阵 $\boldsymbol{P}$,使得

$$\boldsymbol{P}^{-1}\boldsymbol{AP}=\boldsymbol{\Lambda}=\begin{pmatrix}\lambda_1 & & & \\ & \lambda_2 & & \\ & & \ddots & \\ & & & \lambda_n\end{pmatrix},$$

则称矩阵 $\boldsymbol{A}$ 可(相似)对角化,意即矩阵 $\boldsymbol{A}$ 可与对角矩阵 $\boldsymbol{\Lambda}$ 相似.

(2)几个结论.

(ⅰ)矩阵 $\boldsymbol{A}$ 可对角化当且仅当 $\boldsymbol{A}$ 有 n 个线性无关的特征向量.

(ⅱ)矩阵 $\boldsymbol{A}$ 可对角化当且仅当对于 $\boldsymbol{A}$ 的每一个 n_i 重特征根 λ_i,都有

$$\mathrm{r}(\lambda_i\boldsymbol{I}-\boldsymbol{A})=n-n_i.$$

(ⅲ)若 $\boldsymbol{A}$ 有 n 个不同的特征值,则 $\boldsymbol{A}$ 可对角化.

4. 矩阵 A 对角化的步骤

步 1,求出 A 的全部特征值,设不同的特征值为 $\lambda_1,\lambda_2,\cdots,\lambda_k$,相应的重数为 $n_1,n_2,\cdots,n_k$;

步 2,对每一个特征值 λ_i,如果 $\mathrm{r}(\lambda_i\boldsymbol{I}-\boldsymbol{A})=n-n_i$,则 $\boldsymbol{A}$ 可对角化;

步 3,求出每一个特征值 λ_i 对应的齐次线性方程组 $(\lambda_i\boldsymbol{I}-\boldsymbol{A})\boldsymbol{x}=\boldsymbol{0}$ 的基础解系 $\boldsymbol{\alpha}_{i1},\boldsymbol{\alpha}_{i2},\cdots,\boldsymbol{\alpha}_{in_i}$,其为 $\boldsymbol{A}$ 的属于 λ_i 的 n_i 个线性无关的特征向量,$i=1,2,\cdots,k$.这些特征向量合起来 $\boldsymbol{\alpha}_{11},\cdots,\boldsymbol{\alpha}_{1n_1},\boldsymbol{\alpha}_{21},\cdots,\boldsymbol{\alpha}_{2n_2},\cdots,\boldsymbol{\alpha}_{k1},\cdots,\boldsymbol{\alpha}_{kn_k}$,构成 $\boldsymbol{A}$ 的 n 个线性无关的特征向量,取 $\boldsymbol{P}=(\boldsymbol{\alpha}_{11},\cdots,\boldsymbol{\alpha}_{1n_1},\boldsymbol{\alpha}_{21},\cdots,\boldsymbol{\alpha}_{2n_2},\cdots,\boldsymbol{\alpha}_{k1},\cdots,\boldsymbol{\alpha}_{kn_k})$,则 $\boldsymbol{P}$ 可逆,且 $\boldsymbol{P}^{-1}\boldsymbol{AP}=\boldsymbol{\Lambda}$,其中

$$\boldsymbol{\Lambda}=\begin{pmatrix} \left.\begin{matrix}\lambda_1 & & \\ & \ddots & \\ & & \lambda_1\end{matrix}\right\}n_1 & & & \\ & \left.\begin{matrix}\lambda_2 & & \\ & \ddots & \\ & & \lambda_2\end{matrix}\right\}n_2 & & \\ & & \ddots & \\ & & & \left.\begin{matrix}\lambda_k & & \\ & \ddots & \\ & & \lambda_k\end{matrix}\right\}n_k \end{pmatrix}.$$

特别要注意,矩阵 $\boldsymbol{P}$ 中列向量的排列次序要与对角矩阵 $\boldsymbol{\Lambda}$ 的主对角线上的特征值的次序相对应.

5. 实对称矩阵的对角化

设 $\boldsymbol{A}$ 为 n 阶实对称矩阵,则存在 n 阶正交矩阵 $\boldsymbol{Q}$,使得 $\boldsymbol{Q}^{-1}\boldsymbol{AQ}$ 为对角矩阵,且 $\boldsymbol{Q}^T=\boldsymbol{Q}^{-1}$.

实对称矩阵通过正交变换对角化的步骤与通过相似变换对角化的步骤大致是一样的,但在步 3 中需要运用施密特正交化方法.

6. 二次型

(1)二次型 $f=\boldsymbol{X}^T\boldsymbol{AX}$ 中,$\boldsymbol{A}$ 是实对称矩阵,二次型 f 与二次型的矩阵 $\boldsymbol{A}$ 是一一对应的.

(2)线性变换(线性变换)$\boldsymbol{X}=\boldsymbol{CY}$ 必须是非退化的,保证线性变换 $\boldsymbol{Y}=\boldsymbol{C}^{-1}\boldsymbol{X}$ 将所得的二次型还原.

(3)数域 P 上的两个 n 阶矩阵 $\boldsymbol{A}$ 与 $\boldsymbol{B}$ 称为合同(相合)的,意即有数域 P 上可逆的 n 阶矩阵 $\boldsymbol{C}$,使得 $\boldsymbol{B}=\boldsymbol{C}^T\boldsymbol{AC}$. 二次型化为标准形实质上是利用矩阵的合同变换,将一个实对称矩阵化为对角矩阵.

(4)将二次型化为标准形的方法.

方法一　配方的方法,见 4.4 节例 1.

方法二　正交变换方法,这与实对称矩阵通过正交变换对角化的过程是一致的,见本章第 4 节例 2.

(5)若 $\forall \boldsymbol{X}$,二次型 $f(x_1,x_2,\cdots,x_n)=\boldsymbol{X}^T\boldsymbol{AX}>0$,则称 $f(x_1,x_2,\cdots,x_n)$ 为正定二次型. 正定二次型的判别方法参见定理 19.

硕士研究生试题摘选

题 1(2002 · 数二)

矩阵$\begin{pmatrix} 0 & -2 & -2 \\ 2 & 2 & -2 \\ -2 & -2 & 2 \end{pmatrix}$的非零特征值是________.

解:因为$|\lambda E-A|=\begin{vmatrix} \lambda & 2 & 2 \\ -2 & \lambda-2 & 2 \\ 2 & 2 & -2 \end{vmatrix}=\begin{vmatrix} \lambda & 2 & 2 \\ 0 & \lambda & \lambda \\ 2 & 2 & \lambda-2 \end{vmatrix}=\lambda\begin{vmatrix} \lambda & 2 & 2 \\ 0 & 1 & 1 \\ 2 & 2 & \lambda-2 \end{vmatrix}$

$=\lambda^2(\lambda-4)$,

所以非零的特征值为$\lambda=4$.

题 2(2008 · 数三)

设 3 阶矩阵$\boldsymbol{A}$的特征值是 1,2,2,E为 3 阶单位矩阵,则$|4\boldsymbol{A}^{-1}-\boldsymbol{E}|=$________.

解:因$\boldsymbol{A}^{-1}$的特征值是 1,$\frac{1}{2}$,$\frac{1}{2}$,从而$4\boldsymbol{A}^{-1}-\boldsymbol{E}$的特征值是 3,1,1,故

$|4\boldsymbol{A}^{-1}-\boldsymbol{E}|=3\times1\times1=3$.

题 3(2002 · 数三)

设$\boldsymbol{A}$是n阶实对称矩阵,$\boldsymbol{P}$是n阶可逆矩阵,已知n维列向量$\boldsymbol{\alpha}$是$\boldsymbol{A}$的属于特征值λ的特征向量,则矩阵$(\boldsymbol{P}^{-1}\boldsymbol{AP})^T$属于特征值$\lambda$的特征向量是(　　).

A. $\boldsymbol{P}^{-1}\boldsymbol{\alpha}$　　B. $\boldsymbol{P}^T\boldsymbol{\alpha}$　　C. $\boldsymbol{P\alpha}$　　D. $(\boldsymbol{P}^{-1})^T\boldsymbol{\alpha}$

解:由于$(\boldsymbol{P}^{-1}\boldsymbol{AP})^T(\boldsymbol{P}^T\boldsymbol{\alpha})=[\boldsymbol{P}(\boldsymbol{P}^{-1}\boldsymbol{AP})]^T\boldsymbol{\alpha}=(\boldsymbol{AP})^T\boldsymbol{\alpha}=\boldsymbol{P}^T\boldsymbol{A}^T\boldsymbol{\alpha}$

$=\boldsymbol{P}^T\boldsymbol{A\alpha}$　　(由于$\boldsymbol{A}$是对称矩阵)

$=\lambda(\boldsymbol{P}^T\boldsymbol{\alpha})$,

所以$\boldsymbol{P}^T\boldsymbol{\alpha}$是$(\boldsymbol{P}^{-1}\boldsymbol{AP})^T$的属于特征值$\lambda$的特征向量.

故选 B.

题 4(2003 · 数一)

设矩阵$\boldsymbol{A}=\begin{pmatrix} 3 & 2 & 2 \\ 2 & 3 & 2 \\ 2 & 2 & 3 \end{pmatrix}$,$\boldsymbol{P}=\begin{pmatrix} 0 & 1 & 0 \\ 1 & 0 & 1 \\ 0 & 0 & 1 \end{pmatrix}$,$\boldsymbol{B}=\boldsymbol{P}^{-1}\boldsymbol{A}^*\boldsymbol{P}$,求$\boldsymbol{B}+2\boldsymbol{E}$的特征值与特征向量,其中$\boldsymbol{A}^*$为$\boldsymbol{A}$的伴随矩阵,$\boldsymbol{E}$为三阶单位矩阵.

解:由于

$|\lambda\boldsymbol{E}-\boldsymbol{A}|=\begin{vmatrix} \lambda-3 & -2 & -2 \\ -2 & \lambda-3 & -2 \\ -2 & -2 & \lambda-3 \end{vmatrix}=(\lambda-7)(\lambda-1)^2$,知$\boldsymbol{A}$有特征值$\lambda=1$(二

重),$\lambda=7$. 由此,知$|\boldsymbol{A}|=1\times7\times7=7\neq0$.

属于$\lambda=1$的特征向量为$\alpha=C_1\begin{pmatrix}1\\1\\0\end{pmatrix}+C_2\begin{pmatrix}1\\0\\1\end{pmatrix}$($C_1,C_2$是不全为零的常数),

属于$\lambda=7$的特征向量为$\boldsymbol{\beta}=C_3\begin{pmatrix}1\\1\\1\end{pmatrix}$($C_3$为非零任意常数).

设$\boldsymbol{A}$的属于特征值λ的特征向量为$\boldsymbol{x}$,则由$\boldsymbol{Ax}=\lambda\boldsymbol{x}$,得

$$\begin{aligned}(\boldsymbol{B}+2\boldsymbol{E})\boldsymbol{P}^{-1}\boldsymbol{x}&=(\boldsymbol{P}^{-1}\boldsymbol{A}^*\boldsymbol{P}+2\boldsymbol{E})\boldsymbol{P}^{-1}\boldsymbol{x}=\boldsymbol{P}^{-1}\boldsymbol{A}^*\boldsymbol{x}+2\boldsymbol{P}^{-1}\boldsymbol{x}\\&=\boldsymbol{P}^{-1}\frac{1}{\lambda}\boldsymbol{A}^*(\lambda\boldsymbol{x})+2P^{-1}\boldsymbol{x}=\boldsymbol{P}^{-1}\frac{1}{\lambda}\boldsymbol{A}^*(A\boldsymbol{x})+2\boldsymbol{P}^{-1}\boldsymbol{x}\\&=\boldsymbol{P}^{-1}\frac{1}{\lambda}|\boldsymbol{A}|E\boldsymbol{x}+2\boldsymbol{P}^{-1}\boldsymbol{x}=\left(\frac{|\boldsymbol{A}|}{\lambda}+2\right)(\boldsymbol{P}^{-1}\boldsymbol{x}).\end{aligned}$$

由此可知$\boldsymbol{B}+2\boldsymbol{E}$的特征值为$\mu=\frac{|\boldsymbol{A}|}{\lambda}+2$,属于$\mu$的特征向量为$\boldsymbol{P}^{-1}\boldsymbol{x}$. 因此$\boldsymbol{B}+2\boldsymbol{E}$有特征值$\mu=9$(二重)和3,属于$\mu=9$的特征向量为

$$\boldsymbol{P}^{-1}\boldsymbol{\alpha}=\begin{pmatrix}0&1&0\\1&0&1\\0&0&1\end{pmatrix}^{-1}\left\{C_1\begin{pmatrix}-1\\1\\0\end{pmatrix}+C_2\begin{pmatrix}-1\\0\\1\end{pmatrix}\right\}=\begin{pmatrix}0&1&-1\\1&0&0\\0&0&1\end{pmatrix}\left\{C_1\begin{pmatrix}-1\\1\\0\end{pmatrix}+C_2\begin{pmatrix}-1\\0\\1\end{pmatrix}\right\}$$

$$=C_1\begin{pmatrix}1\\-1\\0\end{pmatrix}+C_2\begin{pmatrix}-1\\-1\\1\end{pmatrix}$$(C_1,C_2是不全为零的常数);

属于$\mu=3$的特征向量为

$$\boldsymbol{P}^{-1}\boldsymbol{\beta}=\begin{pmatrix}0&1&0\\1&0&1\\0&0&1\end{pmatrix}^{-1}C_3\begin{pmatrix}1\\1\\1\end{pmatrix}=\begin{pmatrix}0&1&-1\\1&0&0\\0&0&1\end{pmatrix}C_3\begin{pmatrix}1\\1\\1\end{pmatrix}=C_3\begin{pmatrix}0\\1\\1\end{pmatrix}$$(C_3为非零任意常数).

题 5(2005·数一)

设λ_1,λ_2是矩阵$\boldsymbol{A}$的两个不同的特征值,对应的特征向量分别为$\boldsymbol{\alpha}_1,\boldsymbol{\alpha}_2$,则$\boldsymbol{\alpha}_1,\boldsymbol{A}(\boldsymbol{\alpha}_1+\boldsymbol{\alpha}_2)$线性无关的充分必要条件是(　　).

A. $\lambda_1\neq0$　　B. $\lambda_2\neq0$　　C. $\lambda_1=0$　　D. $\lambda_2=0$

解:设数k_1,k_2使得

$k_1\boldsymbol{\alpha}_1+k_2\boldsymbol{A}(\boldsymbol{\alpha}_1+\boldsymbol{\alpha}_2)=\boldsymbol{0}$,即

$(k_1+\lambda_1k_1)\boldsymbol{\alpha}_1+\lambda_2k_2\boldsymbol{\alpha}_2=\boldsymbol{0}$.

由于$\boldsymbol{\alpha}_1,\boldsymbol{\alpha}_2$对应不同的特征值,因此它们线性无关,于是有

$\begin{cases} k_1+\lambda_1 k_2=0 \\ \lambda_2 k_2=0 \end{cases}$，而 $\begin{vmatrix} 1 & \lambda_1 \\ 0 & \lambda_2 \end{vmatrix}=\lambda_2$.

由此得到：该方程组只有零解，即 $\boldsymbol{\alpha}_1$ 与 $\boldsymbol{A}(\boldsymbol{\alpha}_1+\boldsymbol{\alpha}_2)$ 线性无关的充分必要条件为 $\lambda_2\neq 0$.

故选 B.

题 6(2004 · 数一)

设矩阵 $\boldsymbol{A}=\begin{pmatrix} 1 & 2 & -3 \\ -1 & 4 & -3 \\ 1 & a & 5 \end{pmatrix}$ 的特征方程有一个二重根，求 a 的值，并讨论 $\boldsymbol{A}$ 是否可相似对角化.

解：$|\lambda\boldsymbol{E}-\boldsymbol{A}|=\begin{vmatrix} \lambda-1 & -2 & 3 \\ 1 & \lambda-4 & 3 \\ -1 & -a & \lambda-5 \end{vmatrix}=\begin{vmatrix} \lambda-2 & 2-\lambda & 0 \\ 1 & \lambda-4 & 3 \\ -1 & -a & \lambda-5 \end{vmatrix}$

$$=\begin{vmatrix} \lambda-2 & 0 & 0 \\ 1 & \lambda-3 & 3 \\ -1 & -a-1 & \lambda-5 \end{vmatrix}=(\lambda-2)(\lambda^2-8\lambda+18+3a).$$

下面分两种情形讨论 a 的值：

(1)如果二重特征根为 2，则

$(\lambda^2-8\lambda+18+3a)|_{\lambda=2}=0$，即 $a=-2$（另一个特征值为 $\lambda=6$）.

此时，$\boldsymbol{A}=\begin{pmatrix} 1 & 2 & -3 \\ -1 & 4 & -3 \\ 1 & -2 & 5 \end{pmatrix}$.

由于

$2\boldsymbol{E}-\boldsymbol{A}=\begin{pmatrix} 1 & -2 & 3 \\ 1 & -2 & 3 \\ -1 & 2 & -3 \end{pmatrix}$ 的秩为 1，因此属于 $\lambda=2$ 的线性无关的特征向量有两个，故 $\boldsymbol{A}$ 可相似对角化.

(2)如果二重特征根不为 2，则方程

$\lambda^2-8\lambda+18+3a=0$ 有重根，从而有 $(-8)^2-4(18+3a)=0$，即 $a=-\dfrac{2}{3}$.

此时

$\boldsymbol{A}=\begin{pmatrix} 1 & 2 & -3 \\ -1 & 4 & -3 \\ 1 & -\frac{2}{3} & 5 \end{pmatrix}$ 以及二重特征根为 $\lambda=4$.

由于 $4E-A=\begin{pmatrix} 3 & -2 & 3 \\ 1 & 0 & 3 \\ -1 & \frac{2}{3} & -1 \end{pmatrix}$ 的秩为 2，所以属于 $\lambda=4$ 的线性无关的特征向量只有一个. 因此 A 不可相似对角化.

题 7(2001·数三)

设矩阵 $A=\begin{pmatrix} 1 & 1 & a \\ 1 & a & 1 \\ a & 1 & 1 \end{pmatrix}$，$\beta=\begin{pmatrix} 1 \\ 1 \\ -2 \end{pmatrix}$，已知线性方程组 $Ax=\beta$ 有解但不唯一，试求：

(1)a 的值；

(2)正交矩阵 Q，使 Q^TAQ 为对角矩阵.

解：(1)由于线性方程组 $Ax=\beta$ 有解，但不唯一，所以

$$|A|=\begin{vmatrix} 1 & 1 & a \\ 1 & a & 1 \\ a & 1 & 1 \end{vmatrix}=-(2+a)(1-a)^2=0，\text{即 } a=1,-2.$$

当 $a=1$ 时，$Ax=\beta$ 的增广矩阵为

$$\left(\begin{array}{ccc:c} 1 & 1 & 1 & 1 \\ 1 & 1 & 1 & 1 \\ 1 & 1 & 1 & -2 \end{array}\right)\xrightarrow[(3)-(1)]{(2)-(1)}\left(\begin{array}{ccc:c} 1 & 1 & 1 & 1 \\ 0 & 0 & 0 & 0 \\ 0 & 0 & 0 & -3 \end{array}\right).$$

由 $r(A)\neq r(\overline{A})$，知 $Ax=\beta$ 无解，这与题意不符.

当 $a=-2$ 时，$Ax=\beta$ 的增广矩阵为

$$\overline{A}=\left(\begin{array}{ccc:c} 1 & 1 & -2 & 1 \\ 1 & -2 & 1 & 1 \\ -2 & 1 & 1 & -2 \end{array}\right)\xrightarrow[(3)+2(1)]{(2)-(1)}\left(\begin{array}{ccc:c} 1 & 1 & -2 & 1 \\ 0 & -3 & 3 & 0 \\ 0 & 3 & -3 & 0 \end{array}\right)\xrightarrow[-\frac{1}{3}\times(2)]{(3)+(2)}\left(\begin{array}{ccc:c} 1 & 1 & -2 & 1 \\ 0 & 1 & -1 & 0 \\ 0 & 0 & 0 & 0 \end{array}\right).$$

由 $r(A)=r(\overline{A})=2$，知此时 $Ax=\beta$ 有无穷多解，因此 $a=-2$.

(2)当 $a=-2$ 时，

$$A=\begin{pmatrix} 1 & 1 & -2 \\ 1 & -2 & 1 \\ -2 & 1 & 1 \end{pmatrix}，|\lambda E-A|=\begin{vmatrix} \lambda-1 & -1 & 2 \\ -1 & \lambda+2 & -1 \\ 2 & -1 & \lambda-1 \end{vmatrix}=\lambda(\lambda+3)(\lambda-3)，$$

所以，A 有特征值 $\lambda=0,-3,3$，且容易算出它们对应的特征向量为

$$\xi_1=(1,1,1)^T，\xi_2=(1,-2,1)^T，\xi_3=(1,0,-1)^T.$$

显然，A 的三个特征向量 ξ_1,ξ_2,ξ_3 相互正交. 现单位化：

$$\alpha_1=\left(\frac{1}{\sqrt{3}},\frac{1}{\sqrt{3}},\frac{1}{\sqrt{3}}\right)^T，\alpha_2=\left(\frac{1}{\sqrt{6}},-\frac{2}{\sqrt{6}},\frac{1}{\sqrt{6}}\right)^T，\alpha_3=\left(\frac{1}{\sqrt{2}},0,-\frac{1}{\sqrt{2}}\right)^T.$$

于是所求的正交矩阵

$$Q=(\boldsymbol{\alpha}_1,\boldsymbol{\alpha}_2,\boldsymbol{\alpha}_3)=\begin{pmatrix}\frac{1}{\sqrt{3}} & \frac{1}{\sqrt{6}} & \frac{1}{\sqrt{2}}\\ \frac{1}{\sqrt{3}} & -\frac{2}{\sqrt{6}} & 0\\ \frac{1}{\sqrt{3}} & \frac{1}{\sqrt{6}} & -\frac{1}{\sqrt{2}}\end{pmatrix},$$ 它使

$$Q^TAQ=\begin{pmatrix}0 & & \\ & -3 & \\ & & 3\end{pmatrix}.$$

题 8(2003 · 数二)

若矩阵 $A=\begin{pmatrix}2 & 2 & 0\\ 8 & 2 & a\\ 0 & 0 & 6\end{pmatrix}$ 相似于对角矩阵 $\boldsymbol{\Lambda}$,试确定常数 a 的值;并求可逆矩阵 P,使得 $P^{-1}AP=\boldsymbol{\Lambda}$.

解:矩阵 A 的特征多项式为

$$|\lambda E-A|=\begin{vmatrix}\lambda-2 & -2 & 0\\ -8 & \lambda-2 & -a\\ 0 & 0 & \lambda-6\end{vmatrix}=(\lambda-6)[(\lambda-2)^2-16]=(\lambda-6)^2(\lambda+2),$$

故 A 的特征值为 $\lambda_1=\lambda_2=6,\lambda_3=-2$.

由于 A 相似于对角矩阵 $\boldsymbol{\Lambda}$,故对应于 $\lambda_1=\lambda_2=6$ 应有两个线性无关的特征向量. 因此矩阵 $6E-A$ 的秩必为 1. 从而由

$$6E-A=\begin{pmatrix}4 & -2 & 0\\ -8 & 4 & -a\\ 0 & 0 & 0\end{pmatrix}\xrightarrow[\frac{1}{2}(1)]{(2)-2(1)}\begin{pmatrix}2 & -1 & 0\\ 0 & 0 & a\\ 0 & 0 & 0\end{pmatrix},$$ 知 $a=0$.

于是对应于 $\lambda_1=\lambda_2=6$ 的两个线性无关特征向量可取为 $\boldsymbol{\xi}_1=\begin{pmatrix}0\\0\\1\end{pmatrix},\boldsymbol{\xi}_2=\begin{pmatrix}1\\2\\0\end{pmatrix}$.

当 $\lambda_3=-2$ 时,$\lambda E-A=\begin{pmatrix}-4 & -2 & 0\\ -8 & -4 & 0\\ 0 & 0 & -8\end{pmatrix}\xrightarrow[-\frac{1}{8}\times(3),\ (2)\leftrightarrow(3)]{(2)-2(1),\ -\frac{1}{2}\times(1)}\begin{pmatrix}2 & 1 & 0\\ 0 & 0 & 1\\ 0 & 0 & 0\end{pmatrix}$,

解方程组 $\begin{cases}2x_1+x_2=0,\\ x_3=0,\end{cases}$ 得对应于 $\lambda_3=-2$ 的特征向量 $\boldsymbol{\xi}_3=\begin{pmatrix}1\\-2\\0\end{pmatrix}$.

令 $\boldsymbol{P}=\begin{pmatrix}0&1&1\\0&2&-2\\1&0&0\end{pmatrix}$，则 $\boldsymbol{P}$ 可逆，并有 $\boldsymbol{P}^{-1}\boldsymbol{AP}=\boldsymbol{\Lambda}$，其中 $\boldsymbol{\Lambda}=\begin{pmatrix}6&0&0\\0&6&0\\0&0&-2\end{pmatrix}$.

题 9(2008 · 数二)

设 $\boldsymbol{A}$ 为 3 阶矩阵，$\boldsymbol{\alpha}_1,\boldsymbol{\alpha}_2$ 为 $\boldsymbol{A}$ 的分别属于特征值 $-1,1$ 的特征向量，向量 $\boldsymbol{\alpha}_3$ 满足 $\boldsymbol{A\alpha}_3=\boldsymbol{\alpha}_2+\boldsymbol{\alpha}_3$.

(Ⅰ)证明 $\boldsymbol{\alpha}_1,\boldsymbol{\alpha}_2,\boldsymbol{\alpha}_3$ 线性无关；

(Ⅱ)令 $\boldsymbol{P}=(\boldsymbol{\alpha}_1,\boldsymbol{\alpha}_2,\boldsymbol{\alpha}_3)$，求 $\boldsymbol{P}^{-1}\boldsymbol{AP}$.

解:(Ⅰ)**方法一**　假设 $\boldsymbol{\alpha}_1,\boldsymbol{\alpha}_2,\boldsymbol{\alpha}_3$ 线性相关，因为 $\boldsymbol{\alpha}_1,\boldsymbol{\alpha}_2$ 是不同特征值的特征向量，所以线性无关，则 $\boldsymbol{\alpha}_3$ 可由 $\boldsymbol{\alpha}_1,\boldsymbol{\alpha}_2$ 线性表示.

不妨设 $\boldsymbol{\alpha}_3=l_1\boldsymbol{\alpha}_1+l_2\boldsymbol{\alpha}_2$，其中 l_1,l_2 不全为零(若 l_1,l_2 同时为零，则 $\boldsymbol{\alpha}_3$ 为 $\mathbf{0}$，由 $\boldsymbol{A\alpha}_3=\boldsymbol{\alpha}_2+\boldsymbol{\alpha}_3$，可知 $\boldsymbol{\alpha}_2=\mathbf{0}$).

因为 $\boldsymbol{A\alpha}_1=-\boldsymbol{\alpha}_1,\boldsymbol{A\alpha}_2=\boldsymbol{\alpha}_2$.

所以 $\boldsymbol{A\alpha}_3=\boldsymbol{\alpha}_2+\boldsymbol{\alpha}_3=\boldsymbol{\alpha}_2+l_1\boldsymbol{\alpha}_1+l_2\boldsymbol{\alpha}_2$.

又 $\boldsymbol{A\alpha}_3=\boldsymbol{A}(l_1\boldsymbol{\alpha}_1+l_2\boldsymbol{\alpha}_2)=-l_1\boldsymbol{\alpha}_1+l_2\boldsymbol{\alpha}_2$,

所以 $-l_1\boldsymbol{\alpha}_1+l_2\boldsymbol{\alpha}_2=\boldsymbol{\alpha}_2+l_1\boldsymbol{\alpha}_1+l_2\boldsymbol{\alpha}_2$，整理得 $2l_1\boldsymbol{\alpha}_1+\boldsymbol{\alpha}_2=\mathbf{0}$.

则 $\boldsymbol{\alpha}_1,\boldsymbol{\alpha}_2$ 线性相关，矛盾(因为 $\boldsymbol{\alpha}_1,\boldsymbol{\alpha}_2$ 是分别属于不同特征值的特征向量，故 $\boldsymbol{\alpha}_1,\boldsymbol{\alpha}_2$ 线性无关).

故 $\boldsymbol{\alpha}_1,\boldsymbol{\alpha}_2,\boldsymbol{\alpha}_3$ 线性无关.

方法二　因为 $\boldsymbol{\alpha}_1,\boldsymbol{\alpha}_2$ 是不同的特征值的特征向量，所以线性无关.

假设 $k_1\boldsymbol{\alpha}_1+k_2\boldsymbol{\alpha}_2+k_3\boldsymbol{\alpha}_3=\mathbf{0}$，则　①

$$k_1\boldsymbol{A\alpha}_1+k_2\boldsymbol{A\alpha}_2+k_3\boldsymbol{A\alpha}_3=\mathbf{0},$$

$$-k_1\boldsymbol{\alpha}_1+k_2\boldsymbol{\alpha}_2+k_3(\boldsymbol{\alpha}_2+\boldsymbol{\alpha}_3)=\mathbf{0},\quad ②$$

由①－②，得

$$2k_1\boldsymbol{\alpha}_1-k_3\boldsymbol{\alpha}_2=\mathbf{0},$$

故 $k_1=k_3=0$，所以 $k_2\boldsymbol{\alpha}_2=\mathbf{0}$，得 $k_2=0$，

因此 $\boldsymbol{\alpha}_1,\boldsymbol{\alpha}_2,\boldsymbol{\alpha}_3$ 线性无关.

(Ⅱ)设 $\boldsymbol{P}=(\boldsymbol{\alpha}_1,\boldsymbol{\alpha}_2,\boldsymbol{\alpha}_3)$，则 $\boldsymbol{P}$ 可逆，

$$\boldsymbol{A}(\boldsymbol{\alpha}_1,\boldsymbol{\alpha}_2,\boldsymbol{\alpha}_3)=(\boldsymbol{A\alpha}_1,\boldsymbol{A\alpha}_2,\boldsymbol{A\alpha}_3)=(-\boldsymbol{\alpha}_1,\boldsymbol{\alpha}_2,\boldsymbol{\alpha}_2+\boldsymbol{\alpha}_3)$$

$$=(\boldsymbol{\alpha}_1,\boldsymbol{\alpha}_2,\boldsymbol{\alpha}_3)\begin{pmatrix}-1&0&0\\0&1&1\\0&0&1\end{pmatrix},$$

即 $\boldsymbol{AP}=\boldsymbol{P}\begin{pmatrix}-1&0&0\\0&1&1\\0&0&1\end{pmatrix}$，所以

$$P^{-1}AP=\begin{pmatrix}-1&0&0\\0&1&1\\0&0&1\end{pmatrix}.$$

题 10(2002·数三)

设 $\boldsymbol{A}$ 为 3 阶实对称矩阵,且满足条件 $\boldsymbol{A}^2+2\boldsymbol{A}=\boldsymbol{O}$,已知 $\boldsymbol{A}$ 的秩 $\mathrm{r}(\boldsymbol{A})=2$.

(1)求 $\boldsymbol{A}$ 的全部特征值;

(2)当 k 为何值时,矩阵 $\boldsymbol{A}+k\boldsymbol{E}$ 为正定矩阵,其中 $\boldsymbol{E}$ 为 3 阶单位矩阵.

解:(1)设 λ 是 $\boldsymbol{A}$ 的特征值,则由 $\boldsymbol{A}^2+2\boldsymbol{A}=\boldsymbol{O}$,得

$\lambda^2+2\lambda=0$,即 $\lambda=0,-2$.

$\boldsymbol{A}$ 是 3 阶实对称矩阵,它应有三个特征值,其为 $0,0,-2$ 或 $0,-2,-2$.

当特征值为 $0,0,-2$ 时,有

$$\boldsymbol{A}\sim\begin{pmatrix}0&&\\&0&\\&&-2\end{pmatrix}.$$ 此时 $\mathrm{r}(\boldsymbol{A})=1$,不合题意.

当特征值为 $0,-2,-2$ 时,

$$\boldsymbol{A}\sim\begin{pmatrix}0&&\\&-2&\\&&-2\end{pmatrix},$$ 此时 $\mathrm{r}(\boldsymbol{A})=2$.

因此 $\boldsymbol{A}$ 的全部特征值为 $0,-2,-2$.

(2)由于 $\boldsymbol{A}$ 为 3 阶实对称矩阵,所以存在 3 阶正交矩阵 $\boldsymbol{Q}$,使得

$$\boldsymbol{Q}^T\boldsymbol{A}\boldsymbol{Q}=\begin{pmatrix}0&&\\&-2&\\&&-2\end{pmatrix}.$$

从而,$$\boldsymbol{Q}^T(\boldsymbol{A}+k\boldsymbol{E})\boldsymbol{Q}=\begin{pmatrix}0&&\\&-2&\\&&2\end{pmatrix}+\begin{pmatrix}k&&\\&k&\\&&k\end{pmatrix}=\begin{pmatrix}k&&\\&k-2&\\&&k-2\end{pmatrix}.$$

由此可知,$k,k-2$ 是实对称矩阵 $\boldsymbol{A}+k\boldsymbol{E}$ 的特征值,所以只有当 k 同时满足 $k>0$ 及 $k-2>0$,即当 $k>2$ 时,$\boldsymbol{A}+k\boldsymbol{E}$ 是正定矩阵.

题 11(2004·数三)

设 n 阶矩阵 $$\boldsymbol{A}=\begin{pmatrix}1&b&\cdots&b\\b&1&\cdots&b\\\vdots&\vdots&&\vdots\\b&b&\cdots&1\end{pmatrix},$$

(Ⅰ)求 $\boldsymbol{A}$ 的特征值和特征向量;

(Ⅱ)求可逆矩阵 $\boldsymbol{P}$,使得 $\boldsymbol{P}^{-1}\boldsymbol{A}\boldsymbol{P}$ 为对角矩阵.

解:(Ⅰ)当 $b\neq 0$ 时,

$$|\lambda\boldsymbol{E}-\boldsymbol{A}|=\begin{pmatrix}\lambda-1 & -b & \cdots & -b\\ -b & \lambda-1 & \cdots & -b\\ \vdots & \vdots & & \vdots\\ -b & -b & \cdots & \lambda-1\end{pmatrix}=[\lambda-1-(n-1)b][\lambda-(1-b)]^{n-1}.$$

所以 $\boldsymbol{A}$ 的特征值为 $\lambda_1=1+(n-1)b,\lambda_2=1-b(n-1$ 重).

设属于 λ_1 的特征向量为 $\boldsymbol{x}=(x_1,x_2,\cdots,x_n)^T$,则 $\boldsymbol{x}$ 满足

$$\begin{pmatrix}(n-1)b & -b & \cdots & -b\\ -b & (n-1)b & \cdots & -b\\ \vdots & \vdots & & \vdots\\ -b & -b & \cdots & (n-1)b\end{pmatrix}\begin{pmatrix}x_1\\ x_2\\ \vdots\\ x_n\end{pmatrix}=\boldsymbol{0},$$

其基础解系为 $\boldsymbol{x}=(1,1,\cdots,1)^T$,所以属于 λ_1 的全部特征向量为 $k\boldsymbol{x}$(k 是不为零的任意常数).

设属于 λ_2 的特征向量为 $\boldsymbol{y}=(y_1,y_2,\cdots,y_n)^T$,则 $\boldsymbol{y}$ 满足

$$\begin{pmatrix}-b & -b & \cdots & -b\\ -b & -b & \cdots & -b\\ \vdots & \vdots & & \vdots\\ -b & -b & \cdots & -b\end{pmatrix}\begin{pmatrix}y_1\\ y_2\\ \vdots\\ y_n\end{pmatrix}=\boldsymbol{0},$$

它与方程 $y_1+y_2+\cdots+y_n=0$ 同解,从而属于 λ_2 的 $n-1$ 个线性无关的特征向量

$$\boldsymbol{y}_1=(-1,1,0,\cdots,0)^T,\boldsymbol{y}_2=(-1,0,1,\cdots,0)^T,\cdots,\boldsymbol{y}_{n-1}=(-1,0,0,\cdots,1)^T.$$

因此,属于 λ_2 的全部特征向量为 $k_1\boldsymbol{y}_1+k_2\boldsymbol{y}_2+\cdots+k_{n-1}\boldsymbol{y}_{n-1}$($k_1,k_2,\cdots,k_{n-1}$ 为不全为零的常数).

当 $b=0$ 时,由于,它的特征值 $\lambda=1$(n 重),任意非零向量都是特征向量.

(Ⅱ)当 $b\neq 0$ 时,由于 $\boldsymbol{x},\boldsymbol{y}_1,\boldsymbol{y}_2,\cdots,\boldsymbol{y}_{n-1}$ 线性无关,设以它们为列向量的矩阵为 $\boldsymbol{P}$,则 $\boldsymbol{P}$ 可逆,且

$$\boldsymbol{P}^{-1}\boldsymbol{A}\boldsymbol{P}=\begin{pmatrix}1+(n-1)b & & & \\ & 1-b & & \\ & & \ddots & \\ & & & 1-b\end{pmatrix}.$$

当 $b=0$ 时,$\boldsymbol{A}=\boldsymbol{E}$,所以任何 n 阶可逆矩阵 $\boldsymbol{P}$,都有 $\boldsymbol{P}^{-1}\boldsymbol{A}\boldsymbol{P}=\boldsymbol{E}$.

第 4 章习题

【A 组】

1. 已知矩阵 $\boldsymbol{A}=\begin{pmatrix}2 & -1 & 2\\ 5 & a & 3\\ -1 & b & -2\end{pmatrix}$ 有一个特征向量 $\boldsymbol{\alpha}_1=\begin{pmatrix}1\\ 1\\ -1\end{pmatrix}$，求常数 a,b 的值以及对应的 $\boldsymbol{A}$ 的特征值 λ_1.

2. 设 3 阶方阵 $\boldsymbol{A}$ 的三个特征值为 1，2，3，对应的特征向量分别为 $\boldsymbol{\alpha}_1=\begin{pmatrix}1\\ -2\\ -1\end{pmatrix}$，$\boldsymbol{\alpha}_2=\begin{pmatrix}1\\ -1\\ 1\end{pmatrix}$，$\boldsymbol{\alpha}_3=\begin{pmatrix}1\\ 0\\ 1\end{pmatrix}$，向量 $\boldsymbol{\beta}=\boldsymbol{\alpha}_3-3\boldsymbol{\alpha}_2$，求 $\boldsymbol{A}^3\boldsymbol{\beta}$.

3. 求下列矩阵 A 的特征值与特征向量.

$$(1)\boldsymbol{A}=\begin{pmatrix}0 & -2 & -2\\ 2 & 2 & -2\\ -2 & -2 & 2\end{pmatrix};\qquad (2)\boldsymbol{A}=\begin{pmatrix}-1 & 1 & 1\\ 1 & -1 & 1\\ 1 & 1 & -1\end{pmatrix}.$$

4. 如果 n 阶矩阵 $\boldsymbol{A}$ 满足 $\boldsymbol{A}^2=\boldsymbol{A}$，则称 $\boldsymbol{A}$ 为幂等矩阵. 试证：幂等矩阵的特征值只能是 0 或 1.

5. 设 $\boldsymbol{A}$ 是 n 阶方阵，$2,4,\cdots,2n$ 是 $\boldsymbol{A}$ 的 n 个特征值，$\boldsymbol{I}$ 是 n 阶单位矩阵，求行列式 $|\boldsymbol{A}-3\boldsymbol{I}|$ 的值.

6. 设三阶矩阵 $\boldsymbol{A}$ 满足 $\boldsymbol{A}^2-5\boldsymbol{A}+6\boldsymbol{I}=\boldsymbol{O}$，且 $|\boldsymbol{A}|=12$，试求 $\boldsymbol{A}$ 的特征值.

7. 设四阶方阵 $\boldsymbol{A}$ 满足 $|3\boldsymbol{I}+\boldsymbol{A}|=0$，$\boldsymbol{A}\boldsymbol{A}^T=2\boldsymbol{I}$，$|\boldsymbol{A}|<0$，求方阵 $\boldsymbol{A}$ 的伴随矩阵 $\boldsymbol{A}^*$ 的一个特征值.

8. 设 $\boldsymbol{A}$ 为 4 阶矩阵，$\boldsymbol{A}^*$ 的特征值为 $1,-2,2,2$，求行列式 $|2\boldsymbol{A}^3-5\boldsymbol{A}+I|$.

9. 设矩阵 $\boldsymbol{A}=\begin{pmatrix}a & -1 & c\\ 5 & b & 3\\ 1-c & 0 & -a\end{pmatrix}$，其行列式 $|\boldsymbol{A}|=-1$，又 $\boldsymbol{A}$ 的伴随矩阵 $\boldsymbol{A}^*$ 有一个特征值为 λ_0，属于 λ_0 的一个特征向量为 $\boldsymbol{\alpha}=(-1,-1,1)^T$，求 a,b,c 和 λ_0 的值.

10. 设 $\boldsymbol{A}$ 可逆，证明 $\boldsymbol{AB}$ 与 $\boldsymbol{BA}$ 相似.

11. n 阶矩阵 $\boldsymbol{A}$ 与 $\boldsymbol{B}$ 相似的充分条件是(　).

A. $|\boldsymbol{A}|=|\boldsymbol{B}|$

B. $\mathrm{r}(\boldsymbol{A})=\mathrm{r}(\boldsymbol{B})$

C. $\boldsymbol{A}$ 与 $\boldsymbol{B}$ 有相同的特征多项式

D. $\boldsymbol{A}$ 与 $\boldsymbol{B}$ 有相同的特征值且 n 个特征值互不相同

12. 设二阶矩阵 $\boldsymbol{A}$ 的行列式为负数，证明 $\boldsymbol{A}$ 可以相似于一个对角矩阵

13. 设 $\boldsymbol{A}=\begin{pmatrix}1&-1&0\\-1&\sqrt{2}&2\\0&2&\sqrt{3}\end{pmatrix}$, $\boldsymbol{B}=\begin{pmatrix}0&1&2\\0&-1&3\\0&0&1\end{pmatrix}$, $\boldsymbol{C}=\begin{pmatrix}-1&1&2\\0&-1&1\\0&0&1\end{pmatrix}$, $\boldsymbol{D}=\begin{pmatrix}1&-1&1\\0&3&-1\\0&0&1\end{pmatrix}$,试判断其中哪些能与对角矩阵相似,哪些不能?并说明理由.

14. 设 $\boldsymbol{A}=\begin{pmatrix}1&1&-a\\1&a&-1\\-a&-1&1\end{pmatrix}$,若存在可逆矩阵 $\boldsymbol{P}$,使

$$\boldsymbol{P}^{-1}\boldsymbol{A}\boldsymbol{P}=\begin{pmatrix}1&&\\&2&\\&&-2\end{pmatrix},$$

求常数 a.

15. 设 $\boldsymbol{A}$ 与 $\boldsymbol{B}$ 相似,$\boldsymbol{A}=\begin{pmatrix}2&0&0\\0&0&1\\0&1&x\end{pmatrix}$,$\boldsymbol{B}=\begin{pmatrix}2&0&0\\0&y&0\\0&0&-1\end{pmatrix}$,求 x 与 y 的值,并求 $\boldsymbol{P}$,使 $\boldsymbol{P}^{-1}\boldsymbol{A}\boldsymbol{P}=\boldsymbol{B}$.

16. 判断下列矩阵 $\boldsymbol{A}$ 能否对角化?若能,求出使 $\boldsymbol{A}$ 相似于对角矩阵的相似变换矩阵 $\boldsymbol{P}$,并写出这个对角矩阵.

(1)$\boldsymbol{A}=\begin{pmatrix}2&-1&2\\5&-3&3\\-1&0&-2\end{pmatrix}$;　　(2)$\boldsymbol{A}=\begin{pmatrix}0&1&0\\0&0&1\\-6&-11&-6\end{pmatrix}$.

17. 设矩阵 $\boldsymbol{A}=\begin{pmatrix}1&-1&1\\x&4&y\\-3&-3&5\end{pmatrix}$,已知 $\boldsymbol{A}$ 有三个线性无关的特征向量,$\lambda=2$ 是 $\boldsymbol{A}$ 的二重特征值,试求可逆矩阵 $\boldsymbol{P}$,使 $\boldsymbol{P}^{-1}\boldsymbol{A}\boldsymbol{P}$ 为对角矩阵.

18. 设 $\boldsymbol{A}=\begin{pmatrix}1&-1\\-2&0\end{pmatrix}$,求 $\boldsymbol{A}^{99}$.

19. 计算下列向量 $\boldsymbol{\alpha}$ 与 $\boldsymbol{\beta}$ 的内积:

(1)$\boldsymbol{\alpha}=(1,-2,2)^T$,$\boldsymbol{\beta}=(2,2,-1)^T$;

(2)$\boldsymbol{\alpha}=\left(\frac{\sqrt{2}}{2},-\frac{1}{2},\frac{\sqrt{2}}{4},-1\right)^T$,$\boldsymbol{\beta}=\left(-\frac{\sqrt{2}}{2},-2,\sqrt{2},\frac{1}{2}\right)^T$.

20. 设 $\boldsymbol{\alpha}$ 为 n 维列向量,A 为 n 阶正交矩阵,证明:$\|\boldsymbol{A\alpha}\|=\|\boldsymbol{\alpha}\|$.

21. 将下列线性无关的向量组正交化:

(1)$\boldsymbol{\alpha}_1=(1,2,2,-1)^T$,$\boldsymbol{\alpha}_2=(1,1,-5,3)^T$,$\boldsymbol{\alpha}_3=(3,2,8,-7)^T$;

(2)$\boldsymbol{\alpha}_1=(1,-2,2)^T,\boldsymbol{\alpha}_2=(-1,0,-1)^T,\boldsymbol{\alpha}_3=(5,-3,-7)^T$.

22. 判断下列矩阵是否为正交矩阵：

(1)$\boldsymbol{P}=\begin{pmatrix}\frac{\sqrt{3}}{2} & -\frac{1}{2}\\ \frac{1}{2} & \frac{\sqrt{3}}{2}\end{pmatrix}$；　　(2)$\boldsymbol{P}=\begin{pmatrix}\frac{1}{9} & -\frac{8}{9} & -\frac{4}{9}\\ -\frac{8}{9} & \frac{1}{9} & -\frac{4}{9}\\ -\frac{4}{9} & -\frac{4}{9} & \frac{7}{9}\end{pmatrix}$.

23. 已知$\boldsymbol{A}=\begin{pmatrix}a_{11} & a_{12} & a_{13}\\ a_{21} & a_{22} & a_{23}\\ a_{31} & a_{32} & a_{33}\end{pmatrix}$为实正交矩阵，且$a_{22}=1,b=(0,2,0)^T$，求解线性方程组$\boldsymbol{Ax}=\boldsymbol{b}$.

24. 设$\boldsymbol{A}$为4阶实对称矩阵，且$\boldsymbol{A}^2+\boldsymbol{A}=\boldsymbol{O}$，若$\boldsymbol{A}$的秩为3，则$\boldsymbol{A}$相似于(　　).

A. $\begin{pmatrix}1 & & & \\ & 1 & & \\ & & 1 & \\ & & & 0\end{pmatrix}$　　B. $\begin{pmatrix}1 & & & \\ & 1 & & \\ & & -1 & \\ & & & 0\end{pmatrix}$

C. $\begin{pmatrix}1 & & & \\ & -1 & & \\ & & -1 & \\ & & & 0\end{pmatrix}$　　D. $\begin{pmatrix}-1 & & & \\ & -1 & & \\ & & -1 & \\ & & & 0\end{pmatrix}$

25. 设$\boldsymbol{A}=\begin{pmatrix}1 & 2 & 3\\ 2 & 2 & 3\\ 3 & 3 & 3\end{pmatrix},\boldsymbol{B}=\begin{pmatrix}1 & 2 & 3\\ 0 & 2 & 3\\ 0 & 0 & 3\end{pmatrix},\boldsymbol{C}=\begin{pmatrix}1 & 2 & 3\\ 0 & 1 & 3\\ 0 & 0 & 2\end{pmatrix},\boldsymbol{D}=\begin{pmatrix}1 & 1 & 3\\ 0 & 0 & -3\\ 0 & 0 & 1\end{pmatrix}$，试判断$\boldsymbol{A},\boldsymbol{B},\boldsymbol{C},\boldsymbol{D}$中哪些能与对角矩阵相似？哪些不能与对角矩阵相似？为什么？

26. 已知实对称矩阵$\boldsymbol{A}=\begin{pmatrix}2 & -2 & 0\\ -2 & 1 & -2\\ 0 & -2 & 0\end{pmatrix}$，求可逆矩阵$\boldsymbol{P}$，使$\boldsymbol{P}^{-1}\boldsymbol{AP}$为对角矩阵.

27. 求正交矩阵$\boldsymbol{P}$，使$\boldsymbol{P}^{-1}\boldsymbol{AP}$为对角矩阵.

(1)$\boldsymbol{A}=\begin{pmatrix}0 & 1 & -1\\ 1 & 0 & 1\\ -1 & 1 & 0\end{pmatrix}$　　(2)$\boldsymbol{A}=\begin{pmatrix}2 & 1 & 0\\ 1 & 3 & 1\\ 0 & 1 & 2\end{pmatrix}$

28. 求二次型 $f(x_1,x_2,x_3)=(a_1x_1+a_2x_2+a_3x_3)^2$ 所对应的矩阵.

29. 设矩阵 $\boldsymbol{A}=\begin{pmatrix}2&-1&-1\\-1&2&-1\\-1&-1&2\end{pmatrix}$,$\boldsymbol{B}=\begin{pmatrix}1&0&0\\0&1&0\\0&0&0\end{pmatrix}$,则 $\boldsymbol{A}$ 与 $\boldsymbol{B}$( ).

A. 合同且相似　　B. 合同但不相似

C. 不合同但相似　　D. 既不合同也不相似

30. 若实对称矩阵 $\boldsymbol{A}$ 与矩阵 $\boldsymbol{B}=\begin{pmatrix}1&0&0\\0&0&2\\0&2&0\end{pmatrix}$ 合同,求二次型 $\boldsymbol{X}^T\boldsymbol{A}\boldsymbol{X}$ 的规范形.

31. 用正交变换将二次型 $f(x_1,x_2,x_3)=-x_1^2-x_2^2-x_3^2+4x_1x_2+4x_1x_3-4x_2x_3$ 化为标准形,并写出正交变换矩阵 $\boldsymbol{C}$.

32. 求一个正交变换,化二次型 $f(x_1,x_2,x_3)=x_1^2+4x_2^2+4x_3^2-4x_1x_2+4x_1x_3-8x_2x_3$ 为标准形.

33. 设二次型 $f(x_1,x_2,x_3)=ax_1^2+ax_2^2+(a-1)x_3^2+2x_1x_2-2x_2x_3$,

(1)求二次型 f 的矩阵的所有特征值;

(2)若二次型 f 的规范形为 $y_1^2+y_2^2$,求 a 的值.

34. 设二次型 $f(x_1,x_2,x_3)=\boldsymbol{X}^T\boldsymbol{A}\boldsymbol{X}$ 的秩为 1,$\boldsymbol{A}$ 的各行元素之和为 3,求 f 在正交变换 $\boldsymbol{X}=\boldsymbol{Q}\boldsymbol{Y}$ 下的标准形.

35. 化二次型 $f(x_1,x_2,x_3)=x_1^2-3x_2^2+4x_3^2-2x_1x_2+2x_1x_3-6x_2x_3$ 为标准形,并求所用的变换矩阵,二次型的秩及正惯性指数.

36. 设 5 阶实对称矩阵 $\boldsymbol{A}$ 满足 $\boldsymbol{A}^2=\boldsymbol{A}$ 且 $\mathrm{r}(\boldsymbol{A})=3$,

(1)求 $\boldsymbol{A}$ 的全部特征值;

(2)欲使 $\boldsymbol{A}-k\boldsymbol{I}$(其中 $\boldsymbol{I}$ 为五阶单位阵)为正定阵,求 k 的取值范围.

【B 组】

1. 设 $\boldsymbol{A}$ 为 2 阶矩阵,$\boldsymbol{\alpha}_1,\boldsymbol{\alpha}_2$ 为线性无关的 2 维列向量,$\boldsymbol{A}\boldsymbol{\alpha}_1=\boldsymbol{0}$,$\boldsymbol{A}\boldsymbol{\alpha}_2=2\boldsymbol{\alpha}_1+\boldsymbol{\alpha}_2$,求 $\boldsymbol{A}$ 的非零特征值.

2. 设 3 阶矩阵 $\boldsymbol{A}$ 的特征值分别为 $\lambda_1=-1,\lambda_2=1,\lambda_3=3$,对应的特征向量依次为

$$\boldsymbol{\alpha}_1=\begin{pmatrix}1\\-1\\0\end{pmatrix},\boldsymbol{\alpha}_2=\begin{pmatrix}1\\-1\\1\end{pmatrix},\boldsymbol{\alpha}_3=\begin{pmatrix}0\\1\\-1\end{pmatrix},\text{向量 }\boldsymbol{\beta}=\begin{pmatrix}3\\-2\\0\end{pmatrix}.$$

(1)试将 $\boldsymbol{\beta}$ 用 $\boldsymbol{\alpha}_1,\boldsymbol{\alpha}_2,\boldsymbol{\alpha}_3$ 线性表示;

(2)求 $\boldsymbol{A}^n\boldsymbol{\beta}$($n$ 为正整数).

3. 求下列矩阵 $\boldsymbol{A}$ 的特征值与特征向量.

(1)$\boldsymbol{A}=\begin{pmatrix} 1 & 0 & -1 \\ 0 & 4 & 0 \\ -1 & 0 & 1 \end{pmatrix}$; (2)$\boldsymbol{A}=\begin{pmatrix} 0 & 0 & 0 & 1 \\ 0 & 0 & 1 & 0 \\ 0 & 1 & 0 & 0 \\ 1 & 0 & 0 & 0 \end{pmatrix}$.

4. 设 n 阶方阵满足 $\boldsymbol{A}^2-3\boldsymbol{A}+2\boldsymbol{I}=\boldsymbol{O}$,证明其特征值只能取值 1 或 2.

5. 设 $\boldsymbol{A}$ 是 n 阶矩阵,且 $\boldsymbol{A}^T\boldsymbol{A}=\boldsymbol{I}$,$|\boldsymbol{A}|=-1$,试证:$-1$ 是 $\boldsymbol{A}$ 的一个特征值.

6. 设矩阵 $\boldsymbol{A}=\begin{pmatrix} 2 & 1 & 1 \\ 1 & 2 & 1 \\ 1 & 1 & 2 \end{pmatrix}$,若 $\boldsymbol{\alpha}=\begin{pmatrix} 1 \\ k \\ 1 \end{pmatrix}$ 是 $\boldsymbol{A}^{-1}$ 的特征向量,求常数 k 以及 $\boldsymbol{\alpha}$ 所对应的特征值.

7. 设 3 阶矩阵 $\boldsymbol{A}$ 满足 $|\boldsymbol{I}+\boldsymbol{A}|=|\boldsymbol{A}-2\boldsymbol{I}|=|3\boldsymbol{I}-\boldsymbol{A}|=0$,求 $|\boldsymbol{A}^*|$.

8. 设 $-2,1,3$ 为三阶矩阵 $\boldsymbol{A}$ 的特征值,求 $\left|\boldsymbol{I}+\left(\frac{1}{2}\boldsymbol{A}^3\right)^{-1}\right|$.

9. 已知 3 阶方阵 $\boldsymbol{A}$ 的特征值为 $-1,0,1$,对应的特征向量分别为

$\boldsymbol{\alpha}_1=\begin{pmatrix} a \\ a+3 \\ a+2 \end{pmatrix}$,$\boldsymbol{\alpha}_2=\begin{pmatrix} a-2 \\ -1 \\ a+1 \end{pmatrix}$,$\boldsymbol{\alpha}_3=\begin{pmatrix} 1 \\ 2a \\ -1 \end{pmatrix}$,且 $\begin{vmatrix} a & -5 & 8 \\ 0 & a+1 & 8 \\ 0 & 3a+3 & 25 \end{vmatrix}=0$,试确定参数 a 的值,并求矩阵 $\boldsymbol{A}$.

10. 设 $\boldsymbol{A}\sim\boldsymbol{B}$,证明:$\boldsymbol{A}^m\sim\boldsymbol{B}^m$($m$ 为正整数).

11. 设 $\boldsymbol{A}$ 与 $\boldsymbol{B}$ 为 n 阶矩阵,且 $\boldsymbol{A}$ 与 $\boldsymbol{B}$ 相似,则( ).

  A. $\lambda\boldsymbol{I}-\boldsymbol{A}=\lambda\boldsymbol{I}-\boldsymbol{B}$.

  B. $\boldsymbol{A}$ 与 $\boldsymbol{B}$ 有相同的特征值和特征向量.

  C. $\boldsymbol{A}$ 与 $\boldsymbol{B}$ 都相似与一个对角矩阵.

  D. 对任意常数 t,$t\boldsymbol{I}-\boldsymbol{A}$ 与 $t\boldsymbol{I}-\boldsymbol{B}$ 相似.

12. 若 4 阶矩阵 $\boldsymbol{A}$ 与 $\boldsymbol{B}$ 相似,矩阵 $\boldsymbol{A}$ 的特征值为 $\frac{1}{2},\frac{1}{3},\frac{1}{4},\frac{1}{5}$,求行列式 $|\boldsymbol{B}^{-1}-\boldsymbol{I}|$.

13. 已知 3 阶矩阵 $\boldsymbol{A}$ 与三维向量 $\boldsymbol{\alpha}$,使得向量组 $\boldsymbol{\alpha},\boldsymbol{A\alpha},\boldsymbol{A}^2\boldsymbol{\alpha}$ 线性无关,且满足

$$\boldsymbol{A}^3\boldsymbol{\alpha}=3\boldsymbol{A\alpha}-2\boldsymbol{A}^2\boldsymbol{\alpha}.$$

(1)记 $\boldsymbol{P}=(\boldsymbol{\alpha},\boldsymbol{A\alpha},\boldsymbol{A}^2\boldsymbol{\alpha})$,求 3 阶矩阵 $\boldsymbol{B}$,使 $\boldsymbol{A}=\boldsymbol{PBP}^{-1}$;

(2)计算行列式 $|\boldsymbol{A}+\boldsymbol{I}|$.

14. 已知 $\boldsymbol{\alpha}=(1,1,-1)^T$ 是矩阵 $\boldsymbol{A}=\begin{pmatrix} 2 & -1 & 2 \\ 5 & a & 3 \\ -1 & b & -2 \end{pmatrix}$ 的一个特征向量.

(1)试确定常数 a,b 的值,及特征向量 $\boldsymbol{\alpha}$ 所对应的特征值.

(2)问 $\boldsymbol{A}$ 能否相似于对角阵？说明理由.

15. 设矩阵 $\boldsymbol{A}=\begin{pmatrix}2&0&1\\3&1&x\\4&0&5\end{pmatrix}$ 可相似对角化，求 x.

16. 设矩阵 $\boldsymbol{A}$ 与 $\boldsymbol{B}$ 相似，其中 $\boldsymbol{A}=\begin{pmatrix}1&-1&1\\2&4&-2\\-3&-3&a\end{pmatrix}$，$\boldsymbol{B}=\begin{pmatrix}2&&\\&2&\\&&b\end{pmatrix}$，

(1)求 a,b 的值；

(2)求可逆矩阵 $\boldsymbol{P}$，使 $\boldsymbol{P}^{-1}\boldsymbol{AP}=\boldsymbol{B}$.

17. 设 $\boldsymbol{A}$ 为3阶矩阵，$\boldsymbol{\alpha}_1,\boldsymbol{\alpha}_2,\boldsymbol{\alpha}_3$ 是线性无关的三维列向量，且满足 $\boldsymbol{A\alpha}_1=\boldsymbol{\alpha}_1+\boldsymbol{\alpha}_2+\boldsymbol{\alpha}_3$，$\boldsymbol{A\alpha}_2=2\boldsymbol{\alpha}_2+\boldsymbol{\alpha}_3$，$\boldsymbol{A\alpha}_3=2\boldsymbol{\alpha}_2+3\boldsymbol{\alpha}_3$，

(1)求矩阵 $\boldsymbol{B}$，使得 $A(\boldsymbol{\alpha}_1,\boldsymbol{\alpha}_2,\boldsymbol{\alpha}_3)=(\boldsymbol{\alpha}_1,\boldsymbol{\alpha}_2,\boldsymbol{\alpha}_3)\boldsymbol{B}$；

(2)求矩阵 $\boldsymbol{A}$ 的特征值；

(3)求可逆矩阵 $\boldsymbol{P}$，使 $\boldsymbol{P}^{-1}\boldsymbol{AP}$ 为对角矩阵.

18. 设矩阵 $\boldsymbol{A}=\begin{pmatrix}1&0&0\\-2&5&-2\\-2&4&-1\end{pmatrix}$，求 $\boldsymbol{A}^n$.

19. 设 $\boldsymbol{\alpha}_1=\begin{pmatrix}1\\1\\1\end{pmatrix}$，求 $\boldsymbol{\alpha}_2,\boldsymbol{\alpha}_3$，使 $\boldsymbol{\alpha}_1,\boldsymbol{\alpha}_2,\boldsymbol{\alpha}_3$ 相互正交.

20. 设 $\boldsymbol{\alpha},\boldsymbol{\beta}$ 为三维单位列向量，且 $\boldsymbol{\alpha}^T\boldsymbol{\beta}=0$，令 $A=\boldsymbol{\alpha\beta}^T+\boldsymbol{\beta\alpha}^T$，证明：$\boldsymbol{A}$ 与 $\begin{pmatrix}1&&\\&-1&\\&&0\end{pmatrix}$ 相似.

21. 已知矩阵 $\boldsymbol{A}=\begin{pmatrix}a&-\frac{3}{7}&\frac{2}{7}\\b&\frac{6}{7}&c\\-\frac{3}{7}&\frac{2}{7}&d\end{pmatrix}$ 为正交矩阵，求 a,b,c,d 的值.

22. 设3阶实对称矩阵 $\boldsymbol{A}$ 的全部特征值为 $\lambda_1=1,\lambda_2=\lambda_3=-1$，属于 λ_1 的特征向量 $\xi_1=(1,2,-2)^T$，求矩阵 $\boldsymbol{A}$.

23. 设3阶实对称矩阵 $\boldsymbol{A}$ 的全部特征值为 $\lambda_1=1,\lambda_2=2,\lambda_3=-2$，$\boldsymbol{\alpha}_1=(1,-1,1)^T$ 是 $\boldsymbol{A}$ 的属于 λ_1 的一个特征向量，记 $\boldsymbol{B}=\boldsymbol{A}^5-4\boldsymbol{A}^3+\boldsymbol{I}$，验证 $\boldsymbol{\alpha}_1$ 是矩阵 $\boldsymbol{B}$ 的特征向量，并求 $\boldsymbol{B}$ 的全部特征值和特征向量.

24. 设 $\boldsymbol{A}$ 是 n 阶实对称矩阵，$\boldsymbol{P}$ 是 n 阶可逆矩阵，已知 n 维列向量 $\boldsymbol{\alpha}$ 是 $\boldsymbol{A}$ 的

属于特征值 λ 的特征向量，则矩阵 $(\boldsymbol{P}^{-1}\boldsymbol{AP})^T$ 的属于特征值 λ 的特征向量是（　　）.

A. $\boldsymbol{P}^{-1}\boldsymbol{\alpha}$　　B. $\boldsymbol{P}^T\boldsymbol{\alpha}$　　C. $\boldsymbol{P\alpha}$　　D. $(\boldsymbol{P}^{-1})^T\boldsymbol{\alpha}$

25. 判断下列每组的两个矩阵是否相似，并说明理由.

(1) $\boldsymbol{A}_1=\begin{pmatrix}3&&\\&3&\\&&3\end{pmatrix}$，$\boldsymbol{B}_1=\begin{pmatrix}3&1&0\\0&3&1\\0&0&3\end{pmatrix}$；

(2) $\boldsymbol{A}_2=\begin{pmatrix}1&&\\&1&\\&&2\end{pmatrix}$，$\boldsymbol{B}_2=\begin{pmatrix}1&0&1\\0&1&0\\0&0&2\end{pmatrix}$；

(3) $\boldsymbol{A}_3=\begin{pmatrix}2&1&0\\0&5&1\\0&0&3\end{pmatrix}$，$\boldsymbol{B}_3=\begin{pmatrix}3&0&0\\0&5&0\\2&1&2\end{pmatrix}$；

(4) $\boldsymbol{A}_4=\begin{pmatrix}1&1&1\\1&1&1\\1&1&1\end{pmatrix}$，$\boldsymbol{B}_4=\begin{pmatrix}3&0&0\\0&0&0\\0&0&0\end{pmatrix}$.

26. 求正交矩阵 $\boldsymbol{P}$，使 $\boldsymbol{P}^{-1}\boldsymbol{AP}$ 为对角矩阵.

(1) $\boldsymbol{A}=\begin{pmatrix}1&2&0\\2&2&-2\\0&-2&3\end{pmatrix}$；　　(2) $\boldsymbol{A}=\begin{pmatrix}1&-2&2\\-2&-2&4\\2&4&-2\end{pmatrix}$.

27. 设 $\boldsymbol{A}$ 为 3 阶实对称矩阵，$\boldsymbol{A}$ 的秩为 2，且 $\boldsymbol{A}\begin{pmatrix}1&1\\0&0\\-1&1\end{pmatrix}=\begin{pmatrix}-1&1\\0&0\\1&1\end{pmatrix}$，

(1) 求 $\boldsymbol{A}$ 的所有特征值与特征向量；

(2) 求矩阵 $\boldsymbol{A}$.

28. 用正交变换将下面的二次型化为标准形，并写出所作的正交变换.

$f(x_1,x_2,x_3)=2x_1^2+5x_2^2+5x_3^2+4x_1x_2-4x_1x_3-8x_2x_3$.

29. 已知实二次型 $f(x_1,x_2,x_3)=a(x_1^2+x_2^2+x_3^2)+4x_1x_2+4x_1x_3+4x_2x_3$ 经过正交变换 $\boldsymbol{x}=P\boldsymbol{y}$ 可以化成标准形 $f=6y_1^2$，求 a.

30. 设二次型 $f(x_1,x_2,x_3)=\boldsymbol{X}^T\boldsymbol{AX}=ax_1^2+2x_2^2-2x_3^2+2bx_1x_3\,(b>0)$，其中二次型的矩阵 $\boldsymbol{A}$ 的特征值之和为 1，特征值之积为 -12.

(1) 求 a,b 的值；

(2) 利用正交变换将二次型 f 化为标准形，并写出所作的正交变换和对应的正交矩阵.

31. 已知二次型 $f(x_1,x_2,x_3)=x_1^2+3x_2^2+x_3^2+2x_1x_2+2x_1x_3+2x_2x_3$，求 f 的正惯性指数.

32. 求二次型 $f(x_1,x_2,x_3)=(x_1+x_2)^2+(x_2-x_3)^2+(x_3+x_1)^2$ 的秩.

33. 用正交变换化二次型 $f(x_1,x_2,x_3)=x_1^2+3x_2^2+x_3^2+2x_1x_2+2x_1x_3+2x_2x_3$ 为标准形，并写出所作的正交变换矩阵 $\boldsymbol{C}$，并判断 f 是否为正定型.

34. 设 $\boldsymbol{A}$ 为 $m\times n$ 阶实矩阵，$\boldsymbol{I}$ 为 n 阶单位矩阵，已知矩阵 $\boldsymbol{B}=\lambda\boldsymbol{I}+\boldsymbol{A}^T\boldsymbol{A}$，试证：当 $\lambda>0$ 时，矩阵 $\boldsymbol{B}$ 为正定矩阵.

35. 已知二次型 $f(x_1,x_2,x_3)=x_1^2+4x_2^2+4x_3^2+2ax_1x_2-2x_1x_3+4x_2x_3$ 为正定型，求 a 的取值范围.

36. 已知二次型 $f(x_1,x_2,x_3)=\boldsymbol{x}^T\boldsymbol{A}\boldsymbol{x}$ 在正交变换 $\boldsymbol{x}=\boldsymbol{Q}\boldsymbol{y}$ 下的标准形为 $y_1^2+y_2^2$，且 $\boldsymbol{Q}$ 的第三列为 $\begin{pmatrix}\frac{1}{\sqrt{2}}\\0\\\frac{1}{\sqrt{2}}\end{pmatrix}$，

(1)求矩阵 $\boldsymbol{A}$；

(2)证明 $\boldsymbol{A}+\boldsymbol{I}$ 为正定矩阵.

参考答案

【A 组】

1. $\lambda_1=-1,a=-3,b=0.$

2. $\boldsymbol{A}^3\boldsymbol{\beta}=\begin{pmatrix}3\\24\\3\end{pmatrix}.$

3. (1)$\boldsymbol{A}$ 的特征值为 4,0,0.

属于特征值 $\lambda_1=4$ 的全部特征向量为 $\boldsymbol{\alpha}=k\boldsymbol{\xi}_1=\begin{pmatrix}0\\-k\\k\end{pmatrix},k\neq0.$

属于特征值 $\lambda_2=0$ 的全部特征向量为 $\boldsymbol{\beta}=l\boldsymbol{\xi}_2=\begin{pmatrix}2l\\-l\\l\end{pmatrix},l\neq0.$

(2)$\boldsymbol{A}$ 的特征值为 $\lambda_1=1,\lambda_2=\lambda_3=-2.$

$\boldsymbol{A}$ 的属于特征值 $\lambda_1=1$ 的全部特征向量为 $\boldsymbol{\alpha}=k\xi_1=\begin{pmatrix}k\\k\\k\end{pmatrix},k\neq0,$

$\boldsymbol{A}$ 的属于特征值 $\lambda_2=\lambda_3=-2$ 的全部特征向量为 $\boldsymbol{\beta}=k\boldsymbol{\xi}_2+l\boldsymbol{\xi}_3=\begin{pmatrix}k+l\\-k\\-l\end{pmatrix},$

k 与 l 不同时为零.

4. 略.

5. $|\boldsymbol{A}-3\boldsymbol{I}|=-[(2n-3)!!].$

6. $\lambda_1=\lambda_2=2,\lambda_3=3.$

7. A^* 有一个特征值 $\frac{|\boldsymbol{A}|}{\lambda}=\frac{4}{3}.$

8. $|2\boldsymbol{A}^3-5\boldsymbol{A}+\boldsymbol{I}|=160.$

9. $a=c=2,b=-3,\lambda_0=1.$

10. 略.

11. D.

12. 略.

13. $\boldsymbol{A}$ 与 $\boldsymbol{B}$ 可以,$\boldsymbol{C}$ 与 $\boldsymbol{D}$ 不可以.

14. -1

15. $x=0,y=1,\boldsymbol{P}=\begin{pmatrix}1&0&0\\0&1&1\\0&1&-1\end{pmatrix}$.

16. (1)不能；

(2)可以. $\boldsymbol{P}=\begin{pmatrix}1&1&1\\-1&-2&-3\\1&4&9\end{pmatrix},\boldsymbol{P}^{-1}\boldsymbol{AP}=\begin{pmatrix}-1&&\\&-2&\\&&-3\end{pmatrix}$.

17. $\begin{pmatrix}2&&\\&2&\\&&6\end{pmatrix}$.

18. $\begin{pmatrix}\frac{1}{3}(2^{100}-1)&-\frac{1}{3}(2^{99}+1)\\-\frac{1}{3}(2^{100}+2)&\frac{1}{3}(2^{99}-2)\end{pmatrix}$.

19. (1)-4； (2)$\frac{1}{2}$.

20. 略.

21. (1)$\boldsymbol{\beta}_1=(1,2,2,-1)^T,\boldsymbol{\beta}_2=(2,3,-3,2)^T,\boldsymbol{\beta}_3=(2,-1,-1,-2)^T$；

(2)$\boldsymbol{\beta}_1=(1,-2,2)^T,\boldsymbol{\beta}_2=\left(-\frac{2}{3},-\frac{2}{3},-\frac{1}{3}\right)^T,\boldsymbol{\beta}_3=(6,-3,-6)^T$.

22. (1)是； (2)是.

23. $\boldsymbol{x}=\begin{pmatrix}0\\2\\0\end{pmatrix}$.

24. D.

25. $\boldsymbol{A},\boldsymbol{B},\boldsymbol{D}$ 可以，$\boldsymbol{C}$ 不可以.

26. $\boldsymbol{P}=\frac{1}{3}\begin{pmatrix}1&-2&2\\2&-1&-2\\2&2&1\end{pmatrix}$.

27. (1)$\boldsymbol{P}=\begin{pmatrix}\frac{1}{\sqrt{2}}&\frac{1}{\sqrt{6}}&\frac{1}{\sqrt{3}}\\\frac{1}{\sqrt{2}}&-\frac{1}{\sqrt{6}}&-\frac{1}{\sqrt{3}}\\0&-\frac{2}{\sqrt{6}}&\frac{1}{\sqrt{3}}\end{pmatrix}$； (2)$\boldsymbol{P}=\begin{pmatrix}\frac{1}{\sqrt{3}}&\frac{1}{\sqrt{2}}&\frac{1}{\sqrt{6}}\\-\frac{1}{\sqrt{3}}&0&\frac{2}{\sqrt{6}}\\\frac{1}{\sqrt{3}}&-\frac{1}{\sqrt{2}}&\frac{1}{\sqrt{6}}\end{pmatrix}$.

28. $\begin{pmatrix} a_1^2 & a_1a_2 & a_1a_3 \\ a_1a_2 & a_2^2 & a_2a_3 \\ a_1a_3 & a_2a_3 & a_3^2 \end{pmatrix}$.

29. B.

30. $y_1^2+y_2^2-y_3^2$.

31. $f=y_1^2+y_2^2-5y_3^2$,

$$C=\begin{pmatrix} \frac{1}{\sqrt{2}} & \frac{1}{\sqrt{6}} & -\frac{1}{\sqrt{3}} \\ \frac{1}{\sqrt{2}} & -\frac{1}{\sqrt{6}} & \frac{1}{\sqrt{3}} \\ 0 & \frac{2}{\sqrt{6}} & \frac{1}{\sqrt{3}} \end{pmatrix}.$$

32. $\begin{pmatrix} x_1 \\ x_2 \\ x_3 \end{pmatrix}=\begin{pmatrix} 0 & \frac{4}{3\sqrt{2}} & \frac{1}{3} \\ \frac{1}{\sqrt{2}} & \frac{1}{3\sqrt{2}} & -\frac{2}{3} \\ \frac{1}{\sqrt{2}} & -\frac{1}{3\sqrt{2}} & \frac{2}{3} \end{pmatrix}\begin{pmatrix} y_1 \\ y_2 \\ y_3 \end{pmatrix}$.

33. (1)$a,a-2,a+1$； (2)2.

34. $f=3y_1^2$.

35. 标准形为 $f=y_1^2-y_2^2+4y_3^2$，变换矩阵为 $\begin{pmatrix} 1 & \frac{1}{2} & -\frac{3}{2} \\ 0 & \frac{1}{2} & -\frac{1}{2} \\ 0 & 0 & 1 \end{pmatrix}$，秩为 3，正惯性指数为 2.

36. (1)1,1,1,0,0； (2)$k<0$.

【B 组】

1. $\boldsymbol{A}$ 的非零特征值为 1(其对应的特征向量为 $\boldsymbol{A\alpha}_2$)

2. (1)$\boldsymbol{\beta}=2\boldsymbol{\alpha}_1+\boldsymbol{\alpha}_2+\boldsymbol{\alpha}_3$.

(2)$\boldsymbol{A}^n\boldsymbol{\beta}=\begin{pmatrix} 2(-1)^n+1 \\ 2(-1)^{n+1}+3^n-1 \\ 1-3^n \end{pmatrix}$.

3. (1)$\boldsymbol{A}$ 的特征值为 4,2,0.

$\boldsymbol{A}$ 的属于特征值 $\lambda_1=4$ 的全部特征向量为 $k_1\begin{pmatrix}0\\1\\0\end{pmatrix}(k_1\neq0)$.

$\boldsymbol{A}$ 的属于特征值 $\lambda_2=2$ 的全部特征向量为 $k_2\begin{pmatrix}-1\\0\\1\end{pmatrix}(k_2\neq0)$.

$\boldsymbol{A}$ 的属于特征值 $\lambda_3=0$ 的全部特征向量为 $k_3\begin{pmatrix}1\\0\\1\end{pmatrix}(k_3\neq0)$.

(2)$\boldsymbol{A}$ 的特征值为 $-1,-1,1,1$.

$\boldsymbol{A}$ 的属于特征值 $\lambda_1=-1$ 的全部特征向量为

$k_1\begin{pmatrix}0\\-1\\1\\0\end{pmatrix}+l_1\begin{pmatrix}-1\\0\\0\\1\end{pmatrix}=\begin{pmatrix}-l_1\\-k_1\\k_1\\l_1\end{pmatrix}$，$k_1$ 与 l_1 是不同时为零的任意常数.

$\boldsymbol{A}$ 的属于特征值 $\lambda_2=1$ 的全部特征向量为

$k_2\begin{pmatrix}0\\1\\1\\0\end{pmatrix}+l_2\begin{pmatrix}1\\0\\0\\1\end{pmatrix}=\begin{pmatrix}l_2\\k_2\\k_2\\l_2\end{pmatrix}$，$k_2$ 与 l_2 是不同时为零的任意常数.

4. 略.

5. 略.

6. 当 $k=1$ 时，$\lambda=\frac{1}{4}$；当 $k=-2$ 时，$\lambda=1$.

7. $|\boldsymbol{A}^*|=36$.

8. $\frac{29}{12}$.

9. $a=0,\boldsymbol{A}=\begin{pmatrix}-5&4&-6\\3&-3&3\\7&-6&8\end{pmatrix}$.

10. 略.

11. D.

12. 24.

13. (1)$\boldsymbol{B}=\begin{pmatrix}0&0&0\\1&0&3\\0&1&-2\end{pmatrix}$； (2)$-4$.

14. (1)$a=-3,b=0,\lambda=-1$； (2)不能.

15. 3.

16. (1)$a=5,b=6$；

(2)$\boldsymbol{P}=\begin{pmatrix}-1 & 1 & 1\\ 1 & 0 & -2\\ 0 & 1 & 3\end{pmatrix}$.

17. (1)$\begin{pmatrix}1 & 0 & 0\\ 1 & 2 & 2\\ 1 & 1 & 3\end{pmatrix}$；

(2)$\lambda_1=\lambda_2=1,\lambda_3=4$；

(3)$(-\boldsymbol{\alpha}_1+\boldsymbol{\alpha}_2,-2\boldsymbol{\alpha}_1+\boldsymbol{\alpha}_3,\boldsymbol{\alpha}_2+\boldsymbol{\alpha}_3)$.

18. $\begin{pmatrix}1 & 0 & 0\\ 1-3^n & -1+2\cdot 3^n & 1-3^n\\ 1-3^n & -2+2\cdot 3^n & 2-3^n\end{pmatrix}$.

19. $\boldsymbol{\alpha}_2=\begin{pmatrix}1\\ -1\\ 0\end{pmatrix},\boldsymbol{\alpha}_3=\begin{pmatrix}\frac{1}{2}\\ \frac{1}{2}\\ -1\end{pmatrix}$.

20. 略.

21. $a=-\frac{6}{7},b=-\frac{2}{7},c=\frac{3}{7},d=-\frac{6}{7}$.

22. $\frac{1}{9}\begin{pmatrix}-7 & 4 & -4\\ 4 & -1 & -8\\ -4 & -8 & -1\end{pmatrix}$.

23. 特征值为$-2,1,1$,特征向量为$k_1\begin{pmatrix}1\\ -1\\ 1\end{pmatrix},k_2\begin{pmatrix}1\\ 1\\ 0\end{pmatrix}+k_3\begin{pmatrix}-1\\ 0\\ 1\end{pmatrix}$,其中$k_1$是不为零的任意常数,$k_2,k_3$是不同时为零的任意常数.

24. B.

25. (1)不相似;(2)相似;(3)相似;(4)相似.

26. (1)$\begin{pmatrix}-\frac{2}{3} & \frac{2}{3} & \frac{1}{3}\\ \frac{2}{3} & \frac{1}{3} & \frac{2}{3}\\ \frac{1}{3} & \frac{2}{3} & -\frac{2}{3}\end{pmatrix}$；

(2) $\begin{pmatrix} \frac{2}{\sqrt{5}} & \frac{2}{3\sqrt{5}} & \frac{1}{3} \\ -\frac{1}{\sqrt{5}} & \frac{4}{3\sqrt{5}} & \frac{2}{3} \\ 0 & \frac{\sqrt{5}}{3} & -\frac{2}{3} \end{pmatrix}$.

27. (1)特征值为 0, −1, 1.

属于 0 的特征向量为 $k_1\begin{pmatrix}0\\1\\0\end{pmatrix}$, $k_1\neq 0$,

属于 −1 的特征向量为 $k_2\begin{pmatrix}1\\0\\-1\end{pmatrix}$, $k_2\neq 0$,

属于 1 的特征向量为 $k_3\begin{pmatrix}1\\0\\1\end{pmatrix}$, $k_3\neq 0$.

(2) $\begin{pmatrix}0 & 0 & 1\\0 & 0 & 0\\1 & 0 & 0\end{pmatrix}$.

28. 标准形为 $f=y_1^2+y_2^2+10y_3^2$,所作的正交变换为

$$\boldsymbol{x}=\boldsymbol{Q}\boldsymbol{y},\boldsymbol{Q}=\begin{pmatrix} -\frac{2}{\sqrt{5}} & \frac{2}{3\sqrt{5}} & \frac{1}{3} \\ \frac{1}{\sqrt{5}} & \frac{4}{3\sqrt{5}} & \frac{2}{3} \\ 0 & \frac{\sqrt{5}}{3} & -\frac{2}{3} \end{pmatrix}.$$

29. $a=2$.

30. (1) $a=1, b=2$;

(2)标准形为 $f=-3y_1^2+2y_2^2+2y_3^2$,所作的正交变换为

$$\boldsymbol{X}=\boldsymbol{Q}\boldsymbol{Y},\boldsymbol{Q}=\begin{pmatrix} \frac{1}{\sqrt{5}} & \frac{2}{\sqrt{5}} & 0 \\ 0 & 0 & 1 \\ -\frac{2}{\sqrt{5}} & \frac{1}{\sqrt{5}} & 0 \end{pmatrix}.$$

31. 2.

32. 2.

33. 标准形为 $f=y_2^2+4y_3^2$,所作的正交变换矩阵为 $\begin{pmatrix} -\frac{1}{\sqrt{2}} & \frac{1}{\sqrt{3}} & \frac{1}{\sqrt{6}} \\ 0 & -\frac{1}{\sqrt{3}} & \frac{2}{\sqrt{6}} \\ \frac{1}{\sqrt{2}} & \frac{1}{\sqrt{3}} & \frac{1}{\sqrt{6}} \end{pmatrix}$.

因 $\lambda_1=0$,所以 f 不是正定型.

34. 略.

35. $-2<a<1$.

36. (1)$\boldsymbol{A}=\begin{pmatrix} \frac{1}{2} & 0 & -\frac{1}{2} \\ 0 & 1 & 0 \\ -\frac{1}{2} & 0 & \frac{1}{2} \end{pmatrix}$; (2)略.

索 引

Subject Index

Ch1

按行展开	expansion by a row
按列展开	expansion by a column
变量	variable quantity
待定系数法	method of undetermined coefficients
代数余子式	algebraic cofactor
递推法	recurrence method
对角线	diagonal line
对角线法则	diagonal rule
对角形行列式	diagonal determinant
范德蒙行列式	Vandermonde determinant
反对称行列式	skew—symmetric Determinant
方程	equation
非齐次线性方程组	non—homogeneous linear equations
根	root
公因子	common factor
公约数	common divisor
行	column
行列式	determinant
行列式的阶	determinant order
行指标	row index
解	solution
克罗内克符号	Kronecker delta
克罗内克记号	Kronecker's symbol
克拉默法则	Crammer's rule
列	row
齐次线性方程组	homogeneous linear equations
三次曲线	cubic curves
三角形行列式	triangle determinant
数学归纳法	mathematical deduction

系数行列式	determinant of coefficients
下三角形行列式	lower triangle determinant
线性方程组	linear equations
消元法	elimination method
因子	factor
余因子	complementary divisor
余子式	cofactor
元素	element
转置行列式	transposed determinant

Ch2

伴随矩阵	adjoint matrix
变换矩阵	transformation matrix
乘法结合律	associative law of multiplication
乘法分配律	distributive law of multiplication
初等变换	elementary transformation
初等行变换	elementary row transformation
初等列变换	elementary column transformation
初等矩阵	elementary matrix
传递性	transitivity
单位矩阵	identity matrix
等价	equivalence
等价标准形	equivalent standard form
等价关系	equivalence relation
对称矩阵	symmetric matrix
对称性	symmetry
对角矩阵	diagonal matrix
对角线	diagonal line
多项式	multinomial
反对称矩阵	antisymmetric matrix
方阵	square matrix
方阵的幂	the power of square matrix
非奇异矩阵	non—singular matrix
非退化性	non—degeneracy
分块矩阵	block matrix
复矩阵	complex matrix

负矩阵	negative matrix
行向量	column vector
恒等变换	identical transformation
加法交换律	commutative law of addition
加法结合律	associative law of addition
加密	encrypt
加密矩阵	encryption matrix
降秩矩阵	descending rank matrix
解密矩阵	decryption matrix
阶梯矩阵	ladder matrix
可逆矩阵	invertible matrix
离散	dispersion
列向量	row vector
零矩阵	zero matrix
满秩矩阵	full rank matrix
密码	password
逆矩阵	inverse matrix
平面直角坐标系	rectangular coordinate system
奇异矩阵	singular matrix
三角形矩阵	triangular matrix
上三角形矩阵	upper triangular matrix
实矩阵	real matrix
数量矩阵	number matrix
下三角形矩阵	lower triangular matrix
线性变换	linear transformation
向量	vector
旋转变换公式	rotation transformation Formula
域	field
元素	element
秩	rank
主对角线上的元	pivots
转置矩阵	transposed matrix
自反性	reflexivity
子矩阵	submatrix

Ch3

单位向量	unit vector
恒等式	identical equation
基础解系	basic system of solution
极大无关组	maximal independent set
结构方程	constitutive equations
解空间	solution space
解向量	solution vector
矩阵的行秩	row rank of matrix
矩阵的列秩	column rank of matrix
零向量	null vector
n 维线性向量空间	n—dimensional linear vector space
n 维向量	n—dimensional vector
数学模型	mathematical model
数域 P 上的线性向量空间	linear vector space of a field P
未知量	unknown quantity
线性表示	linear expression
线性方程组的系数矩阵	coefficient matrix of systems of linear equation
线性方程组的相容性	consistency of linear equation
线性方程组的增广矩阵	augmented matrix of systems of linear equation
线性关系	linear relation
线性组合	linear combination
维	dimension
无限维	infinite dimensional
有限维	finite dimensional
有序数组	ordered arrays
子空间	subspace
自由未知量	free unknowns

Ch4

半正定矩阵	positive—semidefinite matrix
长度(范数)	length (norm)
r—重根	r—ple root
度量	measure
对角化方法	diagonalization method
二次曲面	quadratic surface

二次曲线	quadratic curve
二次式	quadratics
二次型	quadratic form
负定二次型	negative—definite quadratic form
负定矩阵	negative—definite matrix
负惯性指数	negative inertia index
复数域	complex number field
合同关系	contractual relationship
距离	distance
矩阵的迹	matrix trace
模	norm
平方和	quadratic sum
三角不等式	triangle inequality
实数域	real number field
特征多项式	eigenpolynomial;characteristic polynomial
特征根	eigenroot
特征空间	eigenspace;characteristic space
特征向量	eigenvector;characteristic vector
特征子空间	characteristic subspace
特征值	eigenvalue;characteristic value
特征值问题	eigenvalue problem
线性变换	linear replacement
线性无关	linearly independent
线性相关	linearly dependent
向量内积	vector inner product
相似	similarity
相似变换矩阵	similarity transformation matrix
相似对角化	similar diagonalization
相似矩阵	similarity matrix
正定二次型	positive—definite quadratic form
正定矩阵	positive—definite matrix
正定性	positive definiteness
正交(垂直)	orthogonal
正交矩阵	rectangular matrix
子空间	subspace

正惯性指数	positive inertia index
正交向量组	orthogonal vectors
正交矩阵	orthogonal matrix
正交变换矩阵	orthogonal transform matrix
坐标变换矩阵	coordinal transform matrix

参考文献

[1] 居余马.线性代数[M].北京:清华大学出版社.2002.
[2] 赵树嫄.线性代数.北京:中国人民大学出版社,2008.
[3] 卢刚.线性代数[M].北京:高等教育出版社,2009.
[4] 肖马成.线性代数[M].北京:高等教育出版社,2011.
[5] 戴斌祥.线性代数[M].北京:北京邮电大学出版社,2009.
[6] 程迪祥.线性代数[M].北京:清华大学出版社,2010.
[7] 邵珠艳.线性代数[M].北京:北京大学出版社,2013.
[8] 何斌.线性代数(经管类)[M].北京:科学出版社,2003.
[9] 胡显佑.线性代数[M].北京:高等教育出版社,2012.
[10] 吴赣昌.线性代数[M].北京:中国人民大学出版社,2012.
[11] 盛骤.线性代数[M].北京:高等教育出版社,2012.
[12] 费伟劲.线性代数[M].上海:复旦大学出版社,2012.
[13] 张民悦.线性代数与概率统计[M].上海:同济大学出版社,2011.
[14] 姚慕生.线性代数[M].上海:复旦大学出版社,2004.
[15] 方文波.线性代数[M].北京:高等教育出版社,2004.
[16] Chris Rorres. Applications of Linear Algebra[M],John Wiley and Sons,1984.
[17] H. D. Ikramov. Linear Algebra,English translation Mir Publishers,1983.
[18] Mathematics in Industrial Problems. Springer—Verlag New York Inc,1989。
[19] Thomas S. Shores. Applied Linear Algebra and Matrix Analysis,2007.
[20] Gilbert Strang. Linear Algebra and its applications,2007.
[21] Henneth Hoffman. Linear Algebra,2008.
[22] Ward Cheney. Linear Algebra,2012.

结束语

行列式和矩阵是线性代数中两个重要的知识板块，本书是以这两块知识贯穿在整个线性代数的内容之中。

一、行列式

1. 从求解二元、三元方程组引入二阶、三阶行列式。借助于代数余子式的概念，给出 n 阶行列式的定义。行列式的计算可按其任意一行(列)展开而得。第 1 章 1.4 节所给出的 n 阶行列式的多种计算方法可融会贯通地灵活使用。

2. 当方程组的个数与未知量的个数相等且方程组的系数行列式不为零时，线性方程组具有唯一解，用克莱默法则，其解可用行列式表示，见第 1 章 1.5 节例 5。

3. 行列式和矩阵是两个不同的数学对象。行列式是一个数值，矩阵是一个数学符号，n 阶方阵是一个 n 行 n 列的数表。但一行一列矩阵作为一个数，一个 n 维行向量与 n 维列向量的乘积也是一个数值。行列式的性质同矩阵的初等变换表示法结合使用(参见第 1 章 1.3 节行列式性质 6)，会给行列式和矩阵的运算带来较大的方便。

4. 当矩阵 $\boldsymbol{A}$ 的行列式不为零时，矩阵 $\boldsymbol{A}$ 的逆矩阵等于 $\boldsymbol{A}$ 的伴随矩阵除以 $\boldsymbol{A}$ 的行列式。$\boldsymbol{A}$ 的逆矩阵也可用初等行(列)变换求得，见第 2 章 2.5 节例 4 和 2.6 节例 3。

5. 矩阵 $\boldsymbol{A}$ 的秩可用行列式来定义。如果存在一个 l 阶子式不为零，且所有的 $(l+1)$ 阶子式全为零，则矩阵 $\boldsymbol{A}$ 的秩为 l，可用定义法求矩阵 $\boldsymbol{A}$ 的秩，也可通过矩阵 $\boldsymbol{A}$ 的初等变换，将 $\boldsymbol{A}$ 化为阶梯矩阵求出 $\boldsymbol{A}$ 的秩，见第 2 章 2.7 节例 2。

6. 如果矩阵 $\boldsymbol{A}$ 的行列式不为零，则 $\boldsymbol{A}$ 是满秩(可逆、非退化)矩阵。根据分块矩阵的思想，矩阵的行秩、矩阵的列秩与矩阵的秩彼此是相等的。

7. 两个方阵乘积的行列式等于其行列式的乘积。

8. 两个矩阵等价(相抵)，意即其中一个可经有限次初等变换而得另一个。等价的概念具有自反性、对称性和传递性这 3 条性质。见第 2 章 2.6 节。同样，相似、合同这两个概念也满足这 3 条性质。

9. 向量组的线性相关、线性无关、线性组合、线性表示等知识与行列式也有联系。当向量的维数与向量组中向量的个数相等时，向量组的线性相关性可通过行列式进行判断，见第 3 章小结。

10. 用行列式求矩阵 $\boldsymbol{A}$ 的特征值。

11. 用各阶主子式大于零判断二次型为正定二次型，见第 4 章 4.4 节例 3。

二、矩阵

1. 实对称矩阵、反(对)称矩阵、转置矩阵、对角矩阵、数量矩阵、单位矩阵是常见的特殊矩阵。分块矩阵、伴随矩阵、系数矩阵、增广矩阵、满秩(可逆、非奇异)矩阵、阶梯矩阵、标准化矩阵、二次型矩阵、线性变换矩阵都含有丰富的数学内容。等价矩阵、相似矩阵、正交矩阵、相合矩阵都是重要的知识板块。

2. 以矩阵为载体,将向量组线性相关性理论与线性方程组的求解融为一体。

3. 以矩阵为载体,将矩阵的特征值理论与线性方程组的求解融为一体。

4. 矩阵的初等变换方法是强有力的计算工具。

(1)通过对矩阵 $\boldsymbol{A}$ 施行换位和倍加两类初等行(列)变换,可简化矩阵 $\boldsymbol{A}$ 的行列式的计算。

(2)利用初等变换判断向量组的线性关系,见第 3 章 3.3 节例 2。

(3)利用初等变换求矩阵的逆矩阵。

(4)利用初等变换求解矩阵方程,见第 2 章 2.6 节例 4。

(5)利用初等变换求向量组的极大无关组,见第 3 章 3.4 节例 1。

(6)利用初等变换求向量组的秩、矩阵的秩,见第 3 章 3.4 节例 3。

(7)利用初等变换求矩阵的等价标准形,见第 2 章 2.6 节例 1。

(8)利用初等变换求齐次线性方程组基础解系,见第 3 章 3.5 节例 1。

(9)根据线性方程组解的结构理论,利用初等变换求出线性方程组的全部解,见第 3 章 3.5 节例 4。

(10)利用初等变换求矩阵的特征值和特征向量,见第 4 章 4.1 节例 2。

(11)根据特征值理论(见第 4 章 4.2 节定理 7),利用初等变换判断矩阵可否对角化,见第 4 章 4.2 节例 2。

(12)根据特征值理论(见第 4 章 4.3 节定理 13),利用初等变换求出实对称矩阵的相似标准形,见第 4 章 4.3 节例 5。

(13)在二次型理论中,若线性变换的矩阵是正交矩阵,则通过矩阵的初等变换,可用正交变换将二次型化为标准形,见第 4 章 4.4 节例 2。

数理经济分析、线性经济模型、线性和非线性系统的研究往往最后归结为解线性方程组,或求矩阵的特征值和特征向量. 可见,线性代数是解决生产实际问题的一个有力的工具,特别是美国经济学家列昂惕夫于 20 世纪 30 年代建立的投入产出模型,经过 40 余年的悉心研究,列昂惕夫于 1973 年获得诺贝尔经济学奖,这一成果推动了线性代数的迅速发展。作为结束语,希望此书能赋予读者知识、兴趣和灵感。